Vorrede.

Man hat diese Beschreibung des souveränen Herzogthums Schlesien bisher einiges Beifalls gewürdigt. So belohnend mir auch dieser Beifall immer seyn muß, so lebhaft fühle ich es doch auch, daß ich meiner Arbeit eine noch größere Vollständigkeit hätte geben sollen. Jeder Unterrichtete wird es aber sehr leicht einsehen, mit wie vielen und großen Schwierigkeiten ein einzelner Mann bei dergleichen Werken zu kämpfen hat, und wie wenig die Kräfte eines einzigen hinreichen, sie alle zu überwinden.

An Mühe, mir genaue Nachrichten zu verschaffen, habe ich es nicht fehlen lassen; dessen ungeachtet sind, ganz ohne meine Schuld, einige Unrichtigkeiten mit untergelaufen und einiges Bemerkenswerthe nicht angezeigt worden.

Um dem Publico von dem, was ich leisten kann, nichts schuldig zu bleiben und mein Möglichstes zur Vollständigkeit beizutragen, liefere ich in diesem Bande, nebst der Beschreibung der noch rückständigen freien Standes- und Minderherrschaften, diejenigen Verbesserungen und Zusätze, die ich jetzt mittheilen kann. Lebe ich länger, und kann ich bei meinen Jahren in meinen Erhohlungsstunden von meinen Amtsgeschäften fortfahren, Nachrichten und Natur-Producte, an denen dieses Land so reich ist, zu sammeln, so werde ich auch das einmahl bei hinlänglichem Vorrathe mittheilen. Ich habe die Höhe mehrerer Orte angegeben. Diese Höhen sind von verschiedenen gemessen worden. Wo ich es wußte, habe ich den Beobachter angegeben. Man wird finden, daß die Höhen verschieden angegeben sind. So gern ich eine Uebereinstimmung zu Stande gebracht hätte, so wenig ist es möglich, da ich die Maße der

Barometer, deren man sich bedient und nach welchen man gerechnet hat, nicht weiß.

Vielleicht hätte ich auch denjenigen Theil der ehemahligen Woiwodschaft Krakau, der jetzt, unter Preußischer Regierung, in Absicht der Cameral- und Finanz-Verwaltung unter der Breslauer Krieges- und Domänen-Kammer steht, in Absicht der Justiz-Verfassung aber zur Regierung zu Petrikau gehört, und von manchen Neu-Schlesien genannt wird, beschreiben sollen. Allein, zu geschweigen, daß, so viel mir bekannt ist, dieser Nahme von der Regierung noch nicht auctorisirt worden: so ist dieser District von 41 Quadrat-Meilen, in Absicht der Naturgeschichte, noch viel zu wenig untersucht, als daß ich, in jener Gegend ganz fremd, etwas Beträchtliches und genug Belehrendes liefern könnte. Vielleicht findet sich einst jemand, der patriotisch genug ist, sich diesem mühsamen Geschäfte zu unterziehen.

Ich könnte mit diesem Bande das ganze Werk schließen; da aber noch viel zur Vollständigkeit desselben fehlen würde, wenn ich die Naturgeschichte dieses Landes nicht vollständiger lieferte, als es bei jedem Fürstenthume, um der Kürze willen, geschehen konnte: so hoffe ich den Beifall mehrerer Freunde der Naturgeschichte zu erhalten, wenn ich nun auch noch, selbst den an mich gethanen Aufforderungen Genüge zu leisten, ein Verzeichniß der bisher entdeckten und bestimmten in Schlesien lebenden Thiere, ein Verzeichniß der wildwachsenden Pflanzen, und einen bergmännisch-mineralogischen Wegweiser durch Schlesien beifüge.

Haselbach bei Landeshut, den 17. März 1804.

Geographische,
naturhistorische und technologische
Beschreibung
des
souverainen Herzogthums
Schlesien.

Von

Johann Adam Valentin Weigel,

Evangelisch-lutherischem Prediger, Mitgliede der Gesellschaft naturforschender Freunde in Berlin, der naturforschenden zu Halle, der mineralogischen zu Jena, der ökonomisch-patriotischen des Fürstenthums Schweidnitz und des Königreichs Böhmen.

Neunter Theil.

Die Standesherrschaften Wartenberg, Goschütz, Militsch; die Minderherrschaften Sulau, Neuschloß, Freihahn, Loslau, Oderberg rc.

Mit dem Bildnisse des Verfassers.

Berlin, 1805.
In der Himburgischen Buchhandlung.

Inhalt.

Der Wartenberger Kreis,

der die Standesherrschaften Wartenberg und Goschütz in sich begreift.

Inhalt.

Der Militsch-Trachenberger Kreis.

Die Minderherrschaft Loslau.

Die Minderherrschaft Oderberg.

Nahmenverzeichniß der Städte und Dörfer in dem Oestreichischen Antheile von Schlesien.

Verbesserungen und Zusätze.

Der

Der Wartenberger Kreis,

der die freien Standesherrschaften **Wartenberg und Goschütz** in sich begreift.

Erster Abschnitt.

Physikalische Beschaffenheit.

Gewässer.

Unter den vielen Gewässern, die diesen Kreis durchschneiden, haben die meisten keinen Nahmen. Ich werde daher, mit Hinweglassung der unbedeutenden kleinern Bäche, nur die beträchtlichsten und benahmten aufführen.

* In der Standesherrschaft Wartenberg:

1. Die Weyde.

Sie entspringt in der Standesherrschaft selbst, bei **Rudelsdorf**, aus einem alten Weidenstamme (daher ihr Nahme), bewässert die Gründe der Dörfer

Woitsdorf, **Ober- und Nieder-Stradam**, **Kunzendorf**, **Dalbersdorf**, **Boguslawitz**, und tritt, nachdem sie an beiden Ufern verschiedene Bäche aufgenommen hat, zwischen **Eichgrund** und **Paulsdorf** in den Namslauer Kreis des Fürstenthums Breslau *).

2. Die Oelse

entspringt ebenfalls in der Standesherrschaft unweit von dem Ursprunge der **Weyde**, fließt aber bald in das Fürstenthum Oels **).

3. Ein Arm der Bartsch

entsteht aus dem Zusammenflusse mehrerer Feldbäche, Teiche und Sumpfwasser oberhalb **Wartenberg**, und fließt aus der Standesherrschaft zwischen **Rennchen** und **Niefken** in den Medziborer District des Fürstenthums Oels ***).

** In der Standesherrschaft Goschütz.

4. Die Brande.

Sie entsteht aus dem Zusammenflusse verschiedener Bäche und Teichwasser der Standesherrschaft **Goschütz** und des **Tscheschner Halts**; mit ihr vereinigt sich das **kalte Wasser** †).

---

*) Sieh Th. 6. S. 31. Th. 7. S. 2.

**) S. Th. 7. S. 3.

***) S. Th. 7. S. 5.

†) S. am angeführten Orte.

Seen findet man in diesem Kreise nicht. Teiche sind:

in der Standesherrschaft **Wartenberg**	213
in der Standesherrschaft Goschütz . .	26
Summa	239

Berge und Ebenen.

Der ganze **Wartenberger Kreis** ist eine mit Bächen und Teichen durchschnittene Ebene, und hat nur wenige Anhöhen. Die beträchtlichsten sind:

Der **Markusberg**, bei **Wartenberg**.

Der **Gänseberg**, bei **Mechau**.

Der **Schlauperberg**.

Minder beträchtlich sind:

Der **Mangschützerberg**.

Der **Groß-Roselerberg**.

Der **Schleißerberg**.

Der **Boden** dieses Kreises ist sehr verschieden. Er ist zum Theil lehmig, zum Theil feinsandig mit guter Erde vermengt, in manchen Gegenden Kalk-, im Ganzen genommen ein Mittelboden, dem stets mit guter Düngung nachgeholfen werden muß. Er gewährt jedoch den Einwohnern nicht nur die Nothdurft, sondern auch noch einen kleinen Ueberschuß.

Waldungen.

Der Kreis ist an **Waldungen** reich, nur fehlt es am Absatze des Brennholzes, weil die ganze Nachbarschaft viel Waldung hat. Es werden daher viel Bretter geschnitten, und das dazu taugliche Holz zu Dachschindeln genützt.

P r o d u c t e.

A. Das Thierreich.

Pferde und **Rindvieh** sind von kleinem Schlage: erstere werden theils zu früh angespannt, theils zu schlecht gefüttert; die Dominien und ordentliche Wirthe machen jedoch eine Ausnahme. Die Schweinzucht wird gegen die Rindviehzucht stärker und mit ziemlichem Vortheile betrieben. Die Schafe, die nur auf den Dominien gehalten werden, liefern theils eine mittelmäßige, theils eine ziemlich feine Wolle.

Der ansehnlichen Waldungen ungeachtet ist hohes **Wild** nicht häufig; nur bisweilen findet sich ein wildes Schwein oder ein über die Gränze aus Süd-Preußen getretener Wolf ein. An **kleinem Wilde** und Feld- und **Wassergeflügel** ist hingegen kein Mangel. Auf den Teichen sieht man viele Schwäne, und auf den Feldern sind Trappen keine Seltenheit. Die Bäche und Teiche liefern Karpfen, Welse, Hechte, Weißfische, Perschken, Schleien, Karauschen. Zu **Domaslowitz**, **Goschütz** und **Brustawe** sind Fasanerien.

B. Das Pflanzenreich.

Die Waldungen bestehen aus **Tannen**, Fichten, **Kiefern**, **Erlen**, **Birken**, **Buchen**, ehedem aber aus mehreren **Eichen**, die jetzt meistentheils niedergeschlagen sind.

Man bauet mehr Rocken, als Weizen (dieser ist hier dem Brande sehr ausgesetzt), Gerste, (auch zwei- vier- und sechszeilige) Erbsen, Hirse, viel Flachs, der sehr hoch wächst, Kartoffeln, Kraut, Rüben und andere Küchenkräuter, jedoch nur zum Hausbedarf. Heu wird hinlänglich gewonnen; man bauet auch hin und wieder Klee an. Der Obstgewinn ist in guten Jahren sehr ansehnlich. Bei Goschütz ist eine ansehnliche Maulbeer-Plantage. Zu Wischelke und Alt-Festenberg sind Weinberge.

Seltnere im Kreise wildwachsende Pflanzen sind mir nicht bekannt geworden.

C. Das Mineralreich.

Das Verzeichniß der Producte dieses Naturreichs kann, da der Boden dieses Kreises aufgeschwemmtes Gebirge ist, nur ganz klein ausfallen. Man findet:

Thon von weißer Farbe, der zugleich als eine sehr gute Walkererde genützt wird, bei Merzdorf, Schreibersdorf, und am Gänseberge bei Mechau. Gute Walkererde wird außerdem noch bei Festenberg, Glausche, Merzdorf und Neudorf gegraben.

Rasenerz befindet sich auf einigen Wiesen. Wahrscheinlich ist es vor Zeiten geschmolzen worden; denn noch findet man Spuren, daß ehedem Luppenfeuer hier unterhalten worden sind.

Vor alten Zeiten soll auf dem Schlauper Berge Bergbau auf Silber getrieben worden seyn.

Bei **Bukowine** findet man eine ungewöhnlich salzreiche **Erde** *). Der größte Vorrath dieser Erde, die einen überaus scharfen zusammenziehenden Geschmack und säuerlich stechenden Geruch hat, findet sich in der Gegend der außerhalb des Dorfes gelegenen Quellen. Die Vegetation der Gegend (ihr Umfang ist nicht zu bestimmen), wo sich dieses Salzlager befindet, ist sehr schlecht, so daß man auch so gar nur wenige einzelne wildwachsende Pflanzen daselbst antrifft. In dem Bezirke einiger Morgen Landes soll der sonst schwarze Boden, bei anhaltender heißen Witterung, mit einer theils weißen, theils schwefelgelben Salzkruste überzogen seyn, die einen starken Messerrücken dick abgenommen werden kann, die aber bei Regengüssen wieder abgeschweift wird.

Das Merkwürdige dieser Erscheinung veranlaßt mich, die Versuche des Hrn. Apothekers **Lachmund** zu Militsch, da doch die Schlesischen Provinzial-Blätter sich wahrscheinlich nicht weit über die Gränzen Schlesiens verbreiten, aus gedachten Prov. Bl. herzusetzen. Er sagt am angeführten Orte:

„Ich fand, daß fast zwei Drittel dieser Erde in heißem Wasser auflösbar sind. Die Auflösung hatte ganz den Geschmack der Erde, und der unschmackhafte Rückstand verhielt sich wie gemeine Erde."

„In Wasser gelöstes luftvolles Kali bewirkte bei der Auflösung ein heftiges Aufbrausen, die Flüssigkeit wurde ganz in Braus verwandelt; man konnte daher

*) Schles. Prov. Bl. Jahrg. 1801. Mon. Nov. S. 433.

den entstehenden Niedersatz nicht einmahl bemerken. Auf den Beisatz von luftleerem Kali erfolgte ein beträchtlicher Niederschlag, über welchem die Flüssigkeit ganz wasserhell stehen blieb. Galläpfel-Tinctur bei nur geringem Zuguß verwandelte sie sogleich in brauchbare Tinte. Lackmußpapier wurde ganz roth gefärbt. Kochsalzsaure Schwererde, schwefelsaures Silber und zuckersaures Kali brachten sämmtlich starke Niederschläge hervor."

„Diese angeführten Reagentien äußerten von allen andern die größte Wirkung auf die Auflösung der salzigen Theile dieser Erde. Da nun dieses bei Untersuchung der Bukowiner Brunnen derselbe Fall war, so dürften die im Wasser lösbaren Bestandtheile der Erde, von den festen Bestandtheilen der Heilquellen, im qualitativen Verhältnisse von einander nicht verschieden seyn."

„Beim Abdampfen sonderte sich viel schwefelsaurer Kalk (Gyps) aus dieser Salzlauge, und erst nachdem sie fast bis zur Honigdicke abgedampft worden, hatte sich ein Salzgemisch von schwefelsaurem Thon, schwefelsaurem Eisen und salzsaurem Kalke krystallisirt, welches nach einiger Zeit feucht wurde."

„Keine Spur von Schwefel war in der Erde, so wenig als selbst in der so genannten Schwefelquelle und in den übrigen Quellen zu finden. Dieses führte mich auf den Gedanken, nachdem ich mehr von dieser Erde und auch selbst etwas von dem Salze, welches sich bei trockener Witterung von selbst auf die Oberfläche des Bodens ansetzt, erhalten hatte, die in derselben häufig enthaltene Schwefelsäure durch Entziehung ihres Sauerstoffes in ihre Basis, in Schwefel, zurück zu bringen, und durch einen geringen Zusatz von Pottasche in eine zum Baden brauchbare Schwefelleber zu verwandeln. Nach mehreren damit angestellten Versuchen fand sich, daß eine Mischung von drei Theilen dieser salzreichen Erde, einem Theil gröblich gestoßener Kohlen und einem halben Theil Pottasche, in einem leichtbedeckten irdenen Schmelztiegel bei zweckmäßigem Feuer durchglühet, am tauglichsten hierzu waren. Die erhaltene Masse war größtentheils im Wasser auflösbar. Die Auflösung hatte eine gelbgrüne Farbe, entwickelte, beim Zusatze von Schwefelsäure, geschwefeltes Wasserstoffgas, und setzte reinen Schwefel ab. Daß bei dem Glühen die Schwefelsäure durch den Kohlenstoff ihres Sauerstoffs beraubt und sie dadurch in Schwefel zurück gebracht wird, der sich mit der zugesetzten Pottasche zur im Wasser lösbaren Schwefelleber bildet, ist etwas, was jeder Chemiker von selbst einsieht. Den etwanigen Zusatz von Pottasche abgerechnet, ist diese Art, sich eine Schwefelleber zu bereiten, keinesweges kostspielig. Da nun der verstorbene Herr von Wegner, dem Geruche zufolge, welchen die so genannte Schwefelquelle mit allen Säuerlingen gemein hat, und welcher vorzüglich hier seinen Ursprung aus der salzigen, von der Sonne erwärmten Erde haben mag, immer behauptet hat, daß in Bukowine ein natürliches Schwefelbad existire: so würde es seinem Nachfolger nicht schwer werden, wenigstens mit einem Surrogat desselben seinen Badegästen in Zukunft auszuhelfen.

„Unfehlbar würde sich auch aus dieser Erde und besser noch aus dem vorhin gedachten Salze, wenn beide vorher durch Rösten von ihren wässerigen Theilen befreit würden, durch Destillation aus stark beschlagenen irdenen Retorten eine zu ökonomischen Verrichtungen brauchbare Schwefelsäure ziehen lassen; sie würde indeß allerdings mit etwas Kochsalzsäure von dem in der Erde befindlichen Kalkkochsalze verunreinigt seyn; man findet dieses indeß auch häufig bei derjenigen, welche fabrikmäßig bereitet worden ist. Diese salzige Erde auf schwefelsaures Eisen (Vitriol) und schwefelsauren Thon (Alaun) zu nützen, wozu bereits ein Plan entworfen war, würde wegen der Beimischung von Gyps und Kalkkochsalz mit mehreren Schwierigkeiten und Unkosten verknüpft seyn."

Mineralische Quellen

sind in der Standesherrschaft Wartenberg

1) zu Bukowine. Diese Quelle hat schon bald nach ihrer Entdeckung an mehreren Kranken, selbst an einigen contracten Personen, welche die barmherzigen Brüder aus Breslau dahin geschickt hatten, ihre wohlthätigen Wirkungen bewiesen, so daß der damahlige Besitzer bald alle Anstalten getroffen hat, diese Quelle dem Publico nützlich zu machen. Er erbauete ein Badehaus mit einem Regenbade, zwei Wannenstuben mit zwölf Wannen, ein Gebäude mit zwölf Wohnungen, einen Speisesaal mit Billard rc., und sorgte auch für die Beköstigung der Badegäste.

Der jetzige Besitzer fährt von Jahr zu Jahr fort, nicht nur die Bequemlichkeiten der Badegäste, deren sich immer mehrere einfinden, zu vermehren, sondern auch die Gegend der Quellen zu verschönern *).

2) Zu Langendorf. Hier sind vier Quellen:

A. Die erste quillt ungefähr tausend Schritt gegen Mittag von dem herrschaftlichen Wohnhause desjenigen Antheils des Dorfes, der Otto-Langendorf genannt wird, am Fuße einer sanften Anhöhe, auf der sich das Dorf hinzieht, unterhalb einer Wiese und eines ehedem bewässerten Teiches, dicht am Damme. Der Brunnen, in den diese Quelle gefaßt ist, ist sechs Ellen tief, vier Ellen ins Gevierte, und beträgt 16 Ellen im Umkreise. Der Wasserstand ist $2\frac{1}{2}$ Elle. Die Quellen (die Hauptquelle ist an der nach Osten gelegenen Ecke; an der westlichen Seite sind zwei schwächere, und an der südlichen ist eine Quelle süßen Wassers, die man aber abgeleitet hat) kommen aus zermalmtem Granit, Sienit und grobkörnigem Sande hervor. Man fand auch einige Eisenschlacken auf dem Boden, wahrscheinlich von einst hier gewesenen Schmelzstätten (Luppenfeuer), da die Gegend umher Wiesen- oder Sumpferz zu enthalten scheint. Der Zufluß des

*) Nähere Nachricht giebt die Schrift: Die Heilquellen zu Bukowine für Aerzte und Nichtärzte, nach des Herrn Apothekers Lachmund chemischen Untersuchungen gewürdigt von Dr. Kausch.

Wassers muß nicht geringe seyn, da sich der ausgeschöpfte Brunnen in drei bis vier Stunden zu seiner gewöhnlichen Höhe wieder füllt.

B. Die drei andern Quellen entspringen in dem vom herrschaftlichen Wohngebäude Mitternachtabend gelegenen Walde, links von der durch den Wald schnurgerade gehauenen Allee. Da auch in den hier befindlichen mehreren Hügeln wahrscheinlich Eisenerze liegen, so mögen sie noch mehrere Quellen enthalten. Die reichhaltigste dieser drei Quellen ist die, etwa zwanzig Schritt von dem Försterhause und von der Pottaschsiederei entfernte, die nun auch eingefaßt ist.

C. Bei der Eremitage, am Abhange eines der größern Hügel, sind noch zwei, an Eisengehalt aber schwächere Quellen, als die vorhin bemerkten. Beide könnten vielleicht leicht in einen gemeinschaftlichen Brunnen vereinigt werden, wenn man ihn einige Fuß aufwärts am Abhange des Hügels anlegte.

Folgende Tabelle zeigt das Verhalten dieser Quellen gegen Reagentien bei den Untersuchungen, die der Breslauer Arzt, Herr Dr. Friese, der Wartenberger Arzt, Herr Dr. Friedrich, und der Apotheker und Assessor Coll. Med. Herr Günther jun. aus Breslau angestellt haben:

	Die zuerst gefundene Langendorfer Quelle, bei den Versuchen im Jul. 1797.	Dieselbe Quelle bei den 13ten und 14ten Octo[illegible] am Brunnen angestell[illegible] Versuchen.
A. Auf Luftsäure.		
1) Lackmuß Tinktur.	Wurde augenblicklich vom Wasser geröthet.	Gab dieselbe Erscheinun[illegible]
2) Lackmußpapier.	Ward ebenfalls augenblicklich geröthet.	Eben so.
3) Vitriol-Säure.	Es wurden zahlreiche kleine Luftblasen aus dem Wasser entbunden, welches dabei klar blieb.	Dieselbe Erscheinung.
4) Kalkwasser.	— — — —	Anfänglich erfolgte eine u[illegible] bedeutende Trübung, na[illegible] etlichen Stunden bemerk[illegible] man einen gelblichen B[illegible] densatz.
B. Auf ungebundenes Laugensalz.		
a) Curcume-Tinctur.	— — — —	Das Wasser ließ die Far[illegible] derselben unverändert.

Die Quelle vor dem Försterhause.	Die beiden Quellen bei der Eremitage.	Das Buckowiner Stahlwasser.
Dieselbe Erscheinung.	Dieselbe Erscheinung.	Dieselbe Verwandlung der Farbe.
Eben so.	— — — —	— — — —
— — — —	— — — —	— — — —
— — — —	— — — —	— — — —
— — — —	— — — —	Die Tinctur behielt ihre Farbe.

	Die zuerst gefundene Langendorfer Quelle, bei den Versuchen im Jul. 1797.	Dieselbe Quelle bei [illegible] 13ten und 14ten [illegible] am Brunnen ange[illegible] Versuchen.
b) Vitriolgesäuerte Bittersalzerde.	Es erfolgte eine augenblickliche Trübung.	Anfänglich wirkte da[illegible] ser nicht darauf, [illegible] niger Zeit kam ab[illegible] Trübung zum Vo[illegible]
c) Quecksilber-Sublimat.	Das Wasser blieb klar, und es erfolgte nicht die geringste Veränderung.	Keine Veränderung.
C. Auf Schwefelleber. Warm bereitete Auflösung des Quecksilbers in Salpetersäure.	— — — —	Es entstand sogleic[illegible] starke weiße Trübu[illegible] sich schon nach einer [illegible] de in einen häufigen [illegible] Niederschlag vern[illegible] hatte.
D. Auf vitriolsaure Salze. a) Salzsaure Schwererde.	Es entstand eine schwache Trübung.	Gab dieselbe Erschein[illegible]

Quelle vor dem Försterhause.	Die baiden Quellen bei der Eremitage.	Das Buckowiner Stahlwasser.
…gte sich bald eine …rze Trübung, die …u. nach zunahm, und …berwärts in leichten …en zusammen zog.	— — — —	Es entstand keine Veränderung.
Eben so.	— — — —	Keine Veränderung.
…übung war sogleich …chtlich, nach zwei …den war ein häufi… …weißgrauer flockiger …nsatz vorhanden.	— — — —	Die sich anfangs geäußerte schwache Trübung verschwand nachher, und wollte bei fernerem Hinzutröpfeln der Solution nicht wieder zum Vorschein kommen.
…lich änderte sich das …er nicht, nachher er… …e eine schwache Trü… …	Verhielten sich eben so.	Die erfolgte Trübung war schwach, so wie die Spuren eines nachher entstandenen Niederschlags.

	Die zuerst gefundene Langendorfer Quelle, bei den Versuchen im Jul. 1797.	Dieselbe Quelle bei d 13ten und 14ten O am Brunnen anges Versuchen.
b) Essigsaure Schwererde.	Das Wasser gab mit diesem Reagens eine unbeträchtliche Trübung.	Dieselbe Erscheinun
c) Salpetersaures Silber.	Das Wasser trübe, die Auflösung augenblicklich, den folgenden Tag fand man einen häufigen körnigen Bodensatz.	Die erfolgte Trübung allmählich stärker, u. nach zwei Stunden ein beträchtlicher kö Niederschlag vorha
d) Kalkbereitete Quecksilber-Auflösung.	Augenblicklich entstand eine starke Trübung, und den folgenden Tag ein braungraulicher Niederschlag.	Es erfolgte sogleich ei trächtliche wolkige bung, nach einigen den war das Reage ein braungraulicher flockiger Niederschla geschieden.
E. Auf kochsalzsaure Salze,		
1) Silber-Vitriol.	Es zeigte sich eine starke Trübung und den folgenden Tag ein Niederschlag.	Reagirte nicht auge lich, nach zwei St war aber schon ein ger Bodensatz da.

Quelle vor dem Försterhause.	Die beiden Quellen bei der Eremitage.	Das Buckowiner Stahlwasser.
lich wirkte es nicht uf, nachher entstand schwache Trübung und eringer Niederschlag.	Dieselbe Erscheinung aber ohne Spur von Sediment.	Die Mischung ward etwas trübe, nach einigen Stunden hatte sich ein geringer Niederschlag gefunden.
Solution ward weit iger davon getrübt.	Erst in einiger Zeit erfolgte eine geringe Trübung.	Reagirte nur unbeträchtlich und gab kein Sediment.
rübung war eben so und weißlich, blieb schwebend.	— — — —	Auf der Oberfläche entstand sogleich eine weißgraue Trübung; nach zwei Stunden hatte sich noch kein Niederschlag gefunden.
rte bald und stärker bei den vorhergehen, die Trübung blieb schwebend.	— — — —	Es entstand sogleich eine schwache Trübung; nach mehrern Stunden hatte sich kein Niederschlag gefunden.

	Die zuerst gefundene Langendorfer Quelle, bei den Versuchen im Jul. 1797.	Dieselbe Quelle bei 13ten und 14ten am Brunnen ange Versuchen.
2) Salpetersaures Blei.	Das Wasser brachte nur eine geringe Trübung zuwege.	Es erfolgte sogleic Trübung, und na Stunden war ein ger weißer Niede vorhanden.
3) Essigsaures Blei.	Ward durch das Wasser weit stärker getrübt, als der Bleisalpeter.	Ward augenblicklich und gab einen körnigen Niedersch
F. Auf erdige Mittelsalze.		
a) Seifengeist.	Er milchte sogleich, das Wasser zersetzte den Spiritus, und schied die Seife als flockiges Präcipitat ab.	Wurde sogleich trüb zeigte die abgesc Seife in Flocken.
b) Zuckersaures vegetabilisches Laugensalz.	Es erfolgte eine schwache Trübung ohne Niederschlag.	Die Trübung war a lich nur schwach, aber bald zu, und was Sediment.

… Quelle vor dem Försterhause.	Die beiden Quellen bei der Eremitage.	Das Buckowiner Stahlwasser.
…hielt sich eben so.	— — — —	Wirkte anfänglich gar nicht auf den Bleisalpeter, erst nach einiger Zeit kam ein schwaches Wölkchen zum Vorscheir.
… auf das essigsaure … am stärksten, der …e körnige Niederschlag …gte häufiger und in …er Zeit.	Wirkte sogleich, die weiße Trübung setzte sich allmählich zu Boden.	Wirkte sogleich auf dieses Reagens, und gab einen weißlichen körnigen Niederschlag.
… sich sogleich, doch … ohne Flocken.	— — — —	Die Trübung war schwach, und kam nicht augenblicklich zum Vorschein, es zeigten sich auch keine Flocken.
… sich augenblicklich …hne Bodensatz.	— — — —	Ward sogleich, obzwar nur schwach, getrübt und gab kein Sediment.

	Die zuerst gefundene Langendorfer Quelle, bei den Versuchen im Jul. 1797.	Dieselbe Quelle bei d 13ten und 14ten O am Brunnen ange Versuchen.
c) Flüssiges luftleeres Laugensalz.	Das Wasser trübte sich, und zeigte gelbe Wolken, die nach weniger Zeit in gelben Flocken niederfielen.	Es entstand sogleich e ber flockiger Niedersc
d) Flüssiges luftvolles Laugensalz.	— — — —	Dieses Reagens so einen gelben etwas gen Niederschlag al
e) Luftleeres Pflanzenlaugensalz.	Brachte eine schwache gelbe Trübung des Wassers hervor.	Machte eine gelbliche im Wasser, die sich präcipitirte.
f) Luftvolles Pflanzenlaugensalz.	Bewirkte einen halbbraunen gelblichen Niederschlag.	Es entstand eine gelbe die schwebend blie

Quelle vor dem Försterhause.	Die beiden Quellen bei der Eremitage.	Das Buckowiner Stahlwasser.
blicklich äußerte sich gelbliche Trübung, nach zwei Stunden gelblicher flockiger erschlag.	— — — —	Das Wasser wurde erst nach einer Weile sehr schwach getrübt, ohne einen Niederschlag abzusetzen.
davon sogleich gelb übt, nach zwei Stun- hatten sich gelbe Flok- abgeschieden.	— — — —	Verhielt sich so wie beim ätzenden flüchtigen Alkali.
Wasser werd! sogleich lich getrübt, nachher den sich leichte gelb- Flocken ab.	— — — —	Blieb auch nach etlichen Stunden klar und unverändert.
blicklich eine gelbe bung, die nach zwei nden in einen flocki- Niederschlag verwan- war.	Ließ beide Quellen unverändert.	Blieb auch nach zwei Stunden klar und unverändert.

	Die zuerst gefundene Langendorfer Quelle, bei den Versuchen im Jul. 1797.	Dieselbe Quelle bei d 13ten und 14ten O am Brunnen ange Versuchen.
G. Auf Eisen.		
1) Galläpfel-Tinctur.	Ein einziger Tropfen dieser Tinctur färbte vier Unzen Wasser sogleich dunkelpurpurfarben, fast schwärzlich. In dem zur Hälfte abgedampften Wasser entstand dagegen keine Veränderung der Farbe als die Tinctur zugetröpfelt wurde.	Ein Tropfen in ein Quart Wasser get brachte augenblickl dunkle Purpurfarbe ge. Den folgende fand man an den und auf dem Bod Gefäßes ein schwär Präcipitat. Da Hälfte abgedampft ser ließ die Tinct verändert.
2) Blausaures flüchtiges Laugensalz.	Färbte das Wasser bläulich, nachher entstand ein ins Grüne spielender Niederschlag.	Zehn Tropfen in ein Quart Wasser gesc brachten augenblick ne wolkige Trübung, eine schöne blaue und bald nachher beträchtlichen grün Niederschlag hervo

Quelle vor dem Försterhause.	Die beiden Quellen bei der Eremitage.	Das Buckowiner Stahlwasser.
lt sich in allem so wie orhergehende Quelle.	Das Wasser beider Quellen wurde zwar augenblicklich, jedoch schwächer, tingirt.	Dieses Wasser, denselben Morgen geschöpft und anderthalb Meilen weit in wohlverwahrten Flaschen getragen, bekam von einem Tropfen Tinctur, auf ein halbes Quart gerechnet, augenblicklich eine schöne, obzwar etwas lichtere Purpurfarbe, als bei Nr. 2 und 3.
Tropfen färbten die che Quantität Wasser n so und fast noch stär- . Der Niederschlag : auch grünlich.	Zehn Tropfen bewirkten in der gleichen Menge Wasser beider Quellen dieselbe Erscheinung, obwohl in weit geringerm Grade.	Zehn Tropfen auf ein halbes Quart dieses Wassers getröpfelt gaben ihm nur eine blaßblaue Farbe, und es schied sich kein Niederschlag ab.

	Die zuerst gefundene Langendorfer Quelle, bei den Versuchen im Jul. 1797.	Dieselbe Quelle bei [illegible] 13ten und 14ten [illegible] am Brunnen ang[illegible] Versuchen.
3) Blausaure Bittersalzerde.	Brachte eine blaue Trübung hervor, aber schwächer als im vorstehenden Versuche.	Färbte das Wasser [illegible] blicklich blau, a[illegible] Farbe war lichter [illegible] dem Versuche [illegible] blausauren flüchtig[illegible] gensalze.
4) Blausaure Kalkerde.	Brachte augenblicklich eine hellblaue Farbe hervor.	Fünf Tropfen in ein [illegible] Quart Wasser g[illegible] tet bewirkten auge[illegible] lich eine dunkelh[illegible] blaue Farbe und na[illegible] nach einen häufigen Niederschlag.

e Quelle vor dem Försterhause.	Die beiden Quellen bei der Eremitage.	Das Buckowiner Stahlwasser.
— — —	— — — —	— — — —
elt sich so wie vorhergehende Quelle.	Wurden beide auch hellblau gefärbt, schwächer als die beiden andern Langendorfer, aber stärker als das nachstehende Wasser.	Die blaue Farbe kam erst nach und nach zum Vorschein, blieb blaß, und es erfolgte kein Bodensatz.

Folgerungen.

Die Bestandtheile dieser eisenhaltigen Quellen sind also:

nach A. 1. 2. 3. 4. **Luftsäure;**

nach G. 1. 2. 3. 4. **Eisen**, welches sich auch nach den Versuchen F. c. d. e. f. verräth.

(Die erste und zweite Langendorfer Quelle enthalten mehr Eisen, als die Bukowiner.)

Der Versuch G. 1. beweiset zugleich, **daß das Eisen allein in Luftsäure aufgelöset ist.**

Nach den Versuchen D. a. b. c. d. und E. 1. 2. 3. ist man berechtigt, auf die Gegenwart **vitriolsaurer** und **kochsalzsaurer Salze** zu schließen, die aber nur in geringer Menge darin vorhanden seyn dürften.

Nach den Versuchen F. a. b. c. d. e. f. enthalten die Quellen auch etwas von **erdigen Mittelsalzen**, und zwar die ersteren beiden mehr, als die zu Bukowine.

Der Versuch B. b. scheint für sich allein nicht hinlänglich, um auf die Gegenwart **eines ungebundenen Laugensalzes** in den zwei stärkern Langendorfer Quellen zu schließen, da a und c das Wasser unverändert ließen. Bei den übrigen wird durch diese Versuche B. a. b. c. die gänzliche Abwesenheit desselben außer Zweifel gesetzt.

Ob der Versuch C. 1. die Anwesenheit eines **schwefelartigen Stoffes** erweiset, kann nicht gewiß behauptet werden, da das Verhalten bei den Versuchen E. 2. 3. das Gegentheil zeigt.

Nach den mittelst des pneumatisch-chemischen Quecksilber-Apparats nach **Bergmanns** und **Westrumbs** Angabe zwei Mahl unternommenen Versuchen auf die in der zuerst entdeckten Langendorfer Quelle vorhandenen Luftarten stimmten beide Resultate dahin überein, daß ein Medicinal-Pfund dieses Wassers sechs Cubik-Zoll Luft enthielt, die sich bei der ferneren Prüfung mit Kalkwasser als Luftsäure zeigte. Auf die andern Quellen sind, so viel ich weiß, noch keine Versuche angestellt worden.

Nach **Mogalla** beträgt der Rückstand von 4 Quart (ungefähr 7 Medicinal-Pfund) bis zur Trockne abgedämpften Bukowiner Wassers $4\frac{2}{3}$ Gran. Eine gleiche Quantität des Langendorfer Wassers der ersten Quelle enthält $5\frac{11}{16}$ Gran.

Zweiter Abschnitt.

Manufacturen und Fabriken.

Die Tuch-Manufactur, die besonders in Festenberg stark betrieben wird, minder aber in Wartenberg, ist die einzige Manufactur von Beträchtlichkeit in diesem Kreise. Außer dieser ist in Goschütz eine Seidenspinnerei und in Festenberg sind etliche Zeug- und Mesolanweber.

Papiermühlen sind zu Bukowine und zu Czodorock. Zu der letztern gehören, außer dem hiesigen Stampfwerke und dem Haderschneider, noch die Stampfwerke zu Lasisken und Bunkey.

Bleichen sind:

zu Muschlitz	2;
zu Radine	1;
zu Ulbersdorf	1.
Summa	4.

Tuchwalkmühlen sind:

zu Ellguth	1;
zu Alt-Festenberg	2;
zu Czodorock	1;
zu Bawelke	1;
zu Schollendorf	1;
zu Wartenberg	1.
Summa	7.

Zu Goschütz ist ein **Kupferhammer.**

Zu Bunkey ist eine **Pulvermühle.**

Pottaschsiedereien: zu Dungrawe, Rippin, Steine, Langendorf und Wartenberg.

Brettmühlen sind:

zu Bukowine 2;
zu Distelwitz 1;
zu Dombrowe 1;
zu Wischolka 1;
zu Baldowitz 1.

Summa 6.

Dritter Abschnitt.

Politische Verfassung.

Gränzen.

Der **Wartenberger Kreis**, der die freie Standesherrschaft **Wartenberg**, den Erben des letzten Herzogs von Curland, Peter Byron, gehörig, und die freie Standesherrschaft Goschütz, mit der jetzt die ehemahlige **Minderherrschaft Festenberg** vereinigt ist, ein Majorat der gräflichen Familie von Reichenbach, (der Standesherr ist Erb-Land-Postmeister) enthält, gränzt: gegen **Morgen** an Süd-Preußen; gegen **Mittag** an den Namslauer Kreis des Fürstenthums Breslau; gegen **Abend** und **Mitternacht** an das Fürstenthum Oels.

Größe.

Der Wartenberger Kreis enthält nach Zimmermann *), Scheibel und Sack **) 10 Quadrat-Meilen.

---

*) Zimmermanns Beiträge Th. 7. S. 117.

**) Desselben allgemeine Nachrichten von Schlesien S. 4.

Volksmenge.

In den Jahren 1791, 1793, 1794, 1795, 1796, 1800, 1801, 1802 und 1803 lebten.

	1791.	1793.	1794.	1795.	1796.	1800.	1801.	1802.	1803.
A. In den Städten:									
1) Wartenberg	1582	1487	1513	1551	1451	1471	1461	1524	1527
2) Festenberg	1447	1347	1297	1453	1381	1343	1460	1601	1548
Summa .	3029	2834	2810	3004	2832	2814	2921	3125	3075
B. Auf dem Lande	17787	18064	18168	17972	18022	20244	20509	20955	21084
Summa .	20816	20898	20978	20976	20854	23058	23430	24080	24159
Nimmt man 10 Quadrat-Meilen an, so kommen auf jede .	2081	2089	2097	2097	2085	2305	2343	2408	2415

Sprache.

Man spricht Deutsch und Polnisch, doch die letztere Sprache mehr, als die erstere, weil selbst diejenigen, die Deutsch sprechen könnten, lieber Polnisch reden.

Aeußere Verfassung.

Die beiden standesherrlichen Regierungen stehen, so wie die Gerichtsämter der Dominien, unter der Oberamtsregierung zu Breslau.

In Ansehung der Steuer und Contribution steht der Kreis unter der Kriegs- und Domänen-Kammer zu Breslau.

Die Städte gehören zum vierten steuerräthlichen Departement, das in Namslau seinen Sitz hat.

In Ansehung der Steuer gehört der Kreis zur dritten Classe.

In Ansehung des Accise- und Zollwesens zur Direction zu Breslau.

Der ganze Kreis gehört zu der von der Haupt-Salz-Factorei zu Kreuzburg abhängenden Filial-Factorei zu Wartenberg.

In Ansehung des landschaftlichen Systems ist der Kreis mit Breslau verbunden.

Das Kürassier-Regiment Nr. 1. hat die Werbung im Kreise.

Aeußere

Aeußere kirchliche Verfassung.

Die Religion ist untermengt, protestantisch und katholisch. Es wohnen auch mehrere Juden in dem Kreise. Folgende Tabelle zeigt die Zahl der Kirchen.

	In den Städt.		Auf dem Lande.	
	Luth.	Kath.	Protest.	Kath.
In der Standesherrschaft Wartenberg.				
Wartenberg . .	1	2	1 reform.	18
In der Standesherrschaft Goschütz.				
Festenberg . .	2	—	1 luther.	1
Summa	3	2	2	19

In Kunzendorf ist eine katholische Haus-Capelle.

In Alt-Festenberg ist eine Judenschule.

Die protestantischen Kirchen der Standesherrschaft Wartenberg stehen unter dem Ober-Consistorio zu Breslau und auch unter der Breslauer Inspection.

Die Kirchen der Standesherrschaft Goschütz aber stehen unter dem Consistorio zu Oels, und gehören zum Seniorat Festenberg.

Die katholischen Kirchen gehören unter das Breslauer Archidiakonat.

Goschütz gehört zum Archipresbyteriat Militsch.

Zum Archipresbyteriat **Wartenberg** gehören nebst den Filial-Kirchen die Mutterkirchen:

Zu Braline. Weltgeistlicher.

Zu Türkwitz. W.

Zu Trembatschine. W.

Zu Domsel. W.

Zu Schellendorf. W

Zu Rudelsdorf. W.

I.

Die freie Standesherrschaft Wartenberg.

Diese Herrschaft, die den größesten Theil des Kreises ausmacht, gränzt gegen **Morgen** an Süd-Preußen; gegen **Mittag** an den Namslauer Kreis des Fürstenthums Breslau; gegen **Abend** an den Bernstadter Kreis des Fürstenthums Oels; gegen **Mitternacht** an die freie Standesherrschaft Goschütz, an den Tscheschner Halt und an die zum Fürstenthum Oels gehörige Herrschaft Medzibor.

Die in ihren Gränzen entstehenden oben angezeigten Gewässer sind: die **Weyde**, die **Oelse** und ein **Arm der Bartsch**.

Sie enthält auf etwas über 8 Quadrat-Meilen 1 Stadt, **Wartenberg**, 1 Marktflecken, **Bralin**, 80 Dörfer, darunter 8 Colonien sind.

A. Die Stadt Wartenberg,

(Polnisch-Wartenberg *), Poln. Szychew.)

Die Hauptstadt der Herrschaft und die Kreisstadt ist ganz gut gebauet, hat eine Mauer, einen bewässerten Wallgraben, zwei Thore, das **Deutsche** und das **Pol**-

---

*) S. Th. 5. S. 256. wo in der sechsten Zeile statt der Wörter in Ober-Schlesien gesetzt werden muß: in der Standesherrschaft Wartenberg.

nische, und enthält außer dem alten und neuen herrschaftlichen Schlosse, davon jedoch das erstere außerhalb der Ringmauer befindlich ist:

I. An städtischen Gebäuden:

1) das Rathhaus;
2) ein Spritzenhaus;
3) das Stadtbrauhaus;
4) die Brodbänke;
5) die Fleischbänke;
6) das Schießhaus;
7) ein Hospital in der Vorstadt;
8) das Salz-Magazin, die ehemahlige Michaelis-Kirche.

II. An Kirchen- und Schulgebäuden:

1) Die katholische Parochial Kirche St. Peter und Paul, an der nebst dem Pfarrer noch zwei Capelläne stehen.
2) Die evangel. luther. Schloßkirche St. Johann, die Parochial-Rechte hat, an der zwei Prediger die Gottesverehrungen Polnisch und Deutsch besorgen. Sie macht einen Flügel des neuen Schlosses aus.
3) Die katholische Pfarrwohnung;
4) die katholische und
5) die lutherische Schule.

III. Privat-Häuser zählt man 204 *).

---

*) Zimmermann giebt in den Beiträgen Th. 7. S. 140. nur 170 an. Obige Summe ist aus dessen allgemeinen Nachrichten von Schlesien S. 11. angenommen.

Königliche Aemter sind hier:

Das Salzamt;

das Postamt;

das Accise- und Zollamt;

das Steueramt;

das Juden-Toleranz-Amt.

Die bürgerlichen Nahrungszweige sind: **Ackerbau**, das **Bierbrauen**, dazu die Gerechtigkeit auf 107 Häusern haftet, ein kleiner **Consumtions-Handel**, der von Christen und Juden getrieben wird; das erlernte **Handwerk**; die Tuchmacher sind die größte Zunft.

Jahrmärkte sind: 1) Montags nach Pauli Bekehrung; 2) Montags nach Exaudi; 3) Montags nach Michaelis. Außer den Viehmärkten, die zugleich mit den Jahrmärkten gehalten werden, ist noch einer am Frohnleichnamstage.

Die Besatzung besteht aus 1 Escadron Husaren vom Reg. Nr. 3.

B. Der Marktflecken
Bralin,

dem Standesherrn gehörig, hat eine **katholische Mutter-** und eine dergleichen **Filial-Kirche**; die **Wohnung des Parochi**; zwei **Schulhäuser**; ein **Hospital**; 59 Bauern; 77 Häusler.

Die Einwohner nähren sich theils vom Ackerbau, theils von einem Handwerke.

Jahrmärkte sind: 1) am Tage Philippi Jacobi; 2) Montags nach dem Scapulier-Feste; 3) Montags nach Mariä Geburt.

C. Dörfer:

Nahmen der Dörfer.	Oeffentliche Gebäude. Kirchen.	Schulen.	Pfarrhäuser.	Gemeinhäuser.	Herrschaftl. Schlösser und Wohnhäuser.	Vorwerke.	Förstereien.	Freischolzereien.	Kretschame.	Ganze Bauern.
Alte Brettmühle	—	—	—	—	—	—	—	—	—	—
Annenthal, Colonie	—	—	—	—	—	—	—	—	—	—
Baldowiz	—	1	—	—	—	1	2	—	—	—
Bawelke	—	—	—	—	—	1	—	—	—	—
Benklowe	—	—	—	—	—	—	—	—	—	—
Bischdorf	—	—	—	—	1	1	—	—	—	4
Boguslawiz, (Olbin)	—	—	—	—	1	1	—	—	1	—
Braline	—	—	—	—	—	1	—	—	1	—
Bukowine, Ober-	—	—	—	—	1	1	1	—	—	3
Bukowine, Nieder-	—	1	—	—	—	—	—	—	—	—
Cammerau	—	—	—	—	1	1	1	—	—	—
Carlowiz, Colonie	—	—	—	—	—	—	—	—	—	—
Cojentschine	—	—	—	—	—	2	—	—	—	—
Colewermühle	—	—	—	—	—	—	—	—	—	—
Cosel, Groß-	1 kath.	—	—	—	—	2	—	—	—	13
Cosel, Klein-	—	—	—	—	—	—	1	1	1	14
Dalbersdorf	—	—	—	—	1	2	1	—	—	—
Distelwitz, Ober- u. Nieder-	1 kath.	1	1	—	1	2	1	—	—	—
Dombrawe	—	—	—	—	—	—	—	—	—	—
Dombrowe	—	—	—	—	—	—	—	—	—	—
Dombsel	1 kath.	2	1	—	—	1	—	—	—	8
Dyherrnfeld, Colonie	—	—	—	—	—	—	—	—	—	—
Eichgrund (Dlugimost)	—	—	—	—	1	1	—	—	—	—
Ellguth, Distelwitzer-	—	—	—	—	—	1	—	—	—	—
Ellguth, Rippiner-	—	—	—	—	—	1	1	1	—	10
Friedrichstabor, Groß-	1 ref.	1	1	—	—	—	—	—	—	—
Friedrichstabor, Klein-	—	—	—	—	—	—	—	—	—	—
Fruschof	—	—	—	—	—	—	—	—	—	—

	Dreschgärtner.	Häusler.	Colonisten-Häuser.	Mühlen. Wasser-	Mühlen. Wind	Mühlen. Brett	Schmieden.	Schäfereien.	Herrschaft.	Anmerkungen und Merkwürdigkeiten.
7	—	..	—	—	—	—	—	—	Adelig.	Gehört zu Schönwalde.
—	—	—	8	—	—	—	—	—	desgl.	
—	23	3	—	—	—	1	—	—	Standesherrlich.	
3	—	—	—	—	—	—	—	—	Adelig.	Gehört zu Schönwalde.
—	—	2	—	—	—	—	—	-	desgl.	Gehört zu Groß-Woitsdorf.
—	15	3	—	—	1	—	—	—	desgl.	
—	9	1	—	—	—	—	—	1	desgl.	
—	5	2	—	—	1	—	1	1	Standesherrl.	
—	8	3	—	1	—	1	1	1	Adelig.	Die Bauern heißen Waldkretscham. Hier ist eine Papiermühle und 1 Gesundbr.
7	1	—	—	1	—	1	—	—	desgl.	
1	19	3	—	—	—	—	1	1	Standesherrl.	
—	—	—	11	—	—	—	—	—	Stift St. Matth. zu Breslau.	
5	16	1	—	1	—	—	—	1	Standesherrl.	Ein Vorwerk heißt Grundvorwerk.
2	1	—	—	1	—	—	—	—	Stift St. Matth. zu Breslau.	Gehört zu Kunzendorf.
6	10	3	—	—	—	—	1	—	Standesherrl.	Ein Vorwerk heißt Maliers, und das andere Scheunig.
2	13	—	—	—	—	—	1	—	Kämm. Wartenb.	
3	10	3	—	2	—	—	1	1	Adelig.	Ein Vorwerk heißt Neuguth.
3	12	1	—	2	—	1	1	1	Standesherrl.	Hierher geh. die Kundenhäuser.
0	—	2	—	1	—	1	—	—	Adelig	
1	—	—	—	—	—	—	—	—	desgl.	Gehört zu Gaffron.
1	13	2	—	—	1	—	1	—	desgl.	Das Vorw. heißt Gutglück.
—	—	—	22	—	—	—	—	—	desgl.	
—	5	—	—	1	—	—	—	—	desgl.	
3	6	—	—	—	—	—	—	1	Standesherrl.	
2	1	3	—	—	—	—	—	1	desgl.	Das Vorwerk heißt Folusch. Eine Walkmühle.
6	—	—	—	—	—	—	—		desgl.	Sind 2 von reformirt. Böhmen bewohnte Colonien.
—	—	16	—	—	—	—	—	—	desgl.	
0	—	1	—	—	—	—	—	—	desgl.	1 Pottaschsiederei. Gehört zu Rippin.

Nahmen der Dörfer.	Oeffentliche Gebäude. Kirchen.	Schulen.	Pfarrhäuser.	Gemeindhäuser.	Herrschaftl. Schlösser und Wohnhäuser.	Vorwerke.	Förstereien.	Freischolzereien.	Kretschame.	Ganze Bauern.
Gaffron	—	—	—	—	1	1	—	—	—	—
Görnsdorf	1 kath	1	—	—	1	1	1	—	—	—
Gohle	—	—	—	—	—	1	—	—	—	—
Grüneich	—	—	—	—	—	1	—	—	—	—
Grünwalde	—	—	—	—	—	1	—	—	—	—
Grunwitz	—	1	—	—	1	2	—	—	—	6
Gurken	—	—	—	—	—	—	—	—	—	—
Himmelthal	—	—	1	—	—	1	—	—	—	—
Königswill, Colonie	—	—	—	—	—	—	—	—	—	—
Kraschen	—	1	—	—	1	2	—	—	—	—
Kundenhäuser	—	—	—	—	—	—	—	—	1	—
Kunzendorf, (Dziadowokloda)	—	1	—	—	1	1	1	—	—	8
Langendorf, (Wielowisch).										
1ster Antheil	—	—	—	—	1	1	—	—	—	—
2ter Antheil	—	—	—	—	—	1	—	—	—	—
3ter Antheil	—	—	—	—	1	1	—	—	—	—
4ter Antheil	—	—	—	—	1	1	—	—	—	—
5ter Antheil	—	1	—	—	1	2	—	—	—	—
6ter Antheil	—	—	—	—	1	1	1	—	—	2
Langendorf, (Baudizerei)	—	—	—	—	—	—	—	—	—	6
Mangschütz	—	2	1	—	—	3	1	—	—	17
Mechau	—	1	—	—	1	1	—	—	—	14
Merzdorf	1 kath.	1	—	—	—	—	—	—	—	—
Münchwitz	1 kath.	1	—	—	—	—	—	—	—	33
Naßadel	—	—	—	—	1	1	—	—	—	—
Neudorf	1 kath.	1	—	—	—	2	1	—	—	39
Neuhof	—	—	—	—	—	1	—	—	—	—
Niefken	—	—	—	—	—	1	—	—	—	—
Paulschütz	—	—	—	—	—	1	—	—	—	—
Pawelke	—	—	—	—	—	1	—	—	—	—
Perschau	—	—	—	—	1	2	—	—	—	8
Peterhof, Colonie	—	—	—	—	—	—	—	—	—	—
Plattnig	—	—	—	—	—	1	—	—	—	1
Puskrowien	—	—	—	—	—	—	—	—	—	—
Radine	—	—	—	—	1	1	—	—	—	—
Rippin	—	1	—	—	—	1	—	1	—	—
Rudelsdorf, (Drottowitz)	1 kath.	1	1	—	1	1	—	—	—	5

Freigärtner.	Dreschgärtner.	Häusler.	Colonisten-Häuser.	Mühlen. Wasser-	Mühlen. Wind-	Mühlen. Brett-	Schmieden.	Schäfereien.	Herrschaft.	Anmerkungen und Merkwürdigkeiten.
2	7	2	—	1	—	—	1	1	Adelig.	Die Mühle heißt die Hanke-mühle.
2	14	—	—	—	1	—	1	1	desgl.	
3	8	4	—	—	—	—	--	1	Standesherrl.	
—	—	—	—	—	—	—	—	1	Adelig.	Gehört zu Nieder-Stradam.
—	—	—	—	—	—	—	—	1	desgl.	Gehört zu Ober-Stradam.
3	13	3	—	—	—	—	1	1	desgl.	Hierher gehört Zabiack.
2	—	—	—	—	—	—	—	—	desgl.	Gehört zu Klein-Ulbersdorf.
—	4	2	1	—	—	—	—	—	Paroch. zu Wartb.	
—	—	—	24	—	—	—	—	—	Adelig.	
3	9	3	—	—	1	—	—	1	desgl.	Ein Vorw. heißt Neuvorwerk.
3	—	—	—	—	—	—	—	—	Standesherrl.	Gehören zu Distelwitz.
4	15	6	—	—	—	—	1	1	Stift St. Matth. zu Breslau.	Im Schlosse ist 1 kath. Capelle.
—	6	—	—	—	—	—	1	1	Adelig.	
3	4	—	1	—	—	—	—	—	desgl.	
—	5	—	—	—	—	—	—	1	desgl.	
3	5	—	—	—	—	—	—	1	desgl.	
6	10	2	—	—	1	—	1	1	desgl.	Ein Vorwerk heißt Briese.
—	10	—	—	—	1	—	1	1	— —	Heißt auch Ottendorf.
1	—	—	—	—	—	—	—	—	desgl.	Eins der Bauergüter heißt die neue Welt.
2	9	7	—	4	—	—	1	3	Standesherrl.	
4	17	2	—	—	1	—	1	1	desgl.	
4	12	—	—	1	—	—	1	—	desgl.	
—	—	28	—	—	1	—	1	—	Sandst. zu Bresl.	
—	10	2	—	—	1	—	—	1	Adelig.	
7	8	18	—	—	1	—	1	2	Standesherrl.	Ein Vorwerk heißt Sorge.
1	12	4	—	—	1	—	1	1	desgl.	
10	3	—	—	—	—	—	—	—	Adelig.	Gehört zu Kraschen.
—	10	—	—	—	—	—	—	—	Standesherrl.	
—	—	—	—	—	—	—	—	—	Kämm. Wartenb.	Hat eine Walkmühle.
2	13	2	—	—	1	—	1	1	Adelig.	Das eine Vorw. heißt Nieproschine. In diesem Dorfe ist auch ein Hospital.
—	—	—	10	—	—	—	—	—	Standesherrl.	
2	3	—	—	—	1	—	—	—	Adelig.	Gehört zu Groß-Woitsdorf.
7	—	3	—	—	—	—	—	—	Standesherrl.	Gehört zu Rippin.
3	8	1	—	1	—	—	—	1	Adelig.	Eine Bleiche.
4	11	8	—	3	—	—	1	—	Standesherrl.	
1	15	3	—	—	1	—	1	2	Adelig.	

Nahmen der Dörfer.	Oeffentliche Gebäude. Kirchen.	Schulen.	Pfarrhäuser.	Gemeinhäuser.	Herrschaftl. Schlösser und Wohnhäuser.	Vorwerke.	Förstereien.	Freischolzereien.	Kretschame.	Ganze Bauern.
Sandhäuser	—	—	—	—	—	—	—	—	—	—
Sauerwinkel, Colonie	—	—	—	—	—	—	—	—	—	—
Sbitschine	—	—	—	—	1	1	—	—	—	—
Schlaupe	1 kath.	—		—	—	1	—	1	—	16
Schleiße	1 kath.	1	—	—	—	1	1	—	—	27
Schöneiche	—	—	—	—	—	1	—	—	—	—
Schönwalde, Groß=	1 kath.	1	—	—	1	1	—	—	—	—
Schönwalde, Klein=	—	—	—	1	—	1	—	—	—	—
Schollendorf, Ober=	1 kath.	1	1	—	1	1	1	—	—	6
Schollendorf, Nieder=	—	1	—	—	—	1	—	—	1	7
Schreibersdorf, (Pisarzowitz)	—	1	—	—	1	2	—	—	—	11
Steine, (Kammien)	—	—	1	—	—	1	1	—	—	—
Stradam, Ober=	—	—	—	—	—	1	—	—	—	—
Stradam, Nieder=	1 kath.	1	1	—	—	2	—	—	—	5
Stradam, Ober= 1ster Anth	—	—	—	—	1	1	—	—	—	—
Stradam, Ober= 2ter Anth	—	—	—	—	—	1	—	—	—	—
Stradam, Nieder=	—	1	—	—	1	1	—	—	—	6
Trembatschine	1 kath.	1	1	—	1	2	1	—	—	37
Tschermine, Colonie	—	—	—	—	—	—	—	—	—	—
Türkwitz	1 kath.	1	1	—	—	1	—	1	—	24
Ulbersdorf, Klein= (Haldrichowitz)	—	—	—	—	1	2	—	—	—	—
Waldkretscham	—	—	—	—	—	—	—	—	1	—
Wegersdorf, Colonie	—	—	—	—	—	—	—	—	—	—
Weinberg	—	—	—	—	—	1	—	—	—	—
Wioske	—	—	—	—	—	1	—	—	—	—
Woitsdorf, Groß=	—	1	—	—	1	—	—	—	—	3
Woitsdorf, Klein=	—	—	—	—	1	2	—	—	—	2
Zabiack	—	—	—	—	—	—	—	—	—	—

[illegible]	Häusler.	Colonisten-Häuser.	Mühlen. Wasser-	Wind-	Brett	Schmieden.	Schäfereien.	Herrschaft.	Anmerkungen und Merkwürdigkeiten.
—	—	—	—	—	—	—	—	Stift St. Matth. zu Breslau.	Gehören zu Kunzendorf.
—	—	6	—	—	—	—	—	Adelig.	
9	2	—	—	—	—	—	—	Standesherrl.	
4	10	—	—	1	—	1	1	desgl.	Das Vorw. heißt Gänseberg.
6	5		—	1	—	1	1	desgl.	
6	—	—	—	—	—	1	1	Adelig.	Gehört zu Groß-Schönwalde.
2	7	—	—	1	—	1	1	desgl.	Hierher geh. Alte Brettmühle, Bawelke und Schöneiche.
4	—	—	1	—	—	—	—	desgl.	Eine der Freistellen heißt Weinberg.
9	5	6	1	—	—	—	1	desgl.	
0	2	2	1	—	—	1	1	desgl.	Eine Walke.
1	6	—	3	—	—	1	1	desgl.	Ein Vorwerk heißt Meßziniez.
2	—	—	1	1	—	1	1	desgl.	Eine Pottaschsiederei.
8	—	—	—	—	—	—	1	desgl.	Hierher gehört Grünwald.
2	4	3	1	1	—	1	2	desgl.	Ein Vorwerk heißt Paulwitz.
6	—	—	1	—	—	—	1	desgl.	
9	—	—	1	—	—	—	1	desgl.	
8	7	—	1	1	—	1	1	desgl.	Hierher gehört Sauerwinkel.
2	12	—	—	2	—	1	2	Standesherrl.	Eins der Vorw. heißt Posmik.
—	—	18	1	—	—	2	—	desgl.	
—	10	—	—	—	—	1	—	desgl.	Das Vorwerk heißt Briese.
6	1	—	1	—	—	1	1	Adelig.	Ein Vorw heißt Jötsch. 1 Bleiche. Hierh geh auch Gurken.
—	—	—	—	—	—	—	—	Standesherrl.	Gehört zu Distelwitz.
—	—	7	—	—	—	—	—	Adelig.	
2	—	—	—	—	—	—	1	Herzogl.	
4	1	—	—	—	—	—	—	Klein-Wartenb.	
8	3	—	—	—	—	1	1	Adelig.	Hierh. gehören Benklowe und Plattnia.
4	—	—	—	1	—	—	1	desgl.	Ein Vorwerk heißt Niefken.
—	3	—	—	—	—	—	—	desgl.	Gehört zu Grünwitz.

II.

Die freie Standesherrschaft Goschütz.

Diese Herrschaft, die den kleinern Theil des Kreises ausmacht, und ein Majorat der gräflichen Familie von Reichenbach ist, gränzt gegen Morgen und Mittag an die Standesherrschaft Wartenberg und den Tscheschner Halt; gegen Abend an das Fürstenthum Oels; gegen Mitternacht an den Tscheschner Halt.

Sie wird von der Brande bewässert, und enthält auf ungefähr 2 Quadrat-Meilen 1 Stadt, Festenberg, 1 Marktflecken, Goschütz, 28 Dörfer, darunter eine Colonie ist.

A. Die Stadt

F e s t e n b e r g

hat, in die Länge gebauet, keine Mauern, und enthält, nebst dem herrschaftlichen Schlosse:

1. An Kirchen- und Schulgebäuden:
   1) Die evangel. luther. Kirche zum Kripplein Christi, die eigentliche Parochial-Kirche.
   2) Die Kirche zur heiligen Dreifaltigkeit. Der Pastor und die 2 Diakonen, davon einer Polnisch und zugleich Rector ist, besorgen die religiösen Handlungen an beiden Kirchen.
   3) Die Stadtschule, an der außer dem Rector noch 2 Lehrer unterrichten.
   4) Die Wohnung der Prediger.

II. **Bürgerhäuser** sind 240 *).

Königliche Aemter sind hier:

Das Accise- und Zollamt.

Das Juden-Toleranz-Amt.

Einiger Ackerbau, das Bierbrauen, dazu 222 Häuser berechtigt sind, ein kleiner Handel en Detail und das erlernte Handwerk (wohl die Hälfte der Bürger sind Tuchmacher) nähren die Bürger.

Jahrmärkte sind: 1) Montags nach dem Tage der heil. drei Könige; 2) Montags nach Cantate; 3) Montags nach Mariä Geburt; 4) Montags nach Allerheiligen.

Die Garnison besteht aus 1 Escadron Husaren vom Regiment Nr. 3.

B. Der Marktflecken.

Goschütz

enthält 1 luth. Schulhaus; 1 Stockhaus; 25 Bürgerhäuser; 5 Häusler; 2 Freihäuser; 1 Colonisten-Haus. Ackerbau und das erlernte Handwerk nähren die Einwohner.

---

*) Zimmermann giebt in den allgemeinen Nachrichten S. 11. nur 235 an.

C. Dörf

Nahmen der Dörfer.	Oeffentliche Gebäude. Kirchen. Luther.	Kirchen. Kathol.	Schulen. Luther.	Schulen. Kathol.	Pfarrhäuser.	Gemeinhäuser.	Herrschaftl. Schlösser und Wohnhäuser.	Vorwerke.	Försterhäuser.
Amalienthal, Colonie .	—	—	—	—	—	—	—	—	—
Bendsin	Unbekannt.								
Bunkey	—	—	—	—	—	—	—	1	—
Charlottenthal	—	—	1	—	—	—	—	1	—
Czodorock	—	—	—	—	—	—	—	1	—
Dobrez	—	—	—	—	—	—	—	—	—
Domaslowitz	—	—	—	—	—	—	1	1	—
Drungrawe	—	—	—	—	—	—	—	1	1
Festenberg, Alt	—	—	1	—	—	—	1	1	—
Gohle, Groß	—	—	1	—	—	—	—	—	.
Gohle, Klein	—	—	—	—	—	—	—	—	—
Goschütz, Dorf	1	1	—	1	5	1	1	1	1
Goschützer Hammer . .	—	—	—	—	—	—	—	—	-
Grabeck	—	—	—	—	—	-	—	—	1
Langenbrücke	—	—	—	—	—	-	—	—	—
Lasisken	—	—	—	—	—	—	—	—	—
Lazenowe	—	—	—	—	—		—	—	—
Muschlitz	—	—	—	—	—	—	1	1	—
Neudorf	—	—	—	—	—	—	—	1	—
Olschowke, Groß . .	—	—	1	—	—	—	—	1	—
Olschowke, Klein . .	—	—	—	—	—	—	—	—	—
Porembenhäuser . . .	-	—	—	—	—	—	—	—	—
Presine	—	—	—	—	—	—	—	—	—
Quoisken	—	—	—	—	—	—	—	—	—
Sakrau	—	—	—	—	—	—	—	—	—
Troske	—	—	—	—	—	—	—	1	—
Wedelsdorf	—	—	—	—	—	—	—	—	—
Wischolka	—	—	—	—	—	—	—	1	—

Dreschgärtner.	Häusler.	Colonisten-Häuser.	Mühlen. Wasser-	Mühlen. Wind-	Mühlen. Papier-	Mühlen. Walk-	Mühlen. Brett-	Herrschaft.	Anmerkungen und Merkwürdigkeiten.
—	—	20	—	—	—	—	—	Der Standesherr, Erb-, Land-, Postmeister Graf von Reichenbach.	
4	—	—	2	—	—	—	—		1 Pulvermühle, 2 Haderstampfen.
—	3	—	-	—	—	—	—		
—	—	—	—	—	2	1	—		1 Haderschneider, 6 Haderstampfen. Gehört zu Goschütz.
4	—	-	—	—	—	—			Gehört zu Lazenowe.
8	3	—	—	—	—	—	—		Eine Fasanerie.
8	2	1	—	1	—	—	—		Drottenzien u. Teschore mit eingeschlossen. Eine Pottaschsiederei.
8	19	12	1	—	—	2	—		Eine Judenschule, eine Nachrichterei.
—	1	—	—	..	—	—	—		
—	2	1	—	..	—	..	—		
11	1	8	2	—	—	—	—		Hierh geh. Czoborock u. Troske. Hier wohnen mehrere Handwerker.
3	:	—	1	—	—	..	—		
—	—	1	—	—	—	—	—		Gehört zu Kasisken.
—	—	—	—	—	—	—	—		Gehört zu Wedelsdorf.
—	—	—	—	..	—	—	—		Eine Haderstampfe.
4	..	—	—	—	—		—		
10	2	1	—	—	—	—	—		2 Bleichen. 1 Freischolzerei.
12	2	3	—	1	—	—	..		Hierher gehört Quoisken.
9	2	-	—	1	—	—	—		
—	—	6	—	—	—	—	—		
—	1	—	—	—	—	—	-		Gehören zu Dobrez.
—	1	—	—	—	—	-	-		Gehört zu Lazenowe.
—	—	—	-	—		—	—		Gehört zu Neudorf.
4	1	—	—	—	—	—	—		
—	1	—	1	—	—	—	—		Gehört zu Goschütz.
—	—	17	—	—	—	—	—		
—	1	—	1	1	—	—	1		Geh. zu Muschlitz. Hier ist ein Weinberg.

Der

Militsch-Trachenberger Kreis,

der das

Fürstenthum Trachenberg,

die

freie Standesherrschaft

Militsch,

die

Minderherrschaften

Neuschloß, Sulau und Freihahn

enthält.

Erster Abschnitt.

Physikalische Beschaffenheit.

Gewässer.

Einige Gewässer dieses wasserreichen Kreises sind schon Theil 7. S. 77. f. bei der Beschreibung des zu diesem Kreise gehörigen Fürstenthums Trachenberg aufgeführt worden: ich hohle also jetzt nur noch diejenigen nach, die in den andern hier zu beschreibenden Herrschaften dieses Kreises fließen.

1. Die Bartsch

ist der Hauptfluß des Kreises, der alle andere Gewässer an sich zieht. Sie entsteht in Süd-Preußen, im westlichen Theile des Petrikauer Kammer-Departements in der Gegend oberhalb **Adelnau** aus mehreren kleinen Flüssen und Morästen, betritt Schlesien in mehrern Armen an der Gränze der Minderherrschaft **Freihahn**, strömt aus dieser in die Minderherrschaft, wo sie den in der Standesherrschaft **Wartenberg** entstehenden Arm, das **Medziborer Wasser** *), aufnimmt, setzt aus dieser ihren Lauf in die Standesherrschaft **Militsch** fort, wo sich am rechten Ufer die aus Süd-Preußen herfließende **Plune** mit ihr vereinigt, tritt nun in die Minderherrschaft **Sulau** und fällt aus dieser in das Fürstenthum **Trachenberg**, wo sich noch einige Gewässer mit ihr vereinigen **). Sie zieht auch das Wasser aus den vielen in dem Kreise befindlichen Teichen an sich.

2. Die Horla

entsteht in der Minderherrschaft **Freihahn**, fließt nach Süd-Preußen, dann zurück nach Schlesien ins Fürstenthum **Trachenberg** und aus diesem in das Fürstenthum **Wohlau** ***).

---

*) Siehe Th. 7. S. 5.

**) S. Th. 7. S. 77. 78. Th. 5. S. 96. 144.

***) S. Th. 7. S. 78. Th. 5. S. 97.

3. Der Kramnezefluß

fließt an der Gränze des Trebnitzer Kreises und der Standesherrschaft **Militsch** *).

4. Die Brande

entsteht aus der Vereinigung einiger Bäche in der Standesherrschaft **Goschütz**, nimmt das **kalte Wasser** auf, fließt in die Standesherrschaft Militsch und ergießt sich am linken Ufer in die **Bartsch** **).

5. Der Mahlafluß ***).

Seen giebt es zwar in diesem Kreise nicht, aber sehr ansehnliche Teiche. Ueberhaupt zählt man:

	Große	Mittl.	Kleine
In der Standesherrschaft Militsch	4	3	138
In der Minderherrschaft Neuschloß	8	1	42
— — — — Freihahn	1	1	22
— — — — Sulau	3	6	13
Summa	16	11	215

Die beträchtlichsten Teiche sind:

In der Standesherrschaft **Militsch**, die **Grabowski**, der **Joachimsteich**, der **Neuteich** und der **Schwenzteich**.

*) Siehe Th. 7. S. 5.

**) S. Th. 7. S. 5.

***) Ich habe weder den Entstehungsort, noch den Lauf dieses Wassers erfahren können, und selbst auf der hydrographischen Karte von Schlesien ist er nicht verzeichnet.

In der Minderherrschaft Neuschloß, die Grabownitzke, die eine Meile im Umfange haben soll, die neue Grabownitzke, der Goidinower Teich der Grenzteich, die Januske, der Platnig, die Proznarobotte.

In der Minderherrschaft Sulau, die Sprinitze.

Die Teiche werden gewöhnlich zwei Jahre bewässert und zwei Jahre besäet.

Berge und Ebenen.

Außer einer kleinen Kette von Hügeln in der Standesherrschaft Militsch und verschiedenen Anhöhen bei Duchawe, Dziotkawa, Wembowitz und Wirschkowitz ist der Kreis größtentheils Ebene. Man rechnet den Ertrag des meistentheils lehmigen und hin und wieder etwas steinigen Bodens auf 4 Korn, so daß der Bedarf der Einwohner befriedigt wird.

Waldungen.

Einst waren die Waldungen ansehnlicher, sie sind jedoch an der Bartsch, besonders in der Minderherrschaft Neuschloß noch immer ganz beträchtlich.

Producte.

A. Das Thierreich.

Pferde und Rindvieh sind nur von kleinem, höchstens hier und da vom Mittelschlage, jedoch machen die

Dominien eine Ausnahme. Die Schafe liefern mittlere und einige Schäfereien feine Wolle.

Die Waldungen liefern **Hirsche**, **Rehe**, **wilde Schweine**, **Hasen**, **Dachse**, **Füchse**, verschiedenes Geflügel, so wie auch die Teiche mancherlei Geflügel.

Die vielen Gewässer geben nicht nur den Kreisbewohnern den Bedarf an Fischen reichlich, sondern es wird auch noch ein sehr ansehnlicher Ueberschuß, theils im Lande in den benachbarten Kreisen, theils in Süd-Preußen abgesetzt.

B. Das Pflanzenreich.

Die Waldungen liefern Laub- und Nadelholz, am meisten bestehen sie aus dem letztern. **Obst** wird hinreichend eingesammelt. Hin und wieder sind auch zur Pflege der Seidenwürmer ansehnliche **Maulbeer-Plantagen**.

Man bauet die gewöhnlichen Getreidearten; am besten gedeihet der **Rocken**; **Weizen** wird nur wenig gesäet. **Hülsenfrüchte** und **Flachs** werden zwar gesäet, aber das Gedeihen ist nur mittelmäßig. **Kartoffeln**, **Kraut** und andere **Küchenkräuter** werden nur zur Nothdurft angebauet.

Die **Weinberge** in der Standesherrschaft Militsch und in den Minderherrschaften Neuschloß (hier sind die meisten) und Sulau liefern in guten Jahren eine ganz ansehnliche Quantität Wein.

Heu wird hinlänglich gewonnen.

Seltnere wildwachsende, besonders Sumpf- und Wasserpflanzen, mögen wohl hier einheimisch seyn, es sind mir aber bis jetzt keine bekannt geworden.

C. Das Mineral-Reich.

Das merkwürdigste Mineral dieses Districts ist, bis zu einer genauern Untersuchung, der Thon, der zu Melchowitz im Militschischen gegraben und zu Militsch von den Töpfern verarbeitet wird.

Zweiter Abschnitt.

Manufacturen und Fabriken.

Anstalten zu beträchtlichen Manufacturen oder Fabriken findet man hier nicht. Nur in Militsch und Sulau wird Tuch gemacht. In Militsch wohnen viele Leinweber, und die dasigen Töpfer verfertigen grün glasurtes Gefäß, das sehr beliebt ist.

Dritter Abschnitt.
Politische Verfassung.

Gränzen.

Die hier zu beschreibenden Herrschaften machen den zweiten und dritten District des Militsch-Trachenberger Kreises aus. Die Standesherrschaft **Militsch** ist der zweite und die Minderherrschaften **Neuschloß**, **Sulau** und **Freihahn** sind der dritte District. Sie gränzen gegen **Morgen** und **Mitternacht** an Süd-Preußen; gegen **Mittag** an das Fürstenthum Oels, an den Tscheschenschen Halt und an die Standesherrschaft Goschütz; gegen **Abend** an das Fürstenthum Trachenberg und an Süd-Preußen.

Größe.

Nach Sacks Angabe *) enthält:

Die Standesherrschaft Militsch	4,97
Die Minderherrschaft Neuschloß	1,55
— — — Sulau	1,89
— — — Freihahn	1,18
	9,59 □ Meilen **).

*) Schlesische Provinzialblätter 1792 Mon. Dec. S. 533.

**) Aus Versehen ist Th. 7. S. 84. das Fürstenthum Trachenberg, Zeile 4. von oben, statt 6 auf 16 Quadrat-Meilen angegeben; der ganze Kreis soll nach Sack nur 16 und nach Scheibel 20 Quadrat-Meilen enthalten.

Volksmenge.

Der Mangel an speciellen Nachrichten von der Volksmenge einer jeden einzelnen Herrschaft hat mich gezwungen, die ganze Volksmenge des Kreises bei der Beschreibung des Fürstenthums Trachenberg Th. 7. S. 84. anzugeben.

Sprache.

Die herrschende Sprache ist die Deutsche; die Polnische wird nur in den Orten geredet, die in der Nähe der Süd-Preußischen Gränze liegen; doch lernen die Kinder in den Schulen Deutsch, und so wird die Polnische Sprache mit der Zeit auch aus diesen Gegenden verdrängt werden.

Aeußere Verfassung.

Die standesherrliche Regierung zu Militsch, so wie die andern Gerichtsämter, stehen unter der Oberamts-Regierung zu Breslau.

In Ansehung der Steuer und Contribution gehören die sämmtlichen Herrschaften zum dritten steuerräthlichen Departement, das seinen Sitz in Wohlau hat.

In Ansehung des Accise- und Zollwesens zur Direction zu Glogau.

Städte und Dörfer gehören zur Salz-Factorei Herrnstadt.

Die Standesherrschaft Militsch ist in Ansehung der Landschaft mit Oels, und die Minderherrschaften sind mit Breslau vereinigt.

Das Infant. Reg. Nr. 43. hat seinen Canton in der Standesherrschaft Militsch und in den Minderherrschaften Sulau und Freihahn, und das Infant. Reg. Nr. 29. in der Minderherrschaft Neuschloß.

Aeußere kirchliche Verfassung.

Die Religion ist untermengt, so daß die Hälfte Protestanten und die andere Hälfte Katholiken sind.

Kirchen sind:	In Städten.		Auf Dörfern.	
	Luth.	Kath.	Luth.	Kath.
In der Standesherrschaft Militsch	1	1	1	1
In der Minderh. Neuschloß	—	—	1	—
— — — Sulau	1	—	—	1
— — — Freihahn	—	1	1	—
Summa	2	2	3	2

Die lutherischen Kirchen stehen unter dem Consistorio und der Inspection zu Breslau. Die katholischen Geistlichen stehen unter dem Breslauer Archidiakonat und unter dem Archipresbyteriat Militsch.

I.

Die freie Standesherrschaft Militsch.

Die freie Standesherrschaft Militsch, dem Grafen von Malzahn (der jedesmahlige Besitzer ist Ober-Erbkämmerer) gehörig, gränzt gegen Morgen mit dem östlichen Theil der Minderherrschaft Freihahn und dem Fürstenthume Oels; gegen Mittag ebenfalls mit dem Fürstenthume Oels; gegen Abend mit der Minderherrschaft Sulau und mit Süd-Preußen; gegen Mitternacht mit dem nördlichen Theile der Minderherrschaft Freihahn.

Die Bartsch ist der Hauptfluß, die sie bewässert; er theilt sie bei nahe in zwei gleiche Theile. Sie enthält auf bei nahe 5 Quadrat-Meilen eine Stadt, Militsch, 17 standesherrliche und 29 adelige Dörfer.

A. Die Stadt
Militsch

liegt an der Bartsch, dem Standesherrn gehörig, ist ohne Mauer, hat aber drei Thore, das Deutsche, Polnische und das Schloßthor, und enthält außer dem schönen standesherrlichen Schlosse, wobei ein gut angelegter Englischer Garten ist:

I. An städtischen Gebäuden:

1) Das Rathhaus;

2) das Malz- und Brauhaus;

3) das Stockhaus;

4 — 6) drei Accise-Häuser;

7) ein Hospital bei der lutherischen Kirche.

II. An Kirchen- und Schulgebäuden:

1) Die evangel. luther. Gnadenkirche in der Vorstadt, an der zwei Prediger stehen. Sonst wurde hier und in Gontkowitz auch Polnischer Gottesdienst gehalten, der aber jetzt abgestellt ist.

2) Die katholische Pfarrkirche.

3) Die Kirche St. Anna, gehört zwar zur Stadt, steht aber außerhalb derselben. Sie wird am

Tage St. Anna und am Trinitatis-Feste von vielen Wallfahrtern besucht.

4) Die evangelische Pfarrwohnung;
5) die katholische Pfarrwohnung;
6) die evangelische Schule;
7) die katholische Schule.

III. An bürgerlichen Gebäuden:

In der Stadt .	140 magistratualische;
	5 herrschaftliche.
In der Vorstadt	14 magistratualische;
	3 herrschaftliche.
Summa	162.

Königl. Aemter sind hier:

Das Kreis-Steueramt;
das Accise- und Zollamt;
das Postamt;

Die Bürger nähren sich theils vom Ackerbau, theils vom Bierbrauen, dazu die Gerechtigkeit auf 120 Häusern haftet, theils vom Handel im Kleinen, meistentheils aber von dem erlernten Handwerke. Die Leinweber sind die stärkste Zunft; nach ihnen folgen die Tuchmacher, Schuster und Töpfer. Das grünglasurte Gefäß, das die letztern verfertigen, ist sehr beliebt.

Jahrmärkte sind: 1) an Mariä Reinigung; 2) am Tage Georgi; 3) am Michaelistage. Mittwochs und Sonnabends ist Wochenmarkt.

Die Garnison besteht aus einer Escadron Husaren vom Regimente Nr. 1.

B. Dörfer:

Nahmen der Dörfer.	Oeffentl. Gebäude.				Herrschaftl. Schlösser und Wohnhäuser.	Vorwerke.	Bauern.
	Kirchen.	Schulen.	Pfarrhäuser.	Gemeinhäuser.			
Althammer	—	—	—	—	—	—	—
Birnbäumel	—	—	—	—	—	—	—
Bogislawitz, (Batlowske)	—	—	—	2	1	1	—
Braslawitz, Ober-	—	—	—	—	—	1	—
Braslawitz, Nieder-	—	1	—	2	—	1	—
Bratschelhof	—	—	—	1	—	1	—
Carmine	—	—	—	—	1	1	—
Cassawe	—	1	—	3	—	—	15
Coschle	—	1	—	—	—	1	—
Croschwitz	—	1	—	2	—	2	—
Dammer	—	1	—	2	—	1	—
Dziewenline	—	1	—	1	1	1	—
Frankenthal	—	—	—	—	—	1	—
Golkawe, (Colcowe)	—	—	—	—	1	2	—
Grabownize	—	1	—	1	—	2	—
Gräbeline	—	1	—	2	—	1	—
Gugelwitz, (Gazelwitz)	—	1	—	2	—	1	2
Guhr	—	1	—	2	1	1	—
Gungwitz, (Gontkowitz)	1 luth.	1	1	2	—	1	—
Hammer, Chroschnitzer-	—	1	—	1	—	1	—
Jankawe	—	—	—	2	1	1	—
Jawor	—	—	—	—	1	1	—
Joachims- oder Eisenhammer	—	—	—	1	—	1	—
Liatkawe, Groß-	—	1	—	3	1	1	—
Liatkawe, Klein-	—	—	—	—	—	1	—
Melchowitz	—	1	2	—	1	1	—
Deutsche Vorstadt von Militsch	—	1	—	—	—	—	17
Militsch. Schloßgemeine	—	—	—	2	—	1	—
Neßelwitz	—	1	—	2	—	1	—
Pinkotschine	—	1	—	1	1	1	—
Podasche	—	1	—	1	—	—	—
Postel, Ober- und Nieder-	—	1	—	2	1	2	—
Protsch	—	1	—	2	1	1	—
Rackelsdorf	—	—	—	2	—	1	—
Schlabitz, (Schlabotschotswitz)	—	—	—	2	—	1	5

Gärtner.	Häusler.	Andere Häuser.	Wassermühlen.	Windmühlen.	Herrschaft.	Anmerkungen und Merkwürdigkeiten.
—	—	11	—	—	Standesherrlich.	Gehört zu Grabownitze.
14	4	—	—	—	Desgl	
10	—		1	—	Adelig	
9	4	—	—	—	Standesherrl.	} Sind ein Dorf.
16	4		—	1	Desgl.	
9	4	—	-	—	Desgl	
8	—	2	—	—	Adelig.	
13	5	—	1	1	Standesherrl.	Hierher gehört Goruschke.
11	—	—	—	—	Adelig.	
28	4	—	—	1	Desgl.	Ein Vorwerk heißt Poyliez.
26		—	1	—	Desgl.	
21	—	5	—	—	Desgl.	
3	—	—	1	—	Desgl.	
7	2	—		—	Desgl.	
19	3	—	—	—	Standesherrl.	
18	—	3	1	—	Desgl.	
23	4	—		—	Desgl.	Hierher gehört Marquiße.
24	2	1	—	—	Adelig.	
16	3	8	—	1	Standesherrl.	
11	—	—	1	—	Adelig.	
13	—	2	—	—	Desgl.	
4	—	3	1	—	Desgl.	
20	5	3	—	—	Standesherrl.	Hierher gehört die Lüfelei.
6	3	—	-	1	Adelig.	} Beide sind ein Dorf.
5	—	2	—	—	Desgl.	
25	3	—	1	—	Desgl.	
25	2	—	—	—	Standesherrl.	
2	1	22	4	1	Desgl.	
21	1	—	—	-	Adelig.	
21	6	6	—	-	Desgl.	Hierher gehört Neuwalde.
19	7	—	—	—	Standesherrl.	
16	4	—	—	1	Adelig.	
21	6	2	—	—	Desgl.	
18	4	—	—	1	Desgl.	
16	2	—	—	—	Standesherrl.	

Nahmen der Dörfer.	Oeffentl. Gebäude.				Herrschaftl. Schlösser und Wohnhäuser.	Vorwerke.	Bauern.
	Kirchen.	Schulen.	Pfarrhäuser.	Gemeinhäuser.			
Schlabotschine	—	1	—	2	—	1	[illegible]
Schwentroschine	—	1	—	2	—	1	[illegible]
Schwidowe, (Schwibedawe)	—	1	—	2	1	1	—
Steffitz	—	—	—	1	—	1	—
Strebitzke	1 kath.	1	1	2	—	2	—
Tschunkawe, Gr.= (Wunzgowa)	—	1	—	2	1	1	—
Tschunkawe, Klein=	—	—	—	1	1	1	—
Tworsimirke, Groß=	—	—	—	2	1	1	—
Tworsimirke, Ober=	—	1	—	1	1	1	—
Walkawe	—	—	—	1	—	1	—
Wehlige	—	1	—	—	—	—	—
Wenserwitz	—	—	—	1	1	—	—
Woidnekawe, Ober=	—	—	—	1	1	1	—
Woidnekawe, Nieder=	—	1	—	2	1	1	—

Häusler.	Andere Häuser.	Wassermühlen.	Windmühlen.	Herrschaft.	Anmerkungen und Merkwürdigkeiten.
3	—	—	—	Standesherrl.	
5	4	—	1	desgl.	Hierher gehört Neusorge.
–	—	—	1	Adelig.	
8	6	—	1	Standesherrl.	
7	—	—	—	Adelig.	
3	1	—	1	desgl.	
4	4	—	1	desgl.	
6	4	—	1	desgl.	
5	–	—	1	desgl.	
1	—	—	—	desgl.	
—	—	—	—	Standesherrl.	
—	—	—	—	Adelig.	
6	8	—	1	desgl.	
4	7	—	1	desgl.	

II.

Minderherrschaften.

---

1. Die Minderherrschaft Sulau.

Diese dem Grafen von Burghaus gehörige Minderherrschaft gränzt gegen **Morgen** und **Mittag** an die Standesherrschaft Militsch; gegen **Abend** an das Fürstenthum Trachenberg; gegen **Mitternacht** an Süd-Preußen, wird von der Bartsch durchflossen, und enthält auf bei nahe zwei Quadrat-Meilen eine Stadt, Sulau, 14 Dörfer, darunter eine Colonie.

A. Die Stadt

Sulau (Zulauf)

ehedem nur ein Marktflecken, seit 1755 eine accisbare Stadt, liegt an der Bartsch, und enthält außer dem herrschaftlichen Schlosse, eine evangel. luther. Kirche und Schule, eine Predigerwohnung und 88 Bürgerhäuser. Die bürgerlichen Nahrungszweige sind, Ackerbau, das erlernte **Handwerk** und ein kleiner Consumtions-Handel.

Außer

Außer dem Accise= und Zollamt ist hier kein königliches Amt.

Jahrmärkte sind: 1) Montags vor Epiphanias; 2) an Himmelfahrt; 3) Montags nach Medardi; 4) an Martini.

Die Garnison besteht aus einer Escadron Husaren vom Regiment Nr. 1.

B. Dörfer:

Nahmen der Dörfer.	Oeffentliche Gebäude. Kirchen.	Oeffentliche Gebäude. Schulen.	Oeffentliche Gebäude. Gemeinhäuser.	Herrschaftl. Schlösser und Wohnhäuser.	Vorwerke.	Bauern.	Gärtner.	Häusler.	Colonisten-Häuser.	Andere Häuser.	Wassermühlen.	Windmühlen.	Herrschaft.
Barniez, Neu-, Colonie	—	—	—	—	—	—	—	—	20	—	—	—	Graf v. Burghaus.
Breichine	—	—	1	—	1	—	20	3	—	—	—	—	desgl.
Donkawe	—	1	3	—	—	24	10	1	—	—	—	—	desgl.
Grabowke	—	—	2	—	1	—	16	5	—	—	—	—	desgl.
Hammer	—	1	1	—	—	—	14	2	—	—	2	—	desgl.
Lunke	—	1	1	—	—	—	22	2	—	—	—	—	desgl.
Mislawitz	—	1	2	—	1	—	12	3	—	—	—	1	desgl.
Neudorf	—	1	1	—	—	15	8	4	—	—	—	—	desgl.
Olschke, (Olsche)	—	1	1	—	—	—	19	7	—	—	—	—	desgl.
Peterkaschütz	—	1	4	—	1	17	21	—	—	4	—	—	desgl.
Pardowe	—	—	—	—	—	—	—	14	—	—	—	—	desgl.
Schlenz	1 kath.	—	2	—	1	—	24	5	—	—	—	—	desgl.
Sulau, Schloßgemeine	—	—	2	1	1	—	26	19	—	18	1	—	desgl.
Wangersinawe	—	—	1	—	1	—	9	2	—	5	—	—	desgl.

2. Die Minderherrschaft Neuschloß

liegt zerstückelt in der freien Standesherrschaft Militsch, so daß gegen Morgen ein District mit der Minderherrschaft Freihahn, ein anderer District mit der zum Fürstenthume Oels gehörigen Herrschaft Medzibor; gegen Mittag mit dem Tscheschenschen Halt, und der, in welchem Wirschkowitz, wo der Besitzer, der Erblandjägermeister Graf von Reichenbach, residirt, liegt an dem Trebnitzer Kreise des Fürstenthums Oels. Die Bartsch ist der sie bewässernde Hauptfluß. Sie enthält ungefähr auf 1½ Quadrat-Meile 13 Dörfer, die sämmtlich, Zornogoschütz ausgenommen, dem Besitzer der Herrschaft gehören.

Nahmen der Dörfer.	Dörfer: Oeffentliche Gebäude.							
	Kirchen.	Schulen.	Pfarrhäuser.	Gemeinhäuser.	Herrschaftl Schlösser und Wohnhäuser.	Vorwerke.	Freigüter.	Scholtiseien.
Borzinowe	—	—	—	—	—	—	—	—
Duchawe	—	1	—	2	—	1	—	1
Dziatkawe	—	1	—	2	—	2	—	1
Goidinowe	—	1	—	—	—	—	—	—
Heinrichsdorf	—	1	—	—	—	1	—	—
Jäschunke	—	—	—	—	—	1	—	—
Lilkawe	—	—	—	—	—	1	—	—
Neuschloß	—	—	—	—	1	1	—	—
Neuschlösser Hammer	—	—	—	—	—	—	—	1
Pomorske	—	—	—	—	—	1	—	—
Sawade	—	—	—	—	—	—	—	—
Schmeliske	—	—	—	—	—	—	—	—
Tabackshäuser	—	—	—	—	—	—	—	—
Tscharschwitz, (Tschotschke)	—	1	—	—	—	1	1	—
Wembowitz	—	1	—	—	—	1	1	—
Wilhelminenort	—	—	—	1	—	—	—	—
Wirschkowitz, Alt=	—	—	—	3	1	1	1	—
Wirschkowitz, Neu=	1 luth.	1	1	—	—	—	—	—
Ziegelscheune	—	1	—	—	—	—	1	—
Zornogoschütz	—	1	—	2	1	1	—	—

Dreschgärtner.	Häusler.	Andere Häuser.	Mühlen. Wasser-	Wind-	Brett-	Herrschaft.	Anmerkungen und Merkwürdigkeiten.
—	1	—	—	—	—	Graf v. Reichenbach.	
10	2	—	—	—	—	desgl.	
10	—	—	—	—	—	desgl.	Das eine Bauergut heißt Savarine.
9	—	—	1	—	1	desgl.	Ein Försterhaus.
8	—	—	—	2	—	desgl.	
—	—	—	1	—	—	desgl.	Gehört zu Alt-Wirkowitsch.
2	—	—	—	—	—	desgl.	Gehört zu Neuschloß.
—	—	4	—	—	—	desgl.	
1	1	—	—	—	—	desgl.	Der ehemalige Eisenhammer ist eingegangen.
—	—	—	1	—	—	desgl.	
—	—	—	—	—	1	desgl.	
—	—	—	—	—	—	— — — —	Ist der Nahme eines Förster- und Fischerhauses.
—	—	—	—	—	—	desgl.	
12	6	—	—	2	—	desgl.	
7	2	—	1	1	—	desgl.	
—	1	—	—	—	—	desgl.	
—	1	6	—	1	—	desgl.	
—	—	—	—	—	—	desgl.	Die Kirche ist 1773 erbauet.
—	7	—	—	1	—	desgl.	
5	—	—	—	1	—	desgl.	

3. Die Minderherrschaft Freihahn.

Diese Herrschaft enthält in zwei besonders liegenden Districten, davon der, in welchem Freihahn liegt, gegen **Morgen**, **Abend** und **Mitternacht** mit Süd-Preußen und gegen **Mittag** mit der Standesherrschaft Militsch; derjenige aber, wo die **Bartsch** in mehreren Armen Schlesien betritt, gegen **Morgen** an Süd-Preußen; gegen **Mittag** an die Herrschaft Medzibor; gegen **Abend** an die Standesherrschaft Militsch; gegen **Mitternacht** an Süd-Preußen gränzt, 1 Marktflecken, Freihahn, und 9 Dörfer.

Besitzer desjenigen Districts, in dem Freihahn liegt, ist der Herr von Teichmann; denjenigen Theil, durch den die Bartsch in mehrern Armen fließt, besitzt der Graf von Reichenbach in Militsch.

A. Der Marktflecken
Freihahn,

von dem die Herrschaft den Nahmen hat, besteht aus einer katholischen Kirche, einem Pfarr- und einem Schulhause, aus 42 Häusern, deren Besitzer Ackerbürger genannt werden, 9 Häuslern, 8 andern Häusern und einem Gemeinhause. Ackerbau und einige Handwerke sind die Nahrungszweige der Einwohner.

Jahrmärkte sind: 1) Montags nach Susanna; 2) Montags vor Himmelfahrt; 3) Montags vor Matthäi; 4) Montags vor Martini.

B. Dörfer:

Nahmen der Dörfer.	Oeffentliche Gebäude.				Herrschaftl. Schlösser und Wohnhäuser.	Vorwerke.	Bauern.	Gärtner.	Häusler.	Andere Häuser.	Wassermühlen.	Windmühlen.	Herrschaft *).
	Kirchen.	Schulen.	Pfarrhäuser.	Gemeinhäuser.									
Bartnig	—	1	—	2	—	1	1	25	5	5	—	—	R.
Breschine	—	—	—	1	—	1	—	11	3	—	—	—	T.
Callande	—	1	—	1	—	1	—	15	6	—	1	1	R.
Freihahn, Schloßgemeine . . .	1 luth.	1	1	2	1	1	—	18	10	32	—	—	T.
Kuschwitz	—	1	—	2	—	2	1	41	4	10	—	—	T.
Neuvorwerk und Bilawe . . .	—	1	—	—	—	1	—	16	1	—	—	—	T.
Peadoschke	—	—	—	1	—	—	—	10	2	—	—	—	T.
Ujost	—	1	—	—	—	—	—	19	8	—	—	—	T.
Wildbahn	—	1	—	—	—	1	—	20	8	—	—	—	R.

*) R. bedeutet, daß es zu dem von Reichenbachischen, und T. daß es zu dem von Teichmannschen Antheile gehört.

Die Minderherrschaft Loslau.

Erster Abschnitt. Physikalische Beschaffenheit.

Diese dem Grafen von Strachwitz gehörige Minderherrschaft gehört zu dem Plessischen Kreise. Ich habe das Fürstenthum Pleß im achten Theil (S. 1 — 25) beschrieben, und hohle jetzt bei der Beschreibung dieser Herrschaft nur einiges nach, was ich dort mit Vorbedacht unberührt gelassen und bis hierher verspart habe.

Gewässer.

A. In der Herrschaft selbst fließt:

1. Die Schatkowka.

Sie entsteht im Fürstenthume Rattibor in der Gegend von Schwirklau und nimmt während ihres Laufes im Loslauischen auf:

* Am rechten Ufer:

1) Einen von Marklowitz herfließenden Bach;
2) das Pohlomer Wasser;
3) den Mschanner Bach;
4) den Skrzischower Bach.

** Am linken Ufer:

5) den Gogelauer Bach;
6) den Jastrzember Bach;
7) den Moschtschenitzer Bach;
8) das Pirschener aus dem Teschenschen herfließende Wasser,

und fällt dann in der Gegend von Godow am rechten Ufer in die Olsa.

2. Der Leßnitzfluß. (Leßnitzgraben.)

Er entsteht in der Herrschaft selbst, unweit der Gränze des Fürstenthums Rattibor, fließt durch Radlin, Loslau links vorbei nach Klein- und Groß-Turzy und vereinigt sich am rechten Ufer mit der Olsa.

B. An der Gränze fließt

die Olsa,

die an dem karpathischen Gebirge, am Berge Ganezarka, wo das Fürstenthum Teschen und das Königreich Ungarn gränzen, entspringt, fließt durch das Teschensche, und macht, nachdem sie noch im Teschenschen am linken Ufer die Steine aufgenommen hat, von Golgowitz an die Gränze zwischen Loslau und der im Teschenschen liegenden Minderherrschaft Deutsch-Leuthen und strömt dann in die Minderherrschaft Oderberg, wo sie sich unweit Olsau am rechten Ufer in die Oder ausmündet. Sie nimmt bei Golgowitz auf

die Pietrowka,

die ebenfalls aus dem Teschenschen herfließt, und von Peterwitz an bis zu ihrer Ausmündung die Gränze zwischen Loslau und der zum Teschenschen gehörigen Minderherrschaft Deutsch-Leuthen macht.

Teiche zählet man:

Mittlere	.	7.
Kleine	. .	136.
		143.

Berge und Ebenen.

Merkwürdige Berge findet man hier nicht, nur einige Anhöhen von geringer Bedeutung, sonst ist die ganze Herrschaft Ebene. Die Fruchtbarkeit des Bodens ist mittelmäßig, und der Ertrag kann höchstens auf 4 Korn angenommen werden.

Producte.

A. Das Thierreich.

Pferde und Rindvieh sind größtentheils nur von mittlerem Schlage. Die Waldungen liefern einiges Wild, und die Teiche und fließenden Gewässer den nöthigen Bedarf an Fischen und einiges Wassergeflügel.

B. Das Pflanzenreich.

Die nur mittelmäßigen Waldungen bestehen meistens aus Nadelholz und nur wenig Laubholz. Man bauet die gewöhnlichen Getreidearten, wenig Weizen und verschiedene Hülsenfrüchte, Kartoffeln, Kraut und einige andere Küchenkräuter, jedoch nur zur Nothdurft. Seltenere Pflanzen sind mir nicht bekannt.

C. Das Mineral-Reich.

Das aufgeschwemmte Gebirge dieser Herrschaft liefert außer Quarz- und Kieselschiefer-Geschieben keine merkwürdigen Mineralien: es wären denn vielleicht Steinkohlen, da unweit Loslau im Rattiborschen schon mächtige Steinkohlen-Lager aufsetzen.

Zweiter Abschnitt.

Manufacturen und Fabriken

sind in dieser Herrschaft, deren Bewohner, selbst die der Stadt Loslau, sich größtentheils vom Ackerbau und von der Viehzucht nähren, nicht zu finden.

Dritter Abschnitt.

Politische Verfassung.

Die Gränzen

dieser Herrschaft sind: gegen **Morgen** das Fürstenthum Pleß; gegen **Mittag** das Fürstenthum Teschen; gegen **Abend** die Minderherrschaft Oderberg und gegen **Mitternacht** das Fürstenthum Rattibor.

Größe und Volksmenge

dieser zum **Pleßner Kreise** gehörigen Herrschaft ist bei der Beschreibung des Fürstenthums Pleß *) mit angeführt, weil ich keine besondern Nachrichten davon habe auffinden und erhalten können.

*) Th. 8. S. 1 — 25.

Sprache.

Die herrschende Sprache ist die Polnische, und nur wenige Einwohner sprechen Deutsch.

Aeußere Verfassung.

Der Besitzer der Minderherrschaft hat zwar seine eigene Regierung, die aber so wie die Gerichtsämter der andern Dominien unter der Ober-Amts-Regierung zu Brieg steht.

In Ansehung der Steuer und Contribution steht die Herrschaft unter der Kriegs- und Domänen-Kammer zu Breslau.

Die Stadt Loslau gehört zum siebenten steuerräthlichen Departement, das in Tarnowitz seinen Sitz hat.

In Ansehung des Accise- und Zollwesens gehört sie zur Direction zu Neiße, und in Ansehung des Salzes zur Factorei Pleß.

Das Infanterie-Regiment Nr. 50. hat hier seinen Canton.

Aeußere kirchliche Verfassung.

Die Religion ist untermengt. Die Katholiken machen jedoch die größte Zahl aus.

Kath. Kirchen sind: in der Stadt 2.
auf dem Lande 10.

Summa 12.

Die sämmtlichen katholischen Kirchen gehören unter das Archidiakonat Oppeln und unter das Archipresbyteriat Loslau.

In Dyherngrund ist eine evangelisch = lutherische Kirche, die zur Inspection Pleß gehört.

Die ganze Minderherrschaft enthält die Stadt Loslau, 25 Dörfer, darunter 2 Colonien sind. 12 Dörfer gehören dem Besitzer der Herrschaft und 13 sind adelige Güter.

A. Die Stadt
Loslau

ist eines der unansehnlichsten ganz offenen Städtchen Ober = Schlesiens, besteht aus:

1) Dem herrschaftlichen Schlosse;
2) der katholischen Parochial = Kirche;
3) einem Kloster der Minoriten (9 Mönche) nebst der Kirche;
4) der Wohnung des Parochi;
5) einer katholischen Schule;
6) 158 Privat = Häusern, die meistentheils nur von Holz sind.

Die Einwohner nähren sich größtentheils vom Ackerbau und einigen nothwendigen Professionen.

Das Accise= und Zollamt ist das einzige hier befindliche königliche Amt.

Die Garnison besteht aus einer Escadron Husaren vom Regiment Nr. 6.

Jahr = und zugleich Viehmärkte sind: 1) am Tage der heiligen drei Könige; 2) am Sonntage Judica; 3) am Trinitatis = Feste; 4) am Tage der Geburt Mariä.

B. Dörfer:

Nahmen der Dörfer.	Oeffentliche Gebäude. Kath. Kirchen.	Oeffentliche Gebäude. Schulen.	Oeffentliche Gebäude. Pfarrhäuser.	Herrschaftl. Schlösser und Wohnhäuser.	Vorwerke.
Czissowka	—	—	—	1	1
Czirzowitz	—	—	—	—	—
Dyherrngrund, Colonie	Unbekannt.				
Godow	1	—	1	—	—
Golkowitz	—	1	—	1	3
Gogelau, 1ster Antheil	—	—	—	1	2
Gogelau, 2ter Antheil	—	—	—	1	1
Gorzig, Klein-, (Male Gorzice)	—	—	—	1	2
Gureck	—	—	—	—	—
Jastrzemb, Ober-	1	1	1	1	3
Jastrzemb, Nieder-	—	—	—	—	1
Jastrzemb, Colonie	—	—	—	—	1
Jedlownick	1	1	1	1	1
Kockaschütz	—	—	—	1	1
Krostoschowitz	—	—	—	—	—
Lazisa, (Lazisk)	1	—	—	1	1
Marklowitz, Ober-	—	—	—	1	1
Marklowitz, Nieder-	1	1	—	—	2
Mschanna, 2 Antheile	1	1	1	1	2
Pohlom, (Polomia)	1	1	—	1	2
Radlin	1	1	—	—	1
Rapronowitz, Colonie	—	—	—	—	—
Ruptau, (Ruptawa), 2 Antheile	1	1	1	1	3
Skrbenski, Colonie	—	—	—	—	—
Skrzischow	1	1	—	—	1
Turzy, Groß-, (Wielke Turcyze)	—	—	—	1	1
Turzy, Klein-, (Male Turcyze)	—	—	—	—	—
Uchisko	—	—	—	—	—
Wilchwa	—	—	—	—	—

Bauern.	Gärtner.	Häusler.	Colonisten-Häuser.	Wassermühlen.	Herrschaft.	Anmerkungen und Merkwürdigkeiten.
6	15	2	—	—	Adelig.	
25	14	4	—	1	Minderherrsch.	
6	50	—	—	—	Adelig.	
13	30	32	—	3	desgl.	Die Vorwerke heißen Jurosch, Schloßhof und Zabkow.
—	15	—	—	1	desgl.	
3	6	1	—	—	desgl.	
7	25	3	—	—	Minderherrsch.	
—	12	1	—	—	desgl.	
19	45	1	—	3	Adelig.	Ein Vorwerk heißt Wyszni und eins Schloß Zankowy.
11	14	—	—	1	desgl.	
1	3	—	—	—	desgl.	
12	6	2	—	1	Minderherrsch.	
20	17	2	—	2	Adelig.	
11	3	1	—	1	Minderherrsch.	
12	11	14	—	1	desgl.	
10	28	—	—	1	Adelig.	
13	28	—	—	2	desgl.	
30	25	2	—	3	desgl.	
33	29	2	—	1	desgl.	
51	13	—	—	2	Minderherrsch.	
—	—	—	7	—	desgl.	
17	46	2	—	2	Adelig.	Ein Vorw. heißt Wielke, und das andere Male Dwor.
—	—	—	20	—	desgl.	
17	26	—	—	3	Minderherrsch.	
15	14	—	—	1	desgl.	
10	4	8	—	—	desgl.	
8	6	—	—	—	desgl.	
29	11	—	—	—	desgl.	

Die Minderherrschaft Oderberg.

Die **Minderherrschaft Oderberg**, die zum Theil im Preußischen, zum Theil in dem Oestreichischen Antheile von Schlesien liegt, gehört der gräflichen Familie **von Henkel**; der Preußische Antheil wird gegen **Morgen** von der Minderherrschaft Loslau; gegen **Mittag** von der Olsa, die sich hier am rechten Ufer in die Oder ausmündet; gegen **Abend** von der Oder und gegen **Mitternacht** vom Fürstenthume Rattibor begränzt.

Sie gehört, was den Preußischen Antheil betrifft, zum Pleßner Kreise, bei dessen Beschreibung *) sowohl die Größe als Volksmenge (ich habe keine besondern Nachrichten erhalten können) mit angegeben ist, steht in Ansehung der Justiz unter der Ober-Amts-Regierung zu Brieg; in Ansehung der Steuer und Contribution unter der Kriegs- und Domänen-Kammer zu Breslau, nimmt ihr Salz zu Pleß, und gehört zum Canton des Infanterie-Regiments Nr. 50.

Die Einwohner bekennen sich größtentheils zur katholischen Kirche, und halten sich, theils nach Oderberg, theils nach Groß-Gorzitz zur Kirche; erstere steht unter

*) Th. 8. S. 1 — 25.

unter dem Commissoriat-Amte zu Teschen Bisthums Breslau, unter dem Decanat Freistadt, letztere aber unter dem Archidiakonate Oppeln, und zwar unter dem Archipresbyteriat Loslau.

Die Oder,

die die Herrschaft in zwei ungleiche Theile theilt, ist der grösseste Strom, so wohl dieser Herrschaft, als auch in ganz Schlesien.

Ich habe zwar bei der Beschreibung eines jeden Fürstenthums, das von diesem Strome bewässert wird, so wohl den Ein- als Austritt in dasselbe angegeben, so wie auch die Gewässer, die er während seines Laufes in demselben aufnimmt: ich glaube aber nichts Ueberflüssiges zu thun, wenn ich jetzt noch eine Uebersicht des ganzen Laufes der Oder in Schlesien, so wie der Gewässer, die sich in dieselbe ausmünden, hersetze.

Die Oder entspringt in Mähren unweit der Gränze des Fürstenthums Troppau in der Gegend des Städtchens Odrau, daher auch wahrscheinlich der Nahme. Sie strömt in Schlesien durch

1) das Fürstenthum Troppau;
2) durch die Minderschaft Oderberg;
3) durch das Fürstenthum Rattibor, wo sie bei Rattibor, aber nur noch mit kleinern Kähnen, schiffbar wird;
4) durch das Fürstenthum Oppeln;
5) durch das Fürstenthum Brieg;
6) durch das Fürstenthum Breslau;
7) durch einen kleinen Theil des Fürstenthums Liegnitz.

8) durch das Fürstenthum Wohlau;

9) durch das Fürstenthum Glogau. Sie verläßt hier Schlesien und tritt in das Herzogthum Crossen.

Folgende Flüsse und Bäche fallen **unmittelbar** in die Oder.

† Am rechten Ufer:

A. An der Gränze des Fürstenthums Teschen mit Oderberg:

1) Die **Ostrawice**.

B. In der Minderherrschaft Oderberg:

2) Die **Olsa**. (Siehe oben S. 73.) Oberhalb Olsa:

C. Im Fürstenthume Rattibor, außer einigen unbenahmten Bächen:

3) Die **Rudka** bei Ruda. (S. Th. 7. S. 156. unter E.)

D. Im Fürstenthume Oppeln.

a) Im Schlawenzitzer Districte des Toster Kreises:

4) Die **Bierawka** — Jakobswalder Bach — bei Birawa. (Th. 8. S. 212. Th. 7. S. 156.)

b) An der Gränze des Groß-Strehlitzer und Toster Kreises:

5) Die **Klodnitz**. (S. Th. 8. S. 3. 212.)

c) Im Oppelnschen Kreise:

6) Die **Malapane** bei Czarnowanz. (S. Th. 8. S. 34.)

7) Der **Groß-Döberner Bach**. (S. Th. 8. S. 36.)

8) Die **Brinnitze**, kurz vor dem Austritte aus dem Fürstenthume Oppeln. (S. Th. 8. S. 36.)

E. Im Fürstenthume Brieg.

Im Brieger Kreise:

9) Die **Stober** unter Stoberau. (S. Th. 3. S. 70.)

10) Das **Döberner Wasser** — Moslacher Vorfluthgraben. (Th. 3. S. 70.)

F. Im Fürstenthume Breslau:

11) Das **Schwarzwasser** — Mimiska — Barother Bach (S. Th. 3. S. 72. Th. 6. S. 30.) bei Langen.

12) Die **alte Oder**.

13) Die **Weyde** bei Haseley. (S. oben S. 1. Th. 7. S. 2. Th. 6. S. 31.)

14) Die **kleine Lohe** bei Pannwitz. (S. Th 6. S. 31.)

15) Der **Mähnitzgraben** oberhalb und

16) der **Hochgraben** unterhalb Auras. (S. Th. 6. S. 31.)

17) Der **Tannwalder Bach** bei Reichwald. (S. Th. 6. S. 31.)

G. Im Fürstenthume Wohlau:

18) Die **Jüseritz**. (S. Th. 5. S. 96.)

H. Im Fürstenthume Glogau.

a) Im Guhrauer Kreise:

19) **Ein bei Winzig entstehender Bach** bei den Kohlhäusern. (S. Th. 5. S. 144.)

20) Die **Bartsch**. (S. oben S. 2. 50. Th. 5. S. 96. und 144.)

b) Im Freistädter Kreise:

21) Die alte Tschietsch bei Carolath. (S. Th. 5. S. 145.)

22) Der Ober.

†† Am linken Ufer.

A. An der Gränze des Fürstenthums Troppau:

23) Die Oppa. (S. Th. 7. S. 103. Th. 8. S. 179.)

B. Im Fürstenthume Rattibor:

24) Die Zinna bei Kornitz (S. Th. 8. S. 180. Th. 7. S. 156.) und noch einige unbenahmte kleine Bäche.

C. Im Fürstenthume Oppeln.

a) Im Roseler Kreise:

25) Die Straduna, nachdem sich vorher noch drei kleinere unbenahmte Bäche in die Oder ergossen. (S. Th. 8. S. 37.)

b) Im Oppelnschen Kreise:

26) Die Hotzenplotz oberhalb Krappitz. (S. Th. 8. S. 37.)

27) Der Schimnitzer Bach. } (Siehe Th. 8. S. 38.)

28) Das Proskauer Wasser. }

29) Die Neiße. (S. Th. 4. S. 2. f. Th. 3. S. 3. Th. 7. S. 95. Th. 8. S. 38.)

D. Im Fürstenthume Brieg:

30) Der Buchitzer Bach unter Lichten.

31) Der Rosenthaler Bach oberhalb Koppen.

32) Das Paulauer Wasser.

33) Der Briesner und

34) der Lindener Bach unweit Linden.

} (Siehe Theil 3. S. 71.)

E. Im Fürstenthume Breslau:

35) Die **Ohla** bei Breslau. (S. Th. 3. S. 1. 71. Th. 6. S. 32.)

36) Die **Lohe** bei Masselwitz. (S. Th. 3. S. 72. Th. 6. S. 33.)

37) Der **Floßgraben**. (S. Th. 6. S. 34.)

38) Die **Weistritz**. (Siehe Th. 1. S. 3. Th. 6. S. 34.)

39) Das **Neumarkter Wasser** bei Cameese. (S. Th. 6. S. 35.)

F. Im Fürstenthume Liegnitz:

40) Die **Leisebach**. (Siehe Th. 1. S. 5. Th. 5. Seite 2.)

41) Die **Katzbach**. (Siehe Th. 2. S. 8. Th. 5. Seite 3.)

G. Im Fürstenthume Wohlau:

42) Die **kalte Bach** unterhalb Steinau. (S. Th. 5. S. 6. 96.)

H. Im Fürstenthume Glogau.

a) Im Guhrauer Kreise:

43) Der **Nerschützer Bach** bei Lerskau. (S. Th. 5. S. 145.)

b) Im Glogauer Kreise:

44) Der **Herzogsgraben** bei Glogau. (S. Th. 5. S. 7. 98. 145.)

45) Der **Schmarser Bach** bei Glogau.
46) Der **Modlauer Bach** bei Beichau.
47) Der **Herrndorfer Bach** bei Fröbeln.
(Siehe Theil 5. S. 146.)

48) Der **Mangelwitzer Bach** unter Klein-Tschirne. } (Siehe Theil 5. S. 146.)
49) Der **Doberwitzer Bach**.

c) Im Beuthenscken:

50) Der **Klein-Würbitzer Bach** bei Beuthen. (S. Th. 5. S. 146.)

d) Im Freistädter Kreise:

51) Der **Weißfurth** an der Gränze des Glogauer Kreises. } (Siehe Theil 5. S. 147.)
52) Der **Siegerfluß** unter Neusalz.

e) Im Grünberger Kreise:

53) Der **Schwarzgraben**. (S. Th. 5. S. 148.)

Nachweisung, in welcher Folge sich diese 53 Gewässer in die Oder ausmünden.

1) Die **Oppa**, Nr. 23., am linken Ufer.
2) Die **Ostrawice**, Nr. 1., am rechten Ufer.
3) Die **Olsa**, Nr. 2., a. r. U.
4) Die **Zinna**, Nr. 24., a. l. U.
5) Die **Rudka**, Nr. 3., a. r. U.
6) Die **Bierawka**, Nr. 4., a. r. U.
7) Die **Klodnitz**, Nr. 5., a. r. U.
8) Die **Straduna**, Nr. 25., a. l. U.
9) Die **Hotzenplotz**, Nr. 26., a. l. U.
10) Der **Schimnitzer Bach**, Nr. 27., a. l. U.
11) Die **Malapane**, Nr. 6., a. r. U.
12) Der **Groß-Döberner Bach**, Nr. 7., a. r. U.
13) Das **Proskauer Wasser**, Nr. 28., a. l. U.

14) Die Brinnitze, Nr. 8., a. r. U.
15) Die Neiße, Nr. 29., a. l. U.
16) Der Buchitzer Bach, Nr. 30., a. l. U.
17) Der Rosenthaler Bach, Nr. 31., a. l. U.
18) Die Stober, Nr. 9., a. r. U.
19) Das Döberner Wasser, Nr. 10., a. r. U.
20) Das Paulauer Wasser, Nr. 32., a. l. U.
21) Der Briesener Bach, Nr. 33., a. l. U.
22) Der Lindener Bach, Nr. 34., a. l. U.
23) Das Schwarzwasser, Nr. 11., a. r. U.
24) Die Ohla, Nr. 35., a. l. U.
25) Die alte Oder, Nr. 12., a. r. U.
26) Die Lohe, Nr. 36., a. l. U.
27) Der Floßgraben, Nr. 37., a. l. U.
28) Die Weistritz, Nr. 38., a. l. U.
29) Die Weyde, Nr. 13., a. r. U.
30) Die kleine Lohe, Nr. 14., a. r. U.
31) Der Mähnitzgraben, Nr. 15., a. r. U.
32) Der Hochgraben, Nr. 16., a. r. U.
33) Der Tannwalder Bach, Nr. 17., a. r. U.
34) Das Neumarkter Wasser, Nr. 39., a l. U.
35) Die Leisebach, Nr. 40., a. l. U.
36) Die Katzbach, Nr. 41., a. l. U.
37) Die kalte Bach, Nr. 42., a. l. U.
38) Die Jüseritz, Nr. 18., a. r. U.
39) Ein im Winziger Kreise entstehender Bach, Nr. 19., a. r. U.
40) Der Nerschützer Bach, Nr. 43., a. l. U.
41) Die Bartsch, Nr. 20., a. l. U.
42) Der Herzogsgraben, Nr. 44., a. l. U.

43) Der Schmarser Bach, Nr. 45., a. l. U.
44) Der Modlauer Bach, Nr. 46., a. l. U.
45) Der Heirndorfer Bach, Nr. 47., a. l. U.
46) Der Mangelwitzer Bach, Nr. 48., a. l. U.
47) Der Doberwitzer Bach, Nr. 49., a. l. U.
48) Der Klein=Würbitzer Bach, Nr. 50., a. l. U.
49) Der Weißfurth, Nr. 51., a. l. U.
50) Die alte Tschietsch, Nr. 21., a. r. U.
51) Der Siegerfluß, Nr. 52., a. l. U.
52) Der Schwarzgraben, Nr. 53., a. l. U.
53) Der Oder, Nr. 22., a. r. U.

Dörfer, die sich im Königl. Preuß. Antheile der Herrschaft Oderberg befinden.

Nahmen der Dörfer.	Oeffentliche Gebäude.			Herrschaftl. Schlösser und Wohnhäuser.	Vorwerke.	Bauern.	Gärtner.	Häusler.	Wassermühlen.	Herrschaft.
	Kath. Kirchen.	Schulen.	Pfarrhäuser.							
Annaberg, nebst Althof, (Zomeck Bogunsky, Stary Dwor)	—	—	—	1	1	—	—	9	—	Minderherrschaftlich.
Belschütz, (Belschnitz)	—	—	—	—	1	5	9	18	1	desgl.
Gorzitz, Groß	1	1	1	—	1	20	15	25	1	desgl.
Odrau	—	—	—	—	—	10	2	—	—	desgl.
Olsau	—	—	—	—	1	18	1	19	1	desgl.
Zabelkau	—	—	—	—	—	24	1	21	1	desgl.

Die zu dieser Herrschaft gehörigen, im Oestreichischen Antheile liegenden Oerter, sind:

Die Stadt Oderberg.
Die Dörfer: Ein Theil von Koppidau.
Schönichel.
Pudlau.
Z[illegible]fel, ein Vorwerk.

Nahmenverzeichniß
der
Städte und Dörfer in dem Oestreichischen Antheile von Schlesien.

I. Fürstenthümer.

A. Troppau.

a) Städte: 1. Troppau. 2. Burg. 3. Grätz. 4. Königsberg. 5. Odrau. 6. Wagstadt. 7. Wiegstädtel.

b) Dörfer: 1. Altstadt. 2. Armenruh, ist nur ein Wirthshaus. 3. Bayasdorf. 4. Beukowitz. 5. Berndau. 6. Beyslowitz. 7. Bielau. 8. Bittau. 9. Blaschdorf. 10. Bohuschowitz. 11. Branka. 12. Brawin. 13. Klein-Breslau. 14. Bretttersdorf. 15. Broßdorf. 16. Budischowitz. 17. Burgwiese. 18. Burgwiegstein. 19. Creuzberg. 20. Dammadrau. 21. Dittersdorf. 22. Dobischwalde. 23. Dobroslawitz. 24. Dörfel. 25. Drathmühle. 26. Dürstenhof, ein Vorwerk. 27. Dzichiclowa. 28. Eckersdorf. 29. Eilowitz. 30. Klein-Ellguth. 31. Ober-Ellguth. 32. Erbersdorf. 33. Gillschow. 34. Groß-Glockersdorf. 35. Klein-Glockersdorf. 36. Glomnitz. 37. Goppersdorf. 38. Gotschdorf. 39. Grafenau, ein Wirthshaus,

40. Hanuska. 41. Heinzendorf. 42. Groß-Herlitz. 43. Klein-Herlitz. 44. Frei-Hermersdorf. 45. Groß-Hermbsdorf. 46. Klein-Hermbsdorf. 47. Hielof. 48. Hirschberg. 49. Höllersdorf. 50. Hrabin. 51. Hrabstwj. 52. Hütten. 53. Jacksdorf. 54. Jacubozowitz. 55. Jäschkowitz. 56. Jamnitz. 57. Jankowitz. 58. Jantsch. 59. Jarkowitz. 60. Josephsdorf. 61. Kamenz. 62. Kamitz. 63. Kattkau. 64. Kaylawitz. 65. Klippelshof. 66. Koschendorf. 67. Kosel. 68. Kreuzberg. 69. Kunzendorf. 70. Kutlberg. 71. Kwalkowitz. 72. Kyawitz. 73. Langendorf. 74. Lackowitz. 75. Lautsch. 76. Lippine, ein Vorwerk. 77. Lubia. 78. Alt-Lublitz. 79. Neu-Lublitz. 80. Luckau. 81. Mackrolasetz. 82. Madeczko. 83. Maltsch. 84. Mankendorf. 85. Markersdorf. 86. Marzinau. 87. Milastowitz. 88. Mittelhof. 89. Morawitz. 90. Neudörfel, zwei dieses Nahmens. 91. Neuhof, Dorf. 92. Neuhof, Vorwerk. 93. Niederdorf. 94. Nietschenau. 95. Oberdorf. 96. Olbersdorf. 97. Groß-Olbersdorf. 98. Ottendorf. 99. Palhanetz. 100. Groß-Petersdorf. 101. Klein-Petersdorf. 102. Peterswitz. 103. Pleszna. 104. Podoli. 105. Podwihof. 106. Groß-Pohlom. 107. Wüst-Pohlom. 108. Pohmba. 109. Ober-Polanka. 110. Nieder-Polanka. 111. Postkowetz. 112. Priese. 113. Radnitz. 114. Radun. 115. Riedhof. 116. Schimmerwitz. 117. Schnellerhof. 118. Schönbrunn. 119. Schönfeld. 120. Schwansdorf.

121. Seitendorf. 122. Skrochowitz. 123. Skrzipan. 124. Slattnig. 125. Slattnighof. 126. Smulkau. 127. Staudnig. 128. Stiebnig. 129. Stremblowitz. 130. Stüberwitz. 131. Taschendorf. 132. Thiermlo. 133. Thürnau. 134. Tiefengrund. 135. Tirschkowitz. 136. Troppelwitz. 137. Trzebowitz. 138. Wartenberg, ein Vorwerk. 139. Wawrowitz. 140. Weszidel. 141. Wierschowitz. 142. Wischkowitz. 143. Wolmersdorf. 144. Wosenütz, ein Vorwerk. 145. Wrzeszin. 146. Zawitschau. 147. Alt-Zechsdorf. 148. Neu-Zechsdorf. 149. Zeiske. 150. Zottig.

B. Teschen.

a) Städte: 1. Teschen. 2. Jablunka.

b) Dörfer: 1. Albersdorf. 2. Bartelsdorf. 3. Baumgarten. 4. Bazanowitz. 5. Billowitzko. 6. Mittel-Blendowitz. 7. Nieder-Blendowitz. 8. Ober-Blendowitz. 9. Bobreck. 10. Bory. 11. Botzanowitz. 12. Brandeys. 13. Brzczowka. 14. Buckowecz. 15. Bystrzitz. 16. Czechowitz. 17. Ober-Czureck. 18. Nieder-Czureck. 19. Datin. 20. Dobnatitz. 21. Domaslowitz. 22. Dombrau. 23. Drahamischel. 24. Dziegilau. 25. Ellgott. 26. Glagotitz. 27. Godischau. 28. Golleschau. 29. Grodicz. 30. Grodischetz. 31. Grudeck. 32. Guldau. 33. Guldau, ein Vorwerk. 34. Gummau, ein Vorwerk. 35. Gummau. 36. Gutky. 37. Harbultowitz. 38. Haszloch. 39. Hermanitz. 40. Hewyniky Ratowbcz. 41. Hruschau. 42. Jawozinka. 43. Illownicze, (Niclasdorf.) 44. Jskrzitschin. 45. Jslebna. 46. Kalembitz. 47. Kaniokow. 48. Karpentna. 49. Karwin. 50. Katschütz. 51. Koczabracz. 52. Koczurowitz. 53. Komorowitz. 54. Konstau. 55. Kosakowitz. 56. Koscharziska. 57. Krstkowitz. 58. Kroszna. 59. Kuniakau. 60. Groß Kurtschütz, 61. Klein=Kuntschütz; beide bei Ostrau. 62. Groß=Kuntschütz, 63. Klein=Kuntschütz; beide bei Freistadt. 64. Kyßelau. 65. Latschka. 66. Lippin. 67. Lischbitz. 68. Lischna. 69. Marklowitz. 70. Ober=Marklowitz. 71. Nieder=Marklowitz. 72. Mendziszkier. 73. Michalkowitz. 74. Millikau. 75. Misserau. 76. Mosty. 77. Mosty, bei Teschen. 78. Muglinau. 79. Mystezowitz. 80. Nawszi. 81. Nebory. 82. Nerodzin. 83. Nydeck. 84. Ochab. 85. Ogrozan. 86. Oldzichowitz. 87. Polnisch=Ostrau. 88. Ostrembow. 89. Persina. 90. Perstecz. 91. Peterswald. 92. Piosetzna. 93. Piosteck. 94. Pitrau. 95. Ober=Pogorsch. 96. Unter=Pogorsch. 97. Powistau. 98. Pruchna. 99. Punzau. 100. Radwanicz. 101. Rakowitz. 102. Rapitz. 103. Ratimow. 104. Groß=Riegersdorf. 105. Klein=Riegersdorf. 106. Rostropicze. 107. Ruhult. 108. Rzepischtz. 109. Schönhof. 110. Schöwischowitz, hat zwei Rittersitze. 111. Schumbark. 112. Schylitz. 113. Seybersdorf. 114. Simoracz. 115. Smilowitz. 116. Solcza. 117. Ober=Stanischowitz. 118. Nieder=Stanischowitz. 119. Steinau. 120. Ober=Sucha, 121. Nieder=Sucha; jedes hat zwei Rittergüter. 122. Tierliczka. 123. Thiergarten, ein Vorwerk. 124. Toschonowitz. 125. Trzanowitz, hat zwei Rittersitze. 126. Trzenietz. 127. Trzitietsch. 128. Ober-Ustran. 129. Nieder-Ustran. 130. Weichsel. 131. Weingarten, ein Vorwerk. 132. Wendryn. 133. Wenzlowitz. 134. Wielopoli. 135. Wilanowicze. 136. Wirzlitz. 137. Woloweczy. 138. Zablatz. 139. Zamarschk. 140. Groß-Zeiselwitz. 141. Klein-Zeiselwitz. 142. Ziwotitz. 143. Ober-Zuckau. 144. Nieder-Zuckau.

C. Jägerndorf.

a) Städte: 1. Jägerndorf. 2. Bennisch.

b) Dörfer: 1. Adamsthal. 2. Aubeln. 3. Braunsdorf. 4. Brausdorf. 5. Breuthen. 6. Neu-Bürgersdorf. 7. Bürgerwald. 8. Cammerau. 9. Carlsthal. 10. Chawitschau. 11. Commeiser Antheil. 12. Crottendorf. 13. Dittersdorf. 14. Erbersdorf. 15. Friedersdorf. 16. Güntersdorf. 17. Illeschowitz. 18. Kohlbach. 19. Kreuzendorf. 20. Kronsdorf. 21. Lichten. 22. Lobenstein. 23. Lodnitz. 24. Markersdorf. 25. Mosznig. 26. Mülkendorf. 27. Neuraden. 28 Niplachowitz. 29. Peikau. 30. Pochmühle. 31. Groß-Raaden. 32. Raase. 33. Rathehof. 34. Rohrhütte. 35. Schönwieser Antheil. 36. Seifersdorf. 37. Spachendorf. 38. Taubnitz. 39. Thabor. 40. Weiszkirch. 41. Wiese. 42. Zossen.

D. **Bielitz.**

a) Stadt Bielitz.

b) Dörfer: 1. Batzdorf. 2. Alt-Bielitz. 3. Braun. 4. Bystray. 5. Cametz. 6. Dziedzitz. 7. Ellgut. 8. Ernsdorf. 9. Heinzendorf. 10. Kurzwalde. 11. Lopnitz. 12. Matzdorf. 13. Moseisk. 14. Nikkelsdorf. 15. Oblask. 16. Ohlisch. 17. Zabrzog.

II. Minderherrschaften.

† Im Fürstenthume Jägerndorf.

A. **Freudenthal**, dem Deutschen Orden gehörig.

a) Städte: 1. Freudenthal. 2. Engelsburg. 3. Würbenthal.

b) Dörfer: 1. Altstadt. 2. Altwasser. 3. Langenberg. 4. Lichtenwerder. 5. Ludwigsthal. 6. Messendorf. 7. Klein-Mohrau. 8. Neudörfel. 9. Schreiberseifen. 10. Spillendorf. 11. Alt-Vogelseifen. 12. Neu-Vogelseifen. 13. Wiedergrün. 14. Ober-Wildgrub. 15. Nieder-Wildgrub. 16. Wrockendorf.

Die Dörfer Kriegsdorf und Kunzendorf, zu dieser Herrschaft gehörig, liegen in Mähren, thun aber hier ihre Dienste.

B. **Olbersdorf.**

a) Stadt Olbersdorf.

b) Dörfer: 1. Bischofswalde. 2. Hänndorf. 3. Heinzendorf. 4. Alt-Kammer. 5. Neu-Kammer. 6. Alt-Langwasser. 7. Neu-Langwasser. 8. Reichelsdorf. 9. Verlohrenwasser. 10. Alt-Wallstein. 11. Neu-Wallstein.

† † Im Fürstenthume Teschen.

A. Friedeck.

a) Stadt Friedeck.

b) Dörfer: 1. Althammer. 2. Altstadt. 3. Baschka. 4. Biengowitz. 5. Croszen. 6. Dobrau. 7. Ober-Ellgut. 8. Unter-Ellgut. 9. Gaschowitz. 10. Janowitz. 11. Kaniowitz. 12. Liskowitz. 13. Lubno. 14. Mallenowitz. 15. Morawza. 16. Neudorf. 17. Neuhof. 18. Nostowitz. 19. Pazdierna. 20. Przno. 21. Sedlichst. 22. Skalitz. 23. Woykawitz. 24. Zachorz. 25. Zermanitz.

B. Deutsch-Leuthen.

1. Deutsch-Leuthen. 2. Dittmersdorf. 3. Czerwine, ein Vorwerk. 4. Neuhof, ein Vorwerk. 5. Neuraden, ein Vorwerk. 6. Kakolna. 7. Skrzeczon. 8. Willmersdorf.

C. Reichwalde.

1. Althof. 2. Dombrau, nebst Hof. 3. Neuhof. 4. Polnisch-Leuthen, nebst Hof. 5. Poremba, nebst Hof. 6. Reichwalde, nebst Vorwerk. 7. Splu-chau. 8. Teichmanns Hof. 9. Upels.

D. Freistadt.

a) Stadt Freistadt.

b) Dörfer: 1. Altstadt. 2. Konkollna. 3. Sa-wada.

E. Roy.

1. Bomkau. 2. Darkau. 3. Lonkau. 4. Petrowitz. 5. Roy. 6. Splukow. 7. Widmuchau.

F. Schwarz-

F. Schwarzwasser.

a) Stadt Schwarzwasser.

b) Dörfer: 1. Chybi. 2. Mnich. 3. Zablack. 4. Zarzitsch. 5. Zbytkau.

G. Scottschau.

a) Stadt Scottschau.

b) Dörfer: 1. Brenna. 2. Kitschitz. 3. Kobali. 4. Lazy. 5. Lipowetz. 6. Wiszlitz.

Die Städte und Dörfer des Böhmischen Antheils an dem Fürstenthume Neiße sind Th. 7. S. 142. f. angezeigt; die der Minderherrschaft Oderberg sieh oben Seite 89.

Verbesserungen und Zusätze.

Erster Theil.

Seite 3. Zeile 5. lies **verstärkt** statt **erstreckt.**

Ebend. bei 8, **den Läßig ist noch zu bemerken, der Goldseifen,** der bei Hartau unweit Forst entspringt und in Hartmannsdorf vor dem herrschaftlichen Hofe in den Läßig fällt. Man soll vor alten Zeiten Gold daraus gewaschen haben: daher der Nahme.

Ebend. Z. 17. l. **Thomasdorf** st. **Runzendorf.**

Seite 4. Das **Strigauer Wasser.** Ueber dieses Wasser hat der Besitzer von Laasen, Graf von Burghaus, bei diesem Dorfe den Ueberschwemmungen dieses Wassers durch einen 1050 Ruthen langen und 3 Ruthen breiten Graben Gränzen gesetzt, und in Deutschland die erste eiserne Brücke 1796 darüber bauen lassen. Die Spannung oder größte Weite des Gewölbes derselben ist 40 Fuß, die Höhe 9 Fuß, und die Breite 18 Fuß. Die Länge der Brücke ist 52 Fuß. Sie ist mit 18 Fuß langen eisernen Platten belegt, die 18 Zoll hoch mit grobem Sande und kleinen Kieseln bedeckt sind. Für die Fußgänger liegen an beiden Seiten des Geländers Sandsteinplatten.

Das in Malapane gegossene Eisenwerk

wiegt	931 Ct. 91½ Pf.
an geschmiedetem Eisen	14 — 59 —
	946 Ct. 40½ Pf.

Dieses hat bis Breslau

gekostet	3457 Rthl. 9 Sgl. 6 Pf.
Die eisernen Platten mit der Inschrift . .	100 — = — = —
	3557 Rthl. 9 Sgl. 6 Pf.
Die ganze Brücke kostet	7694 Rthl. 8 Sgl. 8 Pf.
Der Canal kostet . .	6300 — = — = —
Summa	13994 Rthl. 8 Sgl. 8 Pf.

Ein rühmlicher Aufwand zum Besten des Publicums.

Die Polsnitz. Bei dem Dorfe Polsnitz vereinigt sich das in Salzbrunn entspringende Salzbrunnwasser mit der Polsnitz. Diese Quelle des Salzbrunnens liegt über Schweidnitz 435,6 Par. Fuß (von Lindener).

Seite 5. Die **Peilau** entspringt am **Kleutsch**berge im Frankensteiner Kreise. (S. Th. 3. S. 9.)

Das **Rothwasser** entsteht aus dem Zusammenflusse einiger Bäche am **Böhmsberge** in eben demselben Kreise. (S. am angef. O.)

Zeile 4 v. u., l. **Ernsdorf** st. **Johnsdorf**.

Zeile 2 v. u., l. **Nitschendorf** st. **Roth-Kirschdorf**.

Zu den Gewässern gehört noch:

8) **Das Weigelsdorfer Wasser.**

Es entspringt im Reichenbacher Kreise am **Langenberge** (Seite 16), mit ihm vereinigt sich die Ober-

und die **Unter-Weißbach**, die beide am **Böhmsberge** (Th. 3. S. 9.) entspringen, fließt in den Frankensteiner Kreis und dort bei Peterwitz in die **Pausebach**. (S. Th. 3. S. 5.)

Seite 6. Die Steinau entsteht $1\frac{1}{2}$ Meile von Friedland.

Noch gehören hierher:

1) Die **Tarne**, die auf den Neudorfer Gründen entspringt, durch Conradswalde und Tarnau fließt, und im Canthischen a. r. U. sich in das **Strigauer Wasser** ausmündet.

2) Das **Schwarzwasser**. (S. Th. 3. S. 73.)

Seite 13. Die **hohe Eule** ist nach der Messung des Herrn von Gersdorf 3326 Pariser Fuß über die Meeresfläche erhaben.

Der **Ottenstein** zieht sich bis gegen Hausdorf in der Grafschaft Glatz. (S. Th. 4. S. 82.)

Seite 14. Zeile 17. l. **Hornschloß** st. **Domschloß**.

Nach **Hornberg** ist einzuschalten der **Langeberg** (Basalt); man hat hier eine weite Aussicht ins Glatzische und ins platte Land.

Seite 15. Nach den **Wellchenbergen** sind einzuschalten:

Der **Blockhausberg** bei Carlottenbrunn.

Die **Langenbrachen** bei Tannhausen. Man hat hier eine schöne Aussicht, besonders ins platte Land bis Breslau.

Der **Stenzelberg** bei Wüst-Waltersdorf.

Fürstenstein (Brauhaus 1ster Stock) liegt über der Polsnitz 150 und über Schweidnitz 343,7 P. F. (von Lindener).

Seite 16. Z. 11. v. u. lies Glatzer statt Böhmische Gränze.

Zu den Bergen des Reichenbacher Kreises sind noch beizusetzen:

Der Hutberg bei Bielau.

Der Fischerberg bei Peilau. Hier hatte, um die Belagerung von Schweidnitz zu decken, der Herzog von Bevern sein Lager, indem Friedrich II sich bei Peterswaldau gelagert hatte.

Der Girlsberg bei Girlachsdorf. Bei beiden Bergen schlug der Herzog von Bevern 1762 den 16. August mit 13 Bataillons und 57 Escadrons 62 Bataillons und 113 Escadrons Oestreicher, die der General Beck anführte.

Der Tschammerberg bei Girlachsdorf.

Der Böhmsberg gehört eigentlich in den Frankensteiner Kreis, und zwar zum Eulengebirge.

Seite 25. Nach dem Hirschberge sind einzuschalten:

Der **Hoheberg**, mit dem der Dürreberg zusammen hängt.
Der Ranserigberg.
Der Vogelberg.
Der Wacheberg.
Der Mühlberg.
Der Buchenberg.
} Bei Conradswalde.

Seite 26. Z. 3. v. u. lies der st. die.

Seite 31. Den Bergen des Bolkenhayn-Landshutischen Kreises sind noch beizusetzen:

Der Holzberg bei Giesmannsdorf. Man hat hier eine vortreffliche Aussicht ins platte Land. Aus einem Puncte sieht man, außer einer grossen Menge Dörfer, die Städte Bolkenhayn, Liegnitz, Jauer, Strigau, Schweidnitz und, wenn es hell ist, selbst Breslau, die Klöster Wahlstadt und Leubus.

Der Heidelberg zwischen Giesmannsdorf und Hartmannsdorf. Im siebenjährigen Kriege war er von den Oestreichern besetzt, indem die Preußen auf dem Holzberge standen. Im Jahr 1790 verweilte unser jetziger König als Kronprinz, da er von Breslau aus eine Reise ins Gebirge machte, lange auf diesem Berge.

Seite 35. Salvia verticillata wird nach S. pratensis eingeschaltet.

Seite 47. Z. 2. v. u. lies Michelsdorf statt Weigelsdorf.

Seite 57. Z. 11. v. u. lies Girlachsdorf statt Görlachsdorf.

Seite 64. Z. 6. Nach Lahsen setze man hinzu: bei Reichenbach nahe bei der Stadt.

Seite 70. Bei gediegenes Kupfer ist beizusetzen: auf dem Morgenstern zu Rohnau mit Schwefelkies.

Seite 72. Nach Rohnau setze man hinzu: im Conglomerat auf der frohen Erwartung zu Haselbach.

Seite 74. setze man bei Granit nach Dittmannsdorf hinzu: bei Guhlau und Girlachsdorf.

Seite 78. Nach Trochiten setze man hinzu: bei Klein-Hennersdorf, unweit Grüssau, Muscheln im Steinmärgel.

Seite 79. Tabelle über die Bestandtheile der mineralischen Quellen zu Altwasser, (Schles. Provinzialbl. 1802. Mon. Jun. S. 547.) Von dem Brunnenarzte Dr. Menzel in Waldenburg.

In 10 Pfund Medicinal-Gewicht sind enthalten:	Ober-Brunnen.	Mittel-Brunnen.	Friedrichs-Brunnen.
	Gran.	Gran.	Gran.
Harzstoff	$0,503\frac{19}{27}$	$0,237\frac{1}{27}$	$0,118\frac{14}{27}$
Kieselerde	$1,185\frac{5}{27}$	$1,362\frac{26}{27}$	$0,592\frac{15}{27}$
Kalkerde	$27,555\frac{15}{27}$	$31,111\frac{2}{27}$	$26,370\frac{10}{27}$
Talk- und Bittererde .	$11,555\frac{15}{27}$	$12,148\frac{4}{27}$	$10,074\frac{2}{27}$
Eisen-Oxid	$5,037\frac{1}{27}$	$7,185\frac{5}{27}$	$0,888\frac{24}{27}$
Kochsalz	$0,296\frac{8}{27}$	$0,592\frac{16}{27}$	$0,711\frac{3}{27}$
Glaubersalz, trocken . .	— —	$5,629\frac{7}{27}$	$6,637\frac{1}{27}$
——— krystallisirt	— —	$13,392\frac{16}{27}$	16,000 —
Natrum, trocken . . .	$6,874\frac{2}{27}$	$13,274\frac{2}{27}$	$16,355\frac{3}{27}$
——— krystallisirt .	$18,962\frac{26}{27}$	$36,503\frac{9}{27}$	$45,037\frac{1}{27}$
Summa d. festen Bestandth.	$53,005\frac{65}{189}$	$65,538\frac{73}{200}$	$60,745\frac{25}{236}$
	Cubik-Zoll Rheinisch.		
Kohlensäure	$108\frac{1}{3}$	$166\frac{1}{2}$	16[illegible]
Temperatur bei 11° † äußerer Wärme nach Reaumur, ist aber nach Maßgabe der äußeren Wärme differirend	$4\frac{3}{4}$ †	$5\frac{1}{2}$ †	$6\frac{2}{3}$ †
Specifische Schwere gegen destillirtes Wasser mit Richters Spindeln gewogen	1,015	1,020	1,020
Schicht von Kohlensäure über dem Spiegel des Wassers.	Wegen der Pumpeneinrichtung nicht zu bestimmen.	4 Fuß Rheinisch, so tief stand das Niveau unter d. obern Rande der Fassung.	

Seite 83. Die zwei letztern Zeilen unten müssen so heißen: der Axe nach **Lübeck**, oder zu Schiffe von Aufhalt nach Hamburg gebracht wird.

Seite 87. Z. 4. v. u. lies **Wirtel** statt Wirbel.

Seite 93. In der Anmerkung von den Garn- und Leinwandmärkten ist Donnerstag noch beizusetzen: **der Lbtm. zu Wüst-Waltersdorf.**

Seite 99. Zu der Anmerkung Z. 6. v. o. l. *pectinicornis* st. *pulinicornis.*

Seite 107. Nach den Worten: **Greifenberg gemacht**, ist beizusetzen: In Dittersbach bei Schmiedeberg wird von einigen Leinwand-Manufacturisten das zu ihrer Manufactur nöthige Baumwollengarn von ihnen selbst, wie das Türkische, haltbar roth gefärbt.

Bei **Gnadenfrei** ist noch beizusetzen: Die **Fleccy-hosiery** (gewirktes Pelzwerk) - **Manufactur**, in der dergleichen Pelzwerk mit baumwollenem oder leinenem Grunde und seidenem Pelz — Grund von feiner Kammwolle mit baumwollenem Pelz — Grund von feiner Baumwolle und Pelz von der feinsten Schafwolle, dergleichen Westen einfärbig und mit couleurten Streifen, auch Manns- und Frauenzimmerstrümpfe gemacht werden.

Seite 108. Z. 3. Nach **Gnadenfrei** sind noch beizusetzen die Dörfer Peiskersdorf, Stein-Seifersdorf, Kaschbach, Schmiedegrund, Dreißighuben, Pfaffendorf, Stollbergsdorf und Friedrichshayn.

Papiermühlen. Der Inhaber der Papiermühle zu Polnisch-Weistritz hat Versuche mit dem Bleichen des Papiers gemacht, die gut ausgefallen sind.

Buchdruckereien. Seit einigen Jahren ist auch eine in Landshut.

Seite 110. Bei den Bleichen ist noch beizusetzen: Tannhausen hat 1 herrschaftliche Bleiche, 3 Walken und 6 Privat-Bleichen.

Seite 111. ist bei den Bleichen noch beizusetzen: Zu Reichenbach ist in einer Vorstadt eine von dem Kaufmann Sadebeck erbauete Bleiche mit Steinkohlenfeuerung von 8 Kesseln zum Kattun- und Leinwandbleichen.

Bei den **Wassermangeln** setze man nach Friedland hinzu: sie ist erst neuerdings erbauet.

Seite 113. Ich konnte, bei der Ausarbeitung der erstern Theile dieses Werks nur das Jahr 1794 bei der **Volksmenge** angeben. Nachher wurde ich in Stand gesetzt, mehrere anzugeben. Ich hohle also jene ausgelassenen Jahre hier nach. Vielleicht, daß es manchem Leser, wenigstens dem Statistiker, nicht unangenehm ist:

Volksmenge von den Jahren 1791. 1793. 1795. 1796. 1800 bis 1803.

	1791.	1793.	1795.	1796.	1800.	1801.	1802.	1803.
I. Im Schweidnitzer Kreise.								
A. In den Städten:								
1) In Schweidnitz	8488	8493	7257	7278	7879	7699	7813	7996
2) In Freiburg	1558	1551	1505	1482	1516	1544	1556	1529
3) In Friedland	945	932	968	979	985	995	989	1013
4) In Gottesberg	1868	1900	1938	1931	1976	1992	2001	2057
5) In Waldenburg	1070	1120	1176	1182	1534	1591	1689	1692
6) In Zobten	826	869	849	861	916	955	974	1009
B. Auf dem Lande	60069	60100	61303	61508	64507	65142	66482	66763
Summa	74824	74965	74996	75221	79313	79918	81504	82059
II. Im Reichenbacher Kreise.								
A. In Reichenbach	3562	3768	3201	2837	3109	3102	3126	3236
B. Auf dem Lande	25615	25649	25785	25945	27874	28322	29236	29725
Summa	29177	29417	28986	28782	30983	31424	32424	32961
III. Im Strigauer Kreise.								
A. In Strigau	2085	2059	2093	2217	2669	2535	2592	2661
B. Auf dem Lande	15138	15581	15289	15413	16118	16455	16782	17065

IV. Im Bolkenhayn-Landshuter Kreise.

A. In den Städten:								
1) In Landshut	2936	2887	2899	2904	2961	2985	2977	2994
2) In Bolkenhayn	1161	1195	1257	1234	1325	1301	1317	1322
3) In Liebau	1727	1707	1763	1742	1808	1749	1773	1780
4) In Schömberg	1581	1599	1584	1583	1715	1733	1832	1848
5) In Hohen-Friedeberg	446	447	456	453	466	463	501	504
B. Auf dem Lande	50269	50519	50730	50910	52888	53029	54618	55224
Summa	58120	58354	58689	58826	61163	61260	62918	63672
In den Städten	28253	28527	26837	26683	28859	28644	29140	29596
Auf dem Lande	151091	151849	153107	153776	161387	162948	167118	168777
Summa	179344	180376	179944	180459	190246	191592	196258	198373
Nimmt man nach Scheibel 43 Quadrat-Meilen an, so kommen auf jede Meile	4170	4194	4184	4196	4426	4455	4564	4613

Seite 119. Schweidnitz ist über der Weistritz 40 Pariser Fuß und 778 über der Meeresfläche erhaben. (von Gersdorf) Nach dem Herrn General von Lindener liegt dessen Beobachtungsort, Schweidnitz, 716,2 Pariser Fuß über der Ostsee (nach Leithold berechnet).

Den königlichen Gebäuden in Schweidnitz ist noch beizusetzen

das Corrections-Haus,

das 1802 am 1sten Januar eröffnet worden, und dazu ein ehemahls den Jesuiten gehöriges Gebäude nebst dem Seminario eingerichtet worden ist. In dieses Haus werden zur Correction gebracht: 1) Vagabunden, müßige, der öffentlichen Sicherheit gefährliche Landstreicher; 2) Leute, die, aller Bemühungen ihrer Obrigkeit ungeachtet, sich nicht bessern; 3) Menschen, die Zuchthausstrafe erlitten und bei ihrer Entlassung keinen ehrlichen Erwerbzweig angeben können; 4) junge Leute, die von ihren Aeltern oder Vormündern zur Correction eingeliefert werden.

Jede Person, die ins Haus gebracht wird, erhält, nachdem sie gebadet und gereinigt worden ist, eine vollkommene Kleidung, von Fuß bis auf den Kopf, zwei Hemden, einen Kamm, einen blechernen Löffel, ein Messer, einen Wasserkrug und ein Gebetbuch. Die braune tuchene Jacke hat auf dem rechten Aermel ein gelbes C. und auf dem linken ein H. (Corrections-Haus) eingewirkt.

Die Corrigendi spinnen theils Schafwolle auf Holländischen Rädern, theils werden sie auch mit solchen Arbeiten beschäftigt, die sie von Jugend auf erlernt haben: man siehet alle Arten von Handwerkern und Weibspersonen, die stricken und nähen. Jede Person hat ihre bestimmte Quantität, die sie wöchentlich verfertigen muß; liefert sie mehr, so wird ihr der Ueberschuß bezahlt; sie bekommt jedoch das Geld, über welches Rechnung geführt wird, nicht ganz, sondern erst bei ihrer Entlassung aus dem Hause, in die Hände. Die Arbeitsstunden fangen mit Gebet und Gesang an, und dauern von 5 Uhr Morgens bis 11, und Nachmittags von 12 bis Abends um 8 Uhr, wo sie mit Gebet und Gesang beschlossen werden. Sie erhalten außer dem warmen Essen täglich 2 Pfund Brod und Sonntags ¼ Pfund Fleisch.

Beide Geschlechter sind so ganz von einander getrennt, daß sie einander bloß Sonntags in der Kirche zu sehen bekommen. Außer dem Besuche der Kirche wird so wohl von dem der evangel. als auch von der kathol. Geistlichkeit an der sittlichen Besserung der Corrigenden gearbeitet.

Obgleich nach der Regel die Aufnahme eines jeden auf 2 Jahre geschicht; so werden doch auch bisweilen junge Leute, nachdem sie ½ Jahr gesessen, bei Meistern in die Lehre gethan, andere werden als Knechte oder Mägde auf die nahe gelegenen Dörfer vermiethet oder als Tagelöhner aufgestellt. Diese außer dem Hause lebenden Personen werden alle 8 Tage von einem Officianten des Hauses revidirt, und diejenigen, die sich nicht gut aufführen, werden wieder eingezogen und nachdrücklich dafür angesehen.

In dem ganzen Hause herrscht die größte Ordnung,

Reinlichkeit und Stille; denn in den Stunden der Arbeit darf niemand reden, auch ist alles Singen untersagt. Jeder Gefangene hat sein eigenes reinliches Bett, Matratze oder Strohsack, Kopfküssen, Bett-Tuch und eine Friesdecke. Die mit Sand bestreueten Schlafkammern werden den Tag über, so wie die Arbeitsstuben die Nacht hindurch von frischer Luft durchstrichen.

Unordnungen werden theils mit Gefängniß-, theils mit körperlicher Strafe gerügt, je nachdem man vermuthet, welche dem Charakter des Verbrechers zu seiner Besserung am angemessensten ist.

Alle 3 Monathe wird an die königliche Kammer eine Conduiten-Liste über die Aufführung und die bemerkten Fortschritte in der Besserung der Corrigenden eingereicht.

Die Gesetze des Hauses werden alle Monathe verlesen, und die Vergehungen dagegen werden sehr strenge geahndet, so auch, wenn die Gefangenen nicht ordentlich und reinlich erscheinen.

So viel von dieser vortrefflichen Anstalt.

Seite 122. **Freiburg** liegt 862 Pariser Fuß über der Meeresfläche (von Gersdorf). Auf dem Ringe 1stes Stock, etwa 30 Pariser Fuß über der Polsnitz und über Schweidnitz 77,1 (von Lindener)

Seite 124. **Waldenburg** liegt 50 Pariser Fuß über der Polsnitz und 1359 Pariser Fuß über der Meeresfläche (von Gersdorf).

Seite 125. **Friedland** liegt 20 Pariser Fuß über der Steinau und 1502 Pariser Fuß über der Meeresfläche (von Gersdorf).

Zeile 11 v. u., l. **mannigfaltigen** st. **manngifaltigen.**

Seite 127, Zeile 6 v. u., l. 80 st. 8. Nunmehr ist auch ein neues schönes Haus (die Gallerie) für die Brunnengäste nebst noch etlichen anderen Häusern erbauet worden.

Seite 128. **Bankwitz**, hier ist eine Schachwitz-Manufactur.

Bunzelwitz. Hier stand im Jahre 1761 **Friedrich** II. mit 50000 Mann gegen den Oestreichischen General **Daun**, mit 72000 Oestreichern, und gegen den General **Butturlin**, mit 60000 Russen.

Burkersdorf. Bei diesem Dorfe schlug **Friedrich** II. im Jahre 1762 den 21sten Julius den Oestreichischen General **Daun.**

Nach **Dörnhau** ist das Dorf **Eckersdorf** einzuschalten. Es enthält 7 Bauern, 7 Gärtner und 7 Häusler. Herrschaftliches Stift Grüssau.

Seite 130. **Freudenburg** hat eine lutherische Schule.

Seite 132. **Hermsdorf** hat 2 Vorwerke.

Seite 136. **Sophienau** hat 2 Bleichen.

Seite 138. **Wüst-Waltersdorf** liegt 16 Pariser Fuß über dem Bache und 1534 Pariser Fuß über der Meeresfläche (von Gersdorf).

Weizenrode unter der Rubrik **Bauern**, lies 28 statt 2.

Seite 141. **Gnadenfrei** liegt 862 Pariser Fuß über der Meeresfläche (von Gersdorf).

Hier ist auch eine sehr gute Pensions-Anstalt für protestantische Mädchen.

Seite 144. **Peiskersdorf** hat 2 Vorwerke.

Seite 147. **Landeshut** liegt 20 Pariser Fuß über den Bober und 1351 Pariser Fuß über der Meeresfläche (von Gersdorf).

Seite 151. **Liebau** liegt 1493 Pariser Fuß über der Meeresfläche (von Gersdorf).

Seite 152. **Schömberg** liegt 1502 Pariser Fuß über der Meeresfläche (von Gersdorf).

Ich habe bei dieser Stadt vergessen den **Viehmarkt**, den einzigen im Gebirge, anzuzeigen, der jederzeit den 2ten Tag vor dem Jahrmarkte gehalten wird.

Seite 154. **Grüssau** liegt über der Meeresfläche 1314 Pariser Fuß (Abt Felbiger).

Seite 155. Zeile 3 v. o. l. Nicolaus V. st. Nicolaus IV.

Unter den dem Stifte Grüssau zugehörigen Dörfern ist nach Trautliebersdorf noch beizusetzen Tschöpsdorf.

Seite 164. **Neu-Weißbach** heißt in alten Urkunden **Helle**, wird aber jetzt gewöhnlich abusive Hölle genannt.

Seite 170. Vor **Neuhof** muß eingeschaltet werden das Dorf **Muhrau** ½ Meile von Strigau: es enthält 1 Vorwerk, 10 Gärtner, 5 Häusler, 1 Freimann, 1 Wassermühle. Herrsch. Jungfernstift zu Strigau.

Bei **Stanowitz** muß statt Kammer-Antheil gelesen werden Commende-Antheil.

In

In dem Register ist zu verbessern:

St. Barkwitz l. Bankwitz.
Baumgarten. S. 156.
Bienenhäuser. 156.
Blasdorf. 156.
Börnchen. 156.
Buschhäuser. 156.
Damsdorf. 168.
Diesdorf. 168.
Dietzdorf. 168.
Erlicht. 130.
Haarpuder-Fabrike. 121.
Hornberg. 11.
Hungerbrunen, der, 2.
Kraftmehlfabrike. 121.
Lissen — Lüssen. 170.
Mauersteinbrüche. 78.
Pläswitz. 170.
Rasch. 107.
Schachwitz. 106.
Schieferthon. 56.
Schreibendorf. 162.
Schwarzwaldau. 168.
Schwefelhütte. 108.
Stinerberg. 26.
Strittberg. 25.
Teichenau. 136.
Tarnau. 138.
Walken. 109.
Weißbach. 164.
——— Neu-, 164.
Wissenrode. 138.

Zweiter Theil.

Seite 4. Zeile 13. Hinter den Bogen ————— Höhle führt. Dieß ist, sagt man, jetzt nicht mehr möglich: man soll auch nicht mehr in die Höhle kommen können. Ich habe diese Partie seit 1769 nicht gesehen. Wahrscheinlich hat der Zahn der Zeit und das Wasser, das immer mehrere Bestandtheile des Granits von dem Bindemittel (darf ich so sagen?) desselben ablöset, diese sonstige Höhle, in der ehedem manche, so gar ohne Erkältung zu fürchten, froh über den zurück gelegten mühsam betretenen Wegen, sich mit einem Imbisse trösteten, verkleinert, wie solches durch Hinwegbrechen des Kalksteins (Marmors) bei Kaufung mit der Höhle (Kützelloch, Kützlerkirche) des dasigen Bruches auf dem Kützelberge geschehen ist.

Seite 5. Ich kann nicht unterlassen hier zu bemerken, daß unser König Friedrich Wilhelm III. (im Jahre 1800 den 17ten August) und dessen Gemahlinn den Kochelfall besucht haben.

Seite 6. Das Stillstehen des Zackens, den 3ten December 1785, soll bloß durch den starken Frost entstanden seyn. Zeile 3. v. o., l. Baberhäuser st. Boberhäuser.

Seite 8. Zu den Bächen, die in die Katzbach sich ausmünden, muß noch die Wilsbach beigesetzt werden.

Seite 9. Muß Lehnwasser in Lämmerwasser oder auch Lämmerbach verwandelt werden. Der Ort, wo es entsteht (S. 15) heißt der Lämmergrund.

Zu den Teichen sind noch 30 zu Görisseifen beizusetzen.

Seite 16. Zu den Bergen des Jauerischen Kreises gehört noch der Warteberg bei Riemberg.

Seite 18, Zeile 9, l. linker Hand st. rechter Hand. Der Gipfel dieses Ameisenberges gehört nach Erdmannsdorf, der untere Theil nach Lomnitz, die Morgen= und Mittagsseite nach Buchwald. Weiterhin nach Mitternacht heißt er der Langeberg und stößt an die Lomnitzer Heide.

Seite 19. Friesensteine (Zeile 6. v. o.), das Gebirge, wo diese Steine sich befinden, heißt das Friesengebirge.

Diese Steine sollen 1350 Pariser Fuß über Schmiedeberg bei der katholischen Kirche, mithin über der Meeresfläche 2881 und über der Breslauer Sternwarte 2339 Pariser Fuß erhaben, also um einiges höher, als der Zobtenberg seyn. (Oswald)

Seite 20. Ist vor den Sattelberg noch einzuschalten:

der dürre Berg;
der spitzige Berg;
der keulige Berg.

Seite 25. Der Dietrichsberg. Anno 1786, den 21sten August, stürzte ein Theil dieses Berges ein. Eine Menge Wasser, das sich in dem Innern desselben gesammelt hatte, riß sich auf ein Mahl los, verursachte Ueberschwemmung und diesen Einsturz.

Seite 27. Die Hempelbaude ist nach der Messung des Herrn von Gersdorf 4140 Pariser Fuß, nach der Messung eines andern 3819 Pariser Fuß, und nach der Messung des Herrn Chorherrn Scholz 4122 Pariser Fuß über der Meeresfläche erhaben.

Die Weißewiesenbaude ist 4410 Pariser Fuß über der Meeresfläche erhaben. (Jiraseck.)

Seite 30. Von der Höhe der Riesenkoppe hat man verschiedene Angaben.

Von Gersdorf . 4949 Pariser Fuß.
Ein anderer . . 4920 — —

Abt Felbiger sagt, sie sey 4256 Pariser Fuß über Breslau erhaben. Nimmt man Breslau 468′ höher als das Meer; so ist die Riesenkoppe 4724 Pariser Fuß über dem Meere erhaben.

Nach Jiraseck sollen es 5022 Pariser Fuß seyn, und nach Scholz 5508 Pariser Fuß. Ich, der ich mich, aus Mangel an dem nöthigen Apparat und an Gelegenheit, nie auf Höhenmessungen habe befleißigen können, wage es nicht, auch nur zu muthmaßen, welche von den angeführten Bestimmungen die richtige seyn könnte.

Der 18te August 1800 war der Tag, an welchem die Riesenkoppe das erste Mahl seit ihrer Existenz von einem Monarchen, von **Friedrich Wilhelm** III und von seiner Gemahlinn **Louise**, besucht ward.

Seite 33, Zeile 6 v. u. in der Anmerk., l. *gloriosa* st. *alpina*.

Seite 34. **Riesengrund.** Er ist nach Jiraseck zunächst unter der Koppe 2919 Pariser Fuß, eine Viertelstunde weiter abwärts bei **der Wimmerbaude** 2844 über der Meeresfläche erhaben.

Seite 37. Die **kleine Sturmhaube** ist 4710 Pariser Fuß über der Meeresfläche erhaben. (Jiraseck.)

Seite 39. Die **große Sturmhaube** ist 4722 Pariser Fuß über der Meeresfläche erhaben. (Jiraseck.)

Seite 42. **Kynast.** Ich glaube hier bemerken zu müssen, daß **Friedrich Wilhelm** III und seine Gemahlinn **Louise**, im Jahre 1800 den 17ten August, diesen Berg besucht haben.

Seite 43. Vor den **Hummelberg** ist einzuschalten: das Thal an der südlichen Seite des Kynasts wird die **Hölle** genannt. Dem Kynaste gegenüber liegt der **Donnerberg.**

Biberstein. Man hat hier eine schöne Aussicht. Schlesische Provinzial-Blätter 1803. Jan. p. 43. geben hierüber mehrere Nachricht.

Nach **Kummerfort** sind beizusetzen:

Der **Hartenberg** Der **Gänseberg** Der **Kohlberg** Der **Mühl-** oder **Scheckelberg**	} bei Bertholsdorf.

Seite 50. Bei **Stonsdorf** sind noch zu bemerken:

Der **Stephansberg**;
der **Wetterberg**;
der **Propfberg**;
der **Stangenberg**.

Zeile 4 v. u., l. **Popelberg** st. **Papelberg**.

Seite 51. Helikon. Außer den andern hier befindlichen Anlagen hat der Herr **Kammerrath** und **Senator Geier** in **Hirschberg** auch **Friedrich** dem Einzigen hier ein Denkmahl errichtet.

Es ist ein Tempel in Altgriechischem Styl mit einem Propyläum von vier weißen Säulen. Die Vorderseite des Tempels ist ganz offen. Im Innern sind nirgends Verzierungen angebracht. Vorn sind auf beiden Seiten Bänke. Ein eisernes Gitterwerk scheidet den im Hintergrunde auf einer Erhöhung von vier Stufen befindlichen Cubus von Aegyptischem Marmor, auf dessen Vorderseite mit schwarzen Lateinischen Buchstaben steht:

Dank sei ihm.

Ueber diesem Altare liest man an der Rückseite des Tempels:

Einst zählt von Friedrichs Jahrhundert an der Enkel
die goldenen Tage der Menschheit.

Nach dem **Buchberge bei Falkenhayn** sind noch beizusetzen:

Der Geiersberg bei Neukirch. Basalt.

Der Steinberg, Basalt mit Obsidian, Der Flensberg, Basalt,	b. Polnisch-Hundorf.
Der Langeberg, Porphyr, Der Höllenberg, Basalt, Porphyr, und Mandelstein,	b. Rosenau.
Der Füttersberg, Porphyr, Der Schechen oder Czechenberg, von den Czechen, die zur Zeit des Hussiten-Krieges sich hier gelagert haben sollen? — Porphyr.	bei Hermannswalde.
Der Sargberg, Basalt wie der Harzberg. Der Rahmberg, Porphyr,	bei Conradswalde.

Der Einsiedelberg bei Reichwalde.

Seite 52. Vor den **Kützelberg** sind beizusetzen:

Der Gürtlerberg Der Stangenberg	bei Ludwigsdorf.
Der Hogulin, Urtrapp, Der Scheibelberg, Glimmerschiefer, Der Capellenberg, körniger Kalkstein, Glimmerschiefer mit braunrothen und grünen Granaten, Der Scholzenberg, Hornblendeschiefer, Das alte Pferd, Hornblendeschiefer, Der Butterberg, körniger Kalkstein, Glimmerschiefer, Die Schanzensteine, Hornblendeschief.	bei Tiefhartmannsdorf.

Der **Eisenberg**, Kalkstein, Hornblendeschiefer, Der **Kammerberg**, Hornblendeschiefer, Der **Patzkenstein**, Hornblendeschiefer mit Strahlstein und Kalktrümmern,	bei Tief-Hartmannsdorf.

Der **Mühlberg**. Bei Kaufung sind zwei Berge dieses Nahmens. Der dem Kützelberge gegen über ist **körniger Kalkstein**, und der bei **Mittel-Kaufung** enthält **Uebergangs-Grünstein**.

Seite 61, Zeile 2 v. o., l. Augit st. Obsidian.

Von dem Greifensteiner Schlosse stehen jetzt nur noch die vier Mauern, alles innere Mauerwerk, auch die bewegliche Feueresse, ist nun abgetragen und zu dem neuen Amthause am Fuße des Berges verwendet worden. Der Greifenstein soll nach der Messung des Herrn Chorherrn Scholz über der Meeresfläche erhaben seyn: 1) beim Bräuer 1478 Pariser Fuß; 2) bei der Allersdorfer Fichte 1560 Pariser Fuß; 3) auf dem höchsten Gipfel 1592 Pariser Fuß.

Seite 61. Nach dem **Hopfenberge** ist noch beizusetzen: der **Sperberg**; nach dem **Lindenberge**: der **Kirchberg**. Der **Zwickerberg** gehört schon zum Schmottseifer Territorio. Der **rothe Berg** enthält auch Flötz-Kalkstein mit vielen Dendriten.

Seite 62, Z. 8 v. o., l. **Moyserberg** st. **Mayserberg**.

Den Bergen in der Löwenberger Gegend ist noch beizusetzen: der **Galgenberg**.

Bei **Plagwitz** sind noch zu bemerken:

Der **Latten-** (Letten-) **Berg**, Märgel;

der Ziegenhals;
das Ofenloch;
der Scheusalsberg;
der Steinberg;
die Mittelberge;
die Niedernberge.

Vor dem Spitzberge ist einzuschalten: der Canberg bei Ratmannsdorf.

Seite 100. Granat: braunroth und olivengrün in Glimmerschiefer auf dem Capellenberge bei Tief-Hartmannsdorf.

Seite 103. Z. 19. nach Bober ist beizusetzen: und bei Groß Walditz.

Seite 106. Z. 4. v. u. nach Bunzlau ist hinzu zu setzen: bei Rosenau im Höllengraben.

Seite 108. Z. 11. nach Löwenberg setze man bei: mit Schwefelkies auf der Maria Anna zu Querbach.

b) Carneol: als Geschiebe bei Kroischwitz.

Achat: bei Ratmannsdorf

Obsidian: in dem Basalte am Steinberge bei Polnisch-Hundorf.

Seite 111. Töpferthon. Zu Dürr-Kunzendorf hat man beim Graben eines Brunnens ein $\frac{1}{4}$ Lachter mächtiges Thonlager entdeckt, der so weiß und schön, wie der Tillendorfer ist. Bunten Thon findet man in dem Kalkbruche bei Siebeneiche.

Seite 114. Gemeine Hornblende. Mit und ohne Feldspath, zu Egelsdorf am Sandberge.

Seite 116. Hornblendeschiefer. Bei Tief-Hartmannsdorf am Schotzenberge, am alten Pferde, an den Schanzensteinen, am Eisenberge und Rammerberge.

Seite 117. Z. 4. v. o. l. Sirkwitz st. Siegwitz. Bei diesem Dorfe findet man den Basalt unter dem oft eisenhaltigen Sandsteine in Geschieben. Die blasigen Höhlen sind mit Sand ausgefüllt. In dem Dorfe selbst, nicht weit vom Bober, ist ein ganzer Basaltberg. Oestlich von diesem Dorfe erhebt sich von Westen nach Osten ein langer Bergrücken mit einer vortrefflichen Aussicht. Ganz oben auf diesem Berge, der aus Sandstein besteht, findet man Basaltgeschiebe. In einiger Entfernung am Fuße sind zwei senkrechte Pfeiler aus grobem Sandstein; der eine dieser Pfeiler, die in der Ferne Thürmen gleichen, ist sehr hoch.

Z. 5. v. o. Bei Polnisch-Hundorf ist beizusetzen: am Steinberge mit Obsidian, und am Flensberge.

Seite 119. Speckstein: in den Klüften des Sandsteins bei Löwenberg.

Serpentin, gemeiner und edler: in dem Kalkbruche bei Ober-Schmiedeberg.

Seite 120. Chlorit, gemeiner: auf Redens Glück zu Arnsberg.

Chloritschiefer: zu Kupferberg auf der Einigkeit in dem neuen Lichtloche; er ist auf der Oberfläche grün, blau und roth, leicht flüßig, und giebt im Ofen ein schwarzes Glas.

Seite 121. Z. 14. v. u. lies rauchgrau statt rauchgrün.

Nach Polnisch-Hundorf ist beizusetzen: Klein-Helmsdorf, Hirschberg. Kreis.

Nach **Groß-Hartmannsdorf** ist beizusetzen: **Nischwitz**; er wird unter dem Nahmen **Hammerkalk** beim Schmelzen der Eisenerze zu **Modlau** gebraucht.

Z. 8. v. u. bei **Warthau**: Auf der Mittagsseite dieses Dorfes streichen Kalk- und Sandstein. Der letztere liegt in besondern Flötzen, die Sand und Letten zur Decke haben, und enthalten Versteinerungen von gewundenen Schnecken, Kamm- und andern Muscheln, Korallen und Korallen-Aesten, Knochen von Thieren und Fischen. Er liegt 6 Ellen unter Tage, 7 bis 8 Lachter mächtig, bricht in Bänken, ist weiß, fein und fest. Auch in dem Kalksteine findet man Muschelabdrücke und Spangensteine (Asteria columnaris L.)

Seite 122. Nach Schmiedeberg ist noch beizusetzen: **Berbisdorf** und **Kammerswaldau**.

Seite 123. Bei **Alt-Kemnitz** setze man hinzu: weißgelb und röthlich, meistens locker mit Dendriten und mit eingemengtem Glimmer.

Seite 124. Z. 7. **Welkersdorf**. — Man findet den Kalkspath hier auch mit Schwefelkies und **Kupfergrün**.

Seite 125. Zu den Kalköfen sind noch beizusetzen: **Giersdorf** bei Bunzlau, **Kammerswaldau**, **Klein-Helmsdorf**, **Berbisdorf**, **Rothzechau**.

Seite 126. **Brennliche Fossilien**. Zu Kaufung und bei Neukirch findet man bisweilen, aber sehr selten, Bernstein in der Katzbach.

In **Dürr-Kunzendorf** hat man, beim Graben eines Brunnens, ein 2 Zoll mächtiges, und zu **Wenig-**

Waldiz ein 6 Zoll mächtiges Kohlenflöz entdeckt, aber nicht für bauwürdig befunden.

Goldgeschlecht. Bei Giersdorf, Bunzl. Kr., soll in einem thonigsandigen Boden, der auch weiße Quarzgeschiebe von beträchtlicher Größe enthält, vor der Tartarschlacht Gold gewaschen worden seyn. Man hat auch in neueren Zeiten wieder Versuche gemacht; aber die Kosten überstiegen die Ausbeute.

Seite 127. Gediegenes Kupfer: auf dem Morgenstern zu Rohnau. Kupferkies: auf Redens Glück zu Arnsberg, auf der rothen Zeche zu Rothzechau.

Seite 128. Kupfer-Fahlerz, eingesprengt auf der rothen Zeche.

Seite 129. Kupfergrün: auf Kalkspath im Kalkbruche zu Welkersdorf, auf der rothen Zeche zu Rothzechau.

Seite 130. Schwefelkies, in kleinen Krystallen ebenfalls zu Welkersdorf im Kalkspathe; auf der rothen Zeche, auf Redens Glück zu Arnsberg, auf der frohen Erwartung zu Haselbach. — — Kugelig von strahliger Textur auf der Maria Anna zu Querbach.

Seite 132. Röthel: Neukirch.

Seite 133. Bleiglanz: auf Redens Glück bei Arnsberg. Weiß-Bleierz und Gelb-Bleierz, ebendaselbst.

Seite 134. Schwarze Blende. Auf der vorigen Grube.

Seite 135. Braunstein. Dichter, zu Rosenau im Höllengraben.

Seite 136. **Arsenikkies** mit Schwefel- und **Kupferkies**: auf der rothen Zeche zu Rothenzechau; mit Schwefelkies auf der frohen Erwartung zu Haselbach.

Seite 139. **Gneiß**: zwischen Nimmersatt und Seitendorf.

Seite 140. **Glimmerschiefer**: zu Kemnitz, Kammerswaldau, bei Tief-Hartmannsdorf auf dem Scheibelberge, Capellenberge, Butterberge.

Porphyr: am Langenberge und Höllenberge bei Rosenau, bei Herrmann'swalde am Fütters- und Czechenberge, bei Schönhausen an der Katzbach, bei Conradswalde am Rahmberge.

Gemeiner Sandstein: Kesselsdorf, Siebeneiche, Tillendorf. Am ersteren Orte werden Thür- und Fensterstöcke, und am zweiten Wetz- und Schleifsteine gemacht.

Torfgräbereien: Braunau, Hohlstein, Hagendorf, Geppersdorf, Krummölse, Hennersdorf.

Seite 141. **Warmbrunn** ist 1164 P. F. über der Meeresfläche erhaben. (v. Gersdorf.)

Man hat seit etlichen Jahren zu Warmbrunn, in der Nähe des Grüttnerischen Hauses, eine neue Quelle entdeckt, die, nach den Untersuchungen des dasigen Apothekers und Brunnen-Inspectors, Eisen, Salzsäure, Kalkerde und Natrum, oder mineralisches Laugensalz enthält. Da ihr aber der verhältnißmäßige Antheil von Luftsäure fehlt, wird sie bloß zum Baden in Wannen benutzt. Der Eigenthümer des Hauses hat auch bereits die nöthigen Anstalten dazu getroffen. Auch hat diese Quelle bereits 1803 an einigen Kranken ihre wohlthätigen Wirkungen bewiesen.

Seite 142. Flinsberg liegt 1542 P. F. über der Meeresfläche. (v. Gersdorf.)

Mineralische Wasser hat man gefunden:

1) Bei **Warthau** unweit Bunzlau.

2) Bei **Groß-Walditz.** Das Wasser dieser Quelle hat einen Tintengeschmack, schlägt einen rothgelben Bodensatz nieder, ist also eisenhaltig; es ist im Sommer sehr kalt, gefriert im Winter nicht, dampft aber sehr stark.

Seite 144. Ein wesentlicher Unterschied zwischen **dickem Schleier und Leinwand** ist der. Der Faden des Schleiers ist weicher und beim Weben nicht so dicht zusammen geschlagen, wie bei der Leinwand. Der Schleier ist meistens breiter, und ein Stück (Webe) 54 Ellen, da hingegen die Leinwand meistentheils etwas schmäler, und ein Stück (Schock) 60 Ellen lang ist.

Die ersten dicken Schleier wurden 1470 von einem Schuhmacher, Joachim Girath, der auf seiner Wanderschaft das Weben derselben in Holland erlernt hatte, gemacht. Die ersten dünnen Schleier sollen 1622 (nach andern 1624) von einer Stiefenkelin Giraths, **Martha Moybaum,** geb. **Laußmann**, gemacht worden seyn.

Seite 147. Z. 2. v. u. l. abgeschnitten st. gesponnen.

Seite 149. Statt der Kattunweberei im Zuchthause zu Jauer wird jetzt für die Goldberger Tuchmacher Wolle gesponnen.

In Schmiedeberg ist jetzt auch eine Papiertapeten-Druckerei.

Zu den **Papiermühlen** ist noch **Wehrau** beizusetzen. Wehrau selbst liegt zwar in der Lausitz. Der Besitzer der dasigen Papiermühle bauete aber, da die Einfuhre des Sächsischen Papiers in Schlesien verboten worden, der jenseitigen gegen über auch eine an dem diesseitigen Queisufer.

Seite 150. Z. 7. v. o. l. **Carlsthal** statt neue **Welt**.

Seite 153. Zu den **Bleichen** des Löwenberg-Bunzl. Kreises ist noch beizusetzen: **Tillendorf** eine Bleiche und eine Walke.

Seite 154. Zu den Wassermangeln ist noch beizusetzen: Hirschberg 1; Greifenberg 1.

Zu Schmiedeberg ist jetzt auch eine Glätt-Maschine, die vom Wasser getrieben wird.

	1791.	1793.	1795.	1796.	1800.	1801.	1802.	1803.
I. Im Jauerschen Kreise.								
A. In der Stadt Jauer	4431	4052	4100	4233	4541	4639	4549	4582
B. Auf dem Lande	17821	17698	17611	17937	18638	18660	19048	19302
Summa	22252	21750	21711	22170	23179	23299	23597	23884
II. Im Hirschberger Kreise.								
A. In den Städten: 1) In Hirschberg . . .	6334	6361	6353	6305	6192	6096	6104	6228
2) In Schmiedeberg . .	3225	3417	3417	3469	3760	3735	3783	3817
3) In Schönau	801	804	790	817	820	838	841	869
4) In Warmbrunn . .	1954	1909	1902	1900	1901	1881	1885	1851
B. Auf dem Lande	63013	62820	62663	62702	64872	64544	64837	65022
Summa	75327	75311	75125	75193	77545	77094	77450	77787
III. Im Löwenberg-Bunzlauer Kreise.								
A. In den Städten: 1) In Löwenberg . . .	3303	2983	2913	3050	3336	3049	3288	3366
2) In Bunzlau	3629	3182	3168	3194	3495	3568	3692	3534
3) In Greifenberg . . .	2162	2197	2245	2276	2287	2298	2307	2319
4) In Friedeberg am Queis	1680	1617	1639	1623	1687	1665	1575	1635
5) In Lähn	870	899	887	892	847	863	906	907
6) In Naumburg am Queis	1084	1117	1130	1138	1147	1062	1062	1084
7) In Liebenthal . . .	1048	1087	1130	1131	1149	1129	1128	1117
B. Auf dem Lande	87609	87144	88135	87532	90893	91159	92243	93396
Summa	101385	100226	101247	100836	104841	104793	106201	107358
In den Städten	30521	29625	29674	30028	31162	30825	31020	31509
Auf dem Lande	168443	167662	168409	168171	174403	174363	176128	177720
Summa	198964	197287	198083	198199	205565	205188	207148	209029
Nimmt man nach Scheibel 51 Quadrat-Meilen an, so kommen auf jede Meile	3901	3868	3844	3886	4030	4023	4061	4098

Seite 158. Bei den Kirchen des Hirschbergischen Kreises ist unter dem Titel auf den Dörfern hinzu zu setzen: luth. 22. kath. 39., mithin ist die Summa der luth. 64 und der kath. 118.

Zu den Begräbnißkirchen ist noch hinzu zu setzen: **Löwenberg.**

Seite 162. **Jauer** liegt 30 Pariser Fuß über der wüthenden Neiße und 665 Pariser Fuß über der Meeresfläche (von Gersdorf.).

Seite 163. Z. 12. v. u. l. Franciscaner st. Elisabethiner.

Seite 166. **Bärsdorf** hat 2 Vorwerke.

Seite 170. Z. 12. v. o. l. der Zacken st. der Queis.

Hirschberg ist nach Herrn von Gersdorf 1046 Pariser Fuß über der Meeresfläche erhaben. Nach der Messung des Herren Leib-Medicus D. Oswald in Carlsruhe liegt Hirschberg 360 Pariser Fuß tiefer, als Schmiedeberg, also über der Meeresfläche 1171 Pariser Fuß.

Seite 173. Das Commerz-Collegium ist 1801 wieder aufgehoben worden.

Seite 174. Z. 7. v. u. l. 25 Wirthshäuser st. 25 Dörfer.

Gotschdorf gehört nicht zu den Kämmereidörfern der Stadt Hirschberg, sondern zu den Gütern des Gr. von Schafgotsch *).

Seite

*) Wie wenig man sich oft auf Nachrichten, selbst von solchen Personen, von denen man sie am richtigsten erwartete, verlassen könne, davon ist dieser Irrthum ein Beispiel. Ein

Seite 175. **Schmiedeberg** ist (im Neukretscham) 1375 Pariser Fuß über dem Meere erhaben.

Nach vierzehnmonathlichen Beobachtungen des Hrn. Leib-Medicus Dr. Oswald ist die mittlere Barometer-Höhe zu Schmiedeberg = 26 Z. 8,6 Lin. Hieraus ergiebt sich eine Höhen-Differenz zwischen Breslau und Schmiedeberg = 989 Pariser Fuß, die Höhe von Schmiedeberg wäre also 1531.

Seite 178. Zeile 9. v. o. l. **accisbare** st. unaccisbare.

Warmbrunn liegt nach Hrn. v. Gersdorf 20 Pariser Fuß über dem Zacken, und 1077 (1164) Pariser Fuß über der Meeresfläche. Herr Chorherr Scholz giebt bei der Probstei 1251 Pariser Fuß an.

Seite 186. Bei **Kamnitz** (Alt-) ist eine Brettmühle hinzu zu setzen.

Seite 188. **Schreiberau** ist mitten im Dorfe, bei dem Försterhause 1908 Pariser Fuß über der Meeresfläche erhaben.

Seifersdorf hat eine katholische Kirche.

---

ehemahliger Gehülfe bei der Kanzellei zu Hermsdorf, den ich darum befragte, gab mir diese falsche Nachricht. Gotschdorf begräbt nur seine Todten nach Hirschberg, ist also dahin eingepfarrt, und hatte ehedem seinen Kirchhof oder Begräbnißplatz nebst einer Begräbnißkirche (sie ist eingegangen, und statt ihrer wird jetzt nur ein Kreuz unterhalten) auf dem, dem Hausberge gegen über liegenden, Kreuzberge. Noch jetzt wird der Weg dahin als ein Recht betrachtet.

Seite 196. Löwenberg liegt 16 Par. Fuß über dem Bober und 775 Pariser Fuß über der Meeresfläche (von Gersdorf).

Seite 197. Die Mühlen zu Löwenberg sind dahin zu berichtigen: am Bober sind die Ober-, Nieder- und Hatschenmühle; an der Moyserbach, die Hoppenmühle; an der Görisseifer Bach, die Barchentmühle.

Am Bober ist auch eine Tuchmacher- und Weißgärberwalke.

Z. 14. v. u. l. Sirkwitz st. Siegwitz.

Seite 198. In dem Kloster Liebenthal wird ein sehr beliebter Balsam verfertigt.

Die Stadt Lähn ist keine Mediat- sondern eine Immediat-Stadt.

Görisseifen gehört dem Kloster Liebenthal nur zum Theil.

Seite 199. Das Bergamt ist seit 1803 von Friedeberg nach Kupferberg verlegt worden.

Seite 201. Gnadenberg liegt über der Meeresfläche 657 Pariser Fuß (von Gersdorf).

Seite 205. Muß bei Hermannsdorf 1½ B st. 1½ L gelesen werden.

Dritter Theil.

Seite 2. Z. 11. v. o. l. Rätscher Bach st. Nätscher Bach. Z 15. v. o. l. linken st. rechten.

Seite 3. Die Neiße liegt unter Schweidnitz bei Wartha 5,0 Pariser Fuß. Bei Ellgut 146,5 Pariser Fuß; bei Neiße 175,20 Pariser Fuß. (von Lindener.)

Seite 4. Z. 11. v. o. l. linken st. rechten.

Seite 7. Z. 10. v. o. nach vereinigen ist hinzu zu setzen: zusammen.

Seite 8. Z. 8. v. o. l. Großteich st. Grasteich.

Seite 28. Bei natürlicher Vitriol ist hinzu zu setzen: bei Münsterberg.

Seite 42. Z. 4. v. o. muß es heißen: freie Minder-Standesherrschaft.

Seite 43. **Nachtrag zu der Volksmenge.**

	1800.	1801.	1802.	1803.
I. In dem Münsterberg. Kreise:				
A. In Münsterberg . . .	2355	2384	2400	2412
B. Auf dem Lande . . .	16939	17055	17316	17617
Summa	19294	19439	19716	20029
II. Im Frankensteiner Kreise.				
A. In den Städten:				
1) In Frankenstein . .	4097	4013	3996	4040
2) In Warthe	675	684	706	692
B. Auf dem Lande . . .	25215	25234	25902	26300
Summa	29987	29931	30604	31032
In den Städten . . .	7127	7081	7102	7144
Auf dem Lande	42154	42289	43218	44917
Summa	49281	49170	50320	52061
Nimmt man nach Sack 15 Quadrat-Meilen an, so kommen auf jede Meile	3285	3278	3354	3470

Seite 51. Das Stift Heinrichau besitzt auch die Probstei Cirtz in Ungarn.

Seite 59. Warthe erster Stock im Camenzer Hause liegt über Schweidnitz 59,7 P. F.

Seite 60. In Warthe ist keine Garnison.

Seite 63. Der eine Theil des Dorfes Frankenberg gehört nicht dem Dom-Capitel, sondern dem Collegiat-Stifte zum Heil. Kreuz in Breslau.

Seite 69. Z. 5. v. u. l. Riebnig st. Riebnitz.

Seite 70. Z. 10. v. o. l. Skorisauer st. Skreisauer.

Außer der Bartsch und dem Schwarzwasser nimmt die Stober noch am linken Ufer, unweit der Gränze mit dem Fürstenthume Oppeln, auf:

c) den Schiegenberger Flößbach;

d) den Budkowitzer Bach *).

Seite 72. Das Schwarzwasser wird auch bisweilen der Barother Bach genannt.

Seite 74. Zu den Gewässern des Fürstenthums Brieg ist noch beizusetzen:

K. Die Saroffka. Sie entsteht im Ohlauer Kreise, und tritt oberhalb Schliese in das Fürstenthum Breslau **).

L. Die Seline, die ebenfalls im Ohlauer Kreise entsteht, und ins Breslauische fließt ***).

---

*) Sieh Th. 8. S. 39.

**) Th. 6. S. 33.

***) Ebend. S. 34.

Seite 98. Der Schloßberg. Das Schloß liegt über Schweidnitz 1266,5 P. F. (von Lindener.)

Seite 99. Die große Strohhaube liegt über Schweidnitz 1468,5 P. F. (von Lindener.)

Seite 103. Z. 4. sind nach **Pangel** beizusetzen: **Reichau, Wonnwitz** und **Silbitz**.

Auch bei Brieg wird Tabak gebauet.

Seite 108. Nach **Zeolith** ist noch beizusetzen: **Pimelith**. Ich habe dieses Fossil, als in Schlesien bei **Kosemütz**, wo es gewöhnlich den Chrysopras begleitet, erst aus der neuesten Ausgabe der mineralogischen Tabellen (S. 72.) des Herrn geheimen Bergraths **Karsten** kennen gelernt.

Seite 112. Z. 2. v. u. l. **Granitgebirge** st. **Granitberge**.

Seite 129. **Nachtrag zu der Volksmenge.**

	1800.	1801.	1802.	1803.
I. Im Briegischen Kreise.				
A. In den Städten:				
1) In Brieg	8229	8249	8346	8565
2) In Löwen	1069	1075	1079	1112
B. Auf dem Lande . . .	20267	20388	20631	20991
Summa	29565	29712	30056	30668
II. Im Strehlenschen Kreise:				
A. In der Stadt Strehlen	2628	2724	2906	2917
B. Auf dem Lande . . .	13737	13929	14315	14506
Summa	16365	16653	17221	17423

	1800.	1801.	1802.	1803.
III. Im Nimptschischen Kreise:				
A. In der Stadt Nimptsch	1276	1120	1297	1241
B. Auf dem Lande . . .	19651	20096	20440	20839
Summa	20927	21216	21737	22080
IV. Im Ohlauischen Kreise:				
A. In der Stadt Ohlau .	2376	2335	2618	2786
B. Auf dem Lande . . .	22503	22556	22823	23208
Summa	24879	24891	25441	25994
V. Im Kreuzb. Pitsch. Kreise.				
A. In den Städten:				
1) In Kreuzburg . . .	1918	2159	2212	2229
2) In Pitschen . . .	1254	1278	1314	1203
3) In Kanstadt . . .	1045	1100	1119	1113
B. Auf dem Lande . . .	15574	16003	16023	15808
Summa	19791	20540	20668	20353
In Reichenstein . . .	1288	1303	1291	1251
In Silberberg	1463	1498	1492	1528
In den Städten	22546	22841	23674	23945
Auf dem Lande	91732	92972	94232	95352
Summa	114278	115813	117906	119297
Nimmt man nach Sack 42 Quadrat-Meilen an, so kommen auf jede Meile	2720	2781	2807	2840

Im Jahre 1796 war die Zahl der auf dem Lande lebenden Menschen 46819 — im Jahre 1794, 19375. So stieg sie von 1794 bis 1795 auf ein Mahl; und nun kommt sie mit mehrerer Wahrscheinlichkeit wieder 1800 auf 20267 zurück. Man sehe Th. 7. S. 117.

Seite 138. Außer dem Irrenhause Nr. 9. ist auch noch ein Institut für Irre aus angesehenen Familien.

Seite 140. Die Jesuiter-Kirche ist jetzt die Pfarrkirche; dagegen ist nun die Schloßkirche der Garnison und den Reformirten zur Haltung ihrer Gottesverehrungen eingegeben.

Seite 154. Die Colonie Hussinetz steht unter der Breslauischen Kammer, nicht Kämmerei.

Seite 162. Praus ist ein adeliges Gut.

Seite 164. In Silbitz und Strachau sind jetzt lutherische Schulen.

Seite 172. Lorenzdorf hat jetzt eine lutherische Schule.

Seite 179. Jetzt kommen keine Vagabunden mehr ins Armenhaus, sondern nach Schweidnitz in das Corrections-Haus.

Seite 185. Reichenstein, wo auch ein starker Weinhandel getrieben wird, liegt (goldner Hirsch, 1ster Stock) über Schweidnitz 334,1 P. F. (v. G.)

Seite 192. Silberberg, am obern Ende, liegt 677,5 P. F. über Schweidnitz. (von Lindener.)

Vierter Theil.

Seite 2. Ich habe bei Abfassung der Beschreibung der Grafschaft Glatz nach den Nachrichten, die ich damahls in Händen hatte, den Ursprung der Neiße angegeben. Seitdem hat sich mein verehrungswerther Freund, der gelehrte Herr Parochus Seliger zu Wölfelsdorf, Mühe gegeben, nähere Untersuchungen über den Ursprung der Neiße anzustellen und Nachrichten darüber einzuziehen. Ich nehme keinen Anstand die Resultate seiner Untersuchungen, die er mir gütigst mitgetheilt hat, mit seinen eigenen Worten herzusetzen.

„Da die Neiße der Hauptfluß der Grafschaft Glatz ist, so scheint es kein unnützes Geschäft zu seyn, der eigentlichen Quelle derselben nachzuspüren, besonders da man in den geographischen Beschreibungen hierüber in Ungewißheit gelassen wird. Um diesen Zweck zu erreichen, wollen wir

I. alle Quellen aufzählen, die bis zum östlichen Ende von Schreibendorf zusammen fließen und die in dem Thanndorfer und Alt-Neißbacher Walde entspringen, und

II. untersuchen, welcher von diesen Quellen man in den ältern Zeiten den Nahmen der Neißquelle beigelegt hat.

I. Die Quellen.

A. Beständige Quellen.

Die erste ist das Rinnenwasser, auch Kressenwasser, Kressenfloß. Es entspringt im Thanndorfer

Walde, von der Kirche zu Thanndorf aus in Nordost, ostwärts der Gegend, die von den Einwohnern der dasigen Gegend Siehdichvor genannt wird, aus zwei Pfützen; tritt bei dem Jägerhause, bei nahe dem äußersten an der nordöstlichen Gränze im Anfange des Waldes in das Dorf **Thanndorf** ein, fließt ganz durch dasselbe und wird durch einige unbedeutende Quellen zwischen den Häusern im obern Dorfe verstärkt. Die nördliche Pfütze, oder Quelle des **Rinnenwassers** ist nach meteorologischen sorgfältig angestellten und nach D. Kramps Formel berechneten Beobachtungen 3193 Pariser Fuß über der Ostsee. Die südliche Quelle hingegen 3145 Pariser Fuß. Bei dem Jägerhause *) hat dieses Wasser bereits einen Fall von 707 Fuß, und bei der dem Scholzen zu Thanndorf gehörigen Mühle von 1149 Fuß **). Sie liegt unter allen Quellen am höchsten. Man sieht noch einige Ueberreste von Rinnen, in welchen dieses Wasser geleitet worden, und davon es seinen Nahmen hat. Ein Theil dieses Wassers wird in einer geringen Entfernung von der Vereinigung der nördlichen und südlichen Quelle erst seit einigen Jahren in die **Lauterbach** geführt, um die Wassermangel in dem Dorfe **Lauterbach** mit mehr Wasser zu versehen.

Die **zweite Quelle** entspringt ebenfalls in dem Thanndorfer Walde, von der Kirche aus bei nahe in Osten. Hier sind eigentlich drei Quellen, die nicht weit von einander liegen. Die eine unter einem großen Kie-

*) Das Jägerhaus liegt 2484 Pariser Fuß über der Ostsee.

**) Diese Mühle liegt 2044 Pariser Fuß über der Ostsee.

selsteine (2635 Pariser Fuß über der Ostsee), die andere ostwärts etwas höher und die dritte nordwärts mit der ersten parallel. Die Gegend, wo diese Quellen entspringen, sieht einem veralteten Holzhaue äußerst ähnlich, die aber schon von niedrigem Büchen- und Nadelholz-Gesträuche bewachsen und etwas sumpfig ist. Am Ende des Waldes vereinigen sich diese drei Quellen: man bemerkt aber hier einen unnatürlichen oder gezwungenen Lauf dieses Wassers: denn man sieht seinen Lauf durch einen aufgeworfenen Damm gehemmt: statt gerade fort nach Westen zu fließen, fließt es in verschiedenen Krümmungen nördlich. Ehemahls floß dieses Wasser durch den Mittelgraben der Colonie Neu-Neißbach. Man sieht noch jetzt beide Uferseiten, durch die es einst strömte. Etwa im Jahre 1720 (die Zeit kann aus Mangel an Urkunden, die bei der Einäscherung der Schölzerei zu Thanndorf ein Raub der Flammen geworden sind, nicht aufs genaueste angegeben werden) sind diese Quellen nach Thanndorf geleitet worden, wo sie jetzt in Vereinigung mit dem Rinnenwasser den Mühlgraben machen, der die herrschaftliche und die dem Scholzen gehörige schon oben genannte Mühle in Bewegung setzt. Das Rinnenwasser vereinigt sich mit dem der drei Quellen bei dem ersten Bauer über der Kirche zu Thanndorf auf der Seite gegen Alt-Neißbach. Diese Quelle liegt unter allen am niedrigsten: denn sie ist nur 1808 Pariser Fuß über dem Ausflusse der Neiße bei Morischau erhaben.

Die dritte Quelle des Feldwassers. Sie entspringt in einer Gegend des Thanndorfer Waldes, in

Ost-Nord-Ost von der Kirche aus, und wird von den dortigen Einwohnern die Flößerlehne genannt. Sie durchströmt oder durchschneidet die vorige Quelle unter dem großen Kieselsteine vor ihrer Vereinigung mit den zwei andern Quellen, scheidet Thanndorf, da sie durch den Vordergraben fließt, von Alt- und Neu-Neißbach, und vereinigt sich süd-westwärts der Kirche mit dem Mühlgraben oder den Gewässern der beiden vorigen Quellen. In dieses **Feldwasser** ergießen sich drei kleine Quellen, die ebenfalls an der Flößerlehne, westwärts des Ziegenrückens, entspringen, und auf der Nordseite eintreten. Außer diesen drei jetzt genannten Quellen vereinigt sich mit dem Feldwasser noch eine kleine Quelle ohne Nahmen, die nur eine geringe Weite über die Felder läuft. Diese Quelle des Feldwassers liegt 1844 P. F. höher, als der Ausfluß der Neiße bei Morischau, und 2770 P. F. über der Ostsee.

Die vierte Quelle ist die der **schnellen Wasser.** Es sind deren zwei in einer geringen Entfernung von einander. Die südliche heißt der **Ebereschborn.** Sie entspringen beide in dem Alt-Neißbacher Walde, von der Kirche zu Thanndorf aus in Südost. Die größtentheils ausgeholzte Gegend wird von den dortigen Einwohnern die Schnellenwässerlehne genannt. Diese Quellen fließen, da sie sich bald unter ihrem Ursprunge vereinigen, südwärts von Alt-Neißbach. Beide Quellen sind seit der Ausholzung nicht mehr so stark, wie ehemahls. Ihre Höhe über dem Ausflusse der Neiße bei Morischau beträgt 1950 P. F. und über der Ostsee 2683 P. F.

Die fünfte Quelle ist außer dem Appenbusche auf der Morgenseite des Appenberges, der, in Ansehung der Kirche zu Thanndorf, in Süden liegt. Sie hat keinen Nahmen, und entspringt auf dem Gute des niedersten Bauers zu Alt-Neißbach, das gegen Herrnsdorf zu liegt. Sie ist klein, und vereinigt sich mit den schnellen Wässern.

Der **Appenborn** und der **Rühborn**, die auf dem Appenberge, jener auf der Ost-, dieser auf der Westseite entspringen, fließen nach Schreibendorf, und ergießen sich hier am rechten Ufer in die Neiße. Der Gipfel des Appenberges oder Appenbusches ist 1317 P. F. höher, als der Ausfluß der Neiße bei Morischau, und 2144 Fuß höher, als die Ostsee.

B. Unbeständige Quellen.

1) In dem Mittelgraben, wo ehemahls die beständige Quelle Nr. 2. floß, haben heut zu Tage nur wenige geringe Quellen ihren Lauf, die auf den Bauergütern zu Alt-Neißbach, ihrer Lage nach gegen Thanndorf zu, entspringen; sie versiegen bei trockener Witterung.

2) Der übrigen Alt-Neißbacher Quellen, die etwa verdienten angeführt zu werden, sind zwei ohne Nahmen im obern Dorfe Alt-Neißbach. Sie werden von einem Hause zum andern geleitet, weil sich sonst die meisten Einwohner das Wasser aus dem südlich vorbeifließenden Schnellenwässergraben, der von manchen 100 bis 200 Schritte entfernt ist, hohlen müßten.

3) Einige geringe Quellen im Hasengraben. Diesen Nahmen hat der Winkel, wo Thanndorf, Alt- und Neu-Neißbach nahe beisammen liegen, oder wo

die Gränzen dieser Dörfer zusammen treffen. Dieser Winkel wird von dem Appenberge, durch das niedere Dorf Alt-Neißbach und einen Graben der Colonie Neu-Neißbach, gebildet. Es fließen in demselben einige kleine Feldquellen, die ihren Ursprung auf den Alt-Neißbacher Bauergütern gegen Thanndorf hin haben. Sie liefern nur bei nasser Witterung den Colonisten in dem dritten Graben Neu-Neißbachs, welcher der nächste an Alt-Neißbach ist, hinlängliches Wasser. Die Einwohner zu Thanndorf nennen den Vordergraben der Colonie **Neu-Neißbach**, weil er ihnen am nächsten liegt, den ersten, und jenen, der sich gegen Alt-Neißbach als der entfernteste befindet, den dritten Graben. Bei den Einwohnern Alt-Neißbachs findet das Gegentheil Statt.

Der Zusammenfluß aller genannten Quellen, der beständigen und unbeständigen, geschieht westwärts der Alt-Neißbacher Mühle, d. i. an der Gränze von Alt-Neißbach und Schreibendorf. Der Ort, wo sich die **Schnellenwässer** mit der Neiße, ostwärts der Alt-Neißbacher Mühle, vereinigen, ist über dem Ausflusse der Neiße bei Morischau 918 P. F. und über der Ostsee 1743 P. F., und der Ort, wo der Mühlgraben westwärts der Alt-Neißbacher Mühle dazu kommt, 870 P. F. über Morischau und 1695 P. F. über der Ostsee erhaben.

II. Welche von diesen Quellen hat man in alten Zeiten als die eigentliche Quelle der Neiße angesehen?

Die ältesten Bewohner von Alt-**Neißbach** berufen sich, in Ansehung der Neißquellen, auf zwei Traditionen.

Die erste ist, daß die Neiße unter einem großen Kieselsteine in einem nordöstlich gelegenen Walde entspringe; und die andere, daß die Neiße einen ganz andern Lauf bekommen, seit dem Thanndorf erbauet worden: sie sey nähmlich in den Thanndorfer Mühlgraben geleitet worden, und die zwei Mühlen dieses Dorfes wären die ersten, die von dem Neißwasser getrieben worden. Nach diesen Traditionen wäre also die zweite unter den beständigen Quellen die eigentliche Neißquelle. Die Bewohner von Alt-Neißbach nennen noch jetzt die wenigen unbeständigen Quellen, die in den Mittelgraben fließen, **die Neiße**; vermuthlich zum Andenken, daß die Neiße ehemahls in diesem Graben ihren Lauf gehabt.

Auf der Karte der Graffschaft Glatz von *Jona Sculteto* in Lateinischer Sprache sind die Fontes Nissae in Osten von Thanndorf und in Nordosten von Neißbach, wo gegenwärtig Alt-Neißbach ist, deutlich angezeigt. Diese Karte, die zwar ohne Jahrzahl ist, und nur wenige Orte, aber die alten Nahmen der Dörfer hat, und daher sehr alt seyn muß, bestätigt die Tradition der Einwohner.

Was aber der ganzen Sache das größte Gewicht giebt, ist eine alte Urkunde, die in dem Schöppen- oder Grundbuche zu Alt-Neißbach enthalten ist. Nach dieser Urkunde ist das Dorf Alt-Neißbach unter dem Nahmen Neißendorf, Neißdorf im J. 1564 erbauet worden, als David und Michael von Tschirnhaus und Bolkenhayn, Gebrüdere, Herren zu Mittelwalde waren.

Zum Orte der Erbauung wird die Lage einer ehemahligen Glashütte, unweit des Nappenberges, angegeben, wo das schnelle Floß in die Neiße fließt. Zu Gränzen des neuen Dorfes werden das Hütten- oder schnelle Floß und die Neiße angewiesen; denn die Aecker wurden den neuen Ansiedlern mit einer Schnur von 13 Klaftern Länge, von dem schnellen Floße anzufangen, bis zur Neiße zugemessen, so daß das Hütten- oder schnelle Floß die südliche Gränze gegen Herrnsdorf zu und die Neiße die nördliche Gränze von Neißendorf bezeichnete. Die Neiße, als nördliche Gränze des neuen Dorfes, wird bis zum Jahre 1582 angeführt; in diesem Jahre kommt Tannendorf oder Thanndorf als solche in dem Grundbuche vor, welches um diese Zeit erbauet worden zu seyn scheint. Im Jahre 1601 liest man das erste Mahl statt Neißendorf: **Neißbach**, später auch **Neißpach**.

Der Ort, wo die Glashütte gestanden, läßt sich noch mit Zuverläßigkeit zeigen, nähmlich hinter dem Wohngebäude des Scholzen zu Neu-Neißbach, gegen Herrnsdorf zu, wo noch bisweilen gläserne Kugeln von der Größe einer Flintenkugel gefunden werden.

Achtzig Schritt von der Alt-Neißbacher Mühle, ostwärts hinauf, vereinigt sich das schnelle Floß mit dem Wasser, das durch Thanndorf fließt, den Mühlgraben ausgenommen, dessen Wasser die benannte Mühle treibt.

Nach dieser Urkunde kann die Quelle des Rinnenwassers oder des Kressenwassers (Kressenflosses) die eigentliche Quelle der Neiße nicht seyn, weil dieses

Wasser mitten durch Thanndorf fließt, und keine Gränze bezeichnet. Auch das Feldwasser darf nicht als die wahre Quelle der Neiße angesehen werden, indem es bloß die Gränze von zwei Bauergütern aus Alt-Neißbach angiebt, und, nach der Urkunde, alle nördlich liegende Bauergüter an die Neiße gränzen sollen.

Endlich kann auch die Gränze der schnellen Wässer, die in der Urkunde theils das schnelle Floß, theils das **Hüttenfloß** genannt wird, für die eigentliche **Neißquelle** nicht angesehen werden, weil dieser Bach die südliche Gränze von **Alt-Neißbach**, gegen **Herrnsdorf** zu, ausmacht; noch mehr, weil in der Urkunde der Ort der Erbauung ausdrücklich bemerkt wird: **wo das schnelle Floß in die Neiße fließt.** In der That, wie könnten die Quellen auf der Schnellenflößerlehne zur Quelle der Neiße angegeben werden, wenn sie erst in die Neiße fließen? Gewiß, eben so wenig als die Biele, die sich auch in die Neiße ausmündet. Zur Zeit der Urkunde muß also ein anderer Bach, verschieden von den Schnellenflößen, gewesen seyn, dem man den Nahmen Neiße beilegte; und nur hier kann die Quelle der Neiße gefunden werden, und diese ist keine andere, als die, die unter Nr. 2. der beständigen Quellen beschrieben worden: denn nur bei der Quelle, die unter einem großen Kieselsteine entspringt und nach Thanndorf geleitet wird, ist Uebereinstimmung mit allen anzutreffen. Indessen wird es jedem überlassen, eine, zwei oder alle vier beständige Quellen für den Ursprung der Neiße anzusehen; es ist genug, hier gezeigt zu haben, wie es gegen-

gegenwärtig ist und wie es ehemahls war." So weit Herr Par. Seliger.

Seite 6. a) **Eine Quelle von den Bauergründen zu Ober-Schreibendorf.**

Diese Quelle befindet sich am südlichen Fuße des Gläserberges im Walde, sie läuft südlich und vereinigt sich im östlichen Theile eines Gläsendorfer Bauerwäldchens mit der eigentlichen Quelle des Schönthaler Wassers.

b) **Eine Quelle tiefer herab.**

c) **Eine Quelle bei der Kirche.**

Es ist nur eine Quelle, die im Schönthaler herrschaftlichen Walde gegen die nördlichen Gränzen von Schreibendorf entspringt. Sie läuft etwas nordwestlich in einen Graben, welcher der Studentengraben genannt wird, und mündet sich auf der Südseite in das Schönthaler Wasser, an den östlichen Gränzen des Dorfes, aus.

d) **Den Brunnengraben.**

f) **Einen unbenahmten Bach.**

Hier sind zwei Quellen, die ebenfalls im Schönthaler Walde gegen die Gränzen von Schreibendorf ihren Ursprung haben. Die östliche läuft nordwestlich; die westliche läuft nördlich. Die Gräben, wo die beiden Quellen einzeln fließen, heißen die tiefen Gräben. Sie vereinigen sich kurz zuvor, ehe sie aus dem Walde treten, auf einer Wiese, in einem Graben, der vom Zusammenfließen beider Quellen an, bis zur Ausmündung in das Schönthaler Wasser den Nahmen: der Brunnengraben führt.

Prauses Feldflößel.

Die Quelle hat gegenwärtig keinen Nahmen. Sie entspringt auf der **Dreihöfer Lehne** und fließt in Westen des Dorfes in das Schönthaler Wasser *).

Sobald **das Schönthaler Wasser** die westlichen Gränzen des Dorfes verlassen hat, wird es **das Wiedmuthwasser** genennt, weil es an der südlichen Gränze der Pfarr-Wiedmuth von Mittelwalde fließt. Diesen Nahmen behält es bis zur Ausmündung in die Neiße.

h) **Der Spittelgraben**, und

Seite 7. 10) **der schwarze Graben** enthalten kein Wasser mehr und die Nahmen sind ganz verloschen.

Das Gläsendorfer **Wasser.**

Um die, dem Scholzen gehörige, Mühle zu treiben, wird der größte Theil **des Bienseifen** hierher geleitet, und dessen ungeachtet kann die Mühle bei trockener Witterung nicht mahlen.

Z. 14. l. das **Gabelloch** st. **Gabelberg.**

Seite 8. i) **Das Hayner Wasser.**

Dieses Wasser ist kein anderes, als der bei a) angegebene **Gränzgraben**, der die Gränzen zwischen **Lauterbach** und **Neundorf** bezeichnet. Seine zwei kleinen Quellen befinden sich an den nördlichen Gränzen von **Lauterbach**. Es wird auch **das Gränzflößel** genennt.

*) Die Nahmen der Gewässer, Berge rc. die von Besitzern entlehnt werden, ändern sich oft, wenn die Güter in andere Hände kommen.

Statt Rätzergraben l. Ratzergraben. Er liegt westlicher, als der Mühlgraben, der aus der Lauterbach nach Hayn geführt wird, an den östlichen Gränzen von Schönfeld.

k) Der Amnitzfluß.

Ein Theil des kahlen Wassers (so muß Z. 2. v. u. st Röhlerwasser gelesen werden) wird bei der Oehlmühle zu Urnitzberg nach Neundorf geleitet, wo es mit einem kleinen Theile der Dorfbach die Brettmühle und Mahlmühle in Bewegung setzt. Am westlichen Ende von Neundorf wird das ganze Wasser in einem Graben auf die Mühle zu Urnitz geführt. Ist überflüssiges Wasser vorhanden, so läuft dasselbe an den westlichen Gränzen von Neundorf und den östlichen von Ebersdorf über ein Wehr, und strömt von hier an den Gränzen von Neundorf, Ebersdorf, dann an der nördlichen von Schönfeld in die Lauterbach. Dieses überflüssige Wasser heißt dann der Amnitzfluß.

a) Das Bielsuppenwasser ist eine östliche Quelle des

b) Zeiskenwassers.

So heißt der nördliche Theil eines geringen Baches, der sich am östlichen Anfange von Neundorf mit dem Neundorfer Wasser, oder dem südlichen Theile, vereinigt. Nach der Vereinigung heißt es die Dorfbach, das Auenwasser, welches mit einem Theile des obigen kahlen Wassers nach Urnitz geführt wird.

Seite 9. 13) Zwei unbenahmte Quellen. Die Quelle aus den Ebersdorfer Gränzen fließt am westlichen Ende von Hayn in den Gränzgraben. Die

Quelle auf den Schönfelder Gränzen ist der oben genannte **Katzengraben**, der sich ebenfalls mit dem Gränzgraben vereinigt.

15) Das **Ebersdorfer Wasser**. Durch **Urnitz** fließen nur einige kleine Quellen, die am westlichen Abhange des Urnitzberges ihren Ursprung haben. Am westlichen Ende von **Urnitz** vereinigt sich das **kahle Wasser** mit diesen Quellen, und tritt in Osten in **Ebersdorf** ein. Von nun an heißt es: das Ebersdorfer Wasser.

c) Das **Köhler Wasser** wird in der dortigen Gegend überall, wie schon oben erinnert worden ist, das **kahle Wasser** genannt, von dem ausgeholzten Orte, wo es entspringt, und den kahlen Ufern. Es ensteht im **Urnitzer** Forste in einer Gegend, die **der lichte Plan**, die lichte Fläche heißt; läuft westlich, und bezeichnet die Gränze zwischen dem Urnitzer und Neundorfer Forste. Bei der Oehlmühle zu Urnitzberg wird ein Theil des **kahlen Wassers** (sieh oben **den Amnitzfluß**) nach **Neundorf** geführt. Der andere Theil fließt westlich, und hält die Gränze zwischen **Neundorf** und **Urnitz**. An dem Orte, wo die Gränzen von Ebersdorf, Neundorf und **Urnitz** zusammen stoßen, wird dieser Theil mit der Dorfbach von Neundorf, die durch einen Mühlgraben hierher geleitet wird, wieder vereinigt. Das sämmtliche Wasser wird auf die Mühle zu **Urnitz** geleitet, und bildet das vorhin genannte **Ebersdorfer Wasser**.

Seite 10. a) Das Schwalbensteinwasser. Dieses Wasser existirt gar nicht.

b) Das **Urlichwasser**. Dieses Wasser ist der nordöstliche Theil, oder der nordöstliche Anfang der

Wölfelsbach. Zwischen diesem und dem folgenden Windbruchwasser ist einzuschalten.

Das schwarze Wasser, welches den südlichen Theil oder den südöstlichen Anfang der Wölfelsbach bildet. Beide Wasser vereinigen sich am westlichen Fuße des Mittelberges.

c) Das Windbruchwasser ist gänzlich verschwunden. Am nördlichen Abhange des Mittelberges ist vor mehr als 50 Jahren ein Wolkenbruch gefallen, dessen Wasser in einer nördlichen Richtung viele Bäume entwurzelt und eine kleine Schlucht gebildet hat, die noch zu sehen ist. Sie führt den Nahmen Wasserriß oder Windbruch. Seit dieser Zeit ist die Quelle, die hier ihren Lauf hatte, und sich in das Urlichwasser ergoß, verschwunden.

e) Das Schützenflößel wird in der dortigen Gegend gewöhnlich das weiße Flößel genannt; es sind deren zwei.

f) Das Buckelwasser entspringt nicht am dürren, sondern am Heuberge, fließt westlich durch den Schindelgrund, und ergießt sich bei der Wohnung des Freirichters in Wölfelsgrund in den Wölfelsbach.

Seite 10. Anmerk. Der Wölfelsbach erhielt ehedem noch einen andern Zufluß vom dürren Berge etc. Ich habe diese Anmerkung der Glatzer Monathschrift, Jahrg. 1. St. 4. S. 199., abgeborgt, und hielt die Angabe für richtig. Indessen schreibt mir mein lieber Freund, Herr Par. Seliger, über diese Anmerkung folgendes:

„Unmöglich kann dieses der dürre Berg seyn. Dieser Berg liegt in Osten auf der Nordseite von Rieslingswalde, und wird durch eine tiefe Schlucht von dem vordern Berge getrennt, der den östlichen Theil auf der Südseite von Rieslingswalde ausmacht. In der Schlucht hat das Rieslingswalder Wasser, der Plomnitzbach (S. 13, Nr. 17. Th. 4.), seinen Lauf. Der vordere Berg (ein westliches Vorgebirge des schwarzen Berges) wird wieder durch eine Schlucht von dem spitzigen Berge getrennt; letzterer ist das westliche Vorgebirge des Heuberges. In dieser Schlucht liegt das Dorf Glasegrund, wo auch das Glasegrundwasser nach Westen strömt. Am südlichen Fuße des spitzigen Berges befindet sich erst die Wölfelsbach. Es kann also kein anderer Berg als der Mittelberg seyn. Die erste Erscheinung an diesem Berge ist oben bei dem Windbruchwasser angegeben worden. Die zweite ereignete sich 1783 den 22. Jun., wo auf der Südseite dieses Berges durch einen Wolkenbruch ein Wasserriß entstanden, der jenem auf der Nordseite ähnlich ist. Man pflegt diese Wasserrisse auch Rollen zu nennen."

Bei dem allen kann jene Erscheinung am dürren Berge auch Statt gefunden haben, nur mit der Einschränkung, daß die seitdem verschwundene Quelle sich nicht in die Wölfelsbach ergossen hat.

Seite 13. 17) Der Plomnitzbach. Er entspringt im Dorfe Martinsberg und auf dem westlichen Abhange des schwarzen Berges, und wird erst, wenn er die östlichen Gränzen der Freigemeinde Plomnitz berührt, der Plomnitzbach genannt.

Seite 14. Z. 6. statt Füllergraben lies Füllengraben.

30) Der Aupengraben; es ist kein Graben dieses Nahmens in der dasigen Gegend.

Seite 15. Das **Lichtenwalder Wasser** entspringt im westlichen Theile des Dorfes am südlichen Abhange des Heidelberges.

a) Das Backigflößel, muß heißen: das **Lattichflößel**. Sein Ursprung ist am östlichen Abhange des **Heidelberges**, und vereinigt sich an den südwestlichen Gränzen von **Verlorenwasser** mit dem **Lichtenwalder Wasser**; und von dieser Vereinigung an bis zur Ausmündung in die Neiße heißt der Bach: das **Buckelwasser**.

42) **Das Hohndorfer Wasser.** Die Quelle dieses Wassers befindet sich bei der **Wohnung** des südlichsten Bauergutes in Hohndorf.

Seite 16 und 59. Der **Eulenberg** ist die nördliche Fortsetzung des **Heidelberges**. Die nordwestlichsten Häuser von **Verlorenwasser** heißen: die **Eulenberg-Häuser**, und der Theil des **Heidelberges**, an dessen östlichem Abhange sie sich befinden: der **Eulenberg**. In Hohndorf sind nur zwei Quellen.

b) Das **Hofeflößel**. Dieses Flößel rinnt aus dem **Mäusebrünnel**, dem **Schneckenbrünnel**, dem **Ulmenbrünnel**, dem **Haselbrünnel** und dem **Wartebrünnel** zusammen. Am südlichen Ende auf der Westseite von **Hohndorf** steht die Colonie Stephansberg.

Seite 20. 46) **Die Thune.** Es ist nicht richtig, daß sich die Thune (Dohne) bei Aspenau nach

Alt-Batzdorf wende, und dann der Neiße zufließe. Es sind in der Grafschaft zwei Bäche dieses Nahmens. Der eine entsteht am Gebirge, strömt durch Neu-Batzdorf, und wird da die Steinbach genannt; erst bei Aspenau erhält er den Nahmen der vordern Thune, und fließt alsdann gerade zu nach Rengersdorf. Der andere Bach, die hintere Thune genannt, vereinigt sich vor Rengersdorf mit der vordern, und so verbunden fallen sie in Rengersdorf in die Neiße.

Seite 20. Z. 11. v. u. l. Hauckflößel st. Hauptflößel.

Seite 27. Z. 6. v. o. l. Hannsdorfer Wasser st. Hausdorfer Wasser.

Seite 28. 52) Die Weistritz .... Ich habe, da ich die Glatzische Hydrographie ausarbeitete, den Ursprung und Lauf der Weistritz, so wie der sich darein ergießenden Wasser, nach den Nachrichten, die ich damahls in Händen hatte, beschrieben. Jetzt bin ich durch den in Reinerz verstorbenen Brunnenarzt Dr. Blottner, in Stand gesetzt, jene Nachrichten zu erweitern. Er schreibt *):

„Als Stand-Punct zu einer genauen Orientirung der Quellen der Weistritz nahm ich die Zobelmühle zu Grunwald an, die am südöstlichen Abhange der so genannten Zobelkuppe, 2½ Stunde von Reinerz, ent-

*) Litter. Beilage zu den Schles. Provinz. Bl. 1801. Mon. Dec. S. 373. Da es mir um Wahrheit und Richtigkeit zu thun ist, so nehme ich keinen Anstand, die eigenen Worte des Verfassers herzusetzen.

fernt ist. Von dieser Mühle ist die höchste und stärkste Quelle eine halbe Viertelstunde südlich, am südöstlichen Abhange des **Grundwaldberges**, unterhalb der Wohnung des Büttners befindlich. Sie läuft O. N., und wird 50 Schritt von der Mühle in einem hölzernen Behälter für die Mühle aufgefangen. In diesen Behälter werden auch die noch folgenden Quellen geleitet."

„Die zweite, ebenfalls mächtige Quelle, ist der **Pilzbrunnen**, die von der vorigen einige Minuten mehr S. O., unterhalb des Schmids zu Grunwald — mit Nahmen Pilz — der hier sein Trinkwasser hohlt — im Straßenhau unterhalb der Wurzeln einer kleinen Fichte mit Poltern und Blasenwerfen hervor quillt. Sie läuft östlich nach dem Flößelgrunde."

„Einige Minuten mehr O. von dieser Quelle, fast in einer Richtung, entspringen vier starke ungenannte Quellen aus einem moorigen und sehr wasserreichen Waldboden, ebenfalls im Straßenhau."

„Die Wasser dieser vier Quellen einigen sich nicht weit von ihrem Ursprunge im **Flößelgrunde**, und werden da mit der vorigen in einem hölzernen Behälter für die Mühle aufgefangen. Das hier gesammelte Wasser läuft nun dem zuerst aufgefangenen **Büttnerwasser** W. zu."

„Die letzte und entfernteste Quelle endlich ist das **Goldfloß**, das im Straßenhau und eine halbe Stunde von der Mühle entspringt, läuft N. W., und wird auf seinem weiten Laufe durch das S. einfallende Wasser verstärkt, das nicht von dem Mühl-Reservoir aus den vorher genannten Quellen aufgenommen wird. Ehe die

Mühle erbauet wurde, bekam das Goldfloß alles Wasser, und einigte sich eine Viertelstunde von der neuen Schleuse mit dem Büttnerwasser."

„Die **Weistritz** entspringt also in dem Nesselgrunder Forste zwischen **Grunwald** und dem **schwarzen Floße**, das die Gränze zwischen der Grafschaft Glatz und dem Königreiche Böhmen bestimmt, am O. N. Abhange des so genannten Böhmischen Kammes, unter dem Straßenhau, aus sieben Quellen, die da, wo sie sich zwischen der Mühle und der Schleuse vereinigen, die **Dreiflößer** genannt werden, weil hier das **Büttnerfloß**, das **Quellenwasser** und das **Goldfloß** zusammen kommen. Unter dieser Vereinigung wird nun das gemeinschaftliche Wasser die **Reinerzer Flößbach** genannt, weil hier zum Behufe des Holzflößens ein steinernes Reservoir angelegt ist. Die **Weistritz** fließt S. O. an der Stadt Reinerz vorbei durch die Dörfer **Hartau**, **Alt-Heide**, **Ober- und Nieder-Schwedeldorf**, und fällt dann bei **Glatz**, wo sie das **Pfaffenwasser** genannt wird, in die Neiße, nachdem sie in ihrem Laufe unter dem oben genannten Reservoir noch aufgenommen hat:

a) Das **Mühlfloß**. Es entspringt an dem S. O. Abhange des Grunwaldes, zwischen dem Zabelschen Vorwerke und der Kirche, aus drei sich vereinigenden Quellen, die noch von einigen W. herkommenden verstärkt werden. Es fließt sodann dem kleinen östlich gelegenen Thale zu, wo es die vordere Grunwalder Mühle treibt, und dann zwischen dem Schleusenberge und dem **Vogelberge** S. W. in die **Weistritz** fällt.

b) Der **Rehdanzgraben**, fällt östlich in die Weistritz, und trennt, bei seinem Eintritte, den Schweinstall von dem **Wehner**= oder **Wagnerberge**.

c) Das **Buttermilchfloß**, das am östlichen Abhange des **Vögtsberges** entspringt, fällt S. W. in die **Weistritz**.

d) Das **Goldfloß**, das am O. N. Abhange des Grunwaldes entspringt, mündet sich S. W. ein, und trennt hier den **Vögtsberg** von der **Dachskuppe**.

e) Das **weiße Floß** oder **Weißwasser**. Es entspringt am S. O. Abhange des **hohen Mensegebirges**, durchschneidet die Kaiserswalder Straße, und wird im Grasegrunde, unterhalb der genannten Straße, durch folgende Flößel verstärkt:

aa) das **Gränzfloß**,

bb) das **schwarze Floß**,

cc) das goldne Stollenflößel, und endlich

dd) das **Nesselflößel**.

Diese Flößel entspringen mit dem **Weißwasser** in einerlei Richtung, nur etwas mehr O. N. am hohen Mensegebirge, durchschneiden alle die genannte Straße, und fallen dann in das **Weißwasser** nördlich ein. Das **Weißwasser** schneidet da, wo es S. W. in die **Weistritz** einfällt, die **Dachskuppe** von der **weißen Wasserlehne**.

f) Das **Kalkfloß**. Es entspringt am N. W. Abhange des **Gränzberges**, durchschneidet ebenfalls die Kaiserswalder Straße, durchfließt den **Kalkgrund**, und fällt S. W. in die Weistritz. Bei seinem Eintritte trennt er die weiße **Wasserlehne** von der **Wolfslehne**.

g) Das **rothe Floß** (Rothwasser) entspringt aus zwei Quellen, davon die eine aus der **Gabel**, die zweite aus dem Albendorfer Hau am **Wehnerberge** kommt. Bei seinem östlichen Einfalle in die **Weistritz** trennt es den **Wehnerberg** von dem **rothen Berge**.

h) Das **Wolfsgraben=Wasser**. Es entspringt zu Gränzendorf im **Wolfsgrunde** aus zwei Quellen, läuft östlich, und fällt zwischen der **Wolfslehne** und dem **Hegenberge** W. in die Weistritz.

i) Das **Peiskenwasser**, das östlich unterhalb der **Zeisigwiesen** entspringt und W. in die **Weistritz** fällt, trennt bei seiner Ausmündung den **Hegenberg** von dem **Mahlerberge**.

k) Das **Spätewalderwasser**. Es entspringt am **Holzberge** im Spätewalder Hau, und trennt bei seinem östlichen Eintritte in die Weistritz den **rothen Berg** von dem **Rahmerberge**.

l) Das **Bachwasser** entspringt ebenfalls am Holzberge, fließt über den Bachberg herab, und scheidet bei seiner O. N. Ausmündung in die Weistritz den **Rahmerberg** von dem **Kohlenberge**.

m) Das **Zeisigwasser** entspringt auf den **Zeisigwiesen**, und macht die Gränze zwischen dem **Mahlerberge** und dem **Kohlenberge**. Es fällt W. in die Weistritz.

n) Das **hintere Kohlauer Wasser**. Es entspringt aus zwei Quellen, wovon die eine aus mehreren Quellen am O. N. Abhange des **Gränzberges** entspringt, und das **Hellerflößel** genannt wird; die zweite entspringt mehr westlich oberhalb der Vorderhäuser zu

Gränzendorf, läuft östlich, durchschneidet den Gränzendorfer Weg, und erhält nun den Nahmen: das **Prunkeflößel**, und vereinigt sich oberhalb der Kohlauer Mühle mit dem **Hellerflößel**. Unterhalb der Kohlauer Mühle fallen S. W. mehrere unbenahmte Trinkquellen und das **Schülerflößel**, das im Schülergrunde entspringt, ein. Dieses Prunkeflößel wird auch das **Protendorfer Wasser** genannt, fällt unterhalb des Papelhauses W. in den **Hammergraben**, und nicht weit davon mit dem Hammerwasser S. in die Weistritz.

o) Die **Wasser aus der alten, neuen und Pfarrwiedmuths-Gesundheitsquelle** fallen N. W., und die Sauerquelle auf Sandmanns Wiese S. W. in die Weistritz.

p) **Das Hordiswasser.** Es entspringt am N. O. Abhange der **Hordislehne** aus vier Quellen, davon zwei auf den **Finkenwiesen**, eine S. in einer kleinen Schlucht, die von der **Finken-** und **Zollbuschlehne** gebildet wird, und endlich die vierte und stärkste am N. Abhange von **Sandmanns Buschlehne**. Diese Quellen vereinigen sich im **Hordisthale**, laufen O., und wurden ehedem zu einer Bleiche und Walke benutzt, wovon noch jetzt die Rudera sichtbar sind, und nur ein Theil wurde dem N. O. gelegenen Reinerz zugeführt. Dieses Wasser durchfließt die Stadt Reinerz von W. nach N. O., und wird zum Brauen, auch zu Trink-Koch- und Waschwasser von den Stadtbewohnern benutzt, und fällt bei dem städtischen Zollhäuschen W. in die Weistritz. In dieses Wasser mündet sich aus das **Romswasser**. Es entspringt aus vier Quellen am

N. O. Abhange des **Kronenberges** auf einer Wiese bei Roms. Diese Quellen vereinigen sich bald, durchfließen das ganze Dorf Roms, und werden durch viele Trinkquellen verstärkt, die S. und N. einfallen. Da, wo es N. O. das Romser Territorium verläßt und die Romser Vorstadt von Reinerz erreicht, wird es noch verstärkt durch das **Voetswasser**, das S. W. im **Voetsloche** auf städtischem und Romser Territorio entspringt, und W. einfällt. Da, wo es die Romser Vorstadt verläßt, fallen W. noch ein: die kleinen Teichquellen und der Theil des Hordiswassers, der nicht nach der Stadt geleitet wird. Nun läuft es zwischen dem W. S. Abhange des Hirtenberges und der Stadt hin, erreicht die Stadt bei dem städtischen Spital noch einmahl, durchschneidet die Glatzer Straße, und fällt W. in das Hordiswasser." *)

Seite 29. a) **Der Steinbach.** Ich setze hier eine nähere Beschreibung dieses Baches her **), in der Hoffnung, daß irgend noch ein Freund der vaterländischen Geographie, wenn auch diese Beschreibung nicht die richtigste seyn sollte, die Sache aufklären wird. Dieß war meine Absicht bei dem, was ich über die Weistritz hergesetzt habe, und bei allem dem, was noch folgen wird.

---

*) Der vollendete Dr. Blottner sagt l. c., daß er den Lauf und das Einfallen der Flöße ohne Compaß bestimmt habe, und daher nicht für die genaueste Angabe der Himmelsgegenden stehen könne, weil das Augenmaß in Rücksicht des Parallelismus allerdings etwas trügen könne.

**) Litter. Beilage zu den Schles. Provinz. Bl. Jahrg. 1802. Mon. Jan. S. 14.

„Das Friedersdorfer Wasser entspringt oberhalb des Dorfes aus einigen Quellen, durchfließt das Dorf von N. nach S., und wird vor dem Kalkofen noch durch folgende Wasser verstärkt:

a) Das **Johannsthaler Wasser**, das am W. Abhange des **kleinen Vogelberges** bei der **Colonie Friedrichsberg** entspringt, und durch **Johannesthal** fließt, wo viele Trinkquellen einfallen, und in das **Friedrichsdorfer Wasser** N. einfällt.

b) Das **krumme Wasser**, das am nördlichen Abhange des **Ratschenberges** entspringt, und durch einige Keulendorfer Quellen verstärkt wird, läuft nördlich, und wird zu **Roms** zum Bleichen und Walken benutzt, und fällt N. in das **Friedrichsdorfer Wasser**.

c) Das **Friedrichsdorfer Mühlwasser**, das zwischen den Friedrichsdorfer Heiden und dem Mühlberge entspringt, treibt die Mühle, und fällt N. in das Friedrichsdorfer Wasser. Hier läuft es über ein mächtiges Steingerülle, und erhält erst den Nahmen: die **Steinbach**."

b) „Das **rothe Wasser** entspringt aus mehreren Quellen, von denen die stärkste W. zwischen der großen und kleinen Heuscheune entspringt, das Dorf **Carlsberg** durchläuft, und bei der Jägerwohnung noch durch das **Spiegelwasser**, das am N. O. Abhange des **Spiegelberges** entspringt, verstärkt wird. Nun läuft es S. O., und wird unweit der dasigen Mühle durch den kleinen und großen **Vogelsbrunn** verstärkt, die W. einfallen, davon der **kleine** am N. O. und der große am S. O. Abhange des großen **Vogelsberges**, auf dem das Blockhaus steht, entspringt."

„Unterhalb der Mühle, zwischen dem Reichenauer Forste und dem Seewalde, ist ein Behältniß zum Behuf der Holzflöße angelegt. Westlich fallen noch ein: die **Seebrunnen**, die ihre Entstehung in dem großen und mächtigen Torfmoore, die See genannt, haben. Nun strömt es **Friedrichsgrund** zu, den es durchfließt, und daselbst von vielen Trinkquellen verstärkt wird. Nicht weit hinter Friedrichsgrund, wo es eine **Mahl- und Glasschleifmühle** treibt, fällt noch eine starke Quelle W. ein, die am O. Abhange der Kuppe entspringt, und von einigen das **Mittelfloß** genannt wird. Nun wird der Lauf des rothen Wassers südlich, und fällt in **Rückerts** N. in die **Steinbach** ein."

Seite 30. m) Das **Pfaffenwasser** (Pfaffenflößel) entspringt an dem so genannten **rothen Berge**, und fällt S. in die Weistritz.

p) Das **Eichwasser** ist von dem **Alt-Wilmsdorfer Wasser** verschieden. Das **Eichwasser** entspringt im Falkenhayner Forste, machte ehedem die Gränze zwischen der Grafschaft Glatz und dem Hummler Districte, und fällt schon oberhalb Alt-Heide in die Weistritz. Das Alt-**Wilmsdorfer Wasser** kommt aus einigen Quellen bei **Neu-Wilmsdorf**, fließt durch Alt-**Wilmsdorf**, und fällt am Ende des Dorfes in die Weistritz, nachdem es wenige Schritte zuvor die Alt-**Wilmsdorfer Säuerlingsquelle** aufgenommen hat. Nach dieser Beschreibung ist der Lauf des Eichwassers auf der Homannischen Karte nicht richtig.

Seite

Seite 31. Steinwitz ist nicht Vorstadt von Glatz, sondern ein Dorf.

Seite 36. Z. 8. v. u. l. 1833,23 Fuß st. 424 F.

Seite 37. Z. 10. v. o. l. der schnellen Wässer st. der Neiße. Der Ausfluß der Neiße aus der Grafschaft bei Morischau liegt 54 F. tiefer, als die Neiße bei Glatz, mithin 1779,23 + 54 = 1833,23 F. Fall der Neiße von der Quelle der schnellen Wässer bis Morischau.

Seite 39. Die Seen (Seepfützen) sollen höchstens eine Tiefe von 24 Fuß haben.

Seite 41. Der Torf auf den Seefeldern liegt nach den mit dem Erdbohrer gemachten Versuchen 12 bis 18 Fuß tief.

Dr. Blottner sucht meine, S. 39. in der Anmerkung gewagte Hypothese, in der Litt. Beilage zu den Schles. Prov. Bl. Mon. Jan. 1802. durch folgende Aeußerung zu widerlegen: „Es scheint nicht, daß auf diesem Torfmoore ein Wald gestanden habe, und daß dieser durch sein Umstürzen zur Entstehung des Torfes Gelegenheit gegeben habe; denn der feste, thonige Grund ließ dieß so wenig zu, als der nachher auf demselben gewachsene Torf, in welchem bekanntlich kein vorzüglicher Holzwuchs Statt findet. Vor dem Brande hatten die Seefelder nur niedriges, verkrüppeltes Tannenholz. Auch hängt die Fläche der Seefelder nicht unmittelbar am hohen Gebirge; denn zwischen diesem und den Seefeldern ist ein Thal."

Seite 45. Die Erlitz heißt eigentlich Adler, Böhmisch Worliez, und daher wird er von den dortigen Deutschen Bewohnern die Erlitz genannt.

Seite 49. Der Spitzberg ist über der Meeresfläche 2788 P. F. erhaben. (Mader.)

Seite 60. Der Pohu ist kein Berg, sondern nur ein kleines Wirthshaus, das an der Straße von Weißwasser nach Landeck und am nordöstlichen Fuße des schwarzen Berges liegt. In den Waldungen am nordöstlichen Abhange dieses schwarzen Berges pflegen sich die Uhu (Strix Bubo Lin.), wiewohl selten, aufzuhalten, und diese haben dem Orte den Nahmen gegeben. Der eigentliche Nahme ist: der schwarze Berg, und wird dem östlichsten und höchsten des Schneegebirges der Grafschaft beigelegt. Am nördlichen Fuße dieses Berges liegt das Dorf Weißwasser, am östlichen Heudorf, am westlichen Glasegrund. Demnach muß der schwarze Berg bei Weißwasser, S. 71. Z. 4., ausgestrichen werden, weil er mit dem S. 60 bei Heudorf einer und eben derselbe ist. Der Pohu auf der mineralogischen Karte von Schlesien des Hrn. v. Buch bei den geognostischen Beobachtungen auf Reisen rc., Th. 1., ist eben dieser schwarze Berg.

Der Heuberg. Auf diesem Berge, und zwar am östlichen Ende, und nicht am Schneeberge, wie ich, durch eine falsche Nachricht irre geführt, Th. 4. S. 70 gesagt habe, befindet sich der Otterstein. Er ist über der Ostsee 3478, 7 P. F. erhaben. Das Seitenberger Köppel dieses Berges liegt 3496, 8 P. F., und das Schnallensteinische Köppel 3455 Par. F. über der Ostsee. (Seliger.)

Seite 62. Mader giebt die Erhöhung des Schneeberges über der Meeresfläche 4672 P. F. an.

Seite 62. Z. 1. von unten, lies Krulich statt Reulich.

Seite 69. Z. 6. v. u. l. Michael Wenzel st. Michael Emanuel.

Seite 70. Der Rübenberg gehört nicht zum Schneegebirge, sondern zu den Bergen, die von Habelschwerdt nach Süden streichen; er liegt in Westen von Mittelwalde.

Zu den Bergen bei Wölfelsgrund ist noch hinzu zu setzen:

Der Rollenberg, und

Der Urinsberg.

Zwischen diesen beiden ist der Wölfelsfall.

Der spitzige Berg ist, nach Seliger, über der Ostsee 2561 P. F.

Seite 71. Der Hopfenberg und der Florianberg sind ein Berg. Der Heidelberg und der kleine Heidelberg sind nur ein Berg. Am südlichen Fuße liegt Lichtenwalde, am westlichen Peuker, Stuhlseifen, Langenbrück; am nördlichen Brand, Neu-Weistritz, und am östlichen Hohndorf (auf der Karte Hundorf).

Zu den Bergen des Schneegebirges sind noch hinzu zu setzen:

Der kleine Heuberg, auf der Herrschaft Seitenberg.

Die alte Salzlehne,
Das Lattichköppel,
Das Steinköppel, } auf der Herrschaft Schnallenstein.

Das hohe Köppel, }
Das Kammköppel, } auf der Althanschen Herrschaft.
Der Ziegenrücken. }

Zwischen dem Kammköppel und dem Ziegenrükken, an dessen südlichem Abhange, etwas unter dem Gipfel, die Klappersteine liegen, liegt das Schneeköppel, das aber schon nach Böhmen gehört.

Seite 72. Der Grunwaldberg ist über der Ostsee 3379 P. F. erhaben. (v. Aßmann.)

Zu den Bergen bei Reinerz sind noch hinzu zu setzen:

Der Kohlenberg.

Der Calvariberg.

Der Königsberg.

Der Kastnerberg.

Der Scheibenberg.

Der Gränzberg.

Der Freudenberg, in Hinter-Kohlau.

Der Riegel.

Der Pfarrwiedmuths-Berg.

Die Thäler, welche die Berge um Reinerz bilden, sind:

1) Das Sauerbrunnenthal.

2) Das Romserthal.

3) Das Hordisthal.

4) Das Hirtenberg- oder Ledigerthal.

5) Das Hartauer Thal.

6) Das Hammerwiesen- od. Grunwalder Thal.

Der Ratschenberg besteht aus silberweißem und röthlichem Glimmerschiefer, der, wie man an den Seiten dieses Gebirges sieht, auf grobschieferigem Gneiße ruht, in dem Rotheisenstein und feinkörniger, graulicher Kalkstein liegt *). Auf diesem Berge hatte Friedrich II im Baierischen Erbfolgekriege sein Lager.

Der **Hummel**. Die Spitze dieses Berges ist 2217 P. F. über der Ostsee erhaben. (v. Aßmann.)

Die sonst hier befindlichen Anlagen sind jetzt eingegangen. Eine ausführliche Geschichte des Hummelschlosses enthalten die Schlesis. Provinz. Blätt. 1802. Mon. Febr. S. 119.

Seite 73. Die **hohe Mense**. „An dem Fuße der hohen Mense liegen eine Menge kleiner und großer Hügel, welche zunächst an Reinerz auf dem **Kohlenberge** und **Calvariberge** graulichweißen und gelblichweißen feinkörnigen Sand-Porphyr (?) **) enthalten, in welchem man, jedoch sehr selten, Reste organischer Producte entdeckt. Diese Porphyr-Arten setzen aber nicht tief nieder, und sind von keiner großen Mächtigkeit; sie sitzen auf und an dem Glimmerschiefer-Gebirge, unter welchem man selten den Gneiß entdeckt, aus dem, wie es scheint, die Mense aufgeführt ist, auf deren Gipfel und am westlichen Abhange mächtige, röthliche und grauliche Glimmerschiefer-Massen ausgehen. Ueberhaupt ist der Glimmerschiefer und Sandstein um Reinerz die herrschende Gebirgsart. Jene mannigfaltig gebildeten Hügel an der Südseite von Reinerz, folglich am nördlichen Abhange der Mense, enthalten Roth-

*) Schles. Provinz. Bl. 1801. Mon. Oct. S. 339.

**) Wahrscheinlich neuerer Sandstein?

eisenstein, Kobalterz und Kupfererz. Kobalterz findet sich noch auf der Halde des alten, seit einigen Jahren zugeworfenen Stollens, am östlichen Abhange des Scheibenberges und dem westlichen Ufer des Protendorfer Wassers (Prunkeflößels). Vermuthlich hat man zu jenen Zeiten, wo um Reinerz viele Eisenbergwerke im Umgange waren, Versuche auf Eisenerz daselbst gemacht. Kupfererze findet man am östlichen Abhange der großen Berglehne und dem westlichen Ufer der Weistritz; Eisenstein am Graupenberge, zu Hinter Kohlau und der Berglehne nach der Stadt hin. Einige O. N. gelegene Berge enthalten Molybdän, z. E. der Capellen- und der Pfarrwiedmuthsberg; andere Eisen, als der Kastnerberg; einige uranfänglichen Kalkstein. Die nördliche Seite der Mense ist vorzüglich mit mächtigen Kalksteinlagern bedeckt, welche hoch an ihr hinauf steigen. Der Kalkstein ist oft röthlich vom beigemischten Eisen, bläulich, am meisten aber weiß und graulichweiß, feinkörnig. Dieses mächtige Kalklager zieht sich vom Ratschenberge W. S. über Jauernick, die Schnoppe in Böhmen, Gränzendorf und Grunwald hin. Selten ändert irgendwo die Gebirgsart so oft ab, als in der Gegend des Grunwaldes. Kalk, Glimmerschiefer, Granit, Gneiß, reiner Quarz, Gestellstein, Hornblende- und Kieselschiefer, Rotheisenstein, Arsenikkies und röthliches Conglomerat ꝛc. wechseln in kurzen Zwischenräumen an den Seiten des Gebirges, welches anzudeuten scheint, daß die N. W. Strömungen, welche, nach der Meinung des Herrn v. Buch, die Grafschaft Glatz mit dem Flötzgebirge bedeckten, an diesem Urgebirge Widerstand fanden, und jene mannigfaltigen Schichtungen von der auf ihnen liegenden Decke entblößten." So weit Dr. Blottner *).

Seite 74. Zu den Bergen bei Rückerts muß noch beigesetzt werden: Der Steinberg mit einem Blockhause.

Die Heuscheune ist, nach der Messung des Herrn Generals v. Lindener, 2890,127 P. F über der Ostsee erhaben.

Zu dem Berge bei Deutsch-Tscherbeney muß noch der Stein- oder Kirchberg beigesetzt werden. Den letztern Nahmen hat dieser Berg erst, seit dem die Böhmische evangelische Kirche darauf erbauet worden ist. Dieser Berg hängt mit dem Schlemmerberge zusammen.

Seite 84. Ich kann nicht umhin, noch zweier Merkwürdigkeiten zu gedenken, die erst nach dem Abdrucke der Beschreibung von Glatz mir bekannt geworden sind.

1. Die Höhlen im goldenen Stollen **).

„Diese Höhlen liegen am östlichen Abhange des hohen Mensegebirges, auf dem Gränzendorfer und

*) Ich selbst habe die hier beschriebene Gegend nicht genau untersuchen können, kann also nicht für die genaueste Richtigkeit aller dieser Angaben stehen. Ich habe indessen, da Dr. Bl. in der Nähe wohnte und in naturhistorischen Excursionen unermüdet war, das Ganze, wie er es am angeführten Orte gegeben hat, hersetzen wollen, um irgend einen Freund der Mineralogie auf die Gegend aufmerksam zu machen, und zu einer genauen Untersuchung zu veranlassen.

**) Die Schles. Prov. Bl. Jahrg. 1801. S. 124. Mon Febr. Ich setze bei nahe die ganze Beschreibung des Dr. Blottner her,

Grunwalder Territorio. Sie sind nur anderthalb Stunden von Reinerz, eine Stunde von den Seefeldern, und nur eine halbe Stunde von dem höchsten Puncte der hohen Mense befindlich."

„Die Gegend, wo diese Höhlen befahren werden müssen, gehört unter die fürchterlich schönen. Man ist hier, von der Menschheit ganz abgesondert, seinen eigenen Empfindungen und Gefühlen überlassen; nur das Herabfallen des goldenen Flößels, das über der Einfahrt hinauf nördlich entspringt, unterbricht jene heilige Stille. Um die Einfahrt herum liegen Trümmer von grünlichgrau und röthlichglänzendem Glimmerschiefer, der, wie bekannt, alle größere Höhen des Glatzer Gebirges bedeckt."

„Das Dach der Einfahrt kann nicht besser als mit einem sehr schön colorirten Teppich verglichen werden, da auf demselben durch das immerwährende Herabrieseln südwestlich entspringender Quellen der Vegetations-Proceß der Laubmoose, Farrnkräuter und anderer Pflanzen sehr freudig ist."

„Die Einfahrt war bis zum Jahre 1801 sehr beschwerlich, da das Mundloch im Durchmesser nicht mehr als eine Elle hatte; jetzt ist es auf Veranstaltung des Herrn Landraths v. Reibnitz merklich erweitert worden, und wird es noch mehr werden, wofür ihm jeder Naturfreund danken wird. Diese dennoch noch ziemlich enge Passage ist über 20 Ellen lang, und fällt unter einem

---

weil sich doch die Provinzial-Blätter wahrscheinlich nicht weit über die Gränze verbreiten.

Winkel von 40° in das Gebirge west. Das hier anstehende Gestein ist bröckelig, röthlich, kalkig, mit Braunspath durchzogen. Die Sohle dieser Passage ist ein graulich glänzender, bröckeliger Glimmerschiefer, der durch das Einfallen der Tagewasser zum Theil schon zersetzt ist, und daher unter dem Körper der Einfahrenden leicht wegglitscht."

„Hat man einmahl diese enge Passage zurück gelegt, die man nur auf den Knien herab rutschen kann, so gelangt man in einen geräumigen Schacht auf einer aus 16 Sprossen bestehenden Leiter (ehedem mußte man sich auf einer Stange hinunter lassen). Hier nimmt die Höhle ihren eigentlichen Anfang. Wer sie zum ersten Mahle betritt, glaubt aus einer engen Gasse auf einen freien Markt zu treten. Diese Haupthöhle ist ziemlich geräumig, hoch, am Gewölbe und an den Seiten mit mannigfaltigen Klüften versehen. Sie theilt sich in zwei Hauptgänge; der eine kleinere streicht von Westen nach Osten; man kann bequem darin gehen, und er ist 40 Schritt lang, wo er sich in eine Höhle vom zweiten Range endigt. Aus dieser streichen wieder zwei Gänge oder Klüfte, der eine kleinere südwestlich; man kann ihn, nachdem man einige Schritte in gerader Stellung zurück gelegt hat, nur in ausgestreckter Lage auf dem Bauche passiren. Er endet sich in eine sehr kleine Höhle vom dritten Range, an deren Wänden noch Spuren von Tagwassern sichtbar sind, z. E. Samen, Fichtenrinde, Grashalmen, kleine Holzstückchen u. s. w."

„Aus dieser streichen ebenfalls zwei Gänge, der eine südöstlich, der andere nordöstlich; beide aber sind nicht gangbar, und zum Theil mit Schlamm angefüllt. In beiden Gängen war allenthalben ein schöner, feinkörniger, weisser Kalkstein sichtbar."

„Der andere Hauptgang streicht von Norden gegen Süden, und macht mit dem beschriebenen fast einen rechten Winkel. Die Sohle in diesem ist durch die abgeschlagenen und durch andere Einwirkungen herabgefallenen Steinmassen sehr uneben; bald steigt man aufwärts, bald niederwärts, deßhalb läßt sich auch die Länge nicht genau bestimmen. Nach einigen Minuten gelangt man in eine Höhle vom zweiten Range, die unzählbare Spuren ihres Bildners, des Wassers, an sich trägt, das allenthalben hier eingedrungen zu seyn scheint. An ihrer südlichen Seite fällt eine tiefe Kluft senkrecht ein, die bis jetzt noch nicht zu befahren ist."

„Man bemerkt hier ziemliche Stücke von anstehendem Kalkspathe mit einem röthlichen, von Eisen entstehenden Anstriche; das feste Braune daran ist nichts als Eisen. Bekanntlich ist das ganze mächtige Kalklager des hohen Mensegebirges in einem eisenschüssigen Gesteine. Der Ocher, der hier gefunden wird, ist nichts als von Holz entstandener Ocher. Man hat dessen zweierlei: einen von verwittertem Eisen, den andern von verfaultem Holze. Die specifische Schwere sagt, daß der hier gefundene von Holz abstamme. Es ist also wohl nicht glaublich, daß dieser Ocher, gebrannt, eine dem Zinnober ähnliche Farbe geben sollte. Zinnober ist ein schweres mineralisches Product, dieses ein leichtes; sie sind folglich nicht einerlei. Er färbt freilich ab, wie jeder Ocher, aber diese Farbe ist hinmelweit von der des Zinnobers verschieden. Dieß sey beiläufig denen gesagt, die hier Zinnober gefunden haben wollen."

„Der Kalkstein ist auch hier feinkörnig, weiß, und hin und wieder mit Braunspath durchzogen. Aus dieser Höhle gelangt man in eine Höhle vom ersten Range, die viele Merkmahle großer Revolutionen an sich trägt: südwärts geht eine Kluft hinein, wo der Kalkstein in seiner ganzen Schönheit sichtbar ist, fast noch weißer, als der von Carara."

„Ueber dieser Kluft wird eine einem Backofen ähnliche Figur gebildet, auf der eine senkrechte Kluft einfällt und nach südwest sich ein Gang hinzieht. Den Beschluß macht noch eine Höhle vom ersten Range, die größte von allen: aus ihr streichen zwei Gänge, der eine nach Süden, und der andere nach Norden: beide sind aber nicht zu befahren."

„Die Seitenwände dieser Höhlen sind so, wie das Gewölbe, mit einem ins gelbliche fallenden Kalksinter überzogen."

Wahrscheinlich kommt der Nahme goldener Stollen daher, weil der gemeine Mann glaubte und noch glaubt, daß hier Gold und andere Metalle zu finden seyn, und wunderbare Geschichtchen, z. E. von einer gewissen dahin verbannten Familie auf eine gewisse Zeit, und daß, wenn diese Zeit abgelaufen seyn würde, wieder Gold da zu finden seyn würde. Ferner die Welschen *)

*) Man hat nicht nur hier beim goldenen Stollen eine Erzählung von den Welschen, sondern auch im Riesengebirge und

wären ehemahls oft gekommen, eingefahren, und kein Mensch hätte sie wieder ausfahren gesehen.

Von Bergleuten sind diese Höhlen wohl sicher nicht gemacht worden, sondern ein Werk der Natur. Auch auf dem Kützelberge bei Kaufung und in dem Kalkbruche auf dem Hermsdorfer Territorio hinter Dittersbach bei Schmiedeberg sind solche Höhlen. (Th. 1. S. 29. Th. 2. S. 52.)

2. Das wilde Loch *).

„Von der auf einem hohen Berge liegenden zu Straußeney gehörigen **Colonie Buckowine**, wo man eine vortreffliche Aussicht nach Schlesien und Böhmen hat, kommt man in einer Stunde nach dem so genannten **wilden Loche**, das ungefähr 500 Fuß höher, als die Buckowine liegt. Man stelle sich eine unzählige

---

in der Gegend hinter Schönau, wo sie bei Neukirch, bei Rosenau im Höllengraben, auch im Riesengebirge große Schätze, Gold und Edelsteine gefunden und nach Italien gebracht haben sollen. Ich bin gar nicht geneigt, allen diesen Erzählungen Glauben beizumessen; allein etwas Wahrheit mag doch in diesen Erzählungen seyn. Wahrscheinlich mögen sie unsere Chalcedone, Carneole, Achate rc. gesucht haben; denn erst vor einigen Jahren sind selbst zwei Italiener, der eine kam von Bunzlau und der andere reiste hier, bei mir gewesen, und wollten, da sie gehört hatten, daß ich eine Mineralien Sammlung habe, theils Steine bei mir einhandeln, theils von mir erfahren, wo sie welche finden könnten; der eine kam so gar mit Extra-Post vorgefahren.

*) Ich kann auch hier weiter nichts thun, als das hersetzen, was die Schles. Prov. Blätter, Jahrg. 1800. Monat Decbr. S. 508. davon erzählen.

Menge einzelner 20 bis 30 Fuß hoher, senkrecht stehender Sandsteinblöcke vor, die mit ihren abgeplatteten in einem Niveau fortlaufenden Gipfeln eine Horizontal-Fläche bilden, die einen Raum von 94 Morgen einnimmt. Ich kenne, sagt der Verfasser dieser Beschreibung, nichts, womit ich dieses merkwürdige, in seiner Art einzige, Naturspiel vergleichen könnte. Man stelle sich indeß eine Ebene von Letten vor, die eine Zeitlang unter dem Wasser gestanden hat, die Feuchtigkeit ist allmählich verdunstet, der Thon ist zusammen geschrumpft, und es sind eine Menge Risse entstanden, die die einzelnen Stücke Thon, in welche jetzt die Ebene zerrissen ist, von einander trennen; man denke sich dieß alles in hundert Mahl größern Verhältnissen, so hat man ein Bild, das der Vorstellung, die man sich von jenem Naturspiele machen muß, freilich nicht ganz, doch einigermaßen entspricht. Man bekommt dadurch zugleich einen Begriff von der wahrscheinlichen Entstehung dieser Sandsteinmassen, die nichts anders, als ein Niederschlag aus dem Wasser zu seyn scheinen. Die Spuren dieser Entstehung glaubt man beim ersten Anblicke so deutlich wahrnehmen zu können, daß es scheint, als ob die Fluthen noch am vorigen Tage über dieser Steinstadt gestanden hätten, an den Schichten, aus denen die Blöcke zu bestehen scheinen und die ganze Strecke weit in einerlei Niveau an den zerstreut stehenden Steinen sichtbar sind, glaubt man bemerken zu können, wie tief das Wasser von Tage zu Tage, oder vielleicht von Jahrhundert zu Jahrhundert gesunken sey, aber aus den zum Theil in einerlei Richtung und in geraden Linien streichenden Rissen oder

Gassen, welche die Blöcke von einander trennen, und aus den Höhlungen, die am Fuße der Felsen ausgewaschen sind, möchte man wieder auf eine gewaltsame Strömung schließen, die einst hier Statt gehabt haben könnte, wiewohl sich auch ohne diese alles recht gut erklären lassen dürfte. Es ist Schade, daß man das Ganze nicht übersehen kann, denn in den Gassen, wie man sie nennt, so wohl als auf den Felsen, stehen eine große Menge Fichten und Tannen, die die Aussicht beschränken und übrigens nicht benutzt werden können, weil man nicht im Stande ist, das Holz aus diesem Labyrinthe zu schaffen; man sieht daher die schönsten Stämme vermodern. Wenn man hier alles mit Muße und ohne Gefahr besehen will, so muß man sich ein Paar Wegweiser mitnehmen, und eine Leiter und ein Brett von ihnen tragen lassen. Die Leiter ist nothwendig, um ohne Mühe in die Gasse hinab zu kommen, das Brett, um leicht von einem Felsen auf den andern zu kommen, weil die Spalten, die sie trennen, oft ziemlich breit sind, und gefährliche Sprünge nothwendig machen."

„Wenn man keinen Führer hat, der oft in diesem Labyrinthe gewesen und hinlänglich bekannt ist, so ist man in großer Gefahr, sich zu verirren. Dieß begegnete selbst einst einem aus dem nahe gelegenen Dorfe Straußeney gebürtigen Heger, so daß er, weil er nicht im Stande war, sich heraus zu finden, so oft er auch den Weg schon gemacht hatte, darin übernachten mußte. Man kommt auch, selbst bei dem besten Führer, an Stellen, die so breit sind, daß man sich nach einem andern

Wege umsehen muß. Ist aber der Führer seiner Sache gewiß und in diesen Irrgängen gleichsam einheimisch, so wird er auch gewiß nie um einen bequemen Rückweg verlegen seyn. Man kann, wenn man eine Zeitlang auf den Steinen herum geklettert ist, in die Tiefe hinab steigen, wo man ohne große Unbequemlichkeit von Gasse zu Gasse durch das ganze Loch hindurch wandern kann. Man findet hier nicht nur eine Menge Wildlager, sondern auch Knochen von Hirschen, Rehen und andern Thieren, die hier umgekommen seyn mögen, wenn der Schnee die Spalten, über die sie gehen wollten, verdeckt. Man hat auch die Gebeine und einige Ueberreste der Kleidung eines Menschen gefunden, der hier verunglückt ist. Sollte auch die Besuchung dieses wilden Loches nicht zu wichtigen, neuen Resultaten führen; so wird man doch einsehen müssen, daß man in dem ganzen Steingebirge, das ungefähr von Neuheide anfängt und bis hinter Adersbach fortstreicht, keine Partie antrifft, die einen so bestimmten Aufschluß über die Entstehung dieser Naturmerkwürdigkeit giebt, als dieses wilde Loch.

Seite 90. Z. 11. v. o. l. 1630. Denn die Angabe von 163 ist viel zu geringe, da vielleicht in einem Dorfe gegen den Winter so viel geschlachtet werden: ja selbst diese Angabe dürfte vielleicht noch zu geringe seyn.

Seite 123. Schörl. Außer den angezeigten Orten findet man ihn auch sehr schön in ansehnlichen Krystallen am Erlicht bei Hausdorf.

Quarz, gemeiner. Im Granit an dem vorhin angezeigten Erlicht und bei Droschkau.

Seite 128. **Feldspath, gemeiner.** Im Granit an den vorigen Orten.

Seite 131. **Glimmer.** Im Granit an den obigen Orten.

Seite 134. **Basalt.** Am südlichen Abhange des Berges hinter Ludwigsdörfel, am Wege nach dem Finkenhübel.

Seite 138. Zu den Kalköfen ist beizusetzen:

3) Im Habelschwerdter District: Stuhlseifen.

5) Im Wünschelburger District: Seifersdorf.

Seite 141. 1) Schwefelkies, ist beizusetzen: im Kalksteine bei Reinerz.

Seite 142. **Bleiglanz, gemeiner.** In dem neu angelegten Stollen am Fuße des Winklersberges (sieh S. 51). Etwa 1000 Fuß oberhalb des Stollens fängt der Basalt an.

Seite 143. **Granit.** Man sehe oben unter Seite 123.

Seite 145. **Sienit.** Auf dem Gebirge über Hannsdorf, bei Landeck.

6) **Urgrünstein**, bei Neurode, Ebersdorf und Hausdorf.

Seite 156. Zu den Anstalten zum Vergnügen der Badegäste ist nun auch noch der große Gesellschaftssaal beizusetzen. Er ist ebenfalls ein Werk der Vorsorge Seiner Excellenz des Ministers Herrn Grafen von Hoym. Selbst Ihre Majestät die allgemein geliebte Königinn legte 1800, den 22. August, den Grundstein dazu.

Seite 167. Mit Königlicher Unterstützung sind jetzt im Brunnenthale bei Reinerz einige ansehnliche Gebäude

bäude erbauet, nähmlich ein bequemes Badehaus, einige Wohngebäude für Badegäste, ein Salon und ein Traiteur-Haus. Mit der Badeanstalt ist seit etlichen Jahren auch eine Molken-Cur-Anstalt eingerichtet worden.

Seite 176. Zu den **Tuchwalken** ist noch beizusetzen: Vorder-Kohlau 1.

In Reinerz und Habelschwerdt wird Casimir verfertigt, auch werden da Strümpfe gewirkt.

Seite 182. Die **Bleiche** in Reinerz ist eingegangen; dafür ist eine Bleiche und eine Walke in Roms zu setzen. In Gläsendorf ist jetzt nur eine Bleiche; die andern sind wegen des Holzmangels eingegangen.

Seite 183. Zu **Reinerz** ist nur eine Papiermühle. Zu **Urnitz** werden viele Spillen gemacht.

Zu den Oehlschlägereien im **Habelschwerdter District** ist beizusetzen: Michaelsthal. Zu den **Theeröfen** sind beizusetzen: Roms und Finkenhübel.

Seite 184. D. Im **Wünschelburger District** ist beizusetzen: Carlsberg.

Musikalische Instrumente werden auch zu Reinerz und Wünschelburg verfertigt.

Die Glashütte zu Hausdorf ist auf Steinkohlen eingerichtet.

Seite 185. **Glasschleifer** sind auch zu Rückerts, Friedrichsgrund und Biebersdorf. Der am letztern Orte macht auch kleine Spiegel.

Glasschneider. Hier ist beizusetzen: Friedrichsgrund. Hier ist auch ein Glasmahler.

Z. 13. v. o. st. **Unterofficier** l. Schlossermeister.

In Grafenort ist eine **Wollengarnspinnerei**.

Seite 187. In den Jahren 1800. 1801. 1802. 1803. lebten in der Grafschaft:

	1800.	1801.	1802.	1803.
A. In den Städten:				
1) Glatz	6608	6697	6765	6742
2) Landeck	1044	1065	1079	1108
3) Habelschwerdt	2845	2626	2607	2711
4) Mittelwalde	1235	1230	1266	1220
5) Wilhelmsthal	353	324	328	362
6) Reinerz	1541	1583	1555	1560
7) Lewien	1094	1110	1137	1091
8) Wünschelburg	1326	1350	1344	1312
9) Neurode	2843	2853	2828	2960
B. In den Dörfern . . .	78151	80615	82153	82353
Summa	97040	99453	101062	101919
Nimmt man Quadr. Meil. an:				
Nach Zimmermann 31, so kommen auf jede	3130	3208	3260	3287
Nach Scheibel 26, so kommen auf jede	3732	3825	3887	3919
Nach Sack 29, so kommen auf jede	3346	3429	3484	3514

Seite 188. Der Unterschied der Summe zwischen der Civil-Summe und der kirchlichen entsteht daher, daß bei dem Civil alle Menschen, und bei den Kirchen nur die Confirmirten und Communicanten angegeben werden.

Ich muß überhaupt hier bemerken, und ich fürchte keinen Widerspruch, wenn ich behaupte, daß, so wie alle Quadrat-Maße der Länder nicht ganz sicher sind, auch die Volkszählungen, selbst bei vorgegebenen Zählungen, mancherlei Fehlern ausgesetzt sind.

Seite 189. Nicht nur in Deutsch-Tscherbenei, sondern in der ganzen Gegend umher wird Böhmisch geredet.

Seite 192. 1802 besuchte, nachdem 128 Jahre lang theils wegen der großen Entfernung von Prag, theils auch aus andern erheblichen Ursachen keine General-Visitation gehalten worden ist, der jetzige Erzbischof, der Hochwürdigste und Durchlauchtigste Herr Wilhelm Florentin, des H. Röm. Reichs Fürst von Salm-Salm, Erzbischof von Prag, des Apost. Stuhls geborner Legat, Primas des Königreichs Böhmen ꝛc. die Grafschaft, und hielt vom 4ten Jun. bis zum 28sten General-Visitation. Bei dieser Gelegenheit erhielten die Firmelung:

Von dem Herrn Erzbischofe	11290.
Von dem ihn begleitenden Erzbischofe von Leutmeritz	20672.
Summa	31962. *)

Anmerk. Die Frau Gräfinn von Magnis ist nicht katholisch, sondern lutherisch.

Seite 197. Der Bau der jetzigen Kirche zu Albendorf wurde, nach archivalischen Nachrichten, schon 1695 angefangen, und in den folgenden Jahren durch milde Beiträge und durch die Unterstützung des Daniel von Osterberg, damahligen Besitzers von Albendorf,

*) Eine weitläufigere Beschreibung liefern die Schles. Prov. Blätter, Jahrg. 1802. Mon. Jul. Aug.

fortgeführt, und endlich von Joh. Franz Reichsgrafen von Götzen, nachdem er im Jahre 1715 das Gut Albendorf an sich gebracht hatte, vollendet.

Die Grafschaft Glatz führt eigentlich, nach alten Abdrücken vom 16ten Jahrhundert, zwei goldene Binden in ihrem Wapen.

Seite 198. Glatz liegt über der Meeresfläche 1160 P. F. (Mader.)

Die Thürme und Basteien sind, da an dieser Stadtmauer die Casernen erbauet wurden, abgetragen und die Pforten zugemauert worden.

Z. 10. v. u. l. Gouverneur st. Commendant.

Seite 199. Z. 11. v. o. l. Nieder= st. Neu=.

Seite 201. Der Getreidemarkt ist Dienstags.

Seite 202. Z. 3. v. u. l. 26 st. 20.

Seite 207. Z. 4. Diese drei Wallfahrende kamen nicht von Albendorf, sondern von Wartha, und wollten nach ihrem Wohnorte Mellnick zurück kehren.

Z. 11. v. o. l. 1281 st. 1102.

Seite 211. Habelschwerdt liegt 1377 P. F. über der Meeresfläche. (Mader.)

Seite 212. Der Stadt Habelschwerdt gehören eine Pulvermühle, eine Tuch= und zwei Lederwalken bei Alt=Weistritz.

Neu=Waltersdorf ist nicht nach Habelschwerdt eingepfarrt, sondern eine eigene Parochie.

Seite 223. Z. 2. v. o. l. Böhmischen st. Mährischen. Z. 5. v. o. l. herrschaftlich st. städtisch.

In Mittelwalde ist weder ein Kaufhaus, noch Magazin, noch Zollhaus. Es ist hier auch nur eine Be=

gräbniß-Capelle; die drei andern sind in Schreibendorf, Bobischau und Steinbach, als eingepfarrten Dörfern.

Seite 224. Wilhelmsthal (Pfarrhaus zweiter Stock) liegt über der Morau (Morawa) 65 P. F., über Schweidnitz 994 P. F. (v. Lindener.)

Z. 5. v. u. ist beizusetzen nach vorkommen: die Freirichtergüter.

Seite 226. Coritau hat nicht drei, sondern nur ein Vorwerk.

Ebersdorf liegt über dem Wasser 26 P. F. und über Schweidnitz 510 P. F. (v. Lindener.)

Seite 228. Falkenhayn hat keine Kirche. Finkenhübel hat eine Windmühle. Freiwalde hat eine Kirche und eine Schule. Groß-Georgsdorf hat keine Kirche.

Seite 230. Grunwald hat eine Kirche und eine Schule.

Seite 232. Hohndorf hat eine Capelle und eine Schule. Die Colonie Hummelwitz hat 12 Colonie-Häuser und eine Schule, gehört zur Kämmerei Reinerz.

Seite 234. Kohlau, (Vorder-) hat eine Tuch- und eine Lederwalke; Hinter-Kohlau aber eine Wassermühle. Lauterbach hat keine Papiermühle, aber eine Wassermangel.

Seite 236. Neudorf liegt beim Wirthshause 10 P. F. über dem Zeiskenwasser und 948 P. F. über Schweidnitz. (v. Lindener.)

Seite 238. Reinerzkrone hat ein Wirthshaus und 12 Colonisten-Häuser. Einer der Colonisten macht

macht thönerne Tabakspfeifenköpfe, davon er die meisten nach Prag absezt. Der Thon wird nahe an der Colonie gegraben.

Seite 240. Rosenthal hat kein herrschaftliches Schloß. Das Dorf liegt beim Pfarrhause 24 P. F. über dem Mühlgraben und 451,75 P. F. über Schweidnitz. (v. Lindener.)

Der Gesundbrunnen ist in Ober-Schwedeldorf.

Seite 242. Thanndorf ist in der Capellanei über Schweidnitz erhaben 1315,75 P. F. (v. Lindener.)

Seite 243. Z. 5. v. u. l. **Rückerts** st. **Buchau.**

Seite 244. Im Jahre 1800 besuchten Ihre Majestät, Preußens allgeliebte Königinn, dieses dem Grafen von Magnis gehörige Dorf bei der Durchreise von Glatz nach Landeck, und geruheten hier in der vor dem Schlosse befindlichen Linden-Allee einige Erfrischungen anzunehmen. Das Andenken an diesen hohen Besuch zu verewigen, ließ der Herr Graf 1802 am Geburtstage der Königinn (den 4. März) auf dieser Stelle einen, in Malapane gegossenen eisernen Obelisk errichten, der auf einem Fußgestelle von auf allen vier Seiten mit Marmor bekleideten Quadersteinen ruht. Die erste Seite hat die Aufschrift:

„Louise Amalie, Königinn von Preußen, war hier den 22. August 1800."

Zweite Seite:

„Denkmahl Ihrer Gegenwart, und unserer Ehrerbietung. Trotze den Zeiten, und zeuge von unserer Freude bei künftigen Geschlechtern."

Dritte Seite:

„Das Andenken Ihrer Tugenden gehe mit unsern Geistern zur Unsterblichkeit über."

Vierte Seite:

„Erz und Marmor vergehen, aber die Liebe ist ewig."

Urnitz hat eine Capelle und eine Schule.

Verlorenwasser hat ebenfalls eine Capelle und eine Schule.

Alt=Weistritz hat zwei Leinwandwalken und eine Schleifmühle. **Neu=Weistritz** hat eine Capelle und eine Schule.

Wölfelsdorf hat drei Vorwerke, ein Försterhaus und eine Brettmühle. Das Dorf selbst liegt 1402 P. F. über der Meeresfläche (Mader), und über Schweidnitz 3670,00 P. F. (v. L.) Nach Seligers Beobachtung und Berechnung (er bedient sich der Leitholdischen Formel) über Schweidnitz 511,8 P. F., und über der Ostsee 1228. Dieß ist die Angabe, die auch bei den Messungen der Neißquellen zum Grunde liegt.

Wölfelsgrund liegt über der Meeresfläche 1825 Pariser Fuß. (Mader.)

Fünfter Theil.

Seite 7. Zu den Bächen 4, 5, 6, die sich bei Raudten vereinigen, und dann die Goldbach genannt werden, ist noch der bei Eisenmost im Glogauischen Kreise entstehende Bach beizusetzen.

Seite 8. Z. v. u. l. **Würchenteich** st. **Würcherteich**. Eine weitläufige Beschreibung dieses Teiches findet man in den Schles. Prov. Blättern. Jahrg. 1802. Monat Mai. S. 427. ff. *).

*) Wenn der Herr Verfasser dieses Aufsatzes genau angesehen hätte, was ich S. 2. und 8. und mit dem, was ich Th. 1. S. 5. bei der Leisebach sage, verglichen hätte, so würde er mich nicht beschuldigen, als hätte ich wohl gar zwei verschiedene Teiche aufstellen wollen, sondern die Sache für das angesehen haben, was sie ist, für Druckfehler. Ich schreibe klein, wie leicht kann der Setzer ein kleines ch für ein g und ein kleines n für ein r ansehen. Es ist mit dem Tadeln und Recensiren eine eigene Sache. Da scheint mich der Verfasser des Wegweisers durch die Grafschaft Glatz, in den Prov. Bl. 1803. Monat Junius, tadeln zu wollen, daß ich nichts von dem wilden Loche, das doch erst nach dem Drucke meiner Beschreibung bekannter geworden ist, und von dem ebenfalls späterhin am Winklersberge angelegten Bleibergwerke gesagt habe. Konnte ich denn wissen, was nach der Abfassung meiner Beschreibung geschehen wird? Ich könnte mehr als ein Beispiel aufführen, daß in Recensionen von Schriften über Schlesien der Verfasser getadelt worden ist, und der Recensent hatte Unrecht. Exempla sunt odiosa. Auch lieb' ich Frieden. Chacun à son goût.

Zu den Teichen müssen noch beigesetzt werden: der Schlipsteich, der Arnsdorfer und Groß-Parchauer Teich.

Seite 19. Der Anbau der Syrischen Seidenpflanze findet jetzt nicht mehr Statt, weil der Vortheil davon den Hoffnungen nicht entsprechen haben soll.

Seite 28. Z. 1. v. u. muß noch Klein-Pogel beigesetzt werden.

Seite 30. Z. 8. v. u. muß nach Ziegelscheune beigesetzt werden: zu Goldberg.

Seite 33. Der Töpferbrunnen wird auch das Hedwigsbad genannt.

Seite 35. Nicht das Jesuiter-Collegium, sondern das Seminarium ist es, wo die Tuch-Manufactur angelegt ist.

Seite 36. Im Jahre 1801 sind in Lüben von 138 Meistern, 28 Gesellen und 25 Lehrlingen auf 114 Stühlen 4389 Stück Tuch, 1581 Stück Flanell und Boy, Werth 101411½ Rthlr. aus 8362 Stein Wolle gemacht worden.

Seite 39. Volksmenge von den Jahren:

	1800.	1801.	1802.	1803.
I. Im Liegnitzer Kreise.				
A. In den Städten:				
1) In Liegnitz	6808	6880	7065	6896
2) In Parchwitz . . .	798	816	781	784
B. Auf dem Lande . . .	25865	25911	26094	26419
Summa	33471	33607	33940	34099

	1800.	1801.	1802.	1803.
II. Im Goldberg Haynauisch. Kr.				
A. In den Städten:				
1) In Goldberg . . .	5536	5574	5779	5949
2) In Haynau	2264	2304	2347	2437
B. Auf dem Lande . . .	28493	28764	29572	29883
Summa	36293	36642	37698	38269
III. In dem Lübener Kreise:				
A. In Luben	2292	2315	2374	2351
B. Auf dem Lande . . .	18778	18905	19544	20044
Summa	21070	21220	21898	22395
In den Städten	17698	17889	18326	19417
Auf dem Lande	73136	73580	75210	76346
Summa	90834	91469	93536	95763
Es kommen, nimmt man 40 Quadrat-Meilen an, auf jede Meile	2270	2266	2338	2394

Seite 44. Liegnitz, auf dem Postamte, ist 535 P. F. über der Meeresfläche erhaben. (Scholz.)

In der Haynauer Vorstadt haben die Kreuzherren ad St. Matthiam zu Breslau eine kleine Commende.

Seite 52. Unter dem Akademie-Vorwerk ist eigentlich das auf der folgenden Seite Schubertsche Vorwerk zu verstehen. Beide sind also ein und eben dasselbe Vorwerk. Ich habe diese Verbesserung dem verstorbenen Curator der Akademie, Herrn v. Lestwitz auf Groß-Tschirne, zu verdanken.

Seite 62. Goldberg liegt, auf dem Postamte, über der Meeresfläche 827 P. F. (Scholz.)

Seite 78. Seit 1802 ist in Lüben Sonnabends Getreide- und an jedem der Jahrmärkte auch Viehmarkt.

Seite 84. Spröttchen hat nun auch eine evang. luth. Schule.

Seite 103. Z. 16. v. o. l. Wechmar st. Weihmar.

Seite 107. Zu den Manufacturen des Fürstenthums Wohlau sind noch beizusetzen: Die leinene Damastweberei in Alt-Wohlau und die schwarze Seifen-Fabrik zu Herrnstadt.

Nachtrag zu der Volksmenge von den Jahren 1800, 1801, 1802, 1803:

	1800.	1801.	1802.	1803.
I. Im Wohlauer Kreise.				
A. In den Städten:				
1) In Wohlau	1278	1256	1348	1296
2) In Winzig	1466	1458	1453	1441
3) In Herrnstadt . . .	1454	1404	1406	1488
B. Auf dem Lande . . .	29691	29962	30805	31026
Summa	33889	34080	35012	35251
II. In dem Steinau-Raudten. Kr.				
A. In den Städten:				
1) In Steinau	1909	1902	1918	1990
2) In Raudten . . .	1105	1106	1139	1129
B. Auf dem Lande . . .	12801	12859	13084	13140
Summa	15815	15867	16141	16259
In den Städten . . .	7212	7:20	7264	7344
Auf dem Lande	45506	42821	43889	44166
Summa	52718	49941	51153	51510
Es kommen also, nimmt man 33 Quadr. Meilen an, auf jede	1597	1513	1550	1560

Seite 113. Z. 9. v. u. l. Guhrauer Kreis st. Winziger Kreis.

Seite 114. Der Kriegs- und Steuerrath wohnt nicht mehr auf dem Schlosse, sondern in der Stadt.

Seite. 116. Z. 15. v. o. l. 1 Escadron st. 2 Esc.

Seite 123. Z. 3. v. o. l. Schmoger st. Schmogen.

K. Nach Langendorf ist noch beizusetzen: 6) Verttbau, 7) Komornik, 1 Antheil.

Nach L. ist beizusetzen: M. Im Jauerschen Kreise: 1) Alt-Jauer; 2) Brechelwitz; 3) Bremberg; 4) Hennersdorf; 5) Hermannsdorf; 6) Pombsen; 7) Seichau; 8) Schlaupe; 9) Arnoldshof; 10) Willmannsdorf.

Seite 126. In Grischen ist zwar ein adeliges Dominium, das Dorf aber selbst gehört zum Amte Herrnstadt.

Seite 128. Das Dorf Kutscheborwitz ist adelig.

Seite 132. Z. 6. v. u. muß Alt-Wohlau heißen.

Seite 140. In Alt-Raudten ist ein schöner herrschaftlicher Garten.

Seite 151. Ist bei der Oder nach Schlawer See einzuschalten: in den sich die an der Gränze von Süd-Preußen entstehende Scharnitz ergießt, — — — Nach schlängelt sich, ist beizusetzen: nachdem sie durch den Grachauer See geflossen an der Gränze ꝛc.

Z. 2. v. u. l. Tschicherzig st. Tschichenzig.

Seite 153. Zu den Seen des Glogauer Kreises ist noch beizusetzen; der Grachauer See.

Seite 180. Zu Nechlau im Guhrauer Kreise hat man vor zwei Jahren in einem Garten, drei Ellen tief, eine Urne mit Thränenkrügen, Asche und durchbrannten Knochen gefunden. Die Urne war ½ Elle hoch, hatte 6/4 Elle im Umfange, war von festem Thone, in der Mitte sechseckig, unter jeder Ecke war ein Thränenkrüglein von verschiedener Form und Materie.

Zu Drentkau hat man vier Urnen ausgegraben, davon jede in einem eigenen mit Steinen umgebenen Behältnisse stand. Sie waren wie ein runder Krug gestaltet und mit kleinen Knochen und Asche angefüllt. Die Masse schien ungebrannter Thon zu seyn. Dieses Dorf muß also wahrscheinlich sehr alt seyn.

Seite 181. In Groß-Tschirne ist die Tuch-Manufactur ganz beträchtlich. Im Jahre 1802 wurden von 110 Meistern, davon aber verschiedene nicht auf eigenen Stühlen arbeiten, für 66040 Rthlr. Tücher, die, in Absicht der Güte und Feinheit, zur ersten Classe in Schlesien gehören, verfertigt; es werden nur wenig grobe Tücher gemacht.

In Grünberg ist eine Tobakspinnerei.

Zu Malmitz ist ein hoher Eisenofen, 4 Frischfeuer und ein Zainhammer.

In Ober-Teschen sind ein hoher Ofen und zwei Frischfeuer.

In Dittersbach ist ein Zainhammer.

In Primkenau sind ein hoher Ofen und zwei Frischfeuer.

In Glogau wird von einigen Juden durch Bleichen Flachsseide und Baumwolle gemacht.

Seite 184. Nachtrag zur Volksmenge:

	1800.	1801.	1802.	1803.
I. Im Glogauer Kreise.				
A. In den Städten:				
1) Glogau	8985	9053	9036	9267
2 Polkwitz	1354	1203	1347	1362
3) Schlawe	596	570	604	590
B. Auf dem Lande . . .	49980	50094	502[illegible]7	50516
Summa	60915	60920	61[illegible]84	61735
II. Im Guhrauer Kreise.				
A. In den Städten:				
1) In Guhrau	2532	2680	2726	2733
2) In Köben	833	813	813	812
3) In Groß-Tschirne .	862	847	878	882
B. Auf dem Lande . . .	16781	16803	17174	17460
Summa	21008	21143	21591	21887
III. Im Sprottauer Kreise.				
A. In den Städten:				
1) In Sprottau . . .	2266	2289	2360	2439
2) In Primkenau . . .	879	888	907	958
B. Auf dem Lande . . .	15396	15471	15879	16071
Summa	18541	18648	19146	19468
IV. Im Freistädter Kreise.				
A. In den Städten:				
1) In Freistadt . . .	2830	2798	2824	2837
2) In Neusalz	1667	1585	1703	1703
3) In Neustädtel . . .	1008	1000	1004	1008
4) In Beuthen . . .	2488	2522	2574	2609
B. Auf dem Lande . . .	24827	24851	25634	25992
Summa	32820	32756	33739	34149

	1800.	1801.	1802.	1803.
V. Im Grünberger Kreise.				
A. In den Städten:				
1) Grünberg	6871	6806	7635	8096
2) Wartenberg	656	671	672	697
B. Auf dem Lande . . .	22753	22941	23104	23203
Summa	30280	30418	31411	31996
VI. Im Schwiebuser Kreise:				
A. In der Stadt Schwiebus	2897	2914	2972	3009
B. Auf dem Lande . . .	10911	10232	11086	11197
Summa	13808	13126	14058	14206
In den Städten . . .	36724	36649	38055	39202
Auf dem Lande . . .	140545	140392	143174	144439
Summa	177269	177031	181229	183641
Nimmt man nach Sack 34 Quadrate-Meilen an, so kommen auf jede	2110	2107	2157	2186

Seite 186. Z. 13. v. o. nach Guhrau ist noch beizusetzen Groß-Tschirne.

Seite 187. Z. 6. nach Glogauer setze man hinzu Guhrauer Kreis. Der Schwiebuser Kreis gehört jetzt dem Infanterie Regimente Nr. 24. in Frankfurt an der Oder. Dagegen hat das Regiment Nr. 57. einen kleinen Theil des Steinauer Kreises erhalten, den sonst das in Liegnitz stehende Regiment Nr. 43. hatte.

Seite 207. Hermsdorf gehört nicht mehr dem Fürsten von Schönaich.

Seite 214. In Schwusen ist ein großes Depot

des Seesalzes für Süd-Preußen und die Ober-Inspection darüber.

Seite 220. Zu den Kirchen und Schulgebäuden in Guhrau ist noch beizusetzen: die evang. luth. Schule, an der ein Rector und noch zwei andere Lehrer unterrichten.

Seite 225. In Groß-Tschirne ist jetzt keine Garnison mehr.

Das von dem nun verstorbenen Besitzer von Groß-Tschirne gestiftete protestantische Fräuleinstift ist auch von Friedrich Wilhelm III confirmirt worden.

Seite 226. **Ober-Elguth** hat eine lutherische Schule; **Ratschkau** hat eine kath. Kirche, eine luth. Schule, einen Freibauer, 18 Dienstbauern, 11 Freigärtner. 2 Häusler und 15 andere Häuser.

Seite 248. **Kussen** muß Kußer, nach der Karte, Cuser heißen. Hierher gehört das Dörfchen Aufhalt.

Seite 256. Z. 6. v. o. l. in der Standesherrschaft Wartenberg st. in Ober-Schlesien.

Seite 266. Bei den Dörfern des Schwiebuser Kreises muß nun bei den Dörfern, wo Pfandschilling steht, adelig gesetzt werden; denn der Pfandschilling ist jetzt eingelöset.

Seite 268. **Ranschen** hat seit 1803 eine evang. luth. Kirche.

Skampe hat seit 1802 eine dergleichen Kirche.

Sechster

Sechster Theil.

Vorrede. Seite 4. Z. 8 v. o. l. Redens st. Reders. Z. 2. v. u. l. Thaul st. Thoul.

Seite 8. In der Herrschaft Naumburg, z. E. zu Schöneiche und Cosel, wird viel Wein gebauet.

C. Mineralreich. Bei Pechern hat man in einer Thongrube blaue Erde, der Sächsischen Wundererde ähnlich, in Adern entdeckt.

Bei Naumburg hat man Braunkohlen gefunden.

Seite 9. Auch zu Barge ist eine Papiermühle.

Seite 10. Braunes Töpfergefäß wird auch zu Hermsdorf bei Priebus verfertigt.

Bei Dubrau, Wendischmusta und Siehdichfür sind Pechöfen. Der am letzten Orte liefert das beste Hartpech.

Seite 12. Volksmenge von den Jahren 1800, 1801, 1802, 1803:

	1800.	1801.	1802.	1803.
A. In den Städten:				
1) In Sagan	4471	4568	4614	4675
2) In Naumburg . . .	579	692	668	569
3) In Priebus	761	769	801	810
B. Auf dem Lande	29445	29847	30196	30448
Summa	35256	35876	36279	36502
In den Städten	5811	6029	6083	6054
Auf dem Lande	29445	29847	30196	30448
Summa	35256	35876	36279	36502
Nimmt man nach Sack 17 Quadr. Meil. an, so kommen auf jede Meile	2073	2110	2134	2147

Seite 16. Z. 3. v. o. Das Gymnasium zu Sagan ist 1802 nach Leobschütz versetzt worden *), es sind aber hier doch die beiden untersten Classen der Bürgerschule und eine dritte Classe als Vorbereitungs-Classe für diejenigen beibehalten worden, die sich dann auf einem Gymnasium dem Studieren weiter widmen wollen.

Seite 18. Die freie Herrschaft Naumburg gehört jetzt nicht mehr dem Fürsten von Carolath, sondern dem St. Johannis Ordens-Ritter und Königl. Preuß. Kammerherrn, Reichsgrafen von Mellin.

Zu dieser Herrschaft, die einen Bezirk von sechs Meilen und viel Waldung hat, gehören, außer Naumburg, noch folgende Besitzungen: 1) Das Eichvorwerk, eine herrschaftliche Meierei, nebst den beigelegenen Häusern Eichdorf, dazu gehört noch der Hammer am Bober am Thore vor Christianstadt, der Korn-Säge-Loh-Oehl- und Graupenmühlen und eine ansehnliche Brau- und Branntweinbrennerei enthält, die den größten Theil der Herrschaft mit Getränke verlegt; 2) Theuern, 3) Tschirkau, 4) Schöneiche, 5) Cosel, 6) Kunzendorf, 7) Neu-Kleppen. Das gräfliche, aus den Trümmern der alten Burg neu erbauete Schloß besteht aus einem Hauptgebäude und zwei Flügeln, stößt auf der Morgenseite an die Stadt, auf der Abendseite liegt es auf einem hohen, mit Laubholz bewachsenen Berge, an dessen Fuße sich der Bober von einem hohen Wehre herab stürzt, von dem man eine der reizendsten Aussichten hat; sie erstreckt sich tief ins Land hinein,

*) Sieh Th. 8. S. 194.

so wie jenseits des Bobers in die Lausitz. Auf diesem Berge ist zugleich ein angenehmer Rehgarten, so wie in dem der Gemeine Cosel gehörigen Kieferwalde ein ansehnlicher Saugarten. Ueberhaupt liefern die Forsten Rehe, Schweine, Hasen, Birkhühner und alle andere gemeine Feldwildbret=Arten.

Den katholischen Gottesdienst in Naumburg besorgt ein Propst aus dem Augustiner Stifte zu Sagan, der neben der Stadt eine eigene Propstei bewohnt.

Seite 20. Bei Dubrau ist eine Colonie.

Seite 22. Bei Hermsdorf bei Priebus ist eine Colonie.

Cosel hat zwei Windmühlen.

Neu=Kleppen hat 7 (nicht 18) Bauern und eine Lehnschölzerei.

Kunzendorf hat 11 (nicht 12) Bauern und zwei Lehnschölzereien, auch eine kath. Kirche.

Seite 24. Bei Pechern ist eine Colonie.

Seite 26. **Theuern** hat nur 5 (nicht 6) Bauern und eine Lehnschölzerei.

Tschirkau hat nur 7 (nicht 8) Bauern, eine Lehnschölzerei und eine Wassermühle.

Schöneiche hat eine verfallene katholische Kirche, eine herrschaftliche Wind= und eine zur Lehnschölzerei gehörige Wassermühle. Man bauet hier viel Wein.

Bei **Wendischmusta** ist eine Colonie.

Siehdichfür und Traunicht sind zwei Heidedörfer (nicht Eisenwerke), die zusammen eine Gemeine ausmachen.

Wirstdubesser ist ein Jägerhaus im Walde, und gehört zu Siehdichfür.

Paßauf hieß ehedem ein Haus in Traunicht, in welchem ein Gränzaufseher oder Zöllner wohnte. Jetzt weiß man kaum mehr, welches Haus diesen Nahmen geführt hat.

Seite 97. **Nachtrag zu der Volksmenge von 1800. 1802. 1803.**

NB. Ich bitte in dem Buche 1801 statt 1800 zu lesen.

	1800	1802.	1803.
I. In dem Breslauer Kreise.			
A. In den Städten:			
1) In Breslau	59391	59904	60950
2) In Auras	646	678	690
B. Auf dem Lande	48456	49907	50827
Summa	108493	110489	112467
II. Im Neumarkter Kreise.			
A. In den Städten:			
1) In Neumarkt	1944	2102	2105
2) In Canth	959	1010	1045
B. Auf dem Lande	25297	26310	26919
Summa	28200	29422	30069
III. Im Namslauer Kreise.			
A. In den Städten.			
1) In Namslau	2588	2723	2738
2) In Reichthal	919	933	983
B. Auf dem Lande	17743	18097	18382
Summa	21250	21753	22103
In den Städten	60037	67350	68511
Auf dem Lande	91496	94314	96128
Summa	151533	161664	164639
Nimmt man nach Sack 41 Quadr. Meil. an, so kommen auf jede Meile . .	3695	3934	4015

Seite 126. Das vierte Schullehrer-Seminarium ist nunmehr in Oppeln errichtet.

Seite 141. Z. 11. v. o. l. Reden st. Reeder.

Seite 180. Canth ist keine Immediat-, sondern eine Mediat-Stadt, und zwar bischöflich.

Siebenter Theil.

Seite 22. Nachtrag zu der Volksmenge von den Jahren 1800, 1802, 1803:

NB. In dem Buche bitte 1801 statt 1800 zu lesen.

	1800.	1802.	1803.
I. Im Oels-Bernstadter Kreise.			
A. In den Städten:			
1) In Oels	3786	3870	3960
2) In Bernstadt	2455	2471	2549
3) In Hundsfeld	681	740	746
4) In Juliusburg	639	647	575
5) In Medzibor	905	964	990
B. Auf dem Lande	36384	37938	38485
Summa	44850	46630	47305
II. Im Trebnitzer Kreise.			
A. In den Städten:			
1) In Trebnitz	2609	1341	1417
2) In Stroppen	589	593	618
B. Auf dem Lande	32429	34727	35351
Summa	35627	36661	37386
In den Städten	11664	10626	10855
Auf dem Lande	68813	72665	73836
Summa	80477	83291	84691
Nimmt man nach Sack 35 Quadrat-Meilen an, so kommen auf jede . . .	2299	2379	2419

Seite 33. Z. 1. v. u. l. Adjutum st. Adjectum.

Seite 66. Bruschewitz hat eine luth. Schule.

Seite 84. Nachtrag zur Volksmenge von 1800, 1802, 1803.

NB. Statt 1800 bitte im Buche 1801 zu lesen.

	1800.	1802.	1803.
A. In den Städten:			
1) In Trachenberg	1797	1844	1849
2) In Prausnitz	1679	1755	1766
3) In Militsch	1292	1350	1332
4) In Sulau	580	570	588
Summa	5348	5519	5535
B. Auf dem Lande	28342	28501	28922
Summa	33690	34020	34457
Nimmt man nach Sack 16 Quadrat-Meilen an, so kommen auf jede Meile .	2105	2126	2153

Seite 102. Z. 13. v. o. l. Rennersdorf statt Nennersdorf.

Seite 116. Nachtrag zu der Volksmenge von 1800, 1802, 1803.

NB. Im Buche wird 1801 statt 1800 gelesen.

	1800.	1802.	1803.
I. Im Neißer Kreise.			
A. In den Städten:			
1) In Neiße	7200	7722	7761
2) In Patschkau	2005	2150	2210
3) In Ziegenhals	1789	1845	1869
B. Auf dem Lande	48513	49227	49977
Summa	59507	60944	61757

	1800.	1802.	1803.
II. Im Grottgauer Kreise.			
A. In den Städten:			
1) In Grottgau	1508	1575	1649
2) In Ottmachau	1494	1780	1824
3) In Wansen	686	707	715
B. Auf dem Lande	26058	26564	26870
Summa	29746	30726	31058
In den Städten	14682	15779	16028
Auf dem Lande	74571	75791	76847
Summa	89253	91570	92875
Nimmt man nach Sack 26 Quadrat-Meilen an, so kommen auf jede Meile .	3432	3522	3572

Seite 122. Z. 6. v. o. l. Neiße st. Oder.

Seite 125. 9) Die Jerusalems-Kirche steht außer der Stadt in den Festungswerken, und ist eine Begräbnißkirche.

Die Rochus-Capelle ist bei nahe ½ Meile von der Stadt und ebenfalls eine Begräbniß-Capelle. Die Einsiedelei ist eingegangen, und ein Wirthshaus dafür gebauet worden.

Seite 156. Der auf den Gründen von Bujakow entstehende Bach ist die Bierawka. Sieh Th. 8. S. 4. 28. 212.

Seite 163. Nachtrag zu der Volksmenge von den Jahren 1800, 1802, 1803.

NB. Statt 1800 bitte in dem Buche 1801 zu lesen.

	1800.	1802.	1803.
A. In den Städten:			
1) In Rattibor	3429	3555	3429
2) In Riebnick	1330	1288	1306
3) In Sohrau	1672	1701	1683
Summa	6431	6544	6418
B. Auf dem Lande	43162	43871	44193
Summa	49593	50415	50611
Nimmt man nach Sack 18 Quadrat-Meilen an, so kommen auf jede Meile .	2755	2800	2811

Achter Theil.

Nachtrag zu der Volksmenge von 1800, 1802, 1803:

	1800.	1802.	1803.
A. In den Städten:			
1) In Pleß	2297	2277	2271
2) In Nikolai	1266	1272	1362
Summa	3563	3549	3633
B. Auf dem Lande	54776	55177	56050
Summa	58339	58726	59683
Die Stadt Loslau	1133	1288	1311
Summa	59472	60014	60994
Nimmt man nach Sack 21 Quadrat-Meilen an, so kommen auf jede Meile .	2832	2857	2904

Seite 39. Z. 7. v. o. l. **rechten st. linken.**

Z. 12. v. o. l. **linken st. rechten.**

Seite 73. **Nachtrag zu der Volksmenge von** 1800, 1802, 1803.

NB. Im Buche bitte 1801 statt 1800 zu lesen.

	1800.	1802.	1803.
I. In dem Oppelnschen Kreise.			
A. In den Städten:			
1) In Oppeln	2939	3073	3125
2) In Krappitz	1095	1173	1 92
B. Auf dem Lande	45654	47816	48073
Summa	49688	52062	52390

	1800.	1802.	1803.
II. In dem Falkenberger Kreise.			
A. In den Städten:			
1) In Falkenberg	1252	1343	1346
2) In Schürgast	384	404	406
B. Auf dem Lande	14326	15035	15184
Summa	15962	16782	16936
III. In dem Neustädter Kreise.			
A. In den Städten:			
1) In Neustadt	3489	3612	3684
2) In Ober-Glogau	2162	2246	2251
3) In Zülz	2243	2215	2270
B. Auf dem Lande	42903	43348	43905
Summa	50797	51421	52110
IV. In dem Koseler Kreise.			
A. In der Stadt Kosel	2108	2200	2269
B. Auf dem Lande	20700	21498	21992
Summa	22808	23698	24261
V. In dem Groß-Strehlitzer Kreise.			
A. In den Städten:			
1) In Groß-Strehlitz	905	917	976
2) In Leschnitz	801	803	803
B. Auf dem Lande	15310	16369	16468
Summa	17016	18089	18247
VI. In dem Toster Kreise.			
A. In den Städten:			
1) In Tost	687	742	751
2) In Peiskretscham	2193	1874	1906
3) In Gleiwitz	2583	2812	2823
4) In Ujest	1030	1039	1076
B. Auf dem Lande	36796	37609	38145
Summa	43289	44076	44701

	1800.	1802.	1803.
VII. In dem Lublinitzer Kreise.			
A. In den Städten:			
1) In Lublinitz	1189	1195	1313
2) In Guttentag . , ...	1206	1355	1285
B. Auf dem Lande	19101	19344	19781
Summa	21496	21894	22379
VIII. In dem Rosenberger Kreise.			
A. In den Städten:			
1) In Rosenberg	1363	1390	1412
2) In Landsberg	545	511	496
B. Auf dem Lande	20241	20655	20708
Summa	22149	22556	22616
In den Städten	27144	28904	29384
Auf dem Lande	215031	221674	224256
Summa	242175	250578	253640
Nimmt man nach Sack 139 Quadrat-Meilen an, so kommen auf jede Meile .	1742	1802	1824

Seite 149. Zu den Gebäuden zu Pilchowitz ist noch beizusetzen, das Kloster der barmherzigen Brüder, eine neue Stiftung von einem gewissen Welzel, gewesenen Rentmeister des Grafen von Wengersky. Er hat sein ganzes Vermögen dazu legirt.

Seite 171. In Rosenberg steht jetzt eine Escadron vom Husaren-Regimente Nr. 4.

Seite 190. Nachtrag zu der Volksmenge von den Jahren 1800, 1802, 1803.

NB. Im Buche muß, statt 1800, 1801 gelesen werden.

	1800.	1802.	1803.
A. In den Städten:			
1) In Leobschütz	3240	3283	3388
2) In Hultschin	1075	1065	1125
3) In Katscher	1392	1301	1325
4) In Bauerwitz	1526	1550	1548
Summa	7233	7199	7436
B. Auf dem Lande	61788	62690	63667
Summa	69021	69889	71103
Nimmt man nach Sack 21 Quadrat-Meilen an, so kommen auf jede Meile .	3286	3328	3385

Seite 196. In Bauerwitz steht jetzt eine Escadron vom Kürassier-Regimente Nr. 12, die sonst zu Katscher stand.

Seite 231. Nachtrag zu der Volksmenge von den Jahren 1800, 1802, 1303.

NB. Im Buche ist, statt 1800, 1801 zu lesen.

	1800.	1802.	1803.
A. In den Städten:			
1) In Beuthen	1717	1749	1771
2) In Tarnowitz	1328	1409	1431
Summa	3045	3158	3202
B. Auf dem Lande	15520	16281	16642
Summa	18565	19439	19844
Nimmt man nach Sack 9 Quadrat-Meilen an, so kommen auf jede Meile .	2062	2159	2204

Register.

C.

D.

Dyherrn-

H.

M.

N.

O.

P.

Q.

R.

S.

T.

U.

V.

Wacheberg.

W.

Z.

Geographische, naturhistorische und technologische Beschreibung des souverainen Herzogthums Schlesien.

Von

Johann Adam Valentin Weigel,

Evangelisch-lutherischem Prediger, Mitgliede der Gesellschaft naturforschender Freunde in Berlin, der naturforschenden zu Halle, der mineralogischen zu Jena, der ökonomisch-patriotischen des Fürstenthums Schweidnitz und des Königreichs Böhmen.

Zehnter Theil.

Verzeichniß der bisher entdeckten, in Schlesien lebenden Thiere.

Berlin, 1806.

In der Himburgischen Buchhandlung.

FAUNAE SILESIACAE PRODROMUS.

Verzeichniß der Thiere, die in Schlesien bisher entdeckt und bestimmt sind.

Von

Johann Adam Valentin Weigel,

Evangelisch-lutherischem Prediger, Mitgliede der Gesellschaft naturforschender Freunde in Berlin, der naturforschenden zu Halle, der mineralogischen zu Jena, der ökonomisch-patriotischen des Fürstenthums Schweidnitz und des Königreichs Böhmen.

Berlin, 1806.

In der Himburgischen Buchhandlung.

Dem Wunsche der Verlagshandlung zu genügen, habe ich diesen zehnten Theil meiner geographischen, naturhistorischen, technologischen Beschreibung von Schlesien unter dem nebenstehenden Titel: Fauna Silesiaca :c. besonders abdrucken lassen. Ich bitte daher, was in der Vorrede zu diesem zehnten Theil gesagt ist, gehörig zu beherzigen, um nicht zu einseitigen Beurtheilungen Anlaß zu geben.

Der Verfasser.

Vorrede.

Ich habe in den neun erstern Theilen dieses Werkes bei einem jeden Fürstenthume, im ersten Abschnitte, unter der Rubrik: **Producte**, im allgemeinen von dem Thierreiche geredet. Ich konnte unmöglich bei jedem Fürstenthume ein weitläufiges Verzeichniß der in demselben lebenden und webenden Thiere geben, weil durch die vielen Wiederhohlungen das Werk zu einer sehr beträchtlichen Größe unnöthiger Weise angewachsen wäre. Ich habe es also für rathsamer gehalten, am Ende des Werkes eine Art von Fauna Silesiaca so kurz als möglich zu liefern. Hier ist sie, diese Fauna Silesiaca, oder vielmehr das kurze Verzeichniß der bisher in Schlesien entdeckten und bestimmten Thiere. Ich sage **bestimmten** Thiere: denn aus der Classe der Insecten befinden sich in den meisten mir bekannten

Sammlungen in Schlesien noch manche unbestimmte, auch sind bis jetzt gewiß noch nicht einmahl alle entdeckt. Ich kann daher, ohne mich der ungerechtesten und unverschämtesten Anmaßung schuldig zu machen, durchaus nicht sagen, daß dieses Verzeichniß vollständig wäre, so wie es vielleicht noch keines irgend einer Provinz ist. Nur nach und nach werden dergleichen Verzeichnisse vollständiger, und ich — bin ja der erste, der eines von Schlesien liefert. Nur ein Ununterrichteter würde die allergrößeste Vollständigkeit fordern. Jeder Unterrichtete weiß, daß es in dem unermeßlichen Reiche der Schöpfung sogar Thiere von einer solchen Kleinheit giebt, daß sie oft kaum, oder nur durch Zufall, und selbst nur mit sehr bewaffnetem Auge entdeckt werden können. Ich bin sogar überzeugt, daß wir vielleicht nie, wenigstens kein Einzelner, und widmete er sogar seine ganze Lebenszeit diesem Geschäfte, zu einer ganz vollständigen Kenntniß, selbst nur einer einzigen Provinz, gelangen könne.

Ich gebe, was ich geben kann, und meine Absicht ist nur, den Anfang zu machen, oder wenigstens einem, der, mit größern Kenntnissen ausgerüstet, nach mir kommen wird, die Bahn zu brechen; denn, so viel ich weiß, haben wir von diesem Naturreiche unserer Provinz nur sehr wenig aus den neuern Zeiten. Mir wenigstens sind nur etliche Aufsätze in den Schlesischen ökonomisch-patriotischen

Nachrichten und einige Insecten in der Fauna Germanica des Herrn Doctors Panzer, die der Herr Baron von Stillfried eingeschickt hat, bekannt geworden. Fabricius citirt Schlesien gar nicht.

Ich halte es für nöthig, mich über die Einrichtung dieses Verzeichnisses näher zu erklären, um einigem Tadel, den ich erwarten kann, wo möglich vorzubeugen. Ich habe mich bei meinem naturhistorischen Studio durch sehr viele Schwierigkeiten hindurch winden müssen, weil meine Glücksumstände mir verbiethen, die kostbaren Werke mit Abbildungen anzuschaffen, und ich in meiner Nähe keinen Zutritt zu einer Bibliothek für dieses Fach des Wissens habe. Nur die Werke, die ich citire, Herbst's Käfer, Degeer und Bechsteins ornithologisches Taschenbuch ausgenommen, sind in meinen Händen.

Linnées Systema Naturae, und zwar die Gmelinische Ausgabe, habe ich bloß bei den erstern vier Classen und bei der sechsten Classe, und nur einige Mahl bei den Insecten citirt. Bei der zweiten Classe habe ich noch Bechsteins ornithologisches Taschenbuch damit verbunden. Bei den Fortschritten, die man in den neuern Zeiten in der Entomologie gemacht hat, hielt ich es für rathsamer, dem System des Fabricius zu folgen, jedoch mit Ausnahme der eilften Classe, die ich zum Theil nach Borkhausens Verzeichniß der Europäischen Schmetterlinge, so weit das Werk heraus ist, geordnet habe. Außer dem habe ich noch Panzers Fauna Germanica Insectorum und bisweilen sein entomologisches Taschenbuch, bei den Sesien Laspeyres, bei den Wanzen Wolf und bei den *Hymenopteris* Linn. einige Mahle Christ citirt.

Aber, ich hätte doch wenigstens überall die Diagnose beisetzen sollen. Ich konnte dieses unmöglich, weil das Verzeichniß zu einigen Bänden angewachsen wäre, und ich wollte doch nicht mehr leisten, als nur das anzeigen, was in Schlesien zu finden ist, und auf unsern Reichthum aufmerksam machen.

Bei einigen Gattungen der Insecten habe ich den Lateinischen Nahmen beibehalten müssen, weil ich keinen schicklichen finden konnte: ich hoffe deswegen Verzeihung und bitte darum.

Ich selbst besitze aus dem Thierreiche nur eine Insecten-Sammlung, und bezeichne bei dieser Classe diejenigen Insecten, die ich nicht selbst habe, mit *, setze aber, um der Kürze willen, die Anfangsbuchstaben des Nahmens derjenigen Freunde bei, in deren Sammlung sich das Insect befindet, und die mich sehr gütig mit ihren Beiträgen unterstützt haben.

Inniger Dank diesen Freunden der vaterländischen Naturgeschichte:

dem Herrn von Minkwitz auf Grunwitz, so wie dem

Herrn Assessor Coll. Med. Günther in Breslau,

dem Herrn Rector Neumann in Löwenberg,
die mich mit ornithologischen,

dem Herrn Baron von Stillfried (St.*) in Hirschberg,

dem Herrn Kämmerer Atze (A.) in Freiburg,

dem Herrn Assessor Günther (G.) in Breslau,

dem Herrn Schul-Collegen Köhler (K.) in Schmiedeberg,

dem Herrn Chirurgus Manger (M.) in Warmbrunn,

dem Herrn Professor Nickel (N.) in Breslau,
die mich mit entomologischen Beiträgen unterstützt haben.

Ob diejenigen Insecten, die ich unter dem Nahmen Köhleri aufführe, wirklich alle neu und unbeschrieben sind, wage ich nicht zu bestimmen. Ich habe sie indessen vorläufig aufführen wollen, bis es Herrn Köhler gefällt, sie dem entomologischen Publico weiter bekannt zu machen, und einsichtsvollen Entomologen zur Prüfung zu unterwerfen.

Eine gütige, nachsichtsvolle Aufnahme dieses Verzeichnisses wird mir die größeste Belohnung für alle mir gegebene Mühe jetzt in meinem Alter seyn,

---

*) Mit diesen Buchstaben bezeichne ich die Sammlungen, in denen sich die Insecten befinden, die ich nicht selbst in meiner Sammlung habe.

wo mich die Rückerinnerung an so manche frohe Stunde erheitert, die ich in Aufsuchung und Betrachtung der Natur-Producte Schlesiens, nicht selten mit Schweiß vor der Stirne, verlebt habe, und wobei ich so oft den Schöpfer, nicht selten mit einer Thräne im Auge, anbetend ausrief: Herr, wie sind deiner Werke so viel! Du hast sie alle weislich geordnet, die Erde ist voll deiner Güte.

Der Wurm im Staube, das Insect,
Das kaum ein menschlich Aug' entdeckt,
Beweisen deine Größe.

Haselbach, den 1sten August 1805.

Der Verfasser.

Verzeichniß
der
in Schlesien lebenden, bisher entdeckten
Thiere.

CLASSIS I.

MAMMALIA.

I. PRIMATES.

1. VESPERTILIO. (Fledermaus.)

1. V. *auritus.* Die langöhrige Fledermaus. Lin. Syst. Nat. T. I. p. 47. n. 5.

2. V. *murinus.* Die gemeine Fledermaus. Lin. S. N. T. I. p. 48. n. 6.

II. FERAE.

2. CANIS. (Hund.)

1. C. *familiaris.* Der gesellige Hund. Lin. S. N T. I. p. 65. n. 1.

α. C. *domesticus.* Der Haushund. Lin. S. N. p. 66.

β. C. *islandicus.* Der Isländer. Der Spitz. Ib.

γ. C. *aquaticus.* Der Pudel. Ib.

δ. C. *melitaeus.* Der Bologneser. Ib.

ε. C. *leoninus.* Der Löwenhund, p. 67.

ζ. C. *Fricator.* Der Mops. Ib.

η. C. *Molossus.* Der Bullenbeißer, der Wachthund. Ib.

ϑ. C. *sagax.* Der Jagdhund. Ib.

ι. C. *avicularius.* Der Hühnerhund, p. 68.

κ. C. *venaticus.* Der Leithund. Ib.

λ. C. *anglicus.* Die Englische Docke. Ib.

μ. C. *grajus.* Der Windhund, das Windspiel. Ib.

ν. C. *vertagus.* Der Dachshund, p. 69.

2. C. *Lupus.* Der Wolf. Lin. S. N. T. I. p. 70. n. 2. Auf dem Zobtenberge. In Ober-Schlesien; jedoch immer weniger.

3. C. *Vulpes.* Der Birkfuchs. Lin. S. N. T. I. p. 73. n. 4.

4. C. *Alopex.* Der Brandfuchs. Lin. S. N. T. I. p. 74. n. 5.

3. Felis. (Katze.)

1. F. *Catus*:

α. *ferus.* Die wilde Katze. Lin. S. N. T. I. p. 80. n. 6.

β. *domesticus.* Die Hauskatze. Ib.

γ. *syriacus.* Die Cyper-Katze.

2. F. *Lynx.* Der Luchs. Lin. S. N. T. I. p. 83.

4. Mustela. (Wiesel.)

1. M. *Lutra.* Die Fischotter. Lin. S. N. T. I. p. 93. n. 2. Nicht sehr häufig.

2. M. *Foina.* Der Steinmarder. Lin. S. N. T. I. p. 95. n. 14.

3. M. *Martes.* Der Baummarder. Lin. S. N. T. I. p. 95. n. 6.

4. M. *Putorius.* Der Iltiß. Lin. S. N. T. I. p. 96. n. 7.

5. M. *Furo.* Das Frettchen. Lin. S. N. T. I. p. 97. n. 8. Ist in der Standesherrschaft Militsch einheimisch.

6. M. *erminea.* Das weiße, kleine Wiesel; Hermelin. Sehr selten. Lin. S. N. T. I. p. 98. n. 10.

7. M. *vulgaris*, *α. aestiva.* Das gemeine Wiesel. Lin. S. N. T. I. p. 99. n. 11.

5. Ursus. (Bär.)

1. U. *Arctos.* Der gemeine Bär. Lin. S. N. T. I. p. 100. n. 1. Aeußerst selten, bloß Ueberläufer aus Süd-Preußen.

2. U. *Meles.* Der Dachs. Lin. S. N. T. I. p. 102. n. 2. In Ober-Schlesien häufiger, als in Nieder-Schlesien.

6. Talpa. (Maulwurf.)

1. T. *europaea.* Der gemeine Maulwurf. Lin. S. N. T. I. p. 110. n. 1. In Glatz werden die Haare zu Hüten genutzt.

β. alba. Der weiße Maulwurf. Ib.

7. Sorex. (Spitzmaus.)

1. S. *fodiens.* Die Wasser-Spitzmaus. Lin. S. N. T. I. p. 113. n. 7.

2. S. *araneus.* Die gemeine Spitzmaus. Lin. S. N. T. I. p. 114. n. 5.

8. ERINACEUS. (Igel.)

1. E. *europaeus.* Der gemeine Igel. Lin. S. N. T. I. p. 115. n. 1.

III. GLIRES.

9. CAVIA. (Cavie.)

1. C. *Cobaya.* Das Meerschweinchen. Lin. S N. T. I. p. 123. n. 5. Man hält es hier und da in Stuben, damit es, wie man glaubt, die Gicht der Bewohner an sich ziehe.

10. CASTOR. (Biber.)

1. C. *Fiber.* Der gemeine Biber. Lin. S. N. T. I. p. 124. n. 1.

11. MUS. (Maus.)

1. M. *Rattus.* Die Ratte. Lin. S. N. T. I. p. 127. n. 12.

2. M. *Musculus.* Die Hausmaus. Lin. S. N. T. I. p. 128. n. 13.

3. M. *sylvaticus.* Die Waldratte, Waldmaus. Lin. S. N. T. I. p. 129. n. 17.

4. M. *agrarius.* Die Brandmaus. Lin. S. N. T. I. p. 130. n. 7.

5. M. *amphibius.* Die Wassermaus. Lin. S. N. T. I. p. 132. n. 11.

β. terrestris. Der Erdschlüssel. Ib.

6. M. *gregalis* (arvalis.) Die Feldmaus. Lin. S. N. T. I. p. 133. n. 25.

7. M. *Ericetus.* Der Hamster. Lin. S. N. T. I. p. 137. n. 9. Nicht allzu häufig.

12. Arctomys.

1. A. *Citellus*. Das Zieselchen. Lin. S. N. T. I. p. 144. n. 6. Sehr selten.

13. Sciurus. (Eichhorn.)

1. S. *vulgaris*. Das gemeine Eichhorn. Lin. S. N. T. I. p. 145. n. 1.

14. Myoxus.

1. M. *Muscardinus*. Die Haselmaus. Lin. S. N. T. I. p. 156. n. 4.

15. Lepus. (Hase.)

1. L. *timidus*. Der Feldhase. Lin. S. N. T. I. p. 160. n. 1.

2. L. *Cuniculus*. Das Kaninchen. Lin. S. N. T. I. p. 163. n. 2.

IV. Pecora.

16. Cervus. (Hirsch.)

1. C. *Alces*. Das Elendthier. Lin. S. N. T. I. p. 175. n. 2. Ehedem in Ober-Schlesien, jetzt äußerst selten. Noch jetzt glauben manche einfältige Leute, daß das von den Klauen Abgeschabte ein Mittel zum Vertreiben der Krämpfe bei Kindern sey.

2. C. *Elaphus*. Der edle Hirsch. Lin. S. N. T. I. p. 176. n. 3.

3. C. *Dama*. Der Damhirsch. Lin. S. N. T. I. p. 178. n. 5.

4. C. *capreolus*. Das Reh. Lin. S. N. T. I. p. 180. n. 6.

17. Capra. (Bock.)

1. C. *Hircus.* Der Ziegenbock. Lin. S. N. T. I. p. 193. n. 1.

18. Ovis. (Widder.)

1. O. *Aries.* Der gemeine Widder; das Schaf. Lin. S. N. T. I. p. 197. n. 1. Unter die vorzüglichsten Schäfereien in Schlesien gehören die des Grafen von Magni in der Grafschaft Glatz.

19. Bos. (Rind.)

1. B. *Taurus*, *β. domesticus.* Der Stier; der Ochs. Lin. S. N. T. I. p. 203. n. 1. Auf verschiedenen Dominien, z. E. zu Fischbach und Buchwald im Hirschberger Kreise u. a. m. wird die Rindviehzucht durch Einführung des Schweizer Viehes ziemlich verbessert. Nur fehlt die Schweizer Weide.

V. Belluae.

20. Equus. (Pferd.)

1. E. *Caballus*, *β. domesticus.* Das Pferd. Lin. S. N. T. I p. 209. n. 1.

2. E. *Asinus*, *β. domesticus.* Der Esel. Lin. S. N. T. I. p. 211. n. 2.

21. Sus. (Schwein.)

1. S. *Scrofa*, *α. ferus.* Das wilde Schwein. Lin. S. N. T. I. p. 217. n. 1. *β. domesticus.* Das zahme Schwein. Ib.

CLASSIS II.

AVES.

A. AVES TERRESTRES *).

* * *

I. ACCIPITRES. (Raubvögel.)

22. VULTUR. (Geier.)

1. V. *cinereus.* Gemeiner Geier. Bechst. T. I. p. 2. n. 1. Lin. S. N. T. I. p. 247. n. 6. Sehr selten. Ist vor zwei Jahren im Gebirge geschossen, und im Briegischen lebendig gefangen worden.

2. V. *cristatus.* Hasengeier. B. T. I. p. 2. n. 2. Lin. S. N. T I. p. 250. n. 12. Sehr selten. Acht Stück sind 1803 im Jun. bei Breslau gesehen worden.

3. V. *percnopterus.* Aasgeier, Goldadler. Lin. S. N. T. I. p. 248. n. 10. Sehr selten; es sind aber vor etlichen Jahren im Wartenbergischen von 18 Stück, die sich im Frühjahre niedergelassen hatten, zwei Stück geschossen worden.

*) Ich folge hier der Ordnung, in der Bechstein in seinem ornithologischen Taschenbuche die Vögel Deutschlands aufführt; und ich glaube, daß ich mit Recht auch die bisher in Schlesien bemerkten Strich- und Zugvögel aufführe.

23. Falco. (Falke.)

*) Aquilae. (Adler.)

1. F. *Chrysaëtos.* Goldadler. B. T. I. p. 5. n. 1. Lin. S. N. T. I. p. 256. n. 5. Aeußerst selten.

2. F. *Aquila.* Steinadler. B. T. I. p. 6. n. 2. Lin. S. N. T. I. p. 259. n. 54. (Falconiger) p. 257. n. 47. (F. albus) p. 258. n. 6. (F. fulvus, das Weibchen). Etwas selten.

3. F. *ossifragus.* Seeadler. B. T. I. p. 8. n. 4. Lin. S. N. T. I. p. 255. n. 4. F. Melanaëtes. Lin. ib. p. 254. n. 2. Das Männchen etwas selten.

4. F. *leucocephalus.* Der Fischadler. B. T. I. p. 10. n. 5. Lin. S. N. T. I. p. 255. n. 3. p. 253. n. 39. (F. albicilla) p. 258. n. 51. (F. albicaudus. Das Männchen). Sehr selten.

5. F. *naevius.* Schreiadler. B. I. p. 11. n. 6. Lin. S. N. T. I. p. 258. n. 49. 50. (F. maculatus). p. 259. n. 56. (F. Mogilnik). Selten.

6. F. *leucopsis.* Der Adler mit den weißen Augenkreisen. B. T. II. p. 460. Er ist bei Breslau und im Wartenbergischen geschossen worden. Sehr selten.

7. F. *Haliaëtus.* Flußadler. B. T. I. p. 12. n. 8. Lin. S. N. T. I. p. 263. n. 26. α. β. Etwas selten.

** Milvi. (Milanen.)

8. F. *Milvus.* Rother Milan. B. T. I. p. 13. n. 9. Lin. S. N. T. I. p. 261. n. 12. Selten. NB. Hierher gehören F. *austriacus*, B. I. p. 14. n. 11. L. I. p. 262. n. 63. als ein junger im ersten Jahre, und F. *ater*, B. I. p. 14. n. 10. L. I. p. 262. n. 62. im zweiten Jahre.

*** Buteones. (Bussarden.)

9. F. *Buteo.* Mäuse=Bussard. B. T. I. p. 15. n. 12. Lin. S. N. T. I. p. 265. n. 15. Nicht selten.

10. F. *lagopus.* Rauhbeiniger Bussard. B. T. I. p. 17. n. 14. Lin. S. N. T. I. p. 260. n. 58. F. pennatus L. l. c. p. 272. n. 9. ein junges Männchen. Im Winter im Wartenbergischen nicht selten.

11. F. *apivorus.* Der Wespen=Bussard. B. T. I. p. 18. n. 15. Lin. S. N. T. I. p. 267. n. 28. Sehr selten.

**** Circi. (Weihen.)

12. F. *Cyaneus* und *Pygargus.* Korn= oder Halb=weihe. B. T. I. p. 25. n. 20. Lin. S. N. T. I. p. 276. n. 10. Das Männchen. p. 277. n. 11. Das Weibchen. Etwas selten.

***** Astures. (Habichte.)

13. F. *palumbarius.* Hühnerhabicht. B. T. I. p. 28. n. 22. Lin. S. N. T. I. p. 269. n. 30. Nicht selten.

14. F. *Nisus.* Finkenhabicht. Sperber. B. T. I. p. 29. n. 23. Lin. S. N. T. I. p. 280. n. 31. Nicht selten.

15. F. *Aesalon.* Zwerghabicht. B. T. I. p. 31. n. 24. Lin. S. N. T. I. p. 284. n. 118. Sehr selten.

****** Falcones proprie sic dicti.
(Eigentliche Falken.)

16. F. *Peregrinus.* Wanderfalke. B. T. I. p. 33. n. 26. Lin. S. N. T. I. p. 272. n. 88. Etwas selten.

Sollte nicht F. gyrofalco (B. T. I. p. 45. n. 35. Lin. S. N. T. I. p. 275. n. 27.) hierher gehören? Sollte nicht F. abietinus (B. T. I. p. 35. n. 27.) als ein etwas kleines, altes Männchen hierher gehören??? Ein Vogelkenner legt mir diese Fragen in den Mund.

17. F. *subbuteo.* Baumfalke. B. T. I. p. 36. n. 28. Lin. S. N. T. I. p. 285. n. 14. Etwas selten.

18. F. *Tinnunculus.* Thurmfalke. B. T I. p. 37. n. 29. Lin. S N. p. 278. n. 16. Nicht selten.

19. F. *rufipes.* Der rothfüßige Falke. B. T. I. p. 39. n. 31. Selten. NB. Hierher gehören F. *arundinaceus*, B. I. p. 23. n. 18. im ersten Jahre, und F. *aeruginosus*, B. I. p. 22. n. 17. Lin. I. p. 267. n. 29. im zweiten Jahre.

20. F. *Islandus.* Isländischer Falke. B. T. I. p. 40. n. 32. Lin. S. N. T. I. p. 271. n. 87.

Beide Varietäten, die gewöhnliche und der weiße (F. candicans.) Lin. S. N. T. I. p. 275. n. 101. *β.* sind in Schlesien vorgekommen. Selten.

21. F. *candicans.* Geierfalke. B. T. I. p. 43. n. 33. Lin. S. N. T. I. p. 275. n. 101. F. lanarius. Lin. S. N. T. I. p. 280. n. 31. Selten.

Sollte er nicht vielleicht ein junges Männchen des F. Islandus seyn?

22. F. *stellaris.* Sternfalke. B. T. I. p. 44. n. 34. Lin. S. N. T. I. p 274. n. 95.

Ich bin vom Daseyn dieses Vogels in Schlesien noch nicht ganz überzeugt, ich führe ihn daher auch nur zweifelhaft auf. Ich habe ihn zwar in irgend einem alten Verzeichnisse Schlesischer Vögel gefunden; so viel ich aber weiß, kennt ihn keiner der jetzigen Vögelsammler Schlesiens.

24. Strix. (Eule.)

* Striges auriculatae. (Ohreulen.)

1. St. *Bubo.* Uhu, die große Ohreule. B. T. I. p. 47. n. 1. Lin. S. N. T. I. p. 286. n 1. Etwas selten.

2. St. *Otus.* Mittlere Ohreule. B. T. I. p. 47. n. 2. Lin. S. N. T. I. p. 288. n. 4. Etwas selten, wenigstens im platten Lande.

3. St. *Brachyotos.* Kurzöhrige Ohreule. B. T. I. p. 49. Lin. S. N. T. I. p. 289. n. 17. Nicht selten.

4. St. *Scops.* Kleine Ohreule. B. T. I. p. 50. n. 5. Lin. S. N. T. I. p. 290. n. 5.? St. carniolica. Lin. l. c. n. 22. Aeußerst selten.

** Striges non auriculatae. (Kauze.)

5. St. *Nyctea.* Schneekauz. B. T. I. p. 50. n. 6. Lin. S. N. T. I. p. 291. n. 6. Höchst selten. Sie soll 1802 im Gebirge geheckt haben, aber ihr Nest zerstört worden seyn.

6. St. *Aluco.* Nachtkauz. B. T. I. p. 51. n. 7. Lin. S. N. T. I. p. 292. n. 7. Nicht selten.

7. St. *Stridula.* Brandkauz. B. T. I. p. 52. n. 8. Lin. S. N. T. I. p. 294. n. 9. Ist gewiß das Weibchen des vorigen.

8. St. *Flammea.* Schleierkauz. B. T. I. p. 54. n. 9. Lin. S. N. T. I. p. 293. n. 8. Nicht selten.

9. St. *passerina.* Kleiner Kauz. B. T. I. p. 56. n. 11. Lin. S. N. T. I. p. 296. n. 12. Nicht selten.

10. St. *dasypus.* Rauhfüßiger Kauz. B. T. I. p. 57. n. 12. Vielleicht Var. des vorhergehenden?

11. St. *pygmaea Minkwitzii.* Zwergkauz. Ist in Dohnen gefangen worden, und wird nächstens beschrieben werden.

II. Pici. (Spechtartige Vögel.)

* Pedibus scansoriis.

25. Picus (Specht.)

1. P. *Martius.* Schwarzspecht. Der Baumhacker. Holzkrähe. Schles. B. T. I. p. 60. n. 1. Lin. S. N. T. I. p 424. n. 1. Etwas selten.

2. P. *viridis.* Grünspecht. B. T. I. p. 60. n. 2. Lin. S. N. T. I. p. 433. n. 12. Nicht selten.

3. P. *canus.* Grauköpfiger Specht. B T. I. p. 61. n. 3. Lin. S. N. T. I. p. 434. n. 45. Etwas selten.

4. P. *major.* Buntspecht. B. T. I. p. 63. n. 4. Lin. S. N. T. I. p. 463. n. 17. Gewöhnlich.

5. P. *medius.* Weißspecht. B. T. I. p. 65. n. 5. Lin. S. N. T. I. p. 436. n. 18. Etwas selten.

6. P. *leuconotos.* Aelsterspecht. B. T. I. p. 66. n. 6. Selten.

7. P. *minor.* Grasspecht. B. T. I. p. 67. n. 7. Lin. S. N. T. I. p. 437. n. 19. Etwas selten.

26 Yunx. (Wendehals.)

1. Y. *Torquilla.* Gemeiner Wendehals. Drehhals. Schles. B. T. I. p. 73. n. 1. Lin. S. N. T. I. p. 423. n. 1. Nicht selten.

** Pedibus ambulatoriis.

27. Sitta. (Kleiber. Baumbicker.)

1. S. *europaea.* Europäischer Kleiber. Blauspecht. Schles. B. T. I. p. 74. n. 1. Lin. S. N. T. I. p. 440. n. 1. Gewöhnlich.

28. Upupa. (Wiedehopf.)

1. U. *Epops.* Gemeiner Wiedehopf. B. T. I. p. 76. n. 1. Lin. S. N. T. I. p. 466. n. 1. Nicht selten.

29. Certhia. (Baumläufer.)

1. C. *familiaris.* Gemeiner Baumläufer. B. T. I. p. 77. n. 1. Lin. S. N. T. I. p. 469. n. 1. Etwas selten.

2. *C. muraria.* Mauer-Baumläufer. Mauerspecht. B. T. I. p. 78. n. 2. Lin. S. N. p. 473. n. 2. Aeußerst selten.

*** Pedibus gressoriis.

30. Merops. (Bienenfresser.)

1. M. *Apiaster.* Gemeiner Bienenfresser. Heumäher. B. T. I. p. 79. n. 1. Lin. S. N. T. I. p. 460. n. 1. Sehr selten.

31. Alcedo. (Eisvogel.)

1. A. *Ispida.* Gemeiner Eisvogel. B. T. I. p. 80. n. 1. L. S. N. T. I. p. 448. n. 3. Selten.

III. Coraces. (Krähenartige Vögel.)

* Pedibus scansoriis.

32. Cuculus. (Kukkuk.).

1. C. *canorus*. Kukkuk. B. T. I. p. 83. n. 1. Lin. S. N. T. I. p. 409. n. 1 *). Gewöhnlich.

** Pedibus ambulatoriis.

33. Corvus. (Krähe.)

1. C. *Corax*. Kolkrabe. B. T. I. p. 85. n. 1. Lin. S. N. T I. p. 364. n. 2. Etwas selten.

2. C. *Corone*. Rabenkrähe. B. T. I. p. 86. n. 2. Lin. S. N. p. 365. n. 3. Gewöhnlich.

3. C. *frugilegus*. Saatkrähe. Rorka. Schles. B. T. I. p. 87. n. 3. Lin. S. N. p. 366. n. 4. Gewöhnlich.

4. C. *Cornix*. Nebelkrähe. B. T. I. p. 88. n. 4. Lin. S. N. p. 366. n. 5. Gewöhnlich.

5. C. *monedula*. Thurmkrähe. Dohle. Schles. B. T. I. p. 90. n. 5. Lin. S. N. T. I. p. 367. n. 6. Gewöhnlich.

6. C. *Pica*. Gartenkrähe. Scholaster. Schles. B. T. I. p. 93. n. 8. Lin. S. N. T. I. p. 373. n. 12. Gewöhnlich.

7. C. *glandarius*. Eichelkrähe. Nußhäher. Schles. B. T. I. p. 94. n. 9. Lin. S. N. T. I. p. 368. n. 7. Gewöhnlich.

---

*) C. rufus. (Rothbrauner Kukkuk) ist wohl eben dieser im zweiten Jahre.

8. C. *Caryocatactes.* Nußkrähe. Tannenhäher. Schles. B. T. I. p. 95. n. 10. Lin. S. N. T. I. p. 370. n. 10. Etwas selten.

34. Coracias. (Rake.)

1. C. *Garrula.* Blaue Rake. Mandelkrähe. Schles. B. T. I. p. 96. n. 1. Lin. S. N. T. I. p. 378. n. 1. Nicht selten.

35. Oriolus. (Pirol.)

1. O. *Galbula.* Gemeiner Pirol. Golddrossel. B. T. I. p. 98. n. 1. Lin. S. N. T. I. p. 382. n. 1. Nicht selten.

36. Lanius. (Würger.)

1. L. *Excubitor.* Gemeiner Würger. Neuntödter. B. T. I. p. 100. n. 1. Lin. S. N. T. I. p. 300. n. 11. Nicht selten.

2. L. *minor.* Grauer Würger. Krickälster. B. T. I. p. 101. n. 2. Lin. S. N. T. I. p. 308. n. 40. Etwas selten.

3. L. *pomeranus.* Rothköpfiger Würger. B. T. I. p. 101. n. 3. Lin. S. N. T. I. p. 302. n. 3. Nicht selten.

4. L. *spinitorquus.* Rothrückiger Würger. B. T. I. p. 102. n. 4. L. Collurio. Lin. S. N. T. I. p. 300. n. 12. Nicht selten.

IV. Passeres. (Sperlingsartige Vögel.)

37. Loxia. (Kernbeißer.)

* Mit sich kreuzendem Schnabel.

1. L. *curvirostra.* Kreuzschnabel. Grims. B. T. I. p. 105. n. 1. Lin. S. N. T. I. p. 843. n. 1. Nicht selten.

2. L. *Pytiopsittacus.* Scherenschnabeliger Kernbeißer. B. T. I. p. 106. n. 2. Lin. S. N. T. I. p. 843. n. 1. γ. Nicht selten.

3. L. *Enucleator.* Fichtenkernbeißer. B. T. I. p. 107. n. 3. Lin. S. N. T. I. p. 845. n. 3.

** Mit sehr starkem, oben und unten gewölbten, uneingeschnittenen Schnabel.

4. L. *Coccothraustes.* Gemeiner Kernbeißer. B. T. I. p. 109. n. 4. Lin. S. N. T. I. p. 844. n. 2. Nicht selten.

5. L. *Chloris.* Grüner Kernbeißer. Grünfink. B. T. I. p. 110. n. 5. Lin. S. N. T. I. p. 855. n. 27. Gewöhnlich.

*** Mit stark gewölbtem, sehr stumpfen, und an der obern Kinnlade eingeschnittenen Schnabel.

6. L. *Pyrrhula.* Gelehriger Kernbeißer. Dompfaff. Gimpel. B. T. I. p. 111. n. 6. Lin. S. N. T. I. p. 846. n. 4. Gewöhnlich.

38. Fringilla. (Fink.)

* Mit im Umfange rundem, gestreckten, scharf zugespitzten Schnabel.

1. F. *Caelebs.* Buchfink. B. T. I. p. 113. n. 1. Lin. S. N. T. I. p. 901. n. 1. Gewöhnlich.

2. F. *montifringilla.* Bergfink. Quäker. Schles. B. T. I. p. 115. n. 2. Lin. S. N. T. I. p. 902. n. 4. Gewöhnlich.

3. F. *domestica.* Hausfink. Haussperling. B. T. I. p. 116. n. 3. Lin. S. N. T. I. p. 925. n. 36. Häufig.

4. F. *montana.* Feldfink. Baumsperling. B. T. I. p. 118. n. 4. Lin. S. N. T. I. 925. n. 37. Häufig.

5. F. *petro-*

5. F. *petronia.* Graufink. B T. I. pag. 120. n. 5. Lin. S. N. T. I. p. 919. n. 3. Selten.

** Mit im Anfange rundem, kurzem und kurz zugespitztem Schnabel.

6. F. *cannabina.* Der Hanffink. Hänfling. B. T. I. p. 121. n. 7. Lin. S. N. T. I. p. 916. n. 28. F. Linota. l. c. n. 67. Nicht selten.

*** Mit einem dünnern, an den Seiten etwas zusammengedrückten und scharf und lang zugespitzten Schnabel.

7. F. *Carduelis.* Distelfink. Stieglitz. B. T. I. p. 125. n. 10. Lin. S. N. T. I. p. 903. n. 7. Gewöhnlich.

8. F. *Spinus.* Erlenfink. Zeisig. B. T. I. p. 127. n. 11. Lin. S. N. T. I. p. 914. n. 25. Gewöhnlich.

9. F. *linaria.* Flachsfink. Zötscherle. Schles. B. T. I. p. 128. n. 12. Lin. S. N. T. I. p. 917. n. 29. Gewöhnlich.

**** Mit einem an den Kinnladenrändern merklich eingezogenen, scharf zugespitzten Schnabel und einer langen geraden Hinterkralle.

10. F. *lapponica.* Lappländischer Fink. B. T. I. p. 130. n. 14. Lin. S. N. T. I. p. 900. n. 1. Selten.

39. Emberiza. (Ammer.)

1. E. *Citrinella.* Goldammer. Aemmerling. Schles. B. T. I. p. 132. n. 1. Lin. S. N. T. I. p. 270. n. 5. Gewöhnlich.

2. E. *miliaria.* Grauammer. Gerstling. Schles. B. T. I. p. 133. n. 2. Lin. S. N. T. I. p. 868. n. 3. Nicht selten.

3. E. *hortolana.* Ortolan. Garten= Feld=) Ammer. B. T I. p. 134. n. 3. Lin. S. N. T. I. p. 869. n. 4. Etwas selten.

4. E. *nivalis.* Schneeammer. Schneevogel. Schles. B. T. I. p. 137. n. 6. Lin. S. N. T. I. p. 866. n. 1. Nicht selten auf dem Strich.

5. E. *Schoeniclus.* Rohrammer. Rohrsperling. B. T. I. p. 139. n. 8. Lin. S. N. T. I. p. 881. n. 17. Etwas selten.

6. E. *passerina.* Sperlingsammer. B. T. I. p. 141. n. 9. Lin. S. N. T. I. p. 871. n. 27. Selten.

V. Oscines. (Singvögel)

40. Turdus. (Drossel.)

1. T. *viscivorus.* Misteldrossel. Schnarre. Schles. B. T. I. p. 143. n. 1. Lin. S. N. T. I. p. 806. n. 1. Nicht selten.

2. T. *musicus.* Singdrossel. Weindrossel. B. T. I. p. 144. n. 2. Lin. S. N. T. I. p. 809. n. 4. Gewöhnlich.

3. T. *pilaris.* Wachholderdrossel. Krammetsvogel. Großziemer. Schles. B. T. I. p. 145. n. 3. Lin. S. N. T. I. p. 807. n. 2. Gewöhnlich.

4. T. *iliacus.* Rothdrossel. Kleinziemer. Schles. B. T. I. p. 146. n. 4. Lin. S. N p. 808. n. 3. Nicht selten. T. dubius B. T. I. p. 147. n. 5. ???

5. T. *torquatus* Ringdrossel. Schilddrossel. Schles. B. T. I. p. 148. n. 6. Lin. S. N. T. I. p. 832. n. 6. Etwas selten.

6. T. *Merula.* Schwarzdrossel. Schwarze Amsel. B. T. I. p. 149. n. 7. Lin. S. N. T. I. p. 831. n. 22. Nicht selten.

7. T. *saxatilis.* Steindrossel. (Schneeamsel. Schles.?) B. T. I. p. 150. n. 8. Lin. S. N. T. I. p. 833. n. 14. foem.

8. T. *roseus.* Rosenfarbige Drossel. B. T. I. p. 152. n. 9. Lin. S. N. T. I. p. 819. n. 15. In Ober-Schlesien. Sehr selten.

9. T. *arundinaceus.* Rohrdrossel. B. T. I. p. 152. n. 10. Lin. S. N. T. I. p. 834. n. 25. Etwas selten.

41. AMPELIS. (Seidenschwanz.)

1. A. *Garrulus.* Gemeiner Seidenschwanz. B. T. I. p. 154. n. 1. Lin. S. N. T. I. p. 838. n. 1. **Auf dem Zuge in manchen Jahren häufig; in manchen aber** sehr selten.

42. MUSCICAPA. (Fliegenfänger.)

1. M. *Grisola.* Gefleckter Fliegenfänger. B. T. I. p. 156. n. 1. Lin. S. N. T. I. p. 949. n. 20. Gewöhnlich.

2. M. *Atricapilla.* Schwarzrückiger Fliegenfänger. B. T. I. p. 156. n. 2. Lin. S. N. T. I. p. 935. n. 9. *α.* Gewöhnlich.

3. M. *muscipeta.* Schwarzgrauer Fliegenfänger. Wüstling. Schles. B. T. I. p. 158. n. 4. Motacilla Ficedula. Lin. S. N. T. I. p. 956. n. 10. Etwas selten.

43. MOTACILLA. (Bachstelze.)

1. M. *alba.* Weiße Bachstelze. B. T. I. p. 161. n. 1. Lin. S. N. T. I. p. 960. n. 11. Häufig.

2. M. *flava.* Gelbe Bachstelze. B. T. I. p. 163. n. 3. Lin. S. N. T. I. p. 963. n. 12. Gewöhnlich.

44. Sylvia. (Sänger.)

* Corrucae. (Grasmücken.)

1. S. *Luscinia.* Nachtigall. B. T. I. p. 166. n. 1. Motacilla Luscinia. Lin. S. N. T. I. p. 950. n. 1. Im platten Lande nicht selten; im hohen Gebirge und am Fuße desselben gar nicht.

2. S. *Philomela.* Große Nachtigall. B. T. I. p. 167. n. 2. Motacilla Luscinia major. Lin. S. N. T. I. p. 950. n. 1. β.

3. S. *Atricapilla.* Schwarzköpfiger Sänger. Klosterwenzel. Mönch. B. T. I. p. 168. n. 3. Motacilla atricapilla. Lin. S. N. T. I. p. 970. n. 18. Gewöhnlich.

4. S. *hortensis.* Grauer Sänger B. T. I. p. 169. Motacilla hortensis. Lin. S. N. T. I. p. 955. n. 62. Etwas selten.

5. S. *Fruticeti.* Rostgrauer Sänger. B. T. I. p. 170. n. 5. Motacilla Sylvia. Lin. S. N. T. I. p. 956. n. 9. γ. Selten.

6. S. *cinerea.* Fahler Sänger. B T. I. p. 170. n. 6. Lin. S. N. T. I. p. 956. n. 9. Nicht selten.

7. S. *Curruca* Geschwätziger Sänger. Grasmücke. Schles. B. T. I. p. 171. n. 7. Motacilla Curruca. Lin. S. N. T. I. p. 954. n. 6. M. dumetorum. L. l. c. p. 985. n. 31. Nicht selten.

8. S. *nisoria.* Gesperberter Sänger. B. T. I. p. 172. n. 8. Etwas selten.

** Asili. (Laubvögel.)

9. S. *Hippolais.* Gelbbauchiger Sänger. Rohrzeisig. Schlef. B. T. I. p. 173. n. 10. Motacilla Hippolais. Lin. S. N. T. I. p. 954. n. 7. Selten.

10. S. *Sibilatrix.* Laubsänger. Weidenzeisig. Schlef. B. T. I. p. 176. n. 13. Motacilla Trochilus. Lin. S. N. T. I. p. 995. n. 49. Mas. Nicht selten.

*** Helminthophagi. (Wurmfresser.)

11. S. *Rubecula.* Rothkehliger Sänger. Rothkehlchen. B. T. I. p. 177. n. 14. Motacilla Rubecula. Lin. S. N. T. I. p. 993. n. 45. Gewöhnlich.

12. S. *Suecica.* Blaukehlchen. B. T. I. p. 178. n. 15. Motacilla Suecica. Lin. S. N. T. I. p. 989. n. 37. Nicht selten.

13. S. *Thytis.* Schwarzbäuchiger Sänger. Hausrothschwänzchen. B. T. I. p. 179. n. 16. M. Phoenicurus. Lin. S. N. T. I. p. 987. n. 34. δ. Etwas selten.

14. S. *Phoenicurus.* Schwarzkehliger Sänger. B. T. I. p. 181. n. 17. Motacilla Phoenicurus. Lin. S. N. T. I. p. 987. n. 34. Nicht selten.

15. S. *modularis.* Schieferbrüstiger Sänger. B. T. I. p. 183. n. 18. Motacilla modularis. Lin. S. N. T. I. p. 952. n. 3. Selten.

16. S. *Salicaria.* Rohrsänger. Irel. Schlef. B. T. I. p. 185. n. 19. Motacilla Salicaria. Lin. S. N. T. I. p. 955. n. 8. Nicht selten.

17. S. *Phragmites.* Schilfsänger. B. T. I. p. 186. n. 20. Etwas selten.

18. S. *Regulus.* Gekrönter Sänger. Goldhähnel. Schles. B. T. I. p. 995. n. 48. Motacilla Regulus. Lin. S. N. T. I. p. 995. n. 48. Nicht selten.

19. S. *Troglodytes.* Zaunsänger. Zaunkönig. B. T. I. p. 190. n. 25. Motacilla Troglodytes. Lin. S. N. T. I. p. 993. n. 46. Nicht selten.

45. Alauda. (Lerche.)

1. A. *arvensis.* Ackerlerche. B. T. I. p. 193. n. 1. Lin. S. N. T. I. p. 791. n. 1. Gewöhnlich.

2. A. *arborea.* Baumlerche. Heidelerche. Schles. B. T. I. p. 196. n. 2. Lin. S. N. T. I. p. 793. n. 3. Nicht selten.

3. A. *cristata.* Haubenlerche. B. T. I. p. 197. n. 3. Lin. S. N. T. I. p. 796. n. 6. Nicht selten.

4. A. *alpestris.* Alpenlerche. B. T. I. p. 199. n. 5. Lin. S. N. T. I. p. 800. n. 10. Auf dem Riesengebirge, nicht selten.

5. A. *campestris.* Brachlerche. B. T. I. p. 200. n. 6. Lin. S. N. T. I. p. 794. n. 4. Nicht selten.

6. A. *pratensis.* Wiesenlerche. Schneevogel. Schles. B. T. I. p. 202. n. 7. Lin. S. N. T. I. Nicht selten.

7. A. *trivialis.* Spießlerche. Pieplerche. B. T. I. p. 203. n. 7. Lin. S. N. T. I. p. 796. n. 5. Nicht selten.

46. Cinclus. (Wasserschwätzer.)

1. C. *aquaticus.* Gemeiner Wasserschwätzer. Wasseramsel. Schles. B. T. I. p. 206. n. 1. Sturnus Cinclus. Lin. S. N. T. I. p. 803. n. 5. Selten.

47. STURNUS. (Stahr.)

1. St. *vulgaris.* Gemeiner Stahr. B. T. I. p. 207. n. 1. Lin. S. N. T. I. p. 801. n. 1. Gewöhnlich.

48. PARUS. (Meise.)

1. P. *major.* Kohlmeise. B. T. I. p. 209. n. 1. Lin. S. N. T. I. p. 1006. n. 3. Gewöhnlich.

2. P. *cristatus.* Haubenmeise. B. T. I. p. 211. n. 3. Lin. S. N. T. I. p. 1005. n. 2. Gewöhnlich.

3. P. *caeruleus.* Blaumeise. B. T. I. p. 210. n. 4. Lin. S. N. T. I. p. 1008. n. 5. Gewöhnlich.

4. P. *pendulinus.* Beutelmeise. B. T. I. p. 212. n. 5. Lin. S. N. T. I. p. 1014. n. 13. Sehr selten.

5. P. *palustris.* Sumpfmeise. Graue Meise. Schlef. B. T. I. p. 213. n. 6. Lin. S. N. T. I. p. 1009. n. 8. Nicht selten.

6. P. *biarmicus.* Bartmeise. B. T. I. p. 214. n. 7. Lin. S. N. T. I. p. 1011. n. 12. Selten; soll aber an der Bartsch hecken.

7. P. *caudatus.* Schwanzmeise. B. T. I. p. 215. n. 8. Lin. S. N. T. I. p. 1010. n. 11. Etwas selten.

NB. In Ober-Schlesien giebt es noch eine noch nicht genau genug beschriebene Meisenart. v. Minkwitz.

49. SAXICOLA. (Steinschmätscher.)

1. S. *Oenanthe.* Großer Steinschmätzer. B. T. I. p. 217. Motacilla Oenanthe. Lin. S. N. T. I. p. 966. n. 15. Gewöhnlich.

2. S. *Rubetra.* Braunkehliger Steinschmätzer. Kleine Steinfletsche. Schlef. Motacilla Rubetra. Lin. S. N. T. I. p. 967. n. 16. Nicht selten.

3. S. *Rubicola.* Schwarzkehliger Steinschmätzer. B. T. I. p. 220. n. 5. Lin. S. N. T. I. p. 969. n. 17. Etwas selten.

VI. Chelidones. (Schwalbenartige Vögel.)

50. Hirundo. (Schwalbe.)

* Mit drei Zehen nach vorn und einer nach hinten.

1. H. *rustica.* Rauchschwalbe. B. T. I. p. 223. n. 1. Lin. S. N. T. I. p. 1015. n. 1. Gewöhnlich.

2. H. *urbica.* Hausschwalbe. B. T. I. p. 224. n. 2. Lin. S. N. T. I. p. 1017. n. 3. Häufig.

3. H. *riparia.* Uferschwalbe. B. T. I. p. 224. n. 3. Lin. S. N. T. I. p. 1019. n. 4. Nicht selten.

** Alle vier Zehen sind nach vorn gekehrt.

4. H. *apus.* Thurm- (Mauer-) schwalbe. B. T. I. p. 225. n. 4. Lin. S. N. T. I. p. 1020. n. 6. Gewöhnlich.

51. Caprimulgus. (Tagschläfer. Ziegenmelker. Nachtschwalbe.)

1. C. *europaeus.* Europäischer Tagschläfer. B. T. I. p. 227. n. 1. Lin. S. N. T. I. p. 1027. n. 1. Etwas selten.

VII. Columbae. (Tauben.)

52. Columba. (Taube.)

1. C. *palumbus.* Ringeltaube. B. T. I. p. 330. n. 1. Lin. S. N. T. I. p. 770. n. 19. Nicht selten.

2. C. *oenas.* Holztaube. B. T. I. p. 231. n. 2. Lin. S. N. T. I. p. 769. n. 1. Nicht selten.

3. C. *domestica.* Gemeine Taube. B. T. I. p. 231. n. 3. Lin. S. N. T. I. p. 769. n. 2. Häufig.

4. C. *turtur.* Turteltaube. B. T. I. p. 232. n. 4. Lin. S. N. T. I. p. 786. n. 32. Nicht selten.

VIII. GALLINAE. (Hühnerartige Vögel.)

53. PHASIANUS. (Fasan.)

1. Ph. *colchicus.* Gemeiner Fasan. B. T. I. p. 235. n. 1. Lin. S. N. T. I. p. 741. n. 3. Wird hie und da in besondern Fasanerien gepflegt.

54. TETRAO. (Waldhuhn.)

1. T. *Urogallus.* Großes Waldhuhn, Auerhahn. B. T. I. p. 236. n. 1. Lin. S. N. T. I. p. 746. n. 1. Etwas selten.

2. T. *Tetrix.* Birkhahn. B. T. I. p. 237. n. 2. Lin. S. N. T. I. p. 748. n. 2. Etwas selten.

3. T. *Bonasia.* Haselhuhn. B. T. I. p. 238. n. 3. Lin. S. N. T. I. p. 753. n. 9. Selten.

55. PERDRIX. (Feldhuhn.)

1. P. *cinerea.* Repphuhn. B. T. I. p. 242. n. 1. Tetraoperdrix. Lin. S. N. T. I. p. 757. n. 13. Nicht selten.

2. P. *Coturnix.* Wachtel. B. T. I. p. 244. n. 3. Lin. S. N. T. I. p. 765. n. 20. Nicht selten.

56. Otis. (Trappe.)

1. O. *Tarda.* Der große Trappe. B. T. I. p. 245. n. 1. Lin. S. N. T. I. p. 722. n. 1. In manchen Gegenden nicht selten.

2. O. *Tetrax.* Kleiner Trappe. B. T. I. p. 246. n. 2. Lin. S. N. T. I. p. 723. n. 3. Sehr selten.

3. O. *Houbara.* Kragentrappe, Sandhuhn. Schles. B. T I. p. 247. n. 3. Lin. S. N. T. I. p. 725. n. 6. Aeußerst selten.

B. Aves Aquaticae.

* * *

IX. Grallae. (Sumpfvögel.)

57. Ardea. (Reiher.)

* Dünnhälsige.

1. A. *vulgaris.* Gemeiner Reiher. B. T. II. p. 255. n. 1. Ardea major. Lin. S. N. T. I. p. 627. n. 12. A. cinerea Lin. l. c. n. 11. ist ein junger. Gwöhnlich.

2. A. *purpurea.* Purpurreiher. B. T. II. p. 257. n. 2. Lin. S. N. T. I. p. 626. n. 10. Sehr selten.

3. A. *Egretta.* Federbuschreiher. B. T. II. p. 261. n. 5. Lin. S. N. T. I. p. 629. n. 34. Aeußerst selten.

4. A. *Garzetta.* Straußreiher. B. T. II. p. 262. n. 6. Lin. S. N. T. I. p. 628. n. 13. Aeußerst selten.

** Dickhälsige.

5. A. *Nycticorax.* Nachtreiher. B. T. II. p. 263. n. 7. Lin. S. N. T. I. p. 624. n. 9. Sehr selten.

Armaculata ist ein junger im ersten Jahre, und A. grisea einer nach der ersten Mauserung.

6. A. *stellaris*. Große Rohrdommel. B. T. II. p. 264. n. 8. Lin. S. N. T. I. p. 646. n. 26. Etwas selten.

7. A. *comata*. Rallenreiher. B. T. II. p. 268. n. 13. Lin. S. N. T. I. p. 632. n. 41. Sehr selten. NB. Hierher gehört als ein Junger Ardea Marsigli. B. II. p. 266. n. 10. Lin. p. 637. n. 52.

58. CICONIA. (Storch.)

1. C. *alba*. Weißer Storch. B. T. II. p. 269. n. 1. Ardea Ciconia. Lin. S. N. T. I. p. 622. n. 7. Nicht selten.

2. C. *nigra*. Schwarzer Storch. B. T. II. p. 269. n. 2. Ardea nigra. Lin. S. N. T. I. p. 623. n. 6. Selten.

59. GRUS. (Kranich.)

1. C. *communis*. Gemeiner Kranich. B. T. II. p. 271. Ardea Grus. Lin. S. N. T. I. p. 620. n. 4. Sehr selten.

60. TANTALUS. (Nimmersatt.)

1. T. *Falcinellus*. Gemeiner Nimmersatt, Türkische Schnepfe. B. T. II. p. 272. n. 1. Lin. S. N. T. I. p. 648. n. 2. Sehr selten.

61. NUMENIUS. (Brachvogel.)

1. N. *Arquata*. Großer Brachvogel. Keilhacke, Schles. B. T. II. p. 274. n. 1. Scolopax Arquata. Lin. S. N. T. I. p. 655. n. 3. Selten.

2. N. *Phaeopus.* Mittlerer Brachvogel, Kielhacke Schles. B. T. II. p. 275. n. 2. Scolopax Phaeopus. Lin. S. N. T. I. p. 657. n. 4. Selten.

62. SCOLOPAX. (Schnepfe.)

1. S. *rusticola.* Waldschnepfe. B. T. II. p. 279. n. 1. Lin. S. N. T. I. p. 660. n. 6. Gewöhnlich.

2. S. *media.* Mittelschnepfe. B. T. II. p. 280. n. 2. Scolopax major. Lin. S. N. T. I. p. 661. n. 36. Selten.

3. S. *Gallinago.* Heerschnepfe. Himmelsziege, Schles. B. T. II. p. 280. n. 3. Lin. S. N. T. I. p. 662. n. 7. Gewöhnlich.

4. S. *Gallinula.* Haarschnepfe. Haarpudel. B. T. II. p. 281. n. 4. Lin. S. N. T. I. p. 662. n. 8. Etwas selten.

63. TOTANUS. (Wasserläufer.)

* Mit an der Spitze etwas abwärts gebogenem Schnabel.

1. T. *maculatus.* Gefleckter Wasserläufer. Storchschnepfe, Schles.? B. T. II. p. 284. n. 1. Scolopax natans. Otto Uebersetzung von Büffons Vögel. T. 26. p. 234. Zusatz. Variirt sehr. Etwas selten. Wahrscheinlich ein junger Vogel des T. fuscus. n. 3.

2. T. *Calidris.* Rothfüßiger Wasserläufer. Kleine Storchschnepfe, Schles. B. T. II. p. 284. n. 2. Scolopax Calidris. Lin. S. N. T. I. p. 664. n. 11. Etwas selten.

3. T. *fuscus.* Dunkelbrauner Wasserläufer. B. T. II. p. 286. n. 3. Scolopax fusca. Lin. S. N. T. I. p. 657. Selten. S. n. 1.

4. T. *natans.* Schwimmender Wasserläufer. B. T. II. p. 286. n. 4. Ist wohl einerlei mit n. 1.

** Mit an der Wurzel oder in der Mitte ausgebogenem Schnabel.

5. T. *limosus.* Dunkelfarbiger Wasserläufer. B. T. II. p. 287. n. 5. Scolopax limosa. Lin. S. N. T. I. p. 666. n. 13. Selten. NB. Hierher gehört Totanus *lapponicus.* B. II. p. 290. n. 9. wahrscheinlich als Junger oder nach der Mauserung.

6. T. *Glottis.* Grünfüßiger Wasserläufer. B. T. II. p. 287. n. 6. Scolopax Totanus. Lin. S. N. T. I. p. 665. n. 12. Selten.

7. T. *leucophæus.* Dickfüßiger Wasserläufer. B. T. II. p. 289. n. 8. Scolopax Glottis. L. S. N. T. I. p. 664. n. 10. Sc. Aegocephala L. l. c. p. 667. n. 16. a. ? ? Sehr selten.

Vielleicht ein Junger des Totanus aegocephalus Bechst.?

8. T. *stagnatilis.* Teich-Wasserläufer. B. T. II. p. 292. n. 11. Sehr selten.

64. Tringa. (Strandläufer.)

1. T. *pugnax.* Kämpfender Strandläufer. B. T. II. p. 294. n. 1. Lin. S. N. T. I. p. 669. n. 1. Selten.

2. T. *Gambetta.* Gambett-Strandläufer. B. T. II. p. 296. n. 2. Lin. S. N. T. I. p. 671. n. 3. Selten.

3. T. *grenovicensis.* Englischer Strandläufer. B. T. II. p. 298. n. 4. Selten.

Wahrscheinlich ein Junger von T. pugnax. n. 1.?

4. T. *Ochropus.* Punktirter Strandläufer. B. T. II. p. 302. n. 7. Lin. S. N. T. I. p. 676. n. 10. Nicht selten.

5. T. *Glareola.* Wald-Strandläufer. B. T. II. p. 304. Lin. S. N. T. I. p. 676. n. 21. Selten.

Von einer Heerde von zehn Stück, welche sich im Frühjahr 1803 auf ihrem Durchzuge im Wartenbergischen in einem Bruche niedergelassen hatten, sind zwei Stück geschossen worden.

6. T. *hypoleucus.* Gemeiner Strandläufer. Strandpfeifer. B. T. II. p. 306. n. 8. Lin. S. N. T. I. p. 678. n. 14. Nicht selten.

7. T. *cinctus.* Meer-Strandläufer. B. T. II. p. 306. n. 10. Lin. S. N. T. I. p. 680. n. 18. Selten.

8. T. *pusilla.* Kleiner Strandläufer. B. T. II. p. 307. n. 11. Lin. S. N. T. I. p. 681. n. 20. Selten.

9. T. *alpina.* Alpen-Strandläufer. Lappländischer Kiebitz. B. T. II. p. 310. n. 15. Lin. S. N. T. I. p. 676. n. 11. Sehr selten.

65. Arenaria. (Sandläufer.)

1. A. *vulgaris.* Gemeiner Sandläufer. B. T. II. p. 462. n. 1. Tringa arenaria. Lin. S. N. T. I. p. 680. n. 16. Sehr selten.

66. Vanellus. (Kiebitz.)

1. V. *vulgaris.* Gemeiner Kiebitz. B. T. II. p. 313. n. 1. Tringa Vanellus. Lin. S. N. T. I. p. 670. n. 2. Gewöhnlich.

2. V. *helveticus.* Schwarzbäuchiger Kiebitz. B. T. II. p. 314. n. 2. Tringa helvetica. Lin. S. N. T. I. p. 676. n. 12. Selten.

67. PHALAROPUS. (Wassertreter.)

1. P. *vulgaris.* Gemeiner Wassertreter. B. T. II. p. 317. n. 1. Tringa hyperborea. Lin. S. N. T. I. p. 675. n. 9. Sehr selten.

68. CHARADRIUS. (Regenpfeifer.)

1. Ch. *Oedicnemus.* Großer Regenpfeifer. B. T. II. p. 318. n. 1. Lin. S. N. T. I. p. 689. n. 10. Etwas selten.

2. Ch. *pluvialis.* Gold-Regenpfeifer. B. T. II. p. 320. n. 2. Lin. S. N. T. I. p. 688. n. 7. Nicht selten.

3. Ch. *morinellus.* Dummer Regenpfeifer. B. T. II. p. 322. n. 3. Lin. S. N. T. I. p. 686. n. 5. Sehr selten.

4. Ch. *Hiaticula.* Regenpfeifer mit dem Halsbande. Der kleinste Kiebitz. B. T. II. p. 323. n. 4. Lin. S. N. T. I. p. 683. n. 1. Nicht selten.

5. Ch. *curonicus.* Kurländischer Regenpfeifer. Lin. S. N. T. I. p. 692. n. 20. Ist bei Breslau geschossen worden, und überhaupt manches Jahr auf seinem Zuge nicht selten.

69. HIMANTOPUS. (Strandreuter.)

1. H. *vulgaris.* Gemeiner Strandreuter. B. T. II. p. 325. n. 1. Charadrius Himantopus. Lin. T. I. p. 690. n. 11. Selten.

70. Recurvirostra. (Wasserſäbler.)

1. R. *Avocetta.* Gemeiner Wasserſäbler. B. T. II. p. 329. n. 1. Lin. S. N. T. I. p. 693. n. 1. Sehr ſelten.

71. Glareola. (Sandhuhn.)

1. G. *austriaca.* Gemeines Sandhuhn. Waſſerhuhn. Thauſchnarre. B. T. II. p. 333. n. 1. G. *torquata.* p. 334. n. 2. G. *naevia*, ein junges. p. 335. n. 3. Lin. S. N. T. I. p. 695. n. 1. α. β. n. 3. Sehr ſelten.

72. Rallus. (Ralle.)

1. R. *aquaticus.* Waſſerralle. B. T. I. p. 335. n. 1. Lin. S. N. T. I. p. 712. n. 2. Selten.

73. Crex.

1. C. *pratensis.* Wieſenknarrer. Wachtelkönig. Faule Magd. Schleſ. B. T. I. p. 337. n. 1. Rallus Crex. Lin. S. N. T. I. p. 711. n. 1. Gewöhnlich.

74. Gallinula. (Meerhuhn.)

* Mit undeutlich gehäuteter Stirn.

1. G. *Porzana.* Punctirtes Meerhuhn. Kleine Waſſerralle. B. T. I. p. 339. n. 1. Rallus Porzana. Lin. S. N. T. I. p. 712. n. 3. Selten.

2. G. *pusilla.* Kleines Meerhuhn. Mutthühnel. Schleſ. B. T. II. p. 340. n. 2. Rallus pusillus. Lin. S. N. T. I. p. 719. n. 30. Selten.

** Mit deutlicher Stirnhaut.

3. G. *chloropus*. Grünfüßiges Meerhuhn. B. T. II. p. 341. n. 3. Fulica chloropus. Lin. S. N. T. I. p. 698. n. 4. Gewöhnlich.

Sollten nicht fusca und flavipes hierher als junge gehören???

75 Fulica. (Wasserhuhn.)

1. F. *atra*. Gemeines Wasserhuhn. B. T. II. p. 345. Lin. S. N. T. I. p. 702. n. 2. F. aethiops. Lin. l. c. p. 704. n. 22. ist vielleicht ein junges? F. atra Lin. l. c. p. 703. n. 3. ein altes Männchen??? oder meine eigene Erfahrung müßte mich täuschen; denn ich habe einst alte und junge lebendig bei einander gesehen. Ich hielt alle für verschiedene Arten, und der Jäger lachte mich weidlich aus.

X. *Anseres*. (Schwimmvögel.)

† Mit gespaltenen Schwimmfüßen und geradem, ungezähnten und zugespitzten Schnabel.

76 Podiceps. (Steißfuß.)

1. P. *cristatus*. Gehaubter Steißfuß. B. T. II. p. 350. n. 1. Colymbus cristatus. Lin. S. N. T. I. p. 589. n. 7. C. Urinator. Lin. l. c. 593. n 9.? ein Weibchen oder ein jähriger Junger??? Nicht selten.

2. P. *subcristatus*. Graukehliger Steißfuß. B. T. II. p. 351. n. 2. Colymbus subcristatus. Lin. S. N. T. I. p. 590. n. 18. Selten.

3. P. *auritus*. Ohren-Steißfuß. B. T. II. p. 352. n. 3. Colymbus auritus. Lin. S. N. T. I. p. 590. n. 8. Etwas selten.

4. P. *obscurus*. Dunkelbrauner Steißfuß. B. T. II. p. 353. Colymbus obscurus. Lin. S. N. T. I. p. 592. n. 25. das Weibchen. C. rubricollis. L. l. c. p. 592. n. 24. mas? Selten. Vielleicht ein junger oder ein in der Mauserung begriffener P. auritus?? Selten.

5. P. *minor*. Kleiner Steißfuß. B. T. II p. 355. n. 5. Colymbus minor. Lin. S. N. T. I. p. 591. n. 20. Etwas selten.

†† Mit ganzen Schwimmfüßen.

a. Mit geradem ungezahnten und zugespitzten Schnabel.

77. COLYMBUS. (Seetaucher.)

1. C. *arcticus* Schwarzkehliger Seetaucher. B. T. II. p. 359. n. 1. Lin. S. N. p 587. n. 4. Sehr selten.

2. C. *stellatus*. Gestirnter Seetaucher. B. T. II. p. 361. n. 3. Lin. S. N. p. 587. n. 17. Selten.

3. C. *Immer*. Imber=Seetaucher. B. T II. p. 363. n. 4. Lin. S. N. T. I. p. 588. n. 9. C. *leucopus*. B. p. 364. n. 6 ??? Sehr selten. NB. Er ist wohl mit C. Immer mehr als wahrscheinlich nur eine Art.

Vielleicht ist dieser, so wie C. *leucopus* und C. *septentrionalis* mit dem vorhergehenden nahe verwandt, und C. septentrionalis bloß ein vollkommenes altes Männchen??

78. LARUS. (Mewe.)

* Ohne Wachshaut.

1. L. *ridibundus*. Schwarzköpfige Mewe. Lachmewe. B. T. II. p. 366. n. 1. Lin. S. N. T. I. p. 601. n. 9. L. canus. Lin. l. c. p. 596. n. 3.?? Etwas selten.

2. L. *fuscus.* Häringsmewe. B. T. I. p. 368. n. 2. B. T. II p. 368. n. 2. Lin. S. N. T. I. p. 599. n. 7. Etwas selten.

3. L. *marinus* Mantelmewe. Seemewe. B. T. II. p. 369. n. 3. Lin. S. N. T. I. p. 598. n. 6. Sehr selten.

4. L. *tridactylus.* Dreizehige Mewe. Isländische Mewe. B. T. II. p. 372. n. 5. Lin. S. N. T. I. p. 595. n. 2. Selten.

** Mit einer Wachshaut.

5. L. *parasiticus.* Strandmewe. Strandjäger. B. T. II. p. 375. Lin. S. N. T. I. p. 601. n. 10. Ist 1803 zu Anfange des Herbstes bei Breslau geschossen worden. Sehr selten.

79. STERNA. (Meerschwalbe.)

1. St. *naevia.* Gefleckte Meerschwalbe. B. T. II. p. 379. n. 3. Lin. S. N. T. I. p. 609. n. 5. Nicht selten. Ist bloß ein junger Vogel des folgenden. Manche halten auch die im Bechst. abgebildete junge St. fissipes für die naevia.

2. St. *Hirundo.* Gemeine Meerschwalbe. B. T. II. p. 380. n. 4. Lin. S. N. T. I. p. 600. n. 2. Nicht selten.

3. St. *fissipes.* Schwarze Meerschwalbe. B. T. II. p. 381. n. 5. Lin. S. N. T I. p. 610. n. 7. Nicht selten.

4. St. *minuta.* Kleine Meerschwalbe. B. T II. p. 383. n. 7. Lin. S. N. T. I. p. 608. n. 4. Selten.

b. Mit einer Nervenhaut überzogenem, geraden, an der Spitze nagelförmigen, meist gezähnelten Schnabel.

80. PELICANUS. (Pelikan.)

1. P. *Onocrotalus.* Großer Pelikan. Kropfgans. B. T. II. p. 390. n. 1. Lin. S. N. T. I. p. 569. n. 1. Aeußerst selten.

2. P. *Carbo.* Schwarzer Pelikan. Seerabe. B. T. II. p. 391. n. 2. Lin. S. N. T. I. p. 573. n. 3. Aeußerst selten.

81. MERGUS. (Säger.)

1. M. *Merganser.* Gänse-Säger. B. T. II. p. 396. n. 1. Lin. S. N. T. I. p. 544. n. 2. Etwas selten.

2. M. *Serrator.* Langschnäbliger Säger. Lang-Sägeschnabel. B. T. II. p. 398. n. 2. Lin. S. N. T. I. p. 546. n. 3. Etwas selten.

3. M. *Albellus.* Weißer Säger. Die weiße Nonne. B. T. I. p. 400. n. 3. Etwas selten.

82. ANAS. (Aente.)

* Mit an der Wurzel höckerigem Schnabel.

1. A. *Olor.* Stummer Schwan. B. T. II. p. 404. n. 1. Lin. S. N. T. I. p 501. n. 2. Selten.

2. A. *hyperborea.* Schneegans.. B. T II p. 407. n. 2. Lin. S. N. T. I. p. 504. n. 54. Sehr selten.

3. A. *fusca.* Sammetänte. B. T. II. p. 407. n. 3. Lin. S. N T. I. p. 504. n. 54. Sehr selten.

4. A. *nigra.* Traueränte. B. T. II p. 408. n. 4. Lin. S. N. T. I. p. 508. n. 7. Aeußerst selten.

** Mit an der Wurzel glattem Schnabel.

5. A. *Cygnus*. Singschwan. B. T. II. p. 411. n. 7. Lin. S. N. T. I. p. 510. n. 9. Höchst selten.

6. A. *ferus*. Gemeine wilde Gans. B. T. II. p. 415. n. 8. Lin. S. N. T. I. p 510. n. 9. Nicht selten. Die Stamm-Mutter der Hausgans.

7. A. *Segetum*. Saatgans. B. T. II p. 417. n. 9. Lin. S. N. T. I. p. 512. n. 68. Nicht selten.

8. A. *albifrons*. Bläßengans. B. T. II. p. 422. n. 10. Lin. S. N. T. I. p. 509. n. 64. Selten.

9. A. *Bernicla*. Ringelgans. B. T. II. p. 424. n. 11. Lin. S. N. T I. p. 513. n. 13. Sehr selten.

10. A. *Marila*. Bergänte. B. T. II. p. 427. n. 15. Lin. S. N. T. I. p. 509. n. 8. Selten.

11. A. *Strepera*. Schnatterănte. B. T. II. p. 428. n. 16. Lin. S. N. T. I. p. 520. n. 20. Selten.

12. A. *Clangula*. Quackerănte. B. T. II. p. 429. n. 17. Lin. S. N. T. I. p. 523. n. 23. Selten.

13. A. *Penelope*. Pfeifănte. B. T. II. p. 431. n. 18. Lin. S. N. T. I. p. 527. n. 27. Selten.

14. A. *acuta*. Spießănte. B. T. II. p. 433. n. 19. Lin. S. N. T. I. p. 528. n. 28. Selten.

15. A. *ferina*. Tafelänte. Rothhals. B. T. II. p. 435. n. 21. Lin. S. N. T. I. p. 530. n. 31. Selten.

16. A. *Querquedula*. Knărkănte. B. T. II. p. 437. n. 23. Lin. S. N. T. I. p. 531. n. 32. Gewöhnlich.

17. A. *Crecca*. Kriechănte. B. T. II. p. 438. n. 24. Lin. S. N. T. I. p. 532. n. 33. Gewöhnlich.

18. A. *Circia.* Zirzänte. Spiegeläntchen. B. T. II. p. 440. n. 25. Lin. S. N. T. I. p. 533. n. 34. Sehr selten.

19. A. *minuta.* Zwergänte. B. T. II. p. 441. n. 26. als das Weibchen der A. histrionica angeführt. Lin. S. N. T. I. p. 534. n. 36. Selten.

Sie ist wirklich eine eigene Art, und die im Taschenbuche abgebildete, aber fälschlich für eine junge A. leucocephala erklärte Aente gehört hierher.

20. A. *clypeata.* Löffeländte. B. T. II. p. 442. n. 27. Lin. S. N. T. I. p. 518. n. 19. Selten.

21. A. *leucocephala.* Weißköpfige Aente. B. T. II. p. 444. n. 29. Lin. S. N. T. I. p. 516. n. 72. Sehr selten.

22. A. *Boschas,* α. fera. Gemeine — wilde — Aente. β. domestica. B. T. II. p. 446. n. 31. Lin. S. N. T. I. p. 538. n. 40. Gewöhnlich.

23. A. *Fuligula.* Haubenänte. B. T. I. p. 449. n. 32. Lin. S. N. T. I p. 543. n 43. Selten.

24. A. *leucophthalma* Weißäugige Aente. B. T. II. p. 450. n. 33. A. Nyraca. Lin. S. N. T. I. p. 542. n. 119. Nicht selten.

25. A. *rufina.* Kolbenänte. Brandänte. Schles. B. T. II. p. 450. n. 34. Lin. S. N. T. I. p. 541. n. 48. Sehr selten.

CLASSIS III.

AMPHIBIA.

A. Reptilia Pedata.

* * *

83. Testudo. (Schildkröte.)

1. T. *orbicularis.* Fluß-Schildkröte. Lin. S. N. T. I. p. 1039. n. 5.

84. Rana. (Frosch. Kröte.)

1. R. *Bufo.* Gemeine Kröte. Lin. S. N. T. I. p. 1047. n. 3.

2. R. *Rubeta.* Regenkröte. Lin. S. N. T. I. p. 1047. n. 4.

3. R. *Bombina.* Feuerkröte. Kellerkröte. Lin. S. N. T. I. p. 1048. n. 6.

4. R. *temporaria.* Garten-, landstumme Frosch. Lin. S. N. T. I. p. 1053. n. 14.

5. R. *esculenta.* Eßbarer (grüner) Frosch. Lin. S. N. T. I. p. 1053. n. 15.

6. R. *arborea.* Grüner Laubfrosch. Lin. S. N. T. I. p. 1053. n. 16.

85 Lacerta. (Eidechse.)

1. L. *palustris.* Sumpf-Eidechse. Lin. S. N. T. I. p. 1065. n. 44.

2. L. *Salamandra.* Molch. Lin. S. N. T. I. p. 1066. n. 47.

3. L. *agilis.* Gemeine Eidechse. Lin. S. N. T. I. p. 1070. n. 15.

4. L. *vulgaris.* Wald- (gemeine Land-) Eidechse. Lin. S, N. T. I. p. 1076. n. 42.

B. Serpentes Apodes.

* * *

86. Coluber. (Natter. Viper.)

1. C. *Berus.* Gemeine Europäische Natter. Lin. S. N. T. I. p. 1090. n. 183.

2. C. *Aspis.* Otter. Lin. S. N. T. I. p. 1093. n. 192.

3. C. *Natrix.* Ringelnatter. Wasserschlange. Lin. S. N. T. I. p. 1100. n. 230.

CLASSIS IV.
PISCES.

A. APODES.

* * *

87. MURAENA. (Aal.)

1. M. *Anguilla.* Aal. Lin. S. N. T. I. p. 1133. n. 4.

B. JUGULARES.

* * *

88. GADUS. (Schellfisch.)

1. G. *Lota.* Aalruppe. Quappe. Lin. S. N. T. I. p. 1172. n. 14.

C. THORACICI.

* * *

89. COTTUS. (Groppe.)

1. C. *Gobio.* Kaulkopf. Müllerchen. Schles. Lin. S. N. T. I. p. 1211. n. 6.

90. PERCA. (Barsch.)

1. P. *fluviatilis.* Barsch. Lin. S. N. T. I. p. 1306. n. 1.

2. P. *Leucioperca.* Sander. Lin. S. N. T. I. p. 1308. n. 2.

3. P. *cernua.* Kaulbarsch. Lin. S. N. T. I. p. 1320. n. 30.

91. Gasterosteus. (Stachelbarsch.)

1. G. *aculeatus.* Stichling. Stechbüttel. Lin. S. N. T. I. p. 1323. n. 1.

D. Abdominales.

* * *

92. Cobitis. (Schmerle.)

1. C. *barbatula.* Schmerle. Bartgründel. Lin. S. N. T. I. p. 1348. n. 2.

2. C. *Taenia.* Steinbeißer. Lin. S. N. T. I. p. 1349. n. 3.

3. C. *fossilis.* Schlammbeisker. Lin. S. N. T. I. p. 1351. n. 4.

93. Silurus. (Wels.)

1. S. *Glanis.* Gemeiner Wels. Lin. S. N. T. I. p. 1353. n. 2.

94. Salmo. (Salm. Lachs.)

1. S. *Salar.* Lachs. Lin. S. N. T. I. p. 1364. n. 1.

2. S. *Trutta.* Lachsforelle. Lin. S. N. T. I. p. 1366. n. 3.

3. S. *Fario.* Teich- oder gemeine Forelle. Lin. S. N. T. I. p. 1367. n. 4.

4. S. *lacustris.* Schwarze Forelle. Lin. S. N. T. I. p. 1369. n. 6.

5. S. *alpinus.* Salbling. Lin. S. N. T. I. p. 1370. n. 8.

6. S. *Albula.* Muräne. Lin. S. N. T. I. p. 1379. n. 16.

7. S. *Thymallus.* Asche. Aesche. Lin. S. N. T. I. p. 1379. n. 17.

95. Esox. (Hecht.)

1. E. *Lucius.* Gemeiner Hecht. Lin. S. N. T. I. p. 1390. n. 5.

96. Cyprinus. (Karpfen.)

1. C. *Barbus.* Barbe. Barme. Lin. S. N. T. I. p. 1409. n. 1.

2. C. *Carpio.* Gemeiner Karpfen. Lin. S. N. T. I. p. 1411. n. 2.

β. *Rex Cyprinorum.* Spiegel-Karpfen. Lin. ib. Bloch Fische Deutschl. I p 107. t. 17.

Löwe beschreibt in den Schriften der naturforschenden Gesellschaft zu Halle (Th. 1. S. 133. f.) zwei Varietäten des Karpfen. Die eine spielt aus dem Rosenroth ins Goldgelbe, und die andere hat ganz und gar keine Schuppen. Er fand beide in Ober-Schlesien in den Teichen des Dominii Moschen im Neustädter Kreise.

3. C. *Gobio.* Gründelkresse. Lin. S. N. T. I. p. 1412. n. 3.

4. C. *Tinca.* Schleye. Lin. S. N. T. I. p. 1413. n. 4.

β. *aurea.* Goldschleye. Goldkarpfen. Bloch. l. c. I. p. 90. n. 19. t. 15. In Ober-Schlesien.

5. C. *Carassius.* Karausche. Karsch. Schles. Lin. S. N. T. I. p. 1416. n. 5.

β. C. *Charax.* Karpfenkarausche. Halbkarausche. Ebend.

6. C. *Phoxinus.* Pfrille. Elritze. Schles. Lin. S. N. T. I. p. 142.. n. 10.

7. C. *amarus.* Bitterfisch. Bloch. l. c. I. p. 52. T. 8. f. 3.

8. C. *Aphya.* Sonnenfischel. Tausendbrüderchen. Schles. Lin. S. N. T. I. p. 1423. n. 11.

9. C. *Dobula.* Döbel. Dübel. Lin. S. N. T. I. p. 1424. n. 13.

10. C. *Rutilus.* Rothfeder. Rothflosser. Lin. S. N. T. I. p. 1426. n. 16.

11. C. *erytrothalmus.* Rothauge. Lin. S. N. T. I. p. 1429. n. 19.

12. C. *Jesis.* Ziese. Aland. Lin. S. N. T. I. p. 1430. n. 20.

13. C. *Nasus.* Nase. Lin. S. N. T. I. p. 1431. n. 21.

14. C. *Aspius.* Krummkiefer. Rappe. Schles. Lin. S. N. T. I. p. 1432. n. 22.

15. C. *Alburnus.* Ochel. Weißfisch. Lin. S. N. T. I. p. 1434. n. 24.

16. C. *Vimba.* Zärte. Meernase. Lin. S. N. T. I. p. 1435. n. 25.

17. C. *Brama.* Brassen. Bley. Lin. S. N. T. I. p. 1436. n. 27.

18. C. *Ballerus.* Zope. Zupe. Lin. S. N. T. I. p. 1438. n. 31.

19. C. *Blicca.* Güster. Frauenfisch. Blech. Fische Deutschl. I. p. 65. n. 14. t. 10.

E. CHONDROPTERYGII.

* * *

97. ACIPENSER. (Stör.)

1. A. *Sturio.* Gemeiner Stör. Lin. S. N. T. I. p. 1483. n. 1.

98 PETROMYZON. (Pricke.)

1. P. *fluviatilis.* Neunauge. Pricke. Lin. S. N. T. I. p. 1514. n. 2.

2. P. *bronchialis.* Kieferwurm. Quarder. Schles. Lin. S. N. T. I. p. 1515. n. 3.

CLASSIS V.

INSECTA.

I. ELEUTHERATA.

(Coleoptera Lin.)

99. GEOTRUPES. (Grabkäfer. Scharrkäfer.)

1. G. *nasicornis.* Der Nasenhorn-Scharrkäfer. Fab. Syst. Eleuth. T. I. p. 13. n 41. Scarabaeus nasicornis. Panz. Faun. germ. 28. t. 2.

100. SCARABAEUS. (Mistkäfer.)

1. S. *Typhoeus.* Der dreigezackte Mistkäfer. Fab. Syst. El. T. I. p. 23. n. 3. Panz. F. g. 2. t. 20. * (K.)

2. S. *mobilicornis.* Der beweghörnige Mistkäfer. Fab Syst. El. T. I. p. 24. n. 7. Panz. F. g. 12. t. 2. (v. St. N. *)

3. S. *testaceus.* Der rothgelbe Mistkäfer. .Fab. Syst. El. T. I. p. 26. n. 17. Panz. F. g. 28. t. 5. (v St. *)

4. S. *stercorarius.* Der gemeine Mistkäfer. Roßkäfer. Fab. Syst. El. T. I. p. 24. n. 10. Panz. F. g. 49. t. 6.

5. S. *sylvaticus.* Der Wald-Mistkäfer. Fab. Syst. El. T. I. p. 25. n. 11. Panz. F. g. 49. t. 3.

6. S. *vernalis.* Frühlings-Mistkäfer. Fab. Syst. El. T. I. p. 25. n. 12. Panz. F. g. 49. t. 2.

7. S. *bulbitus* Köhleri. (K. M. *) †)

8. S. *stercorosus* Köhleri. (K. M. *)

9. S. *caballinus* Köhleri. (L. M. *)

101. Copris (Pillenkäfer.)

1. C. *lunaris.* Der mondförmige Pillenkäfer. Fab. Syst. El. T. I. p. 36. n. 29. Scarabaeus lunaris. Panz. F. g. 49. t. 4.

2. C. *emarginata.* Der ausgerandete Pillenkäfer. Fab. Syst. El. T. I. p. 37. n. 30. Scarabaeus emarginatus. Panz. F. g. 49. t. 5.

3. C. *lucida.* Der spiegelglatte Pillenkäfer. Fab. Syst. El. p. 39. n. 41. (v. St. *)

---

†) Diese und mehrere folgende Insecten, die ich mit dem Nahmen Köhleri aufführe, erkennt Herr Köhler für neu. Er wird seine Bemerkungen und Entdeckungen wahrscheinlich nächstens bekannt machen, und der Prüfung erfahrner Entomologen unterwerfen.

4. C. *Lemur* Der Lemur-Pillenkäfer. Fab. Syst. El. T. I. p. 39. n. 42. Panz. F. g. 48. t. 5. (v. St *)

5. C. *Camelus*. Der Kameel-Pillenkäfer. Fab. Syst. El. T. I. p. 39. n. 43. Panz. F. g. 49. t. 6. (v. St *)

6. C. *Taurus*. Der Stier-Pillenkäfer. Fab. Syst. El. T. I. p. 45. n. 69. Scarabaeus Taurus. Panz. F. g. 12. t. 3.

7. C. *Vacca*. Der Kuh-Pillenkäfer. Fab. Syst. El. T. I. p. 45. n. 70. Scarabaeus Vacca. Panz. F. g. 12. t. 4. foem.

8. C. *media*. Der mittlere Pillenkäfer. Fab. Syst. El. T. I. p. 46. n. 71. Scarabaeus medius. Panz. F. g. 37. t. 4. (M. *)

9. C. *Capra*. Der Ziegen-Pillenkäfer. Fab. Syst. El. T. I. p. 46. n. 72. Scarabaeus Capra. Panz. F. g. 49. t. 7.

10. C. *Coenobita*. Der Klosterbruder-Pillenkäfer. Fab. Syst. El. T. I. p. 48. n. 89. Scarabaeus Coenobita. Panz. F. g. 48. t. 6.

11. C. *nuchicornis*. Der nackenhornige Pillenkäfer. Fab. Syst. El. T. I. p. 50. n. 90. Scarabaeus nuchicornis. Panz. 4. t. 1.

12. C. *fracticornis*. Der Bruchhorn-Pillenkäfer. Fab. Syst. El. T. I. p. 50. n. 91. Scarabaeus fracticornis. Panz. F. g. 49. t. 9.

13. C. *Xiphias*. Der Spieß-Pillenkäfer. Fab. Syst. El. T. I. p. 50. n 92.

14. C. *assimilis*. Heppe Taschenb. 1796. S. 115. n. 9.

15. C. *similis.* Scribă Beiträge zu der Insecten-Geschichte H. I. S. 35. n. 5. t. 4. f. 5. * (K.)

16. C. *planicornis.* Herbst-Käf. 2. 210. 126. t. 14. f. 13. †)

17. C. *nutans.* Der nickende Pillenkäfer. Fab. Syst. El. T. I. p. 50. n. 93. Scarabaeus nutans. Panz. F. g. 6. t. 1.

18. C. *semicornis.* Der halbgehörnte Pillenkäfer. Panz. F. g. 58. t. 10.

19. C. *austriaca.* Der Oestreichische Pillenkäfer. Panz. Ent. Taschenb. I. p. 15. n. 61. F. g. 12. t. 6.

20. C. *tuberculicornis* Köhleri.

21. C. *brevicornis* Köhleri.

22. C. *necornis* Köhleri.

102. ATEVCHUS *).

1. A. *Schreberi.* Der Schreberſche Atevchus. Fab. Syst. El. T. I. p. 61. n. 32. Scar. Schreberi. Panz. F. g. 28. t. 14.

2. A. *flavi-*

---

†) Nr. 12. 13. 14. 15. 16 sollen nach Illiger (Preuß. Käfer Th. I. S. 42.) nur Abänderungen von C. nuchicornis seyn. Creutzer widerlegt diese Verbindung in seinen entomologischen Versuchen (S. 63. ff.). In dem Magazin zur Insecten-Kunde (B. I. H. I. S. 32.) trennt Illiger Nr. 11. wieder von Nr. 12. und zieht Nr. 14. 15. zu 12., Nr. 13. 16. aber zu Nr. 11.

*) Ich muß hier und bei mehrern folgenden Insecten den Gattungsnahmen des Systems beibehalten, weil ich und mehrere andere gelehrtere Entomologen keinen Deutschen Nahmen, der die unterscheidenden Charactere mit einem Worte ausdrückt, anzugeben wissen.

2. A. *flavipes.* Der gelbfüßige Atevchus. Fab. Syst. El. T. I. p. 63. n. 39. Scar. flavipes. Panz. F. g. 48. t. 10.

3. A. *ovatus.* Der eiförmige Atevchus. Fab Syst. El. T. I. p. 65. n. 52. Scar. ovatus. Panz. F. g. 48. 11.

103. Aphodius. (Dungkäfer.)

1. A. *Fossor.* Der grabende Dungkäfer. Fab. Syst. El. T. I. p. 67. n. 2. Scar. Fossor. Panz. F. g. 28. t. 4.

Er ändert auch bei uns mit mehr oder weniger dunkelblutrothen Flügeldecken ab.

2. A. *foetens.* Der stinkende Dungkäfer. Fab. Syst. El. T. I. p. 69. n. 8. Scar. foetens. Panz. F. g. 48. t. 1.

3. A. *scybalarius.* Der kothige Dungkäfer. Fab. Syst. El. T. I. p. 70. n. 10. Scar. scybalarius. Panz. F. g. 47. t. 1.

4. A. *terrestris.* Der Erd-Dungkäfer. Fab. Syst. El. T. I. p. 71. n. 13. Scar. terrestris. Panz. F. g. 47. t. 3.

5. A. *ater.* Der schwarze Dungkäfer. Fab. Syst. El. T. I. p. 71. n. 15. Scar. ater. Panz. F. g. 43. t. 1.

6. A. *Porcus.* Der einsiedlerische Dungkäfer. Fab. Syst. El. T. I. p. 71. n. 16. Scar. Anachoreta. Panz. F. g. 35. t. 1.

7. A. *subterraneus.* Der unterirdische Dungkäfer. Fab. Syst. El. T. I. p. 72. n. 18. Scarabaeus subterraneus. Panz. F. g. 28. t. 3.

8. A. *fimetarius*. Der gemeine Dungkäfer. Fab. Syst. El. T. I. p. 72. n. 19. Scar. fimetarius. Panz. F. g. 31. t. 2.

9. A. *conflagratus*. Der gefleckte Dungkäfer. Fab. Syst. El. T. I. p. 72. n. 20. Panz. F. g. 47. t. 2.

Illiger (Pr. Käf. Th. I. S. 33.) und Sturm (Verzeichniß H. I. S. 30.) halten ihn für eine Varietät des Aph. scybalarius.

10. A. *erraticus*. Der herumschweifende Dungkäfer. Fab. Syst. El. T. I. p. 72. n. 21. Scar. erraticus. Panz. F. g. 47. t. 4.

11. A. *conspurcatus*. Der beschmutzte Dungkäfer. Fab. Syst. El. T. I. p. 73. n. 22. Scar. conspurcatus. Panz. F. g. 47. t. 5.

12. A. *nubilus*. Der wolkichte Dungkäfer. Panz. F. g. 58. t. 3.

Er wird von Sturm (Verzeichn. H. I. S. 37.) †) und von Illiger (Magazin I. S. 25.) für eine Abart des vorhergehenden gehalten. (v. St. *)

13. A. *inquinatus*. Der verunreinigte Dungkäfer. Fab. Syst. El. T. I. p. 73. n. 23. Scar. inquinatus. Panz. F. g. 28. t. 7.

14. A. *centrolineatus*. Der Linien-Dungkäfer. Panz. F. g. 58. t. 1.

Illiger (Magazin I. S. 24.) und Sturm (Verzeichniß S. 38.) erklären ihn für Abart des vorhergehenden. (v. St. K. *)

---

†) Warum führt wohl Sturm diesen Käfer noch einmal S. 38. als Abart des inquinatus auf?

15. A. *sordidus*. Der schmutzige Dungkäfer. Fab. Syst. El. T. I. p. 74. n. 26. Scar. sordidus. Panz. F. g. 48. t. 2.

β. *Scar.* 4 *punctatus*. Panz. im Naturforscher XXIV. 4. 4. t. 1. f. 4.

16. A. *rufescens*. Der röthliche Dungkäfer. Fab. Syst. El. T. I. p. 74. n. 27. (v. St. M. *)

17. A. *ictericus*. Der gelbsüchtige Dungkäfer. Creutzer Versuche p. 52. t. 1. f. 8. (M. *)

18. A. *granarius*. Der kornähnliche Dungkäfer. Fab. Syst. El. T. I. p. 75. n. 29. Scar. granarius. Panz. F. g. 43. t. 3.

19. A. *haemorrhoidalis*. Der rothafterige Dungkäfer. Fab. Syst. El. T. I. p. 75. n. 30. Scar. haemorrhoidalis. Panz. F. g. 28. t. 8.

20. A. *nitidulus*. Der glänzende Dungkäfer. Fab. Syst. El. T. I. p. 75. n. 32. (v. St. *)

21. A. *putridus*. Der kastanienbraunfüßige Dungkäfer. Panz. Ent. Taschenbuch p. 5. n. 16. (v. St. *)

Soll eine Abart des Aph. foetidus Fabr. seyn. Sturm Verz. I. S. 27.

22. A. *rufipes*. Der rothfüßige Dungkäfer. Fab. Syst. El. T. I. p. 76. n. 35. Scar. rufipes. Panz. F. g. 47. t. 10.

23. A. *nigripes*. Der schwarzfüßige Dungkäfer. Fab. Syst. El. T. I. p. 76. n. 36. Panz. F. g. 47. t. 9.

24. A. *variegatus*. Der scheckige Dungkäfer. Herbst. Nat. d. Käf. II. p. 266. n. 161. t. 18. f. 4. Panz. F. g. 47. t. 8.

Dieser und der folgende sollen Abänderungen des

vorhergehenden seyn. (Illiger Pr. Käf. Th. I. p. 28. Sturm Verzeichniß I. p. 23.)

25. A. *luridus.* Der schmutziggelbe Dungkäfer. Fab. Syst. El. T. I. p. 76. n. 37. Scar. luridus. Panz. F. g. 47. t. 6.

26. A. *contaminatus.* Der befleckte Dungkäfer. Fab. Syst. El. T. I. p. 77. n. 39.

27. A. *consputus.* Der schmutzige Dungkäfer. Fab. Syst. El. T. I. p. 77. n. 40. (v. St.)

28. A. *prodromus.* Der frühzeitige Dungkäfer. Creutz. Vers. p. 37. 10.

29. A. *sphacelatus.* Der brandfleckige Dungkäfer. Panz. F. g. 58. t. 5. (v. St. *)

Creutzer (Vers. p. 37. 10.) und Sturm (Verzeichniß I. p. 26.) verbinden diese letztern beiden mit dem vorhergehenden.

30. A. *Sus.* Der Schwein-Dungkäfer. Fab. Syst. El. T. I. p. 78. n. 44. Scar. Sus. Panz. F. g. 28. t. 11.

31. A. *elevatus.* Der erhöhete Dungkäfer. Fab. Syst. El. T. I. p. 79. n. 46. Panz. F. g. 87. t. 1.

32. A. *testudinarius.* Der schildkrötenartige Dungkäfer. Fab. Syst. El. T. I. p. 79. n. 50. Scar. testudinarius. Panz. F. g. 28. t. 12.

33. A. *Scrofa.* Der Ferkel-Dungkäfer. Fab. Syst. El. T. I. p. 80. n. 51. Scar. Scrofa. Panz. F. g. 47. t. 12.

34. A. *merdarius.* Der Koth-Dungkäfer. Fab. Syst. El. T. I. p. 80. n. 52.

35. A. *Pecari.* Der rothe Dungkäfer. Fab. Syst. El. T. I. p. 80. n. 54. Scar. Pecari. Panz. F. g. 31. t. 3. (v. St. K. *)

36. A. *Foriorum.* Der Kloak-Dungkäfer. Panz. F. g. 58. t. 9. (v. St. *)

37. A. *porcatus.* Der gefurchte Dungkäfer. Fab. Syst. El. T. I. p. 81. n. 57. Scar. porcatus. Panz. F. g. 28. t. 13.

38. A. *asper.* Der rauhe Dungkäfer. Fab. Syst. El. T. I. p. 82. n. 61. Scar. asper. Panz. F. g. 47. t. 13.

39. A. *arenarius.* Der Sand-Dungkäfer. Fab. Syst. El. T. I. p. 82. n. 63. Scar. pusillus. Panz. F. g. 58. t. 8. * (K.)

40. A. *foetidus.* Der stinkende Dungkäfer. Fab. Syst. El. T. I. p. 82. n. 64. Scar. foetidus. Panz. F. g. 39. t. 2.

41. A. *lividus.* Graugelber Dungkäfer. Creutz. Ent. Vers. p. 44. 12. t. 1. f. 7. a. Scar. vespertinus. Panz. F. g. 67. t. 3. 4. Sc. limicola. Panz. F. g. 58. t. 6. * (v. St. M.)

Sollten Sc. vespertinus und limicola wirklich zu A. lividus gehören? Diese Frage legt mir ein genauer Beobachter in den Mund, und setzt hinzu: eher gehören Sc. vespertinus und limicola als eigene Species zusammen, und noch ist die Frage: ob beide eine Art ausmachen. A. luridus aber ist sicher eine eigne von diesen verschiedene Art. Ich, der ich noch von allen dreien keinen gesehen habe, kann nicht beurtheilen, auf welcher Seite das Recht ist.

42. A. *sanguinolentus.* Der blutige Dungkäfer. Panz. F. g. 43. t. 4.

Sturm hält ihn (Handbuch p. 49.) für eine Var. des Herbstischen *Sc. pusillus*, und Illiger (Pr. Käfer, p. 22. 11. Var. δ. für eine Var. des Scar. granarius Fabr. * (K.)

43. A. *sticticus.* Der gesprenkelte Dungkäfer. Creutz. Ent. Vers. p. 26. Scar. sticticus. Panz. F. g. 58. t. 4. * (v. St. M.)

44. A. *coenosus.* Der fahle Dungkäfer. Panz. F. g. 58. t. 7. Illiger rechnet ihn fragend zu dem A. granarius Fabr. Oliv. T. I. p. 185. * (v. St.)

45. A. *equestris.* Der Ritter-Dungkäfer. Panz. F. g. 58. t. 2. Creutz. Ent. Vers. p. 26. n. 31. (v. St.)

46. A. *tessulatus.* Der gewürfelte Dungkäfer. Creutz. Ent. Vers. p. 29. n. 8. Panz. F. g. 47. t. 7.

47. A. *immundus.* Der unreine Dungkäfer. Creutz. Ent. Vers. p. 57. t. 1. f. 9. a. * (M.)

48. A. *quisquilius.* Der Kehricht-Dungkäfer. Fab. E. S. T. I. P. I. p. 38. n. 124.

Ist eigene Species, und nicht das Weibchen von dem Sphaeridium unipunctatum. Der fleißige und genau beobachtende Herr Manger in Warmbrunn hat beide Geschlechter beider Arten in der Begattung gefangen.

49. A. *serotinus.* Der verspätete Dungkäfer. Panz. F. g. 67. t. 2. * (v. St.)

Die Käfer Nr. 12. 14. 29. 36. 44. 45. 46. und der unter Nr. 41. angeführte Sc. limicola sind von dem in

Aufsuchung Schlesischer Insecten äußerst fleißigen Herrn Baron von Stillfried in Schlesien entdeckt, und Herrn Panzer mitgetheilt worden.

Folgende drei Species stecken als neue in der reichen Sammlung des unermüdeten Insecten-Sammlers, des Schul-Collegen Herrn Köhler in Schmiedeberg:

50. A. ferrugineus Köhleri. *

51. A. rutilus Köhleri. *

52. A. fornicatus Köhleri. *

104. HISTER. (Stutzkäfer.)

1. H. *unicolor.* Der einfarbige (ganz schwarze) Stutzkäfer. Fab. Syst. El. T. I. p. 84. n. 3. Panz. F. g. 4. t. 2.

2. H. *duodecimstriatus.* Der zwölfstreifige Stutzkäfer. Fab. Syst. El. T. I. p. 85. n. 5. * (v. St. K. M.)

3. H. *glabratus.* Der glatte Stutzkäfer. Fab. Syst. El. T. I. p. 85. n. 9. * (v. St.)

4. H. *semipunctatus.* Der halbpunctirte Stutzkäfer. Fab. Syst. El. T. I. p. 85. n. 10. * (K. M.)

5. H. *brunneus.* Der braune Stutzkäfer. Fab. Syst. El. T. I. p. 86. n. 15. * (K.)

6. H. *sinuatus.* Der Stutzkäfer mit dem busenförmig ausgeschweiften rothen Flecken. Fab. Syst. El. T. I. p. 87. n. 17. Panz. F. g. 80. t. 1.

7. H. *purpurascens.* Der Stutzkäfer mit dem purpurfarbenen Flecken. Fab. Syst. El. T. I. p. 87. n. 18.

8. H. *bipustulatus.* Der zweiblättrige Stutzkäfer. Schrank Founa boica T. I. 2. p. 451. n. 2. Panz. F. g. 80. t. 3.

9. H. *bimaculatus.* Der zweifleckige Stutzkäfer. Fab. Syst. El. T. I. p. 88. n. 23. Panz. F. g. 80. 4.

10. H. *quadrimaculatus.* Der vierfleckige Stutzkäfer. Fab. Syst. El. T. I. p. 88. n. 24. Panz. F. g. 80. 2.

11. H. *aeneus.* Der erzfarbene Stutzkäfer. Fab. Syst. El. T. I. p. 88. n. 25.

12. H. *quadratus.* Der viereckige Stutzkäfer. Panz. F. g. 37. t. 5. * (v. St.)

13. H. *semistriatus.* Der halbgestreifte Stutzkäfer. Herbst Käf. 4. 30. 6. t. 35. f. 6. F. * (v. St.)

14. H. *sulcatus.* Der gefurchte Stutzkäfer. Fab. Syst. El. T. I. p. 89. n. 31. Panz. F. g. 80. t. 5.

15. H. *rotundatus.* Der runde Stutzkäfer. Fab. Syst. El. T. I. p. 90. n. 33. * (N.)

16. H. *depressus.* Der plattgedrückte Stutzkäfer. Fab. Syst. El. T. I. p. 91. n. 37. Panz. F. g. 80. t. 6.

17. H. *oblongus.* Der länglich runde Stutzkäfer. Fab. Syst. El. T. I. p. 92. n. 41. * (v. St. K.)

18. H. *picipes.* Der pechschwarzfüßige Stutzkäfer. Fab. Syst. El. T. I. p. 92. n. 42. *

19. H. *caesus.* Der sehr abgekürzte Stutzkäfer. Fab. Syst. El. T. I. p. 92. n. 43.

20. H. *laevis.* Der Stutzkäfer mit der linken größern Kinnlade. Panz. F. g. 43. t. 8. * (v. St.)

21. H. *obscurus.* Der dunkle Stutzkäfer. Panz. Ent. Taschenb. p. 20. n. 3. * (K. M.)

22. H. *rutilus* Köhleri. *

23. H. *putreus* Köhleri. *

24. H. *humidus* Köhl. *

25. H. *raucus* Köhl. *

26. H. *gloriosus* Köhl. * †)

27. H. *pulcherrimus*. Der schönste Stutzkäfer. Weberi observationes entomol. p. 37. * (N.)

105. SPHAERIDIUM. (Kugelkäfer.)

1. S. *scarabaeoides*. Der mistkäferartige Kugelkäfer. Fab. Syst. El. T. I. p. 92. n. 1. Panz. F. g. 6. t. 2.

2. S. *lunatum*. Der mondförmig roth gezeichnete Kugelkäfer. Fab. Syst. El. T. I. p. 93. n. 2.

3. S. *bipustulatum*. Der zweiblättrige Kugelkäfer. Fab. Syst. El. T. I. p. 93. n. 3.

4. S. *marginatum*. Der gesäumte Kugelkäfer. Fab. Syst. El. T. I. p. 93. n. 4.

NB. Nr. 2. 3. 4. sollen nach Illiger (Preuß. Käf. T. I. p. 65.) Varietäten von Nr. 1. seyn.

5. S. *atomarium*. Der bestäubte Kugelkäfer. Fab. Syst. El. T. I. p. 96. n. 18. Sphaeridium crenatum. Panz. F. g. 23. 3. * (K. N.(

6. S. *melanocephalum*. Der schwarzköpfige Kugelkäfer. Fab. Syst. El. T. I. p. 96. n. 19.

7. S. *haemorrhoidale*. Der rothafterige Kugelkäfer. Fab. Syst. El. T. I. p. 96. n. 22.

8. S. *unipunctatum*. Der einpunctirte Kugelkäfer. Fab. Syst. El. T. I. p. 97. n. 24. Siehe Aphodius quisquilius n. 46. Das Männchen hat eben den

---

†) Nr. 22 — 26 hält Herr Köhler für noch unbeschriebene Arten?

schwarzen Punct, wie das Weibchen, nur undeutlicher, und ist mehr kugelförmig.

9. S. *limbatum.* Der bordirte Kugelkäfer. Fab. Syst. El. T. I. p. 97. n. 25. * (N. K.)

10. S. *fimetarium.* Der Dung-Kugelkäfer. Fab. Syst. El. T. I. p. 97. n. 27. * (N.)

11. S. *pygmaeum.* Der Zwerg-Kugelkäfer. Illig. Mag. I. p. 40. * (K.)

12. S. *globosum.* Der kreisrunde Kugelkäfer. Panz. F. g. 84. 3. * (K.)

13. S. *ovinum* Köhleri.

106. ANISOTAMA. (Ungleichkäfer.)

1. A. *ferruginea.* Der eisenrostfarbige Ungleichkäfer. Fab. Syst. El. T. I. p. 99. n. 1. — Sphaeridium ferrugineum. Panz. F. g. 84. t. 2. * (K.)

2. A. *bicolor.* Der zweifarbige Ungleichkäfer. Fabr. Syst. El. T. I. p. 100. n. 3.

3. A. *seminulum.* Der samenähnliche Ungleichkäfer. Fab. Syst. El. T. I. p. 100. n. 5. — Sphaeridium seminulum. Pauz. F. g. 23. t. 2.?

107. BYRRHUS. (Fugenkäfer.)

1. B. *Gigas.* Der Riesen-Fugenkäfer. Fab. Syst. El. T. I. p. 102. n. 1. * (K.)

2. B. *Pilula.* Der pillenförmige Fugenkäfer. Fab. Syst. El. T. I. p. 103. n. 2. Panz. F. g. 4. t. 3.

3. B. *albopunctatus.* Der weißpunctirte Fugenkäfer. Fab. Syst. El. T. I. p. 103. n. 3. * (K.)

4. B. *Dianae.* Der Dianen-Fugenkäfer. Fabr. Syst. El. T. I. p. 103. n. 4.

5. B. *fasciatus*. Der bandirte Fugenkäfer. Fab. Syst. El. T. I. p. 104. n. 5. Panz. F. g. 32. t. 1.

6. B. *ater*. Der schwarze Fugenkäfer. Fab. Syst. El. T. I. p. 104. n. 6. Panz. F. g. 32. t. 2.

7. B. *dorsalis*. Der auf dem Rücken gezeichnete Fugenkäfer. Fab. Syst. El. T. I. p. 104. n. 7. B. Morio. Panz. F. g. 37. t. 15. * (K. M.)

8. B. *murinus*. Der mäusefarbige Fugenkäfer. Fab. Syst. El. T. I. p. 104. n. 8. Panz. F. g. 25. t. 1.

9. B. *semistriatus*. Der halbgestreifte Fugenkäfer. Fab. Syst. El. T. I. p. 104. n. 9. Panz. F. g. 25. t. 2.

10. B. *varius*. Der grün und schwarz schillernde Fugenkäfer. Fab. Syst. El. T. I. p. 105. n. 10. Panz. F. g. 32. t. 3.

11. B. *aeneus*. Der erzfarbene Fugenkäfer. Fab. Syst. El. T. I. p. 105. n. 11. Panz. F. g. 91. t. 3.

12. B. *nitens*. Der goldglänzende Fugenkäfer. Fab. Syst. El. T. I. p. 105. n. 12. Panz. F. g. 25. t. 4. * (K. M.)

13. B. *fascicularis*. Der Fugenkäfer mit Haarbüscheln auf den Flügeldecken. Panz. F. g. 24. t. 2. * (K. M.)

14. B. *cinctus*. Der Gürtel-Fugenkäfer. Panz. E. Taschenb. p. 32. n. 7.

15. B. *ornatus*. Der gezierte Fugenkäfer. Panz. F. g. 24. t. 1.

16. B. *rubidus*. Der röthliche Fugenkäfer. Panz. ent. Taschenb. p. 34. n. 17. * (K.)

108. ANTHRENUS. (Blüthenkäfer.)

1. A. *Pimpinellae.* Der Pimpinellen = Blüthenkäfer. Fab. Syst. El. T. I. p. 106. n. 1. * (v. St. K.)

2. A. *Scrophulariae.* Der Braunwurz = Blüthenkäfer. Fab. Syst. El. T. I. p. 107. n. 4. Panz. F. g. 3. t. 11.

3. A. *Musaeorum.* Der Cabinett = Blüthenkäfer, Fab. Syst. El. T. I. p. 107. n. 5.

4. A. *Verbasci.* Der Königskerzen = Blüthenkäfer, Fab. Syst. El. T. I. p. 107. n. 7.

5. A. *varius.* Der scheckige Blüthenkäfer. Fab. Syst. El. T. I. p. 108. n. 8. * (K.)

109. TROX. (Erdkäfer.)

1. T. *sabulosus.* Der Staub = Erdkäfer. Fab. Syst. El. T. I. p. 110. n. 3. Panz. F. g. 7. t. 1.

2. T. *arenarius.* Der Sand = Erdkäfer. Fab, Syst. El. T. I. p. 111. n. 5.

110. BOLITOPHAGUS. (Schwammkäfer.)

1. B. *crenatus.* Der gekerbte Schwammkäfer. Fab. Syst. El. T. I. p. 113. n. 2.

2. B. *agricola* (agaricola), Der Acker = (Blätterpilz =) Schwammkäfer. Fab. Syst. El. T. I. p. 114. n. 3. Opatrum agaricola. Panz. F. g. 43. t. 9.

111. OPATRUM. (Staubkäfer.)

1. O. *sabulosum.* Der Sand = Staubkäfer. Fab. Syst. El. T. I. p. 116. n. 5. Panz. F. g. 3. t. 2.

2. O. *gibbum.* Der höckerige Staubkäfer. Fab. Syst. El. T. I. p. 116. n. 6. Panz. F. g. 39. t. 4. * (K. M.)

112. Scarites. (Fingerkäfer.)

1. S. *arenarius*. Der Sand-Fingerkäfer. Fab. Syst. El. T. I. p. 125. n. 15. Panz. F. g. 43. t. 11.

2. S. *gibbus*. Der höferige Fingerkäfer. Fab. Syst. El. T. I. p. 126. n. 17. Panz. F. g. 5. t. 1.

3. S. *collaris*. Der gehalsete Fingerkäfer. Panz. Ent. Taschenb. p. 37. n. 4.

NB. Illiger vereinigt diesen und Nr. 1. unter Fossor. Pr. Käf. Th. I. p. 111. n. 2.

4. S. *piceus*. Der pechbraune Fingerkäfer. Panz. F. g. 11. t. 2. Carabus terricola. Fab. Syst. El. T. I. p. 178. n. 43??

113. Blaps. (Trauerkäfer.)

1. B. *mortisaga*. Der Todten-Prophet. Fab. Syst. El. T. I. p. 141. n. 3. Panz F. g. 3. t. 3.

2. B. *obtusa*. Der abgerundete Trauerkäfer. Fab. Syst. El. T. I. p. 141. n. 4. Tenebrio spinimanus. Panz. F. g. 59. t. 1. * (N.)

3. B. *femoralis*. Der Schenkel-Trauerkäfer. Fab. Syst. El. T. I. p. 143. n. 12. Panz. F. g. 39. t. 5.

4. B. *glabra*. Der glatte Trauerkäfer. Fab. Syst. El. T. I. p. 143. n. 15. Panz. F. g. 50. t. 1.

114. Tenebrio. (Mehlkäfer.)

1. T. *Molitor*. Der Mehlkäfer. Fab. Syst. El. T. I. p. 145. n. 8. Panz. F. g. 43. t. 13.

2. T. *obscurus*. Der dunkelfarbige Mehlkäfer. Fab. Syst. El. T. I. p. 146. n. 9. Panz. F. g. 43. t. 13. * (N. M.)

3. T. *culinaris.* Der Küchen-Mehlkäfer. Fab. Syst. El. T. I. p. 148. n. 21. Panz. F. g. 9. t. 1. Ten. ferrugineus. Panz. l. c. t. 2. * (N.)

4. T. *diaperinus.* Der achsenkäferartige Mehlkäfer. Illig. Pr. Käf. p. 115. n. 4. Panz. F. g. 37. t. 16. Man findet ihn im Reiß, wo ihn Hr. Köhler lebendig gefunden.

5. T. *curvipes.* Der krummfüßige Mehlkäfer. Fab. Syst. El. T. I. p. 145. n. 5. Panz. F. g. 11. t. 3.

115. Trogosito. (Getreidekäfer.)

1. T. *caerulea.* Der himmelblaue Getreidekäfer. Fab. Syst. El. T. I. p. 151. n. 3. Panz. F. g. 43. t. 14. * (M.)

2. T. *Caraboides.* Der laufkäferartige Getreidekäfer. Fab. Syst. El. T. I. p. 151. n. 6. Panz. F. g. 3. t. 4.

3. T. *ferruginea.* Rostfarbener Getreidekäfer. Fab. Syst. El. T. I. p. 155. n. 23.

Auch diesen Käfer hat Hr. Köhler entdeckt. Er fand ihn im Gerülle von Mandeln, mit denen er wahrscheinlich aus fernen Landen zu uns gekommen, und also auch, wie Blatta orientalis, bei uns einheimisch geworden ist.

116. Helops. (Schattenkäfer.)

1. H. *lanipes.* Der wollfüßige Schattenkäfer. Fab. Syst. El. T. I. p. 157. n. 6. Panz. F. g. 50. t. 2. *

2. H. *ater.* Der schwarze Schattenkäfer. Fab. Syst. El. T. I. p. 161. n. 37. Panz. F. g. 50. t. 3. * (v. St. M. K. N.)

3. H. *quisquilius.* Der Kehricht-Schattenkäfer. Fab. Syst. El. T. I. p. 163. n. 46. Panz. F. g. 50. 5. * (v. St. N.)

4. H. *ruficollis.* Der rothhalsige Schattenkäfer. Fab. Syst. El. T. I. p. 163. n. 47. * (A.)

5. H. *carabaeoides.* Der lauffäferartige Schattenkäfer. Panz. F. g. 24. 3. * (K. M.)

6. H. *laticollis.* Der breithalsige Schattenkäfer. Panz. F. g. 36. t. 1. * (N.)

117. Melandrya.

1. M. *serrata.* Fab. Syst. El. T. I. p. 163. n. 1. Helops serratus. Panz. F. g. 9. t. 3.

118. Cychrus. (Schaufelkäfer.)

1. G. *rostratus.* Der langgeschnäbelte Schaufelkäfer. Fab. Syst. El. T. I. p. 165. n. 1. Panz. F. g. 2. t. 3.

2. C. *attenuatus.* Der schmale Schaufelkäfer. Fab. Syst. El. T. I. p. 166. n. 2. Carabus attenuatus. Panz. F. g. 74. t. 6. * (v. St. N.)

119. Carabus. (Laufkäfer.)

1. C. *coriaceus.* Der lederartige Laufkäfer. Fab. Syst. El. T. I. p. 168. n. 2. Panz. F. g. 81. t. 1.

2. C. *glabratus.* Der geglättete Laufkäfer. Fab. Syst. El. T. I. p. 170. n. 6. Panz. F. g. 74. t. 4.

3. C. *violaceus.* Der violette Laufkäfer. Fab. Syst. El. T. I. p. 170. n. 7. Panz. F. g. 4. t. 4.

4. C. *purpurascens.* Der purpurroth schillernde Laufkäfer. Fab. Syst. El. T. I. p. 170. n. 8. Panz. F. g. 4. t. 5.

5. C. *cyaneus.* Der kornblumenblaue Laufkäfer. Fab. Syst. El. T. I. p. 171. n. 11.

6. C. *nodulosus.* Der knotige Laufkäfer. Fab. Syst. El. T. I. p. 171. n. 14. Car. Weigelii. Panz. F. g. 84. t. 4? *)

7. C. *gemmatus.* Der brillantirte Laufkäfer. Fab. Syst. El. T. I. p. 172. n. 17. Panz. F. g. 74. t. 2.

8. C. *hortensis.* Der Garten-Laufkäfer. Fab. Syst. El. T. I. p. 172. n. 18. Panz. F. g. 5. t. 2.

9. C. *sylvestris.* Der Wald-Laufkäfer. Fab. Syst. El. T. I. p. 173. n. 19. Panz. F. g. 5. t 3.

10. C. *irregularis.* Der unregelmäßig punctirte Laufkäfer. Fab. Syst. El. T. I. p. 173. n. 21. Panz. F. g. 5. t. 4.

11. C. *arvensis.* Der Feld-Laufkäfer. Fab. Syst. El. T. I. p. 174. n. 25. Panz. F. g. 81. t. 3.

12. C. *convexus.* Der gewölbte Laufkäfer. Fab. Syst. El. T. I. p. 175. n. 29. Panz. F. g. 74. t. 5.

13. C. *auronitens.* Der goldglänzende Laufkäfer. Fab. Syst. El. T. I. p. 175. n. 32. Panz. F. g. 4. t. 7.

14. C. *morbillosus.* Der kupferröthliche, rauhgefurchte Laufkäfer. Fab. Syst. El. T. I. p. 176. n. 34. Panz. F. g. 81. t. 5.

15. C. *gra-*

---

*) Ich kann den C. Weig. nur fragweise hersetzen. Ist er der nodulosus Fab., den ich nicht gesehen habe, so haben wir ihn in Schlesien; ist er es nicht, so muß der C. nodulosus wegfallen, und nur der letztere stehen bleiben. Ob dieser letztere der Creutzersche (Ent. Vers. S. 108. T. 2 F. 14.) sey, daran zweifelt Hr. Panzer l. c., und Hr. Fabricius schreibt mir: „C. nodulosus und Creutzeri scheinen mir deutlich verschieden ꝛc."

15. C. *granulatus.* Der körnerige Laufkäfer. Fab. Syst. El. T. I. p. 176. n. 36. Panz. F. g. 81. t. 6.

16. C. *cancellatus.* Der körnerige Laufkäfer mit ganz schwarzen Fühlhörnern. Fab. Syst. El. T. I. p. 176. n. 37. Panz. F. g. 85. t. 1.

17. C. *clathratus.* Der gegitterte Laufkäfer. Fab. Syst. El. T. I. p. 176. n. 38. Panz. F. g. 75. t. 1.

18. C. *nitens.* Der glänzende Laufkäfer. Fab. Syst. El. T. I. p. 177. n. 40. Panz. F. g. 85. t. 2.

19. C. *leucophthalmus.* Der weißäugige Laufkäfer. Fabr. Syst. El. T. I. p. 177. n. 41.

20. C. *terricola.* Der in der Erde lebende Laufkäfer. Panz. F. g. 30. t. 3. Illig. Preuß. Käfer p. 184. n. 39. * (N. M. K.)

21. C. *excavatus.* Der eingetiefte Laufkäfer. Panz. F. g. 34. t. 2.

22. C. *maurus.* Der negerschwarze Laufkäfer. Fab. Syst. El. T. I. p. 178. n. 45. Car. anthracinus. Panz. F. g. 11. t. 11. * (K.)

23. C. *strenuus.* Der schnelle Laufkäfer. Panz. F. g. 38. t. 6. * (K. M.)

24. C. *chlorophanus.* Der grünglänzende Laufkäfer. Panz. F. g. 73. t. 3. * (N.)

25. C. *niger.* Der schwarze Laufkäfer. Fab. Syst. El. T. I. p. 178. n. 46. Car. leucophthalmus. Panz. F. g. 30. t. 1.

26. C. *planus.* Der geebnete Laufkäfer. Fab. Syst. El. T. I. p. 179. n. 47. Panz. F. g. 11. t. 4. * (N. K. M.)

27. C. *sabulosus.* Der Sand-Laufkäfer. Fab. Syst. El. T. I. p. 179. n. 50. Panz. F. g. 31. t. 4.

28. C. *ruficornis.* Der braunrothhörnige Laufkäfer. Fab. Syst. El. T. I. p. 180. n. 53. Panz. F. g. 30. t. 2. * (N.)

29. C. *griseus.* Der graue Laufkäfer. Panz. F. g. 38. t. 1.

30. C. *flavicornis.* Der gelbhörnige Laufkäfer. Fab. Syst. El. T. I. p. 180. n. 56. * (N.)

31. C. *piceus.* Der pechschwarze Laufkäfer. Fab. Syst. El. T. I. p. 181. n. 57.

32. C. *angusticollis.* Der enghalsige Laufkäfer. Fab. Syst. El. T. I. p. 182. n. 64. Illig. Mag. I. p. 55. C. affinis. Panz. F. g. 3. t. 9. * (N.)

33. C. *multipunctatus.* Der vielpunctige Laufkäfer. Fab. Syst. El. T. I. p. 182. n. 68. Panz. F. g. 11. t. 5.

34. C. *oblongopunctatus.* Der länglich punctirte Laufkäfer. Fab. Syst. El. T. I. p. 183. n. 70. Panz. F. g. 73. t. 2.

35. C. *humeralis.* Der auf den Schultern gezeichnete Laufkäfer. Fab. Syst. El. T. I. p. 181. n. 63. Car. Dianae. Panz. F. g. 30. t. 8.

36. C. *fasciatus.* Der gebänderte Laufkäfer. Fab. Syst. El. T. I. p. 186. n. 85. * (N.)

37. C. *atricapillus.* Der schwarzhärige Laufkäfer. Fab. Syst. El. T. I. p. 186. n. 86. Panz. F. g. 30. t. 9. * (N. K. M.)

38. C. *oblongus.* Der längliche Laufkäfer. Fab. Syst. El. T. I. p. 186. n. 90. Car. taeniatus. Panz. F. g. 34. t. 3. * (N.)

39. C. *pallipes.* Der blaßfüßige Laufkäfer. Fab. Syst. El. T. I. p. 187. n. 91.

40. C. *decorus.* Der geschmückte Laufkäfer. Panz. F. g. 73. t. 4.

41. C. *cephalotes.* Der großköpfige Laufkäfer. Fab. Syst. El. T. I. p. 187. n. 94. Scarites Cephalotes. Panz. F. g. 83. t. 1.

42. C. *Striola.* Der stark gestreifte Laufkäfer. Fab. Syst. El. T. I. p. 188. n. 99. Panz. F. g. 11. t. 6.

43. C. *elatus.* Der erhabene Laufkäfer. Fab. Syst. El. T. I. p. 189. n. 103.

44. C. *metallicus.* Der metallische Laufkäfer. Fab. Syst. El. p. 189. n. 102. Panz. F. g. 11. t. 7.

45. C. *Cisteloides.* Der pflanzenkäferartige Laufkäfer. Panz. F. g. 11. t. 12.

46. C. *gibbus.* Der gewölbte Laufkäfer. Fab. Syst. El. T. I. p. 189. n. 105. Car. tenebrioides. Panz. F. g. 73. t. 8. * (M.)

47. C. *tempestivus.* Der kleine glatte braungelbe Laufkäfer. Panz. F. g. 73. t. 6. * (K. M.)

48. C. *peltatus.* Der geschildete Laufkäfer. Panz. F. g. 37. t. 20. * (K.)

49. C. *Aethiops.* Der Mohren-Laufkäfer. Panz. F. g. 37. t. 22.

50. C. *lepidus.* Der furchtsame Laufkäfer. Fab. Syst. El. T. I. p. 189. n. 107.

51. C. *melanocephalus.* Der schwarzköpfige Laufkäfer. Fab. Syst. El. T. I. p. 190. n. 112. Panz. F. g. 30. t. 19.

52. C. *fuscus*. Der braune Laufkäfer. Fab. Syst. El. T. I. p. 191. n. 113. * (M. K.)

53. C. *brevicollis*. Der kurzhalsige Laufkäfer. Fab. Syst. El. T. I. p. 191. n. 114. Panz. F. g. 11. t. 8.

54. C. *punctulatus*. Der punctirte Laufkäfer. Fab. Syst. El. T. I. p. 191. n. 115. Panz. F. g. 30. t. 10.

55. C. *aulicus*. Der Hof-Laufkäfer. Panz. F. g. 38. t. 3.

56. C. *signatus*. Der gezeichnete Laufkäfer. Panz. F. g. 38. t. 4. * (N. K. M.)

57. C. *hirtipes*. Der rauhfüßige Laufkäfer. Panz. F. g. 38. t. 5. * (N.)

58. C. *obscurus*. Der dunkle Laufkäfer. Fab. Syst. El. T. I. p. 192. n. 120. * (N.)

59. C. *holosericeus*. Der sammetartige Laufkäfer. Fab. Syst. El. T. I. p. 139. n. 125.

60. C. *binotatus*. Der zweimahl gezeichnete Laufkäfer. Fab. Syst. El. T. I. p. 193. n. 126. * (N.)

61. C. *pilicornis*. Der Laufkäfer mit haarigen Fühlhörnern. Fab. Syst. El. T. I. p. 193. n. 128. Panz. F. g. 11. t. 10.

62. C. *Kugellani*. Kugelans Laufkäfer. Panz. F. g. 39. t. 8. C. dimidiatus. Fab. Syst. El. T. I. p. 194. n. 129. * (K.)

63. C. *caerulescens*. Der bläuliche Laufkäfer. Fab. Syst. El. T. I. p. 194. n. 130.

64. C. *tardus*. Der langsame Laufkäfer. Fab. Syst. El. T. I. p. 194. n. 133. Panz. F. g. 37. t. 24. * (N. K. M.)

65. C. *cupreus*. Der kupferfarbene Lauffäfer. Fab. Syst. El. T. I. p. 195. n. 134. Panz. F. g. 75. t. 2.

66. C. *tricolor*. Der dreifarbige Lauffäfer. Fab. Syst. El. T. I. p. 195. n. 135. * (K. M.)

67. C. *Eurynotus*. Der kleine violette Lauffäfer. Panz. F. g. 37. t. 23. * (N. M. K.)

68. C. *vulgaris*. Der gewöhnliche Lauffäfer. Fab. Syst. El. T. I. p. 195. n. 137. Panz. F. g. 40. t. 11.

69. C. *communis*. Der gemeine Lauffäfer. Fab. Syst. El. T. I. p. 195. n. 138. Panz. F. g. 40. t. 2.

70. C. *alpinus*. Der Alpen-Lauffäfer. Fab. Syst. El. T. I. p. 196. n. 140. Panz. F. g. 75. t. 7. * (K.)

71. C. *latus*. Der breite Lauffäfer. Fab. Syst. El. T. I. p. 196. n. 141.

72. C. *ovatus*. Der eiförmige Lauffäfer. Fab. Syst. El. T. I. p. 196. n. 143. * (K. M.)

73. C. *helopioides*. Der schattenkäferartige Lauffäfer. Fab. Syst. El. T. I. p. 196. n. 144. Panz. F. g. 30. t. 11.

74. C. *azureus*. Der azurne Lauffäfer. Fab. Syst. El. T. I. p. 196. n. 145. Panz. F. g. 75. t. 3. * (N. K.)

75. C. *aeneus*. Der erzfarbige Lauffäfer. Fab. Syst. El. T. I. p. 197. n. 146. Panz. F. g. 75. t. 4.

76. C. *ferrugineus*. Der rostfarbige Lauffäfer. Fab. Syst. El. T. I. p. 197. n. 150. Panz. F. g. 39. t. 9.

77. C. *fulvus*. Der rothbraune Lauffäfer. Panz. F. g. 39. t. 10. * (N.)

78. C. *pallidus*. Der blasse Lauffäfer. Fab. Syst. El. T. I. p. 198. n. 151.

79. C. *aterrimus.* Der schwärzeste Lauffäfer. Fab. Syst. El. T. I. p. 198. n. 155. Panz. F. g. 30. t. 12.

80. C. *nigricornis.* Der schwarzhörnige Lauffäfer. Fab. Syst. El. T. I. p. 198. n. 156. Panz. F. g. 6. t. 4.

81. C. *parumpunctatus.* Der wenigpunctirte Lauffäfer. Fab. Syst. El. T. I. p. 199. n. 158.

82. C. *sexpunctatus.* Der sechspunctige Lauffäfer. Fab. Syst. El. T. I. p. 199. n. 159. Panz. F. g. 30. t. 13.

83. C. *impressus.* Der Lauffäfer mit eingedrückten Hohlpuncten. Panz. F. g. 37. t. 17. * (N.)

84. C. *viduus.* Der verwaisete Lauffäfer. Panz. F. g. 37. t. 18.

85. C. *marginatus.* Der gerandete Lauffäfer. Fab. Syst. El. T. I. p. 199. n. 162. Panz. F. g. 30. t. 14.

86. C. *vivalis.* Der schwarze Lauffäfer mit braunrothen Fühlhörnern und Füßen. Panz. F. g. 37. t. 19. * (K. M.)

87. C. *vespertinus.* Der abendliche Lauffäfer. Panz. F. g. 37. n. 21. * (N.)

88. C. *vestitus.* Der bekleidete Lauffäfer. Fab. Syst. El. T. I. p. 200. n. 163. Panz. F. g. 31. t. 5.

89. C. *Nigrita.* Der kohlenschwarze Lauffäfer. Fab. Syst. El. T. I. p. 200. n. 164. Car. confluens. Panz. F. g. 30. t. 22. * (M. K.)

90. C. *cyanocephalus.* Der blauköpfige Lauffäfer. Fab. Syst. El. T. I. p. 200. n. 167. Panz. F. g. 75. t. 5.

91. C. *rufibarbis.* Der rothbärtige Lauffäfer. Fab. Syst. El. T. I. p. 201. n. 168.

92. C. *Crux major.* Der große Kreuz-Lauffäfer. Fab. Syst. El. T. I. p. 202. n. 176, Panz. F. g. 16. t. 1.

93. C. *Crux minor.* Der kleine Kreuz=Laufkäfer. Fab. Syst. El. T. I. p. 202. n. 177. Panz. F. g. 16. t. 2. (N. K.)

94. C. *picipes.* Der rostfarbenfüßige Laufkäfer. Fab. Syst. El. T. I. p. 203. n. 183. Car. lutescens. Panz. F. g. 30. t. 20. * (N. M.)

95. C. *bipustulatus.* Der zweiblätterige Laufkäfer. Fab. Syst. El. T. I. p. 203. n. 184. Panz. F. g. 16. t. 3.

96. C. *Andreae.* Der Andreas=Laufkäfer. Fab. Syst. El. T. I. p. 224. n. 185. * (N.)

97. C. *germanus.* Der Deutsche Laufkäfer. Fab. Syst. El. T. I. p. 204. n. 187. Panz. F. g. 16. t. 4. * (N.)

98. C. *velox.* Der schnelle Laufkäfer. Fab. Syst. El. T. I. p. 205. n. 190. * (N.)

99. C. *rufescens.* Der röthliche Laufkäfer. Fab. Syst. El. T. I. p. 205. n. 191. Carabus terminatus. Panz. F. g. 7. t. 2. * (K.)

β. C. *Bructeri.* Panz. F. g. 34. t. 4. * ?

100. C. *apricarius.* Der sonnende Laufkäfer. Fab. Syst. El. T. I. p. 205. n. 193. Panz. F. g. 40. t. 3. (K. M.)

101. C. *lunatus.* Der mondfleckige Laufkäfer. Fab. Syst. El. T. I. p. 205. n. 194. Panz. F. g. 16. t. 5.

102. C. *prasinus.* Der apfelgrüne Laufkäfer. Fab. Syst. El. T. I. p. 206. n. 195. Panz. F. g. 16. t. 6.

103. C. *vaporariorum.* Der Gewächshaus=Laufkäfer. Fab. Syst. El. T. I. p. 206. n. 198. Panz. F. g. 16. t. 7.

104. C. *meridianus.* Der mittägliche Laufkäfer. Fab. Syst. El. T. I. p. 206. n. 199. Panz. F. g. 75. t. 9. * (N.)

105. C. *discus.* Der schwarzbandirte rostfarbige Laufkäfer. Fab. Syst. El. T. I. p. 207. n. 202. Car. unifasciatus. Panz. F. g. 38. 7. * (K. M.)

106. C. *vernalis.* Der Frühlings-Laufkäfer. Fab. Syst. El. T. I. p. 207. n. 202. Panz. F. g. 30. t. 17.

107. C. *quadrimaculatus.* Der vierfleckige Laufkäfer. Fab. Syst. El. T. I. p. 207. n. 203. Panz. F. g. 75. t. 10. * (M. K.)

108. C. *quadriguttatus.* Der viertropfige Laufkäfer. Fab. Syst. El. T. I. p. 207. n. 204. Panz. F. g. 40. t. 5.

109. C. *quadrinotatus.* Der viermal gezeichnete Laufkäfer. Panz. F. g. 73. t. 5. * (K.)

110. C. *ustulatus.* Der gebrandmarkte Laufkäfer. Fab. Syst. El. T. I. p. 208. n. 206. Panz. F. g. 40. t. 7. * (N.)

111. C. *dorsalis.* Der auf dem Rücken schwarz gefleckte Laufkäfer. Fab. Syst. El. T. I. p. 208. n. 207. * (M.)

112. C. *guttula.* Der Tröpfchen-Laufkäfer. Fab. Syst. El. T. I. p. 208. n. 209. * (N.)

113. C. *fenestratus.* Der gefensterte Laufkäfer. Fab. Syst. El. T. I. p. 209. n. 210.

114. C. *pulchellus.* Der schöne Laufkäfer. Panz. F. g. 38. t. 8.

115. C. *Doris.* Der Doris-Laufkäfer. Panz. F. g. 38. t. 9.

116. C. *Orichalceus*. Der metallfarbige Laufkäfer. Panz. F. g. 38. t. 11.

117. C. *littoralis*. Der Strand=Laufkäfer. Panz. F. g. 40. t. 6.

118. C. *truncatus*. Der verstümmelte Laufkäfer. Fab. Syst. El. T. I. p. 209. n. 214. * (K.)

119. C. *abbreviatus*. Der abgekürzte Laufkäfer. Fab. Syst. El. T. I. p. 209. n. 215. Panz. F. g. 36. t. 2.

120. C. *bipunctatus*. Der zweipunctige Laufkäfer. Fab. Syst. El. T. I. p. 209. n. 216. * (M.)

121. C. *celer*. Der hurtige Laufkäfer. Fab. Syst. El. T. I. p. 210. n. 217.

122. C. *minutus*. Der kleine Laufkäfer. Fab. Syst. El. T. I. p. 210. n. 218.

123. C. *pygmaeus*. Der Zwerg=Laufkäfer. Fab. Syst. El. T. I. p. 210. n. 219. * (K.)

124. C. *tristis*. Der traurige Laufkäfer. Fab. Syst. El. T. I. p. 210. n. 220.

125. C. *truncatellus*. Der kleine abgekürzte Laufkäfer. Fab. Syst. El. T. I. p. 210. n. 222. Panz. F. g. 75. t. 12.

126. C. *minimus*. Der allerkleinste Laufkäfer. Fab. Syst. El. T. I. p. 210. n. 223. * (M. K.)

120. Calosoma. (Schönkäfer.)

1. C. *Sycophanta*. Der Puppenräuber. Fab. Syst. El. T. I. p. 212. n. 5. Carabus Sycophanta. Panz. F. g. 81. t. 7.

2. C. *sericeum*. Der seidenhaarige Schönkäfer. Fab. Syst. El. T. I. p. 212. n. 6. * (K.)

3. C. *Inquisitor.* Der Raupenjäger. Fab. Syst. El. T I. p. 212. n. 7. Carabus Inquisitor. Panz. F. g. 81. t. 8.

121. BRACHINUS. (Kurzkäfer.)

1. B. *crepitans.* Der knallende Kurzkäfer. Fab. Syst. El. T. I. p. 219. n. 12. Carabus crepitans. Panz. F. g. 30. t. 5.

122. CICINDELA. (Sandkäfer.)

1. C. *campestris.* Der Feld=Sandkäfer. Fab. Syst. El. T. I. p. 233. n. 11. Panz. F. g. 85. t. 3.

2. C. *hybrida.* Der Bastard=Sandkäfer. Fab. Syst. El. T. I. p. 234. n. 13. Panz. F. g. 85. t. 4.

3. C. *sylvatica.* Der Wald=Sandkäfer. Fab. Syst. El. T. I. p. 235. n. 15. Panz. F. g. 85. t. 5.

4. C. *germanica.* Der Deutsche Sandkäfer. Fab. Syst. El. T. I. p. 237. n. 29. Panz. F. g. 6. t. 5.

123. ODACANTHA. (Zahnkäfer.)

1. O. *melanura.* Der schwarzafterige Zahnkäfer. Fab. Syst. El. T. I. p. 228. n. 1. Cicindela angustata. Panz. F. g. 10. t. 1. * (K.)

124. ELAPHRUS. (Raschkäfer.)

1. E. *uliginosus.* Der Schlamm=Raschkäfer. Fab. Syst. El. T. I. p. 245. n. 1.

2. E. *riparius.* Der Ufer=Raschkäfer. Fab. Syst. El. T. I. p. 245. n. 2. Panz. F. g. 20. t. 1.

3. E. *impressus.* Der eingedrückte Raschkäfer. Fab. Syst. El. T. I. p. 246. n. 4. Panz. F. g. 40. t. 8. * (N.)

4. E. *flavipes.* Der gelbfüßige Raschkäfer. Fab. Syst. El. T. I. p. 246. n. 6. Panz. F. g. 20. t. 2.

5. E. *aquaticus.* Der Wasser-Raschkäfer. Fab. Syst. El. T. I. p. 246. n. 7. Panz. F. g. 20. t. 3.

6. E. *semipunctatus.* Der halbpunctirte Raschkäfer. Fab. Syst. El. T. I. p. 246. n. 8. Er soll mit dem vorigen eins seyn.

7. E. *paludosus.* Der Sumpf-Raschkäfer. Panz. F. g. 20. t 4.

8. E. *rupestris.* Der Fels-Raschkäfer. Fab. Syst. El. T. I. p. 246. n. 9. Carabus littoralis. Panz. F. g. 40. t. 6.

125. Spercheus. (Beutelkäfer.)

1. S. *emarginatus.* Der ausgerandete Beutelkäfer. Fab. Syst. El. T. I. p. 248. n. 1. Panz. F. g. 91. t. 4.

126. Hydrophilus. (Wasserkäfer.)

1. H. *piceus.* Der pechschwarze Wasserkäfer. Fab. Syst. El. T. I. p. 249. n. 1.

2. H. *caraboides.* Der laufkäferartige Wasserkäfer. Fab. Syst. El. T. I. p. 250. n. 4. Panz. F. g. 67. t. 10.

3. H. *scarabaeoides.* Der mistkäferartige Wasserkäfer. Fab. Syst. El. T. I. p. 251. n. 9.

4. H. *picipes.* Der pechschwarzfüßige Wasserkäfer. Fab. Syst. El. T. I. p. 251. n. 10. * (K. M.)

5. H. *orbicularis.* Der kreisrunde Wasserkäfer. Fab. Syst. El. T. I. p. 252. n. 11. Panz. F. g. 67. 12.

6. H. *haemorrhoidalis.* Der rothafterige Wasserkäfer. Fab. Syst. El. T. I. p. 252. n. 18.

7. H. *marginellus.* Der gerandete Wasserkäfer. Fabr. Syst. El. T. I. p. 252. n. 19.

8. H. *luridus.* Der schwarzgelbe Wasserkäfer. Fab. Syst. El. T. I. p. 253. n. 22. Panz. F. g. 7. t. 3.

9. H. *melanocephalus.* Der schwarzköpfige Wasserkäfer. Fabr. Syst. El. T. I. p. 253. n. 23. * (K.)

10. H. *griseus.* Der graue Wasserkäfer. Fab. Syst. El. T. I. p. 253. n. 24.

11. H. *bipunctatus.* Der zweipunctirte Wasserkäfer. Fab. T. I. p. 254. n. 26.

12. H. *globulus.* Der kugelförmige Wasserkäfer. Illiger Ent. Mag. I. p. 65. * (M. K.)

13. H. *minutus.* Der kleine Wasserkäfer. Fab. Syst. El. T. I. p. 254. n. 27. * (N. K. M.)

127. Hydrachna. (Flußkäfer.)

1. H. *gibba.* Der bucklige Flußkäfer. Fab. Syst. El. T. I. p. 256. n. 2. Panz. F. g. 91. t. 5.

2. H. *ovalis.* Der eiförmige Flußkäfer. Fab. Syst. El. T. I. p. 256. n. 3.

128. Dytiscus. (Tauchkäfer.)

1. D. *latissimus.* Der breiteste Tauchkäfer. Fab. Syst. El. T. I. p. 257. n. 1. Panz. F. g. 86. t. 1. 2.

2. D. *marginalis.* Der gerandete (gelbgesäumte) Tauchkäfer. Fab. Syst. T. I. p. 258. n. 3. Panz. F. g. 86. t. 3. 4.

3. D. *punctulatus.* Der kleinpunctirte Tauchkäfer. Fab. Syst. El. T. I. p. 259. n. 5.

4. D. *Roeselii.* Rösels Tauchkäfer. Fab. Syst. El. T. I. p. 259. n. 7.

5. D. *sulcatus.* Der gefurchte Tauchkäfer. Fab. Syst. El. T. I. p. 261. n. 14. Panz. F. g. 31. t. 9. 10.

6. D. *striatus.* Der gestrichte Tauchkäfer. Fab. Syst. El. T. I. p. 261. n. 16. * (M. K.)

7. D. *fuscus.* Der dunkelbraune Tauchkäfer. Fab. Syst. El. T. I. p. 261. n. 17.

8. D. *cinereus.* Der aschfarbene Tauchkäfer. Fab. Syst. El. T. I. p. 262. n. 21. Panz. F. g. 31. t. 11. * (K. M.)

9. D. *fuliginosus.* Der rußfarbige Tauchkäfer. Fab. Syst. El. T. I. p. 263. n. 27. * (N.)

10. D. *carbonarius.* Der kohlenschwarze Tauchkäfer. Fab. Syst. El. T. I. p. 263. n. 28.

11. D. *bipustulatus.* Der zweiblätterige Tauchkäfer. Fab. Syst. El. T. I. p. 263. n. 29.

12. D. *bipunctatus.* Der zweipunktige Tauchkäfer. Fab. Syst. El. T. I. p. 264. n. 31. Panz. F. g. 91. t. 6.

13. D. *fenestratus.* Der gefensterte (durchsichtige) Tauchkäfer. Fab. Syst. El. T. I. p. 264. n. 32. Panz. F. g. 90. t. 1. * (N. K. M.)

14. D *ater.* Der dunkelschwarze Tauchkäfer. Fab. Syst. El. T. I. p. 264. n. 33. Panz. F. g. 38. t. 15. * (M. K.)

15. D. *lacustris.* Der Teich-Tauchkäfer. Fab. Syst. El. T. I. p. 264. n. 34. Panz. F. g. 38 t. 14. * (M. K.)

16. D. *Hübneri.* Hübners Tauchkäfer. Fab. Syst. El. T. I. p. 265. n. 35.

17. D. *stagnalis.* Der Pfützen-Tauchkäfer. Fab. Syst. El. T. I. p. 265. n. 37. Panz. F. g. 91. t. 7.

18. D. *transversalis.* Der querdurch gelbgestreifte Tauchkäfer. Fab. Syst. El. T. I. p. 265. n. 38. Panz. F. g. 86. t. 6.

19. D. *abbreviatus.* Der Tauchkäfer mit unterbrochenen Deckschildstreifen. Fab. Syst. El. T. I. p. 265. n. 40. Panz. F. g. 14. t. 1.

20. D. *uliginosus.* Der Schlamm-Tauchkäfer. Fab. Syst. El. T. I. p. 266. n. 41. * (N. M.)

21. D. *agilis.* Der schnelle Tauchkäfer. Fab. Syst. El. T. I. p. 266. n. 44. Panz. F. g. 90. t. 2.

22. D. *maculatus.* Der gefleckte Tauchkäfer. Fab. Syst. El. T. I. p. 266. n. 45. D. inaequalis. Panz. F. g. 14. t. 8. * (M. K.)

23. D. *erythrocephalus.* Der rothköpfige Tauchkäfer. Fab. Syst. El. T. I. p. 267. n. 47.

24. D. *notatus.* Der gezeichnete Tauchkäfer. Fab. Syst. El. T. I. p. 267. n. 50.

25. D. *adspersus.* Der mit Puncten überstreuete Tauchkäfer. Fab. Syst. El. T. I. p. 267. n. 51. Panz. F. g. 38. t. 18. * (N. K. M.)

26. D. *planus.* Der platte Tauchkäfer. Fab. Syst. El. T. I. p. 268. n. 55.

27. D. *dorsalis* (rufifrons). Der auf den Deckschildern mit zwei Puncten gezeichnete Tauchkäfer. Fabr. Syst. El. T. I. p. 269. n. 57. Panz. F. g. 14. t. 2. * (N. M.)

28. D. *sexpustulatus.* Der sechsblättrige Tauchkäfer. Fab. Syst. El. T. I. p. 269. n. 58. * (M.)

29. D. *picipes.* Der pechfüßige Tauchkäfer. Fab. Syst. El. T. I. p. 269. n. 61. Panz. F. g. 14. t. 3.

30. D. *lituratus.* Der characteristische Tauchkäfer. Fab. Syst. El. T. I. p. 269. n. 62. Panz. F. g. 14. t. 4.

31. D. *Halensis.* Der Hallische Tauchkäfer. Fab. Syst. El. T. I. p. 270. n. 66. * (N. M. K.)

32. D. *granularis.* Der kornähnliche Tauchkäfer. Fab. Syst. El. T. I. p. 270. n. 67. * (N. M.)

33. D. *confluens.* Der Tauchkäfer mit zusammenlaufenden Deckschild = Streifen. Fab. Syst. El. T. I. p. 270. n. 68. Panz. F. g. 14. t. 5. * (N. M.)

34. D. *obliquus.* Der Tauchkäfer mit schiefstehenden Zeichnungen. Fab. Syst. El. T. I. p. 270. n. 69. Panz. F. g. 14. t. 6. * (K. M.)

35. D. *impressus.* Der Tauchkäfer mit Hohlpuncten. Fab. Syst. El. T. I. p. 271. n. 71. Panz. F. g. 14. t. 7. Hierher gehört D. ferrugineus Payk. Illig. Ent. Mag. I. p. 79.

36. D. *arcuatus.* Der bogige Tauchkäfer. Fab. Syst. El. T. I. p. 271. n. 74. Panz. F. g. 26. t. 1. Er soll mit D. pictus Fab. Syst. El. T. I. p. 273. n. 83. ein Käfer seyn. Illig. Ent. Mag. I. p. 78. * (K. M.)

37. D. *geminus.* Der zweispaltige Tauchkäfer. Fab. Syst. El. T. I. p. 272. n. 75. D. trifidus. Panz. F. g. 26. t. 2.

38. D. *lineatus.* Der liniirte Tauchkäfer. Fab. Syst. El. T. I. p. 272. n. 76. * (K. N. M.)

39. D. *inaequalis.* Der ungleiche Tauchkäfer. Fab. Syst. El. T. I. p. 272. n. 77.

40. D. *minutus.* Der kleine Wasserkäfer. Fab. Syst. El. T. I. p. 272. n. 78. D. interruptus. Panz. F. g. 26. t. 5. D. obscurus. Panz. F. g. 26. t. 3. * (M. K.)

41. D. *pygmaeus.* Der Zwerg-Tauchkäfer. Fab. Syst. El. T. I. p. 272. n. 79. * (N. M.)

42. D. *crassicornis.* Der dickhornichte Tauchkäfer. Fab. Syst. El. T. I. p. 273. n. 81.

43. D. *chalconatus.* Der erzfarbige Tauchkäfer. Panz. F. g. 38. 17. Jll. Pr. Käf. Th. I. p. 260.

44. D. *bilineatus.* Der zweilinige Tauchkäfer. Lin. Syst. Nat. Ed. Gmel. T. I. p. 1957.

45. D. *Volkmari.* Volkmars Tauchkäfer. Panz. F. g. 7. t. 4. * (M.)

46. D. *congener.* Illiger Ent. Mag. I. p. 73. * (M.)

47. D. *oblongus.* Der längliche Tauchkäfer. Illiger l. c. p. 72. * (M.)

48. D. *aeneus.* Der erzfarbene Tauchkäfer. Panz. F. g. 38. t. 16. * (M. K.)

49. D. *marginepunctatus.* Der randfleckige Tauchkäfer. Panz. F. g. 14. t. 10. Jllig. rechnet ihn als Varietät zum D. impressus. Pr. Käf. T. I. p. 269. * (M. K.)

50. D. *unistriatus.* Der einmal gestrichte Tauchkäfer. Jll. Pr. Käf. T. I. p. 266. Ent. Mag. I. p. 77. * (K. M.)

51. D. *ferrugineus.* Der eisenrostbraune Tauchkäfer. Lin. Syst. Nat. Ed. Gmel. T. I. p. 1958. * (N.)

52. D. *Schalleri.* Schallers Tauchkäfer. Abhandl. der Hall. naturforsch. Gesellsch. T. I. p. 313. (Dyt. ruficollis.) * (N.)

53. D. *laminatus* Schalleri. Der plattirte Tauchkäfer. Ebend. p. 314. * (K.)

54. D. *hyali-*

54. D. *hyalinus.* Der glasartige (durchscheinende) Tauchkäfer. Degeer 4. 231. 14. t. 15. f. 21 — 23. Illig. rechnet ihn zum D. minutus. Pr. Käf. T. I. p. 264. * (N.)

55. D. *dispar.* Unter diesem Nahmen steckt ein Dyt. in der Sammlung des Herrn Köhler.

129. Gyrinus. (Wirbelkäfer.)

1. G. *Natator.* Der schwimmende Wirbelkäfer. Fab. Syst. El. T. I. p. 274. n. 1. Panz. F. g. 3. t. 5.

2. G. *bicolor.* Der zweifarbige Wirbelkäfer. Fab. Syst. El. T. I. p. 274. n. 2. * (M. K.)

3. G. *minutus.* Der kleine Wirbelkäfer. Fab. Syst. El. T. I. p. 276. n. 10. * (M.)

4. G. *nitidulus.* Der glänzende Wirbelkäfer. Fab. Syst. El. T. I. p. 276. n. 11.

5. G. *haemorrhoidalis.* Der rothafterige Wirbelkäfer. Er steckt unter diesem Nahmen in der Sammlung des Finders, Hrn. Köhlers, und Hrn. Mangers.

6. G. *villosus.* Der zottige Wirbelkäfer. Fab. Syst. El. T. I. p. 276. n. 14. * (M.)

130. Elophorus. (Sumpfkäfer.)

1. E. *grandis.* Der große Sumpfkäfer. Illig. Pr. Käfer. T. I. p. 272. n. 1. Panz. F. g. 26. t. 6. * (K. M.)

2. E. *aquaticus.* Der Wasser-Sumpfkäfer. Fab. Syst. El. T. I. p. 277. n. 1.

3. E. *nubilus.* Der wolkichte Sumpfkäfer. Fab. Syst. El. T. I. p. 277. n. 2.

4. E. *elongatus.* Der längliche Sumpfkäfer. Fab. Syst. El. T. I. p. 277. n. 3. Panz. F. g. 26. t. 7.

5. E. *humeralis.* Der an der Schulter gezeichnete Sumpfkäfer. Fab. Syst. El. T. I. p. 278. n. 5. * (M.)

6. E. *flavipes.* Der gelbfüßige Sumpfkäfer. Fab. Syst. El. T. I. p. 278. n. 5.

7. E. *pygmaeus.* Der Zwerg-Sumpfkäfer. Fab. Syst. El. T. I. p. 278. Hydraena riparia. Illig. Pr. Käf. T. I. p. 279. 1. Ent. Mag. I. p. 79.? * (M.)

8. E. *crenatus.* Der gekerbte Sumpfkäfer. Fab. Syst. El. T. I. p. 278. n. 6. * (N.)

9. E. *minimus.* Der allerkleinste Sumpfkäfer. Fab. Syst. El. T. I. p. 278. n. 8. E. grisens. Illig. Pr. Käf. T. I. p. 272. Ent. Mag. I. p. 79.? * (N.)

131. Clerus. (Immenkäfer.)

1. C. *mutillarius.* Der große Immen- (Ameisen-) Käfer. Fab. Syst. El. T. I. p. 279. n. 1. Panz. F. g. 31. t. 12.

2. C. *formicarius.* Der ameisenähnliche Immenkäfer. Fab. Syst. El. T. I. p. 280. n. 5. Panz. F. g. 4. t. 8.

3. C. *unifasciatus.* Der einbindige Immenkäfer. Fab. Syst. El. T. I. p. 281. n. 9. * (v. St.)

132. Tillus. (Raubkäfer.)

1. T. *elongatus.* Der Raubkäfer mit dem rothen Bruststücke. Fab. Syst. El. T. I. p. 281. n. 1. Panz. F. g. 43. t. 16.

2. T. *ambulans*. Der herum wandelnde Raubkäfer. Fab. Syst. El. T. I. p. 282. n. 4. Lagria atra. Panz. F. g. 8. t. 9.

133. TRICHODES.

1. T. *apiarius*. Der Bienenwolf. Fabr. Syst. El. T. I. p. 284. n. 6. Clerus apiarius. Panz. F. g. 31. t. 13.

2. T. *alvearius*. Der Bienenzellenkäfer. Fab. Syst. El. T. I. p. 284. n. 7. Clerus alvearius. Panz. F. g. 31. t. 14.

134. CORYNETES. (Kolbenkäfer.)

1. C. *violaceus*. Der violette Kolbenkäfer. Fab. Syst. El. T. I. p. 285. n. 1. Dermestes violaceus. Panz. F. g. 5. t. 6.

135. NOTOXUS. (Einhornkäfer.)

1. N. *mollis*. Der weiche Einhornkäfer. Fab. Syst. El. T. I. p. 287. n. 3. Panz. F. g. 5. t. 6.

136. ANTHICUS. (Blumenkäfer.)

1. A. *monoceros*. Der einhörnige Blumenkäfer. Fab. Syst. El. T. I. p. 288. n. 1. Notoxus monoceros. Panz. F. g. 23. t. 8.

2. A. *Dresdensis*. Der Dresdner Blumenkäfer. Fab. Syst. El. T. I. p. 293. n. 23. * (v. St. N.)

137. CANTHARIS. (Weichkäfer.)

1. C. *fusca*. Der braune Weichkäfer. Fab. Syst. El. T. I. p. 294. n. 1.

2. C. *livida*. Der bleifarbige Weichkäfer. Fab. Syst. El. T. I. p. 295. n. 2. Panz. F. g. 57. t. 3.

3. C. *dispar.* Der ungleiche Weichkäfer. Fab. Syst. El. T. I. p. 295. n. 3.

4. C. *abdominalis.* Der rothbäuchige Weichkäfer. Fab. Syst. El. T. I. p. 295. n. 4. * (K.) Wohnt auf dem Riesengebirge.

5. C. *obscura.* Der dunkle Weichkäfer. Fab. Syst. El. T. I. p. 296. n. 7.

6. C. *pellucida.* Der durchscheinende Weichkäfer. Fab. Syst. El. T. I. p. 296. n. 10. * (K. M.)

7. C. *nigricans.* Der schwärzliche Weichkäfer. Fab. Syst. El. T. I. p. 296. n. 9.

8. C. *rubens.* Der röthliche Weichkäfer. Fab. Syst. El. T. I. p. 297. n. 13. * (K.)

9. C. *lateralis.* Der gelbgerandete Weichkäfer. Fab. Syst. El. T. I. p. 297. n. 14.

10. C. *atra.* Der sammetschwarze Weichkäfer. Fab. Syst. El. T. I. p. 297. n. 18. * (K. N. M.)

11. C. *pallipes.* Der blaßfüßige Weichkäfer. Fab. Syst. El. T. I. p. 299. n. 24.

12. C. *haemorrhoidalis.* Der rothafterige Weichkäfer. Fab. Syst. El. T. I. p. 299. n. 26. * (N.)

13. C. *pallida.* Der blasse Weichkäfer. Fab. Syst. El. T. I. p. 299. n. 27. Panz. F. g. 85. t. 7. * (N.)

14. C. *ruficollis.* Der gelblichrothhalsige Weichkäfer. Fab. Syst. El. T. I. p. 299. n. 28. * (K. M.)

15. C. *fulvicollis.* Der dunkelrothhalsige Weichkäfer. Fab. Syst. El. T. I. p. 300. n. 35.

16. C. *melanura.* Der rothgelbe Weichkäfer. Fab. Syst. El. T. I. p. 302. n. 43. Panz. F. g. 85. t. 6.

17. C. *nitidula*. Der glänzende Weichkäfer. Fab. Syst. El. T. I. p. 303. n. 46. * (N.)

18. C. *bicolor*. Der zweifarbige Weichkäfer. Fab. Syst. El. T. I. p. 303. n. 48.

19. C. *nigra*. Der schwarze Weichkäfer. Fab. Syst. El. T. I. p. 303. n. 49. * (N.)

20. C. *minima*. Der kleinste Weichkäfer. Fab. Syst. El. T. I. p. 304. n. 51.

21. C. *testacea*. Der ziegelrothe Weichkäfer. Fab. Syst. El. T. I. p. 304. n. 52. Panz. F. g. 57. t. 4. * (K. M. N.)

22. C. *biguttata*. Der zweitropfige Weichkäfer. Fab. Syst. El. T. I. p. 304. n. 53. Panz. F. g. 11. t. 15.

23. C. *Histrio*. Der buntscheckige Weichkäfer. Lin. Syst. Nat. Ed. Gmel. T. I. p. 1897. n. 82.

24. C. *rufa*. Der gelbrothe Weichkäfer. Illiger. Pr. Käf. I. p. 297. n. 4. * (K. M.)

25. C. *melanocephala*. Der schwarzköpfige Weichkäfer. Panz. F. g. 39. t. 12.

In Herrn Köhlers Sammlung findet man noch folgende, vorläufig von ihm benannte Weichkäfer.

26. C. *praeusta*. K.

27. C. *violacea*. K.

28. C. *rutilata*. K.

29. C. *atricollis*. K.

138. MALACHIUS. (Blasenkäfer.)

1. M. *aeneus*. Der erzfarbene Blasenkäfer. Fab. Syst. El. T. I. p. 306. n. 3. Panz. F. g. 10. t. 2.

2. M. *bipustulatus.* Der zweiblattrige Blasenkäfer. Fab. Syst. El. T. I. p. 306. n. 4. Panz. F. g. 10. t. 3.

3. M. *marginellus.* Der gerändelte Blasenkäfer. Fab. Syst. El. T. I. p. 307. n. 6. * (N.)

Varietät des vorigen?

4. M. *viridis.* Der grüne Blasenkäfer. Fab. Syst. El. T. I. p. 307. n. 8. * (N.)

Varietät des M. bipustulatus. Ill. Pr. Käf. T. I. p. 303.

5. M. *praeustus.* Der verbrannte Blasenkäfer. Fab. Syst. El. T. I. p. 308. n. 17. * (K.)

6. M. *pedicularius.* Der Laus-Blasenkäfer. Fab. Syst. El. T. I. p. 308. n. 18. * (N.)

7. M. *pulicarius.* Der Floh-Blasenkäfer. Fab. Syst. El. T. I. p. 108. n. 19. Panz. F. g. 10. t. 4.

8. M. *fasciatus.* Der bandirte Blasenkäfer. Fab. Syst. El. T. I. p. 309. n. 20. Panz. F. g. 10. t. 5.

9. M. *equestris.* Der Ritter-Blasenkäfer. Fab. Syst. El. T. I. p. 309. n. 22. Panz. F. g. 10. t. 6.

10. M. *flavipes.* Der gelbfüßige Blasenkäfer. Fab. Syst. El. T. I. p. 309. n. 23.

139. Dermestes. (Pelzkäfer.)

1. D. *lardarius.* Der Speckkäfer. Fab. Syst. El. T. I. p. 312. n. 1.

2. D. *macellarius.* Der Fleisch-Pelzkäfer. Fab. Syst. El. T. I. p. 313. n. 4. Panz. F. g. 40. t. 9. * (M.)

3. D. *Pellio.* Der Kürschner. Fab. Syst. El. T. I. p. 313. n. 6.

4. D. *undatus*. Der gewellete Pelzkäfer. Fab. Syst. El. T. I. p. 313. n. 7. Panz. F. g. 75. 13.

5. D. *vigintiguttatus*. Der zwanzigtropfige Pelzkäfer. Fab. Syst. El. T. I. p. 314. n. 9. Panz. F. g. 22. t. 1.

6. D. *bicolor*. Der zweifarbige Pelzkäfer. Fab. Syst. El. T. I. p. 314. n. 11. * (M.)

7. D. *vulpinus*. Der weißbäuchige Pelzkäfer. Fab. Syst. El. T. I. p. 314. n. 12.

8. D. *murinus*. Der mausefarbige Pelzkäfer. Fab. Syst. El. T. I. p. 315. n. 15. Panz. F. g. 40. t. 10.

9. D. *Cotta*. Der Katzenkäfer. Panz. F. g. 40. t. 11. Illiger zieht ihn zu D. murinus, und den D. murinus Panz. zu D. vulpinus. Pr. Käf. T. I. 312. f. * (M.)

10. D. *tessellatus*. Der gewürfelte Pelzkäfer. Fab. Syst. El. T. I. p. 315. n. 16.

11. D. *fumatus*. Der rauchgraue Pelzkäfer. Fab. Syst. El. T. I. p. 316. n. 21. Soll Varietät des folgenden seyn?

12. D. *tomentosus*. Der filzige Pelzkäfer. Fab. Syst. El. T. I. p. 316. n. 22. Panz. F. g. 40. t. 12.

13. D. *adstrictor*. Der unähnliche Pelzkäfer. Fab. Syst. El. T. I. p. 316. n. 24. Panz. F. g. 75. t. 15.

14. D. *sexdentatus*. Der sechszähnige Pelzkäfer. Fab. Syst. El. T. I. p. 317. n. 25. Panz. F. g. 14. t. 11.

15. D. *variabilis*. Der veränderliche Pelzkäfer. Fab. Syst. El. T. I. p. 319. n. 38.

16. D. *Serra*. Der sägenhörnige Pelzkäfer. Fab. Syst. El. T. I. p. 319. n. 39.

17. D. *cellaris.* Der Keller-Pelzkäfer. Fab. Syst. El. T. I. p. 319. n. 40.

18. D. *pedicularius.* Der Läuse-Pelzkäfer. Fab. Syst. El. T. I. p. 319. n. 43. Panz. F. g. 7. t. 5.

19. D. *Urticae.* Der Nessel-Pelzkäfer. Fab. Syst. El. T. I. p. 320. n. 44.

140. Annobium. (Pochkäfer.)

1. A. *tessellatum.* Der gewürfelte Pochkäfer. Fab. Syst. El. T. I. p. 321. n. 1. Panz. F. g. 66. t. 3.

2. A. *striatum.* Der gestreifte Pochkäfer. Fab. Syst. El. T. I. p. 321. n. 2. Panz. F. g. 66. t. 4.

3. A. *rufipes.* Der rothfüßige Pochkäfer. Fab. Syst. El. T. I. p. 322. n. 4. * (K. M.)

4. A. *castaneum.* Der muskatenblüthbraune Pochkäfer. Fab. Syst. El. T. I. p. 322. n. 5. * (N.)

5. A. *pertinax.* Der hartnäckige Pochkäfer. Fab. Syst. El. T. I. p. 322. n. 6. Panz. F. g. 66. t. 5.

6. A. *Boleti.* Der Löcherpilz-Pochkäfer. Fab. Syst. El. T. I. p. 323. n. 7. Panz. F. g. 10. t. 7.

7. A. *paniceum.* Der Brod-Pochkäfer. Fab. Syst. El. T. I. p. 323. n. 9. Panz. F. g. 66. t. 6.

8. A. *abietis.* Der Tannen-Pochkäfer. Fab. Syst. El. T. I. p. 323. n. 10. Panz. F. g. 66. t. 7. * (M.)

9. A. *planum.* Der flache Pochkäfer. Fab. Syst. El. T. I. p. 323. n. 11.

10. A. *minutum.* Der kleine Pochkäfer. Fab. Syst. El. T. I. p. 323. n. 13. * (K.)

11. A. *micans.* Der glänzende Pochkäfer. Fab. Syst. El. T. I. p. 324. n. 15. * (K. M.)

141. PTINUS. (Bohrkäfer.)

1. Pt. *germanus*. Der Deutsche Bohrkäfer. Fab. Syst. El. T. I. p. 324. n. 2. * (M. N.)

2. Pt. *longicornis*. Der langhörnige Bohrkäfer. Fab. Syst. El. T. I. p 325. n. 4. * (M. N.)

3. Pt. *elegans*. Der zierliche Bohrkäfer. Fab. Syst. El. T. I. p. 325. n. 5. * (K.)

4. Pt. *Fur*. Der diebische Bohrkäfer. Fab. Syst. El. T. I, p. 325. n. 6.

5. Pt. *imperialis*. Der kaiserliche Wappen-Bohrkäfer. Fab. Syst. El. T. I. p. 326. n. 7. Panz. F. g. 5. t. 7.

6. Pt. *crenatus*. Der gekerbte Bohrkäfer. Fab. Syst. El. T. I. p. 326. n. 8. * (M. K. N.)

7. Pt. *Latro*. Der räuberische Bohrkäfer. Fab. Syst. El. T. I. p. 326. n. 9.

8. Pt. *minutus*. Der kleine Bohrkäfer. Illig. Pr. Käf. T. I. p. 347. n. 6.

142. SARROTRIUM. (Bürstenkäfer.)

1. S. *muticum*. Der unbewehrte Bürstenkäfer. Fab. Syst. El. T. I. p. 327. n. 1. Hispa mutica. Panz. F. g. 1. t. 8.

143. PTILINUS. (Federhornkäfer.)

1. Pt. *pectinicornis*. Der Federkammkäfer. Fab. Syst. El. T. I. p. 329. n. 2. Panz. F. g. 3. t. 7.

2. Pt. *pectinatus*. Der eigentliche Federhornkäfer. Fab. Syst. El. T. I. p. 329. n. 4. Panz. F. g. 6. t. 9. * (N.)

144. Dorcatoma. (Gemshornkäfer.)

1. D. *Dresdense.* Der Dresdner Gemshornkäfer. Fab. Syst. El. T. I. p. 330. n. 1. Panz. F. g. 26. t. 10.

145. Parnus. (Hackenkäfer.)

1. P. *prolifericornis.* Der Hackenkäfer mit sprossenden Fühlhörnern. Fab. Syst. El. T. I. p. 332. n. 1. Panz. F. g. 13. t. 1.

146. Necroborus. (Leichenkäfer.)

1. N. *germanicus.* Der Deutsche Leichenkäfer. Fab. Syst. El. T. I. p. 333. n. 1. Panz. F. g. 41. t. 1.

2. N. *humator.* Der Trauer-Leichenkäfer. Fab. Syst. El. T. I. p. 333. n. 2. Panz. F. g. 41. t. 2.

3. N. *Vespillo.* Der gemeine Leichenkäfer. Fab. Syst. El. T. I. p. 335. n. 7. Panz. F. g. 2. t. 21.

4. N. *mortuorum.* Der Todten-Leichenkäfer. Fab. Syst. El. T. I. p. 335. n. 8. Panz. F. g. 41. t. 3.

5. N. *funerarius.* Unter diesem Nahmen steckt ein in der Zeichnung der Flügeldecken von den vorigen beiden verschiedener, in Schlesien nicht ganz seltener, Käfer in der Sammlung des Herrn Köhler.

147. Silpha. (Stinkkäfer.)

1. S. *littoralis.* Der Ufer-Stinkkäfer. Fab. Syst. El. T. I. p. 336. n. 2. Panz. F. g. 40. t. 15.

2. S. *clavipes.* Keulenfüßiger Stinkkäfer. Sulz. Hist. Ins. t. 2. f. 14. Ist nach Fab. (l. c.) und Illiger (Pr. Käf. p. 357. n. 3. β.) Var. von der vorhergehenden. * (v. St. M.)

3. S. *thoracica.* Der Stinkkäfer mit dem rothen Halsschilde. Fab. Syst. El. T. I. p. 337. n. 7. Panz. F. g. 40. t. 16.

4. S. *rugosa.* Der runzelige Stinkkäfer. Fab. Syst. El. T. I. p. 338. n. 10. Panz. F. g. 40. t. 17.

5. S. *atrata.* Der ganz schwarze Stinkkäfer. Fab. Syst. El. T. I. p. 339. n. 12.

6. S. *pedemontana.* Der Piemontesische Stinkkäfer. Fab. Syst. El. T. I. p. 339. n. 13. * (K.)

7. S. *obscura.* Der dunkle Stinkkäfer. Fab. Syst. El. T. I. p. 340. n. 17.

8. S. *reticulata.* Der netzförmige Stinkkäfer. Fab. Syst. El. T. I. p. 341. n. 18. Silpha obscura. Panz. F. g. 5. t. 9. * (N.)

9. S. *opaca* (tomentosa Herbst.). Der filzige Stinkkäfer. Fab. Syst. El. T. I. p. 341. n. 19.

10. S. *sinuata.* Der ausgeschweifte Stinkkäfer. Fab. Syst. El. T. I. p. 341. n. 20.

11. S. *quadripunctata.* Der vierpunctige Stinkkäfer. Fab. Syst. El. T. I. p. 341. n. 21. Panz. F. g. 40. t. 18.

12. S. *brunnea.* Der braune Stinkkäfer. Panz. Ent. Taschenb. I. p. 123. n. 22. Varietät der Silpha atrata?

13. S. *punctata.* Der punctirte Stinkkäfer. Panz. Taschenb. p. 122. n. 21. Ist mehr als wahrscheinlich von S. atrata verschieden.

148. Peltis. (Schirmkäfer.)

1. P. *grossa.* Der breitgeschildete Schirmkäfer. Fab. Syst. El. T. I. p. 343. n. 1. Silpha grossa. Panz. F. g. 75. t. 16.

2. P. *ferruginea.* Der eisenrostfarbene Schirmkäfer. Fab. Syst. El. T. I. p. 344. n. 2. Silpha ferruginea. Panz. F. g. 75. t. 17.

3. P. *oblonga.* Der längliche Schirmkäfer. Fab. Syst. El. T. I. p. 344. n. 3. Silpha oblonga. Panz. F. g. 75. t. 18.

149. Nitidula. (Schabkäfer.)

1. N. *bipustulata.* Der zweiblatterige Schabkäfer. Fab. Syst. El. T. I. p. 347. n. 2. Panz. F. g. 3. t. 10.

2. N. *quadripustulata.* Der vierblatterige Schabkäfer. Fab. Syst. El. T. I. p. 348.

3. N. *obscura.* Der dunkle Schabkäfer. Fab. Syst. El. T. I. p. 348.

4. N. *aestiva.* (Silpha aestiva. Lin.) Der Sommer-Schabkäfer. Illig. Pr. Käfer. T. I. p. 385. n. 10. * (K. M.)

5. N. *depressa.* Der platte Schabkäfer. Illig. Pr. Käfer. T. I. p. 386. n. 12. Nit. aestiva. Fab. Syst. El. T. I. p. 348. n. 7. * (M. K.)

6. N. *obsoleta.* Der verschossene Schabkäfer. Fab. Syst. El. T. I. p. 349. n. 9..

7. N. *ferruginea.* Der eisenrostfarbige Schabkäfer. Fab. Syst. El. T. I. p. 349. n. 10.

8. N. *striata.* Der gestreifte Schabkäfer. Fab. Syst. El. T. I. p. 350. n. 12. Panz. F. g. 83. t. 4. * (N.)

9. N. *imperialis*. Der kaiserliche Schabkäfer. Fab. Syst. El. T. I. p. 350. n. 13.

10. N. *decemguttata*. Der zehntropfige Schabkäfer. Fab. Syst. El. T. I. p. 350. n. 14.

11. N. *varia*. Der scheckige Schabkäfer. Fab. Syst. El. T. I. p. 350. n. 15.

12. N. *sordida*. Der schmutzige Schabkäfer. Fab. Syst. El. T. I. p. 351. n. 16.

13. N. *bicolor*. Der zweifarbige Schabkäfer. Fab. Syst. El. T. I. p. 351. n. 19. Varietät der N. obsoleta? * (N.)

14. N. *Colon*. Der Colon-Schabkäfer. Fab. Syst. El. T. I. p. 351. n. 20. * (K.)

15. N. *limbata*. Der bordirte Schabkäfer. Fab. Syst. El. T. I. p. 352. n. 21. * (N. M. K.)

16. N. *haemorrhoidalis*. Der rothafterige Schabkäfer. Fab. Syst. El. T. I. p. 352. n. 22. * (N. K. M.) Varietät des N. Colon?

17. N. *discoides*. Der in der Mitte der Deckschilde rothgelbe Schabkäfer. Fab. Syst. El. T. I. p. 352. n. 23. Panz. F. g. 83. t. 5.

18. N. *pedicularia*. Der lausähnliche Schabkäfer. Fab. Syst. El. T. I. p. 352. n. 24.

19. N. (Coccinella) *litura*. Der verwischte Schabkäfer. Fab. Syst. El. T. I. p. 353. n. 27. Coccinella Aurora. Panz. F. g. 36. t. 5.

20. N. *aenea*. Der erzfarbige Schabkäfer. Fab. Syst. El. T. I. p. 353. n. 28. Panz. F. g. 83. t. 6.

21. N. *viridescens.* Der grünliche Schabkäfer. Fab. Syst. El. T. I. p. 353. n. 29. Panz. F. g. 83. t. 7. Var. der N. aenea?

22. N. *rufipes.* Der gelblichrothfüßige Schabkäfer. Fab. Syst. El. T. I. p. 355. n. 38. * (N. K.)

23. N. *biloba.* Der zweilappige Schabkäfer. Panz. Ent. Tasch. p. 129. n. 27. * (N.)

24. N. *sulcata.* Der gefurchte Schabkäfer. Panz. l. c. n. 31. * (K.)

25. N. *solida.* Illig. Pr. Käf. T. I. p. 389. n. 16.

26. N. *pusilla.* Der allerkleinste Schabkäfer. Illig. l. c. p. 386. n. 11. * (M. K.)

150. Heterocerus. (Kammhornkäfer.)

1. H. *marginatus.* Der gerandete Kammhornkäfer. Fab. Syst. El. T. I. p. 355. n. 1. Panz. F. g. 23. t. 11. 12.

151. Coccinella. (Blattlauskäfer.)

1. C. M *nigrum.* Der Blattlauskäfer mit dem schwarzen M. Fab. Syst. El. T. I. p. 357. n. 10.

2. C. *impunctata.* Der unpunctirte Blattlauskäfer. Fab. Syst. El. T. I. p. 358. n. 14. Panz. F. g. 36. t. 4.

3. C. *margine punctata.* Fab. Syst. El. T. I. p. 358. n. 16. Panz. F. g. 79. n. 1.

4. C. *bipunctata.* Der zweipunctige Blattlauskäfer. Fab. Syst. El. T. I. p. 360. n. 29. Var. ꝛc. C. dispar. Illig. l. c. p. 457. n. 33.

5. C. *hieroglyphica.* Der hieroglyphische Blattlauskäfer. Fab. Syst. El. T. I. p. 361. n. 31.

6. C. *flexuosa*. Der schlängelnde Blattlauskäfer. Fab. Syst. El. T. I. p. 362. n. 38. Var. β. C. hieroglyphicae. Illig. l. c. p. 445. n. 31. * (K.)

7. C. *quinquepunctata*. Der fünfpunctige Blattlauskäfer. Fab. Syst. El. T. I. p. 363. n. 47.

8. C. *quinquemaculata*. Der fünffleckige Blattlauskäfer. Fab. Syst. El. T. I. p. 364. n. 48. Var. μ. C. mutabilis. Illig. l. c. p. 426. n. 15. * (K.)

9. C. *septempunctata*. Der siebenpunctige Blattlauskäfer. Fab. Syst. El. T. I. p. 364. n. 52. Panz. F. g. 79. t. 3.

10. C. *septemmaculata*. Der siebenfleckige Blattlauskäfer. Fab. Syst. El. T. I. p. 365. n. 53.

11. C. *septemnotata*. Der siebennotirte Blattlauskäfer. Fab. Syst. El. T. I. p. 365. n. 54. Panz. F. g. 79. t. 5. Var. i. C. mutabilis. Illig. l. c. p. 426. n. 15.

12. C. *octopunctata*. Der achtpunctirte Blattlauskäfer. Fab. Syst. El. T. I. p. 365. n. 55. Var. ϑ. C. variabilis. Illig. l. c. p. 447. n. 32.

13. C. *novempunctata*. Der neunpunctirte Blattlauskäfer. Fab. Syst. El. T. I. p. 366. n. 61. Var. γ. C. undecimpunctata. Illig. l. c. p. 442. n. 29.

14. C. *undecimpunctata*. Der eilfpunctirte Blattlauskäfer. Fab. Syst. El. T. I. p. 367. n. 66.

15. C. *duodecimpunctata*. Der zwölfpunctirte Blattlauskäfer. Fab. Syst. El. T. I. p. 367. n. 68. Hierher gehört C. 16punctata Lin. Illig. l. c. p. 466. n. 36. Var. γ. Ent. Mag. I. p. 92. * (K.)

16. C. *tredecimmaculata.* Der dreizehnfleckige Blattlauskäfer. Fab. Syst. El. T. I. p. 369. n. 74. Var. ν. C. variabilis. Illig. l. c. p. 448. n 32. * (K.)

17. C. *tredecimpunctata.* Der dreizehnpunctige Blattlauskäfer. Fab. Syst. El. T. I. p. 369. n. 76.

18. C. *quatuordecimpunctata.* Der vierzehnpunctige Blattlauskäfer. Lin. Syst. Nat. Ed. 13. T. I. p. 1653. n. 14. Var. β. C. conglobata. Illig. l. c. p. 462. n. 35.

19. C. *quatuordecimmaculata.* Der vierzehnfleckige Blattlauskäfer. Fab. Syst. El. T. I. p. 370. n. 79. Var. α. C. conglobata. l. c.

20. C. *ocellata.* Der Augen-Blattlauskäfer. Fab. Syst. El. T. I. p. 370. n. 80. Panz. F. g. 79. t. 6.

21. C. *sedecimpunctata.* Der sechzehnpunctige Blattlauskäfer. Fab. Syst. El. T. I. p. 370. n. 81. Panz. F. g. 79. t. 2. C. margine punctata. Var. β. Illig. l. c. p. 438. n. 26. * (K.)

22. C. *novendecimpunctata.* Der neunzehnpunctige Blattlauskäfer. Fab. Syst. El. T. I. p. 371. n. 85. * (M.)

23. C. *vigintipunctata.* Der zwanzigpunctige Blattlauskäfer. Fab. Syst. El. T. I. p. 371. n. 86.

24. C. *vigintiquatuorpunctata.* Der vier und zwanzigpunctige Blattlauskäfer. Fab. Syst. El. T. I. p. 372. n. 90. C. globosa. Var. η. Illig. l. c. p. 469. n. 39.

25. C. *conglomerata.* Der zusammen geflossene Blattlauskäfer. Fab. Syst. El. T. I. p. 372. n. 93. C. conglobata. Var. γ. Illig. l. c. p. 262. n. 35.

26. C. *con-*

26. C. *conglobata.* Der kugelige Blattlauskäfer. Fab. Syst. El. T. I. p. 373. n. 94. C. impustulata. Var. γ. Illig. l. c. p. 460. n. 34.

27. C. *bissexguttata.* Der zweimal sechstropfige Blattlauskäfer. Fab. Syst. El. T. I. p. 374. n. 103. * (K.)

28. C. *quatuordecimguttata.* Der vierzehntropfige Blattlauskäfer. Fab. Syst. El. T. I. p. 374. n. 105.

29. C. *sedecimguttata.* Der sechzehntropfige Blattlauskäfer. Fab. Syst. El. T. I. p. 375. n. 108.

30. C. *octodecimguttata.* Der achtzehntropfige Blattlauskäfer. Fabr. Syst. El. T. I. p. 375. n. 109. * (K.)

31. C. *vigintiguttata.* Der zwanzigtropfige Blattlauskäfer. Fab. Syst. El. T. I. p. 376. n. 110. C. tigrina. Var. β. Illig. l. c. p. 434. n. 21.

32. C. *oblongoguttata.* Der länglichgetropfte Blattlauskäfer. Fab. Syst. El. T. I. p. 376. n. 111.

33. C. *impustulata.* Der unblatterige Blattlauskäfer. Fab. Syst. El. T. I. p. 376. n. 112. * (K.)

34. C. *parvula.* Der kleine Blattlauskäfer. Fab. Syst. El. T. I. p. 377. n. 117. Panz. F. g. 13. t. 2. * (K.)

35. C. *biverrucata.* Der zweiwarzige Blattlauskäfer. Fab. Syst. El. T. I. p. 378. n. 120. Scymnus 2punctatus. Panz. F. g. 24. t. 11.

36. C. *bipustulata.* Der zweiblatterige Blattlauskäfer. Fab. Syst. El. T. I. p. 379. n. 128.

37. C. *lateralis.* Der an den Seiten des Halsschildes rothe Blattlauskäfer. Fab. Syst. El. T. I. p. 380. n. 129. Panz. F. germ. 24. t. 9.

38. C. *frontalis.* Der Blattlauskäfer mit der rothen Stirn. Fab. Syst. El. T. I. p. 381. n. 133. Panz. F. g. 13. t. 4.

39. C. *quadripustulata.* Der vierblattrige Blattlauskäfer. Fab. Syst. El. T. I. p. 381. n. 135. C. dispar. Var. γ. Illig. l. c. p. 455. n. 33.

40. C. *quadriverrucata.* Der vierwarzige Blattlauskäfer. Fab. Syst. El. T. I. p. 381. n. 136. C. 4pustulata. Var. β. Illig. l. c. p. 473. n. 41.

41. C. *bisbipustulata.* Der zweimalzweiblattrige Blattlauskäfer. Fab. Syst. El. T. I. p. 382. n. 139. Panz. F. g. 13. t. 5. β. 24. t. 8.

42. C. *sexpustulata.* Der sechsblattrige Blattlauskäfer. Fab. Syst. El. T. I. p. 383. n. 142. C. dispar. Var. ζ. Illig. l. c. p. 455. n. 33. Wir haben auch die Var. η.

43. C. *decempustulata.* Der zehnblattrige Blattlauskäfer. Fab. Syst. El. T. I. p. 384. n. 147. C. variabilis. Var. χ. Illig. l. c. p. 447. n. 32.

44. C. *bissexpustulata.* Der zweimalsechsblattrige Blattlauskäfer. Fab. Syst. El. T. I. p. 384. n. 149. C. conglobata. Var. δ. Illig. l. c. p. 462. n. 35. * (K.)

45. C. *duodecimpustulata.* Der zwölfblattrige Blattlauskäfer. Fab. Syst. El. T. I. p. 385. n. 150.

46. C. *quatuordecimpustulata.* Der vierzehnblattrige Blattlauskäfer. Fab. Syst. El. T. I. p. 385. n. 152.

47. C. *tigrina.* Der getiegerte Blattlauskäfer. Fab. Syst. El. T. I. p. 386. n. 161.

48. C. *renipustulata.* Der nierenfleckige Sonnenkäfer. Ill. Pr. Käf. T. I. p. 474. Scriba Beiträge. H. 2. p. 105. n. 27. t. 8. f. 14.

49. C. *nigrina.* Der schwärzliche Blattlauskäfer. Illig. l. c. p. 413. n. 1. Panz. F. g. 24. t. 12. * (K.)

50. C. *pusilla.* Der kleinste Blattlauskäfer. Herbst Col. T. 7. p. 346. t. 116. n. 11. Scymnus pusillus.

152. Cassida. (Schildkäfer.)

1. C. *viridis.* Der grüne Schildkäfer. Fab. Syst. El. T. I. p. 387. n. 1.

2. C. *equestris.* Der Ritter-Schildkäfer. Fab. Syst. El. T. I. p. 388. n. 3.

3. C. *prasina.* Der apfelgrüne Schildkäfer. Fab. Syst. El. T. I. p. 388. n. 4. * (N. M. K.)

4. C. *affinis* (nebulosa. Illig.). Der verwandte Schildkäfer. Fab. Syst. El. T. I. p. 388. n. 5. * (K. M.)

5. C. *vibex.* Der Striemen-Schildkäfer. Fab. Syst. El. T. I. p. 389. n. 6.

6. C. *sanguinolenta.* Der blutige Schildkäfer. Fabr. Syst. El. T. I. p. 389. n. 8. * (N.)

7. C. *nebulosa* (obsoleta Illig.). Der nebelichte Schildkäfer. Fab. Syst. El. T. I. p. 390. n. 11.

8. C. *Murraea.* Murrays Schildkäfer. Fab. Syst. El. T. I. p. 390. n. 14.

9. C. *ferruginea.* Der eisenrostfarbige Schildkäfer. Fab. Syst. El. T. I. p. 391. n. 16.

10. C. *nobilis.* Der edle Schildkäfer. Fab. Syst. El. T. I. p. 396. n. 47. Panz. F. g. 39. t. 15.

11. C. *margaritacea.* Der perlfarbene Schildkäfer. Fab. Syst. El. T. I. p. 397. n. 51. * (M. K.)

12. C. *fastuosa.* Der prächtige Schildkäfer. Scriba Beiträge H. 2. p. 86. n. 17.

13. C. *lineola.* Der auf dem Deckschilde mit einer Linie gezeichnete Schildkäfer. Creutz. ent. Vers. p. 119. t. 2. f. 23. a.

153. EVMOLPUS. (Gleitkäfer.)

1. E. *praetiosus.* Der prächtige Gleitkäfer. Fab. Syst. El. T. I. p. 419. n. 5. Chrysomela pretiosa. Panz. F. g. 44. t. 13. * (N.)

2. E. *obscurus.* Der dunkle Gleitkäfer. Fab. Syst. El. T. I. p. 421. n. 19. Cryptocephalus obscurus. Panz. F. g. 5. t. 12.

3. E. *Vitis.* Der Weinstock = Gleitkäfer. Fab. Syst. El. T. I. p. 422. n. 20. Cryptocephalus Vitis. Panz. F. g. 68. t. 5. * (N. K. M.)

4. E. *arenarius.* Der Sand = Gleitkäfer. Fab. Syst. El. T. I. p. 423. n. 26. Cryptocephalus arenarius. Panz. F. g. 39. t. 19. * (M. N.)

154. CHRYSOMELA. (Blattkäfer.)

1. C. *tenebricosa.* Der kugelige Blattkäfer. Fab. Syst. El. T. I. p. 423. n. 3. Panz. F. g. 44. t. 1. * (K. M.)

2. C. *Centaurei.* Der Tausendgüldenkraut = Blattkäfer. Fab. Syst. El. T. I. p. 428. n. 31. Panz. F. g. 44. t. 10.

3. C. *litura.* Der schwarzgestreifte Blattkäfer. Fab. Syst. El. T. I. p. 429. n. 34. Panz. F. g. 78. t. 6.

4. C. *Hottentotta.* Der ganz schwarze Blattkäfer. Fab. Syst. El. T. I. p. 429. n. 37.

5. C. *Raphani.* Der Rettig = Blattkäfer. Fab. Syst. El. T. I. p. 430. n. 47.

6. C. *calcarata.* Der gespornte Blattkäfer. Fab. Syst. El. T. I. p. 431. n. 48. * (N.)

7. C. *graminis.* Der Gras = Blattkäfer. Fab. Syst. El. T. I. p. 432. n. 58.

8. C. *fulgida.* Der glänzende Blattkäfer. Fab. Syst. El. T. I. p. 432. n. 59. * (K.)

9. C. *bifrons.* Der zweistirnige Blattkäfer. Fab. Syst. El. T. I. p. 432. n. 60.

10. C. *haemoptera.* Der rothgeflügelte Blattkäfer. Fab. Syst. El. T. I. p. 433. n. 63.

11. C. *varians.* Der wandelbare Blattkäfer. Fab. Syst. El. T. I. p. 433. n. 64. Panz. F. g. 44. t. 8.

12. C. *populi.* Der Pappelbaum = Blattkäfer. Fab. Syst. El. T. I. p. 433. n. 68.

13. C. *tremulae.* Der Aespen = Blattkäfer. Fab. Syst. El. T. I. p. 434. n. 69.

14. C. *Staphylaea.* Der Pimpernuß = Blattkäfer. Fab. Syst. El. T. I. p. 434. n. 71.

15. C. *polita.* Der polirte Blattkäfer. Fab. Syst. El. T. I. p. 434. n. 73.

16. C. *lurida.* Der fahle Blattkäfer. Fab. Syst. El. T. I. p. 435. n. 75. Panz. F. g. 78. t. 1. * (N.)

17. C. *viminalis.* Der Weiden = Blattkäfer. Fab. Syst. El. T. I. p. 436. n. 83. Panz. F. g. 78. t. 3.

18. C. *decempunctata.* Der zehnpunctirte Blattkäfer. Fab. Syst. El. T. I. p. 436. n. 86. mit sehr vielen Abänderungen.

19. C. *sexpunctata.* Der sechspunctige Blattkäfer. Fab. Syst. El. T. I. p. 436. n. 87. Panz. F. g. 26. t. 11.

20. C. *pallida.* Der blasse Blattkäfer. Fab. Syst. El. T. I. p. 437. n. 90. Panz. F. g. 78. t. 4.

21. C. *lapponica.* Der Lappländische Blattkäfer. Fab. Syst. El. T. I. p. 437. n. 95. Panz. F. g. 23. t. 13.

22. C. *Polygoni.* Der Wegetritt-Blattkäfer. Fab. Syst. El. T. I. p. 439. n. 102.

23. C. *cerealis.* Der Saat-Blattkäfer. Fab. Syst. El. T. I. p. 439. n. 105. Panz. F. g. 44. t. 11.

β. C. *alternans.* Panz. F. g. 67. t. 16. Creutz. Ent. Vers. p. 140. Sollte dieser wirklich nur Varietät seyn?

24. C. *fastuosa.* Der prächtige Blattkäfer. Fab. Syst. El. T. I. p. 440. n. 109. Panz. F. g. 44. t. 12.

25. C. *g oriosa.* Der Pestwurzel-Blattkäfer. Fab. Syst. El. T. I. p. 440. n. 111. Panz. F. g. 23. t. 14.

Man findet diesen Käfer vom Junius bis zum Ende des August häufig auf dem Riesengebirge auf der Cacalia albifrons und Senecio Sarracenicus mit, wie ich vermuthete, Abänderungen in der Farbe. Herr Köhler, ein scharfsinniger Beobachter, erhebt diese meine vermutheten Abänderungen zu eigenen Arten, deren Nahmen ich indessen hersetze.

26. C. *Senecionis.*

27. C. *lineata.*

28. C. *nigrolineata.*

Herrn Köhlers Meinung wird mir jetzt dadurch wahrscheinlich, weil man in den Adersbacher Steinen in Böhmen die Nr. 26. so häufig auf Senecio Sarracenicus findet, daß man in einer Viertelstunde etliche Hundert sammeln kann, von den andern drei Arten aber auch keine einzige.

29. C. *speciosa*. Der geschmückte Blattkäfer. Fab. Syst. El. T. I. p. 441. Panz. F. g. 23. t. 15.

30. C. *limbata*. Der gesäumte Blattkäfer. Fab. Syst. El. T. I. p. 441. n. 113. Panz. F. g. 16. t. 8.

31. C. *Carnifex*. Der Blut-Blattkäfer. Fab. Syst. El. T. I. p. 441. n. 114. Panz. F. g. 16. t. 9.

32. C. *sanguinolenta*. Der rothgerandete Blattkäfer. Fab. Syst. El. T. I. p. 441. n. 115. Panz. F. g. 16. t. 10.

33. C. *marginata*. Der gerandete Blattkäfer. Fab. Syst. El. T. I. p. 441. n. 116. Panz. F. g. 16. t. 11.

34. C. *Schach*. Der Schach-Blattkäfer. Fab. Syst. El. T. I. p. 441. n. 117. Panz. F. g. 16. t. 12.

35. C. *analis*. Der ziegelrothbordirte Blattkäfer. Fab. Syst. El. T. I. p. 442. n. 118. Panz. F. g. 16. t. 13. * (K.)

36. C. *aucta*. Der rothbebrämte Blattkäfer. Fab. Syst. El. T. I. p. 442. n. 119. Panz. F. g. 16. t. 14.

37. C. *vigintipunctata*. Der zwanzigpunctirte Blattkäfer. Fab. Syst. El. T. I. p. 442. n. 121. Panz. F. g. 6. t. 10.

38. C. *marginella*. Der schmalgerandete Blattkäfer. Fab. Syst. El. T. I. p. 442. n. 122. Panz. F. g. 16. t. 15.

39. C. *Hannoverana.* Der Hannöverische Blattkäfer. Fab. Syst. El. T. I. p. 443. n. 123. Panz. F. g. 16. t. 16.

40. C. *scutellata.* Der geschildete Blattkäfer. Fab. Syst. El. T. I. p. 443. n. 127. Panz. F. g. 26. t. 12.

41. C. *pectoralis.* Der schwarzbrüstige Blattkäfer. Fab. Syst. El. T. I. p. 443. n. 128. Panz. F. g. 78. t. 5. * (K. N.)

42. C. *haemorrhoidalis.* Der rothafterige Blattkäfer. Fab. Syst. El. T. I. p. 444. n. 130. Panz. F. g. 78. t. 7.

43. C. *aenea.* Der erzfarbene Blattkäfer. Fab. Syst. El. T. I. p. 444. n. 133. Panz. F. g. 25. t. 9.

44. C. *Bulgharensis.* Der Bulgarische Blattkäfer. Fab. Syst. El. T. I. p. 444. n. 134. * (N.)

45. C. *Armoraciae.* Der Meerrettig-Blattkäfer. Fab. Syst. El. T. I. p. 445. n. 136. Panz. F. g. 44. t. 14.

46. C. *Cochleariae.* Der Löffelkraut-Blattkäfer. Fab. Syst. El. T. I. p. 445. n. 137. Panz. F. g. 44. t. 15. * (K.)

Außer diesen bisher aufgeführten stecken in der Sammlung des Hrn. Köhler noch folgende vier Arten:

47. C. *metallicosa.* Köhl.

48. C. *fuscosa.* Köhl.

49. C. *islandica.* Köhl. Auf dem Riesengebirge unter dem isländischen Moos. Sie wird von einigen für die C. bifrons gehalten, ist es aber wahrscheinlich nicht.

50. C. *splendens* Köhleri.

51. C. *Napi.* Der Steckrüben-Blattkäfer. Fab. Syst. El. T. I. p. 446. n. 148. Altica Napi. Panz. F. g. 21. t. 3. *

52. C. *Hyosciami.* Der Bilsenkraut-Blattkäfer. Fab. Syst. El. T. I. p. 447. n. 149. Altica Hyosciami. Panz. F. g. 21. t. 4. *

53. C. *nigripes.* Der schwarzfüßige Blattkäfer. Fab. Syst. El. T. I. p. 447. n. 150. Altica nigripes. Panz. F. g. 21. t. 5. *

54. C. *nitidula.* Der glänzende Blattkäfer. Fab. Syst. El. T. I. p. 447. n. 151.

55. C. *Helxines.* Der Buchweizen-Blattkäfer. Fab. Syst. El. T. I. p. 447. n. 152. Altica Helxines. Panz. F. g. 21. t. 6.

56. C. *fulvicornis.* Der gelbhörnige Blattkäfer. Fab. Syst. El. T. I. p. 447. n. 153.

57. C. *Modeeri.* Der Modeerische Blattkäfer. Fab. Syst. El. T. I. p. 448. n. 155. Altica Modeeri. Panz. F. g. 21. t. 7. * (N. M. K.)

58. C. *semiaenea.* Der halberzfarbene Blattkäfer. Fab. Syst. El. T. I. p. 448. n. 156. * (K. M.)

59. C. *testacea.* Der ziegelrothe Blattkäfer. Fab. Syst. El. T. I. p. 448. n. 159. Altica testacea. Panz. F. g. 21. t. 13.

155. CRIOCERIS. (Fadenhornkäfer.)

1. C. *nigricornis.* Der schwarzhörnige Fadenhornkäfer. Fab. Syst. El. T. I. p. 453. n. 19. Panz. F. g. 91. 9.

2. C. *flavipes.* Der gelbfüßige Fadenhornkäfer. Fab. Syst. El. T. I. p. 461. n. 55. Panz. F. g. 32. t. 4.

3. C. *subspinosa.* Der dornige Fadenhornkäfer. Fab. Syst. El. T. I. p. 461. n. 57.

4. C. *lineola.* Der Linien-Fadenhornkäfer. Fab. Syst. El. T. I. p. 463. n. 62. Panz. F. g. 34. t. 5.

5. C. *fulvipes.* Der gelbfüßige Fadenhornkäfer. Fab. Syst. El. T. I. p. 463. n. 68. Altica rufipes. Panz. F. g. 21. t. 10.

6. C. *quadripustulata.* Der vierblatterige Fadenhornkäfer. Fab. Syst. El. T. I. p. 464. n. 72. Panz. F. g. 88. t. 2.

7. C. *atricilla.* Der schwarzköpfige Flohkäfer. Fab. Syst. El. T. I. p. 465. n. 75. Altica atricilla. Panz. F. g. 21. t. 8. * ? (N. M.)

8. C. *Sisymbrii.* Der Rauken-Fadenhornkäfer. Fab. Syst. El. T. I. p. 465. n. 76. * (K.)

9. C. *Nasturtii.* Der Brunnenkresse-Fadenhornkäfer. Fab. Syst. El. T. I. p. 465. n. 77. Altica Nasturtii. Panz. F. g. 21. t. 9. * (K. M.)

10. C. *dorsalis.* Der auf dem Rücken gezeichnete Fadenhornkäfer. Fab. Syst. El. T. I. p. 465. n. 78. * (K.)

11. C. *exoleta.* Der Distel-Fadenhornkäfer. Fab. Syst. El. T. I. p. 466. n. 80. Altica exoleta. Panz. F. g. 21. t. 14.

12. C. *holsatica.* Der Holsteiner Fadenhornkäfer. Fab. Syst. El. T. I. p. 467. n. 85. * (K.)

13. C. *tabida.* Der verblichene Fadenhornkäfer. Fabr. Syst. El. T. I. p. 467. n. 86. Altica tabida. Panz. F. g. 21. t. 15.

14. C. *Euphorbiae.* Der Wolfsmilch-Fadenhornkäfer. Fab. Syst. El. T. I. p. 467. n. 87.

15. C. *atra.* Der schwarze Fadenhornkäfer. Fab. Syst. El. T. I. p. 467. n. 88. * (N.)

16. C. *nemorum.* Der Hain-Fadenhornkäfer. Fab. Syst. El. T. I. p. 467. n. 89. Altica nemorum. Panz. F. g. 21. t. 19.

17. C. *Brassicae.* Der Kohl-Fadenhornkäfer. Fab. Syst. El. T. I. p. 468. n. 90. Altica Brassicae. Panz. F. g. 21. t. 1.?

156. Helodes.

1. H. *Phellandrii.* Der Wasserfenchelkäfer. Fab. Syst. El. T. I. p. 469. n. 1. Crioceris Phellandrii. Panz. F. g. 83. t. 9.

157. Lema. (Zirpkäfer.)

1. L. *merdigera.* Der Lilien-Zirpkäfer. Fab. Syst. El. T. I. p. 472. n. 9. Crioceris merdigera. Panz. F. g. 45. t. 2.

2. L. *brunnea.* Der rothbraune Zirpkäfer. Fab. Syst. El. T. I. p. 473. n. 11. Crioceris brunnea. Panz. F. g. 45. t. 1.

3. L. *12punctata.* Der zwölfpunctige Zirpkäfer. Fab. Syst. El. T. I. p. 473. n. 12. Crioceris 12punctata. Panz. F. g. 45. t. 3.

4. L. *Asparagi.* Der Spargel-Zirpkäfer. Fab. Syst. El. T. I. p. 474. n. 17. Panz. F. g. 71. t. 2.

5. L. *Cyanella.* Der kornblumenblaue Zirpkäfer. Fab. Syst. El. T. I. p. 475. n. 23. Panz. F. g. 71. t. 1.

6. L. *melanopa*. Der schwarzfüßige Zirpkäfer. Fab. Syst. El. T. I. p. 476. n. 27. Panz. F. g. 91. t. 12.

158. GALLERUCA. (Furchtkäfer.)

1. G. *littoralis*. Der Ufer-Furchtkäfer. Fab. Syst. El. T. I. p. 479. n. 7. *

2. G. *rustica*. Der Feld-Furchtkäfer. Fab. Syst. El. T. I. p. 481. n. 15.

3. G. *Tanaceti*. Der Rainfarren-Furchtkäfer. Fab. Syst. El. T. I. p. 481. n. 16.

4. G. *Alni*. Der Erlen-Furchtkäfer. Fab. Syst. El. T. I. p. 483. n. 27.

5. G. *quadrimaculata*. Der vierfleckige Furchtkäfer. Fab. Syst. El. T. I. p. 485. n. 36. Crioceris 2maculata. Panz. F. g. 48. t. 16.

6. G. *lineola*. Der Linien-Furchtkäfer. Fab. Syst. El. T. I. p. 486. n. 44.

7. G. *Nympheae*. Der Seerosen-Furchtkäfer. Fab. Syst. El. T. I. p. 486. n. 45.

8. G. *Capreae*. Der Saalweiden-Furchtkäfer. Fab. Syst. El. T. I. p. 487. n. 46.

9. G. *Vitellinae*. Der Dotterweiden-Furchtkäfer. Fab. Syst. El. T. I. p. 487. n. 49. Panz. F. g. 44. t. 16.

β. G. vulgatissima. Fab. l, c.

10. G. *Calmariensis*. Der Calmarische Furchtkäfer. Fab. Syst. El. T. I. p. 488. n. 52. * (K.)

11. G. *sanguinea*. Der blutrothe Furchtkäfer. Fab. Syst. El. T. I. p. 488. n. 54. * (K. M.)

12. G. *Beccabungae*. Der Bachbungen-Furchtkäfer. Chrysomela Beccabungae. Panz. F. g. 25. t. 11.

13. G. *Erucae.* Der Senf-Furchtkäfer. Fab. Syst. El. T. I. p. 497. n. 99. Altica Erucae. Panz. F. g. 21. t. 2.?

14. G. *oleracea.* Der Pflanzen-Furchtkäfer. Fab. Syst. El. T. I. p. 498. n. 108. Altica oleracea. Panz. F. g. 21. t. 1.

15. G. *Viburni.* Payk. Fauna Suec. T. II. p. 89.

16. G. *Spiraeae* Köhleri.

159. Cyphon. (Jochkäfer.)

1. C. *pallidus.* Der blasse Jochkäfer. Fab. Syst. El. T. I. p. 501. Cistela pallida. Panz. F. g. 8. t. 7.

2. C. *griseus.* Der graue Jochkäfer. Fab. Syst. El. T. I. p. 522. n. 3. * (K.)

3. C. *pubescens.* Der feinhaarige Jochkäfer. Fab. Syst. El. T. I. p. 322. n. 4.

4. C. *hemisphaericus.* Der halbkugelförmige Jochkäfer. Fab. Syst. El. T. I. p. 502. n. 7.

5. C. *nimbatus.* Der Jochkäfer mit dem gelbgesäumten Bruststücke. Cistela nimbata. Panz. F. g. 24. t. 15.

160. Endomychus. (Heimkäfer.)

1. E. *coccineus.* Der scharlachrothe Heimkäfer. Fab. Syst. El. T. I. p. 505. n. 2. Panz. F. g. 44. t. 17.

2. E. *quadripustulatus.* Der vierblatterige Heimkäfer. Fab. Syst. El. T. I. p. 505. n. 4. Panz. F. g. 44. t. 18. * (G.)

161. Atopa. (Greiskäfer.)

1. A. *cinerea.* Der aschgraue Greiskäfer. Fab. Syst. El. T. II. p. 15. n. 2.

2. A. *cervina.* Der rehfahlgraue Greiskäfer. Fab. Syst. El. T. II. p. 15. n. 1. *

162. Cistela. (Pflanzenkäfer)

1. C *Cerambоides.* Der bockkäferartige Pflanzenkäfer. Fab. Syst. El. T. II. p. 16. n. 1.

2. C. *lepturoides.* Der schmalkäferartige Pflanzenkäfer. Fab. Syst. El. T. II. p. 18. Panz. F. g. 5. t. 11.

3. C. *sulphurea.* Der schwefelfarbene Pflanzenkäfer. Fab. Syst. El. T. II. p. 18. n. 6.

4. C. *fulvipes.* Der goldgelbfüßige Pflanzenkäfer. Fab. Syst. El. T. II. p. 19. n. 13.

5. C. *murina.* Der mäusefarbene Pflanzenkäfer. Fab. Syst. El. T. II. p. 19. n. 15.

6. C. *flavipes.* Der gelbfüßige Pflanzenkäfer. Fab. Syst. El. T. II. p. 19. n. 17.

7. C. *humeralis.* Der schulterfleckige Pflanzenkäfer. Fab. Syst. El. T. II. p. 19. n. 18. Panz. F. g. 25. t. 14.

8. C. *nigrita.* Der schwärzliche Pflanzenkäfer. Fab. Syst. El. T. II. p. 20. n. 20. * (K.)

9. C. *laeta.* Der angenehme Pflanzenkäfer. Panz. F. g. 8. t. 8. * (M.)

10. C. *rufitarsis.* Der rothfüßige Pflanzenkäfer. Lin. Syst. Nat. Ed. Gmel. T. I. p. 1714. n. 96.

163. Allecula.

1. A. *varians.* Der veränderliche Allecula. Fab. Syst. El. T. II. p. 22. n. 2.

164. Clytra. (Sackkäfer.)

1. C. *longipes*. Der langfüßige Sackkäfer. Fab. Syst. El. T. II. p. 28. n. 1.

2. C. *quadripunctata*. Der vierpunctige Sackkäfer. Fab. Syst. El. T. II. p. 31. n. 13.

3. C. *tridentata*. Der dreizähnige Sackkäfer. Fab. Syst. El. T. II. p. 34. n. 27. Clytra humeralis. Panz. F. g. 48. t. 13.

4. C. *taxicornis*. Der Sackkäfer mit taxusförmigen Fühlhörnern. Fab. Syst. El. T. II. p. 34. n. 29.

5. C. *aurita*. Der geöhrte Sackkäfer. Fab. Syst. El. T. II. p. 36. n. 36. Cryptocephalus auritus. Panz. F. g. 25. t. 20.

6. C. *longimana*. Der langarmige Sackkäfer. Fab. Syst. El. T. II. p. 37. n. 40. Clytra tridentata. Panz. F. g. 48. t. 12.

7. C. *cyanea*. Der kornblumenblaue Sackkäfer. Fab. Syst. El. T. II. p. 39. n. 50. Panz. F. g. 45. t. 5.

8. C. *bucephala*. Der ochsenkopfartige Sackkäfer. Fab. Syst. El. T. II. p. 39. n. 51. Panz. F. g. 45. t. 6.

9. C. *Scopolina*. Scopolis Sackkäfer. Fab. Syst. El. T. II. p. 39. n. 52. Panz. F. g. 48. t. 15.

10. C. *affinis*. Der verwandte Sackkäfer. Panz. Ent. Taschenb. p. 190. n. 8. Cryptocephalus affinis. Panz. F. g. 25. t. 21.

165. Cryptocephalus. (Fallkäfer.)

1. C. *marginatus*. Der gerandete Fallkäfer. Fab. Syst. El. T. II. p. 43. n. 13. Panz. F. g. 68. t. 1.

2. C. *bipunctatus.* Der zweipunctirte Fallkäfer. Fab. Syst. El. T. II. p. 43. n. 16. Panz. F. g. 68. t. 2.

3. C. *Lineola.* Der Linien=Fallkäfer. Fab. Syst. El. T. II. p. 44. n. 17.

4. C. *variabilis.* Der veränderliche Fallkäfer. Fab. Syst. El. T. II. p. 44. n. 20. Panz. F. g. 13. t. 7.

5. C. *bothnicus.* Der bothnische Fallkäfer. Fab. Syst. El. T. II. p. 45. n. 22. Panz. F. g. 68. t. 3. * (M.)

6. C. *frenatus.* Der gezäumte Fallkäfer. Fab. Syst. El. T. II. p. 45. n. 23. Panz. F. g. 68. t. 4. * (M.)

7. C. *Coryli.* Der Haselstauden=Fallkäfer. Fab. Syst. El. T. II. p. 45. n. 26. Panz. F. g. 68. t. 6.

8. C. *variegatus.* Der scheckige Fallkäfer. Fab. Syst. El. T. II. p. 46. n. 27. * (N. K M.)

9. C. *sexpunctatus.* Der sechspunctirte Fallkäfer. Fab. Syst. El. T. II. p. 46. n. 30. Panz. F. g. 68. t. 7.

10. C. *violaceus.* Der violette Fallkäfer. Fab. Syst. El. T. II. p. 47. n. 33.

11. C. *sericeus.* Der seidenartige Fallkäfer. Fab. Syst. El. T. II. p. 49. n. 46.

12. C. *nitens.* Der glänzende Fallkäfer. Fab. Syst. El. T. II. p. 49. n. 47. Panz. F. g. 68. t. 8.

13. C. *vittatus.* Der gestriemte Fallkäfer. Fab. Syst. El. T. II. p. 50. n. 52.

14. C. *labiatus.* Der gelbmäulige Fallkäfer. Fab. Syst. T. II. p. 51. n. 56. Panz. F. g. 68. t. 9.

15. C. *flavilabris.* Der gelblippige Fallkäfer. Fab. Syst. El. T. II. p. 51. n. 57.

16. C. *flavipes.* Der gelbfüßige Fallkäfer. Fab. Syst. El. T. II. p. 51. n. 58. Panz. F. g. 68. t. 10.

17. C. *flavi-*

17. C. *flavifrons*. Der gelbstirnige Fallkäfer. Fab. Syst. El. T. II. p. 51. n. 59.

18. C. *Hübneri*. Hübners Fallkäfer. Fab. Syst. El. T. II. p. 51. n. 60. Panz. F. g. 39. t. 16.

19. C. *Moraei*. Der Moräussche Fallkäfer. Fab. Syst. El. T. II. p. 52. n. 61. Panz. F. g. 68. t. 11.

20. C. *octoguttatus*. Der achttropfige Fallkäfer. Fab. Syst. El. T. II. p. 52. n. 63.

21. C. *decempunctatus*. Der zehnpunctige Fallkäfer. Fab. Syst. El. T. II. p. 53. n. 66. Panz. F. g. 68. t. 12.

22. C. *hieroglyphicus*. Der hieroglyphische Fallkäfer. Fab. Syst. El. T. II. p. 53. n. 67. Panz. F. g. 68. t. 13.

23. C. *Pini*. Der Fichten-Fallkäfer. Fab. Syst. El. T. II. p. 56. n. 83. Panz. F. g. 39. t. 17.

24. C. *gracilis*. Der Fallkäfer mit der weißen Linie. Fab. Syst. El. T. II. p. 57. n 89. *

25. C. *pusillus*. Der Zwerg-Fallkäfer. Fab. Syst. El. T. II. p. 56. n. 85.?

166. Hispa. (Dornkäfer.)

1. H. *spinosa*. Der stachelige Dornkäfer. Fab. Syst. El. T. II. p. 58. n. 2.

167. Lagria. (Wollkäfer.)

1. L. *hirta*. Der struppige Wollkäfer. Fab. Syst. El. T. II. p. 70. n. 8.

168. Dasytes.

1. D. *ater*. Der pechschwarze Dasytes. Fab. Syst. El. T. II. p. 71. n. 1.

2. D. *niger.* Der schwarze Dasytes. Fab. Syst. El. T. II. p. 72. n. 4. * (N.)

3. D. *flavipes.* Der gelbfüßige Dasytes. Fabr. Syst. El. T. II. p. 72. n. 6. Panz. F. g. 6. t. 11.

4. D. *caeruleus.* Der blaue Dasytes. Fab. Syst. El. T. II. p. 73. n. 7. * (N.)

5. D. *metallicus.* Der metallglänzende Dasytes. Fab. Syst. El. T. II. p. 73. n. 8.

6. D. *nigricornis.* Der schwarzhörnige Dasytes. Fab. Syst. El. T. II. p. 73. n. 10.

169. Cerocoma. (Wirrhornkäfer.)

1. C. *Schäfferi.* Der Schäffersche Wirrhornkäfer. Fab. Syst. El. T. II. p. 74. n. 1.

170. Lytta. (Pflasterkäfer.)

1. L. *vesicatoria.* Der Blasen=Pflasterkäfer. Fab. Syst. El. T. II. p. 76. n. 1. Panz. F. g. 4. t. 4.

171. Lymexylon. (Holzkäfer.)

1. L. *dermestoides.* Der pelzkäferartige Holzkäfer. Fab. Syst. El. T. II. p. 87. n. 1. Panz. F. g. 22. t. 2.

2. L. *navale.* Der Schiff=Holzkäfer. Fab. Syst. El. T. II. p. 88. n. 4. Panz. F. g. 22. t. 5. Bei Breslau.

3. L. *flavipes.* Der gelbfüßige Holzkäfer. Fab. Syst. El. T. II. p. 88. n. 5. Panz. F. g. 22. t. 6.

172. Cucujus. (Plattkäfer.)

1. C. *depressus.* Der niedergedrückte Plattkäfer. Fab. Syst. El. T. II. p. 93. n. 4.

173. DIRCAEA. (Beilkäfer.)

1. D. *barbata*. Der bärtige Beilkäfer. Fab. Syst. El. T. II. p. 88. n. 1. Lymexylon barbatum. Panz. F. g. 22. t. 4.

174. PYTHO.

1. P. *caeruleus*. Der blaue Pytho. Fab. Syst. El. T. II. p. 95. n. 1.

175. BRONTES.

1. B. *flavipes*. Der gelbfüßige Brontes. Fab. Syst. El. T. II. p. 97. n. 2.

176. LAMPYRIS. (Leuchtkäfer.)

1. L. *noctiluca*. Der nächtliche Leuchtkäfer. Fab. Syst. El. T. II. p. 99. n. 1. Panz. F. g. 41. t. 7.

2. L. *splendidula*. Der glänzende Leuchtkäfer. Fab. Syst. El. T. II. p. 99. n. 2. Panz. F. g. 41. t. 8.

177. OMALYSUS. (Glanzkäfer.)

1. O. *suturalis*. Der an der Naht gezeichnete Glanzkäfer. Fab. Syst. El. T. II. p. 108. Panz. 35. t. 12.

178. PYROCHROA. (Feuerkäfer.)

1. P. *coccinea*. Der scharlachrothe Feuerkäfer. Fab. Syst. El. T. II. p. 108. n. 1. Panz. F. g. 13. t. 11.

2. P. *rubens*. Der röthliche Feuerkäfer. Fab. Syst. El. T. II. p. 109. n. 2.

3. P. *pectinicornis*. Der Feuerkäfer mit kammförmigen Fühlhörnern. Fab. Syst. El. T. II. p. 109. n. 4. Panz. F. g. 13. t. 12.

179. Lycus. (Schnauzenkäfer.)

1. L. *sanguineus.* Der blutrothe Schnauzenkäfer. Fab. Syst. El. T. II. p. 116. n. 29. Panz. F. g. 41. t. 9.

2. L. *Aurora.* Der morgenrothfarbene Schnauzenkäfer. Fab. Syst. El. T. II. p. 116. n. 30. Panz. F. g. 41. t. 10.

3. L. *minutus.* Der kleine Schnauzenkäfer. Fab. Syst. El. T. II. p. 117. n. 34. Panz. F. g. 41. t. 11.

180. Ripiphorus. (Springkäfer.)

1. R. *angulatus.* Der winkelige Springkäfer. Panz. F. g. 90. t. 3. * (v. St. A. L.)

181. Mordella. (Stachelkäfer.)

1. M. *aculeata.* Der stachelige Stachelkäfer. Fab. Syst. El. T. II. p. 121. n. 1.

2. M. *fasciata.* Der gebänderte Stachelkäfer. Fab. Syst. El. T. II. p. 122. n. 3.

3. M. *ventralis.* Der goldgelbbauchige Stachelkäfer. Fab. Syst. El. T. II. p. 125. n. 19. * (N.)

4. M. *abdominalis.* Der gelbleibige Stachelkäfer. Fab. Syst. El. T. II. p. 125. n. 20. * (N. K.)

5. M. *frontalis.* Der gelbstirnige Stachelkäfer. Fab. Syst. El. T. II. p. 125. n. 24. Panz. F. g. 13. t. 13.

6. M. *atra.* Der sammetschwarze Stachelkäfer. Fab. Syst. El. T. II. p. 126. n. 25. * (N.)

7. M. *thoracica.* Der Stachelkäfer mit dem goldgelben Halsschilde. Fab. Syst. El. T. II. p. 126. n. 25.

8. M. *ruficollis.* Der gelblich rothhälsige Stachelkäfer. Fab. Syst. El. T. II. p. 126. n. 27. * (K.)

9. M. *flava.* Der hochgelbe Stachelkäfer. Fab. Syst. El. T. II. p. 126. n. 28. * (N.)

10. M. *melanopus.* Der schwarzfüßige Stachelkäfer. Lin. Syst. Nat. Ed. Gmel. T. I. p. 2024. n. 24. * (N.)

11. M. *dorsalis.* Der auf dem Rücken gelbgestreifte Stachelkäfer. Panz. F. g. 13. t. 15. * (K.)

182. Donacia. (Rohrkäfer.)

1. D. *crassipes.* Der dickfüßige Rohrkäfer. Fab. Syst. El. T. II. p. 126. n. 1. * (N.)

2. D. *festucae.* Der Schwingel=Rohrkäfer. Fab. Syst. El. T. II. p. 127. n. 4. Panz. F. g. 29. t. 2. * (N.) ? Var. des D. micans. 29. t. 9.

3. D. *dentipes.* Der zahnfüßige Rohrkäfer. Fab. Syst. El. T. II. p. 127. n. 6. Panz. F. g. 29. t. 5. D. fasciata Hop. p. 41. Fig. 3.?

4. D. *Nympheae.* Der Seeblumen=Rohrkäfer. Fab. Syst. El. T. II. p. 128. n. 7. Panz. F. g. 29. t. 6.

5. D. *Sagittariae.* Der Pfeilkraut=Rohrkäfer. Fab. Syst. El. T. II. p. 128. n. 8. Panz. F. g. 29. t. 7. D. aenea Hop. p. 44. f. 6.? Var. D. collaris Panz. F. g. 29. t. 8.?

6. D. *nigra.* Der schwarze Rohrkäfer. Fab. Syst. El. T. II. p. 128. n. 9. Panz. F. g. 29. t. 3. 4. D. discolor Hop. p. 45. t. 8. 9.? D. palustris. Panz. F. g. 29. t. 10.

7. D. *Lemnae.* Der Wasserlinsen=Rohrkäfer. Fab. Syst. El. T. II. p. 128. n. 10. D. limbata. Panz. F. g. 29. t. 12. D. vittata. 29. t. 11.?? D. marginata. Hop. p. 42. f. 4.?? * (K.)

8. D. *clavipes.* Der keulenschenkelige Rohrkäfer. Fab. Syst. El. T. II. p. 128. n. 11. Panz. F. g. 29. t. 13. * (K. M.)

9. D. *simplex.* Der an den Schenkeln stachellose Rohrkäfer.. Fab. Syst. El. T. II. p. 129. n. 13. Panz. F. g. 29. t. 15.? D. linearis. Hop. p. 46. f. 10.

10. D. *Hydrochaeridis.* Der Froschbiß-Rohrkäfer. Fab. Syst. El. T. II. p. 129. n. 10. Panz. F. g. 29. t. 17. D. cinerea. Hoppe. p. 46. f. 11.? * (N.)

11. D. *striata.* Der gestreifte Rohrkäfer. Panz. F. g. 29. t. 1. D. micans. Hoppe p. 39. f. 1.

12. D. *semicuprea.* Der halbkupferfarbene Rohrkäfer. Panz. F. g. 29. t. 14.

13. D. *fasciata.* Der gebänderte Rohrkäfer. Lin. Syst. Nat. Ed. Gm. T. I. p. 1866. n. 18. * (N.)

14. D. *caerulea.* Der blaue Rohrkäfer. Lin. Syst. Nat. Ed. Gm. T. I. p. 1867. n. 90. *

NB. In allen reichen Sammlungen in Schlesien stecken mehrere Donacien, die sich unter die bis jetzt bestimmten und beschriebenen, so viel ich ich weiß, nicht unterbringen lassen. So findet man in der sehr reichen Sammlung des Herrn Kämmerers Atze in Freiburg eine

15. D. *imperialis.*

16. D. *regalis.*

17. D. *pallipes.*

18. D. *argentata.*

19. D. *aurata.*

20. D. *dorsata*, und in der des Hrn. Köhler eine
21. D. *Silesiaca*.

Von allen diesen weiß ich bloß die Nahmen.

Eine äußerst schwierige Gattung. Ich muthmaße, man macht zu viele Arten. Ich habe zu wenig Beobachtungen anstellen können, und liebe über dieß den Frieden.

183. Trichius. (Pinselkäfer.)

1. T. *Eremita*. Der Einsiedler. Fab. Syst. El. T. II. p. 130. n. 1. Panz. F. g. 41. t. 12.

2. T. *nobilis*. Der edle Pinselkäfer. Fab. Syst. El. T. II. p. 130. n. 2. Panz. F. g. 41. t. 13.

3. T. *fasciatus*. Der gebänderte Pinselkäfer. Fab. Syst. El. T. II. p. 131. n. 4.

4. T. *hemipterus*. Der halbflügelige Pinselkäfer. Fab. Syst. El. T. II. p. 132. n. 9.

184. Cetonia. (Metallkäfer.)

1. C. *aurata*. Der goldgrüne Metallkäfer. Fab. Syst. El. T. II. p. 137. n. 9. Panz. F. g. 41. t. 15.

2. C. *fastuosa*. Der prächtige Metallkäfer. Fab. Syst. El. T. II. p. 137. n. 10. Panz. F. g. 41. t. 16. * (N.)

3. C. *marmorata*. Der marmorirte Metallkäfer. Fab. Syst. El. T. II. p. 137. n. 11. Panz. F. g. 41. t. 17.

4. C. *hirta*. Der rauhe Metallkäfer. Fab. Syst. El. T. II. p. 155. n. 100. Panz. F. g. 1. t. 3.

5. C. *stictica*. Der punctirte Metallkäfer. Fab. Syst. El. T. II. p. 155. n. 102.

6. C. *floricola.* Der auf Blumen wohnende Metallkäfer. Herbst Käf. 3. p. 218. n. 13. t. 29. f. 4.

185. Melolontha. (Laubkäfer.)

1. M. *Fullo.* Der weißsprenglige Laubkäfer. Fab. Syst. El. T. II. p. 160. n. 3.

2. M. *vulgaris.* Der gemeine Laubkäfer. Fab. Syst. El. T. II. p. 161. n. 6.

3. M. *solstitialis.* Der Brach= (Sonnenwend=) Laubkäfer. Fab. Syst. El. T. II. p. 164. n. 16.

4. M. *castanea.* Der kastanienbraune Laubkäfer. Herbst. Käf. T. 3. n. 35. t. 23. fig. II.

5. M. *brunnea.* Der hellbraune Laubkäfer, Fab. Syst. El. T. II. p. 170. n. 54.

6. M. *Frischii.* Frischens Laubkäfer. Fab. Syst. El. T. II. p. 172. n. 68.

7. M. *Vitis.* Der Weinstock=Laubkäfer. Fab. Syst. El, T. II. p. 172. n. 69.

8. M. *Horticola.* Der Garten=Laubkäfer. Fab. Syst. El. T. II. p. 175. n. 88. Panz. F. g. 47. t. 15.

9. M. *fruticola.* Der Saat=Laubkäfer. Fab. Syst. El. T. II. p. 176. n. 94. Panz. F. g. 47. t. 16.

10. M. *agricola.* Der Acker=Laubkäfer. Fab. Syst. El. T. II. p. 176. n. 95. Panz. F. g. 47. 18.

11. M. *argentea.* Der silberweiße (am Unterleibe) Laubkäfer. Fab. Syst. El. T. II. p. 178. n. 105. Panz. F. g. 28. t. 18.

12. M. *graminicola.* Der Gras=Laubkäfer. Fab. Syst. El. T. II. p. 179. n. 106. Panz. F. g. 28. t. 19. * (N.)

13. M. *chrysomelina*. Der blattkäferartige Laubkäfer. Fab. Syst. El. T. II. p. 179. n. 108. Panz. F. g. 34. t. 11. * (N.)

14. M. *pulverulenta*. Der bestäubte Laubkäfer. Fab. Syst. El. T. II. p. 181. n. 121. Panz. F. g. 28. t. 20.

15. M. *variabilis*. Der veränderliche Laubkäfer. Fab. Syst. El. T. II. p. 182. n. 129.

186. Buprestis. (Prachtkäfer.)

1. B. *berolinensis*. Der Berliner Prachtkäfer. Fab. Syst. El. T. II. p. 188. n. 14. Panz. F. g. 68. t. 16.

2. B. *rutilans*. Der goldgerandete Prachtkäfer. Fab. Syst. El. T. II. p. 192. n. 35. Panz. F. g. 22. t. 8.

3. B. *mariana*. Der Maryländische Prachtkäfer. Fab. Syst. El. T. II. p. 175. n. 49.

4. B. *chrysostigma*. Der goldfleckige Prachtkäfer. Fab. Syst. El. T. II. p. 198. n. 69. Panz. F. g. 68. t. 18.

5. B. *octoguttata*. Der achttropfige Prachtkäfer. Fab. Syst. El. T. II. p. 201. n. 86.

6. B. *austriaca*. Der Oestreichische Prachtkäfer. Fab. Syst. El. T. II. p. 203. n. 96. Panz. F. g. 90. t. 7. * (G.)

7. B. *rustica*. Der ländliche Prachtkäfer. Fab. Syst. El. T. II. p. 204. n. 101. Panz. F. g. 68. t. 19.

8. B. *Morio*. Der schwarze Prachtkäfer. Fab. Syst. El. T. II. p. 210. B. appendiculata. Panz. F. g. 68. t. 22.

9. B. *quadripunctata*. Der vierpunctige Prachtkäfer. Fab. Syst. El. T. II. p. 210. n. 134.

10. B. *manca.* Der auf dem Bruststücke schwarz gestreifte Prachtkäfer. Fab. Syst. El. T. II. p. 211. n. 137. Panz. F. g. 22. t. 10.

11. B. *biguttata.* Der zweitropfige Prachtkäfer. Fab. Syst. El. T. II. p. 212. n. 144. Panz. F. g. 90. t. 8.

12. B. *linearis.* Der gleichbreite Prachtkäfer. Fab. Syst. El. T. II. p. 213. n. 146.

13. B. *nitens.* Der hellglänzende Prachtkäfer. Fab. Syst. El. T. II. p. 215. n. 158. * (M. K.)

14. B. *nitidula.* Der glänzende Prachtkäfer. Fab. Syst. El. T. II. p. 215. n. 160.

15. B. *laeta.* Der schöne Prachtkäfer. Fab. Syst. El. T. II. p. 215. n. 162.

? Var. von 12. * (N.)

16. B. *graminis.* Der Gras-Prachtkäfer. Panz. F. g. 66. t. 8. * (K. N.)

17. B. *variolosa.* Der blatterige Prachtkäfer. Payk. Fauna Suec. T. II. p. 219. * (N.)

187. TRACHYS.

1. T. *minuta.* Der kleine Trachys. Fab. Syst. El. T. II. p. 219. n. 5.

188. ELATER. (Schnellkäfer.)

1. E. *ferrugineus.* Der rostbraune Schnellkäfer. Fab. Syst. El. T. II. p. 225. n. 25. Panz. F. g. 10. t. 10.

2. E. *aterrimus.* Der schwärzeste Schnellkäfer. Fab. Syst. El. T. II. p. 227. n. 34.

3. E. *niger.* Der schwarze Schnellkäfer. Fab. Syst. El. T. II. p. 227. n. 35.

4. E. *murinus.* Der mäusefarbene Schnellkäfer. Fab. Syst. El. T. II. p. 228. n. 37.

5. E. *holosericeus.* Der seidenartige Schnellkäfer. Fab. Syst. El. T. II. p. 228. n. 39.

6. E. *tessellatus.* Der würfelige Schnellkäfer. Fab. Syst. El. T. II. p. 229. n. 41.

7. E. *fasciatus.* Der gebänderte Schnellkäfer. Fab. Syst. El. T. II. p. 229. n. 43. Panz. F. g. 78. t. 2.

8. E. *varius.* Der scheckige Schnellkäfer. Fab. T. II. p. 229. n. 44. Panz. F. g. 78. t. 3. * (N.)

9. E. *aeneus.* Der erzfarbene Schnellkäfer. Fab. Syst. El. T. II. p. 230. n. 47.

β. E. germanus. Fab. l. c.

10. E. *impressus.* Der eingedrückte Schnellkäfer. Fab. Syst. El. T. II. p. 230. n. 48.

11. E. *pectinicornis.* Der kammhörnige Schnellkäfer. Fab. Syst. El. T. II. p. 231. n. 49. Panz. F. g. 77. t. 1.

12. E. *aeruginosus.* Der spangrüne Schnellkäfer. Fab. Syst. El. T. II. p. 231. n. 50. * (N.)

13. E. *cupreus.* Der kupferfarbene Schnellkäfer. Fab. Syst. El. T. II. p. 231. n. 54. Panz. F. g. 77. t. 2. 3. * (M. K.)

14. E. *cruciatus.* Der Kreuz-Schnellkäfer. Fab. Syst. El. T. II. p. 232. n. 55. Panz. F. g. 77. t. 6.

15. E. *castaneus.* Der kastanienbraune Schnellkäfer. Fab. Syst. El. T. II. p. 232. n. 57. Panz. F. g. 77. t. 4.

16. E. *livens.* Der gelbliche Schnellkäfer. Fab. Syst. El. T. II. p. 232. n. 59. Soll nach Paykul das

Weibchen des folgenden seyn, und kommt deshalb in seiner Fauna Suecica 2. 37. n. 42. unter dem Nahmen El. dispar vor. *

17. E. *mesomelas.* Der Schnellkäfer mit gelbgesäumten Flügeldecken. Fab. Syst. El. T. II. p. 233. n. 60. Panz. F. g. 7. t. 6. * (M.)

18. E. *denticollis.* Der zahnhälsige Schnellkäfer. Fab. Syst. El. T. II. p. 233. n. 61. E. rubens. Panz. F. g. 8. t. 10. * (N.)

19. E. *linearis.* Der gleichbreite Schnellkäfer. Fab. Syst. El. T. II. p. 233. n. 62. * (N. K. M.)

20. E. *obscurus.* Der dunkelfarbige Schnellkäfer. Fab, Syst. El. T. II. p. 233. n. 63.

21. E. *filiformis.* Der fadengleiche Schnellkäfer. Fab. Syst. El. T. II. p. 235. n. 72.

22. E. *tristis.* Der traurige Schnellkäfer. Fab. Syst. El. T. II. p. 236. n. 75. * (M.)

23. E. *marginatus.* Der schwarzgerandete Schnellkäfer. Fab. Syst. El. T. II. p. 236. n. 76.

24. E. *thoracicus.* Der Schnellkäfer mit dem rothen Halsschilde. Fab. Syst. El. T. II. p. 236. n. 77. Panz. F. g. 6. t. 1.

25. E. *ruficollis.* Der gelblich rothhälsige Schnellkäfer. Fab. Syst. El. T. II. p. 237. n. 78. * (M. K.)

26. E. *brunneus.* Der braune Schnellkäfer. Fab. Syst. El. T. II. p. 237. n. 79.

27. E. *haematodes.* Der purpurrothe Schnellkäfer. Fab. Syst. El. T. II. p. 237. n. 81. Panz. F. g. 77. t. 7. 8.

28. E. *sanguineus.* Der blutrothe Schnellkäfer. Fab. Syst. El. T. II. p. 238. n. 83. Panz. F. g. 5. t. 13.

29. E. *ephippium.* Der blutroth gesaumte Schnellkäfer. Fab. Syst. El. T. II. p. 238. n. 84. Panz. F. g. 5. t. 14.

30. E. *praeustus.* Der angebrannte Schnellkäfer. Fab. Syst. El. T. II. p. 238. n. 85.

31. E. *testaceus.* Der ziegelrothe Schnellkäfer. Fab. Syst. El. T. II. p. 238. n. 85.

32. E. *balteatus.* Der zweifarbige Schnellkäfer. Fab. Syst. El. T. II. p. 239. n. 88.

33. E. *elongatulus.* Der verlängerte Schnellkäfer. Fab. Syst. El. T. II. p. 239. n. 90.

34. E. *Sputator.* Der spritzende Schnellkäfer. Fab. Syst. El. T. II. p. 240. n. 92. * (K. M.)

35. E. *analis.* Der ziegelrothafterige Schnellkäfer. Fab. Syst. El. T. II. p. 240. n. 95.

36. E. *variabilis.* Der veränderliche Schnellkäfer. Fab. Syst. El. T. II. p. 241. n. 98.

37. E. *pilosus.* Der haarige Schnellkäfer. Fab. Syst. El. T. II. p. 241. n. 99. * (K. M.)

38. E. *melancholicus.* Der melancholische Schnellkäfer. Fab. Syst. El. T. II. p. 241. n. 100.

39. E. *striatus.* Der gestrichelte Schnellkäfer. Fab. Syst. El. T. II. n. 103. * (N. M. K.)

40. E. *rufipes.* Der gelblich rothfüßige Schnellkäfer. Fab. Syst. El. T. II. p. 242. n. 105.

41. E. *minutus.* Der kleine Schnellkäfer. Fab. Syst. El. T. II. p. 242. n. 106. * (M. K.)

42. E. *pallens.* Der blasse Schnellkäfer. Fab. Syst. El. T. II. p. 242. n. 108. * (K. M.)

43. E. *limbatus.* Der bordirte Schnellkäfer. Fab. Syst. El. T. II. p. 242. n. 109. * (N.)

44. E. *riparius.* Der Ufer-Schnellkäfer. Fab. Syst. El. T. II. p. 243. n. 110. Panz. F. g. 34. t. 12. * (M.)

45. E. *Bructeri.* Der Brocken-Schnellkäfer. Fab. Syst. E. T. II. p. 243. n. 111. Panz. F. g. 34. t. 13.

46. E. *pygmaeus.* Der Zwerg-Schnellkäfer. Fab. Syst. El. T. II. p. 246. n. 129. * (K.)

47. E. *buprestoides.* Der prachtkäferartige Schnellkäfer. Fab. Ent. Syst. T. I. P. II. p. 234. n. 84. * (N.)

48. E. *bipustulatus.* Der zweiblatterige Schnellkäfer. Fab. Syst. El. T. II. p. 147. n. 134. Panz. F. g. 78. t. 10.

49. E. *lineola.* Der an der Naht schwarzgestreifte Schnellkäfer. Panz. Taschenb. p. 239. n. 27.

50. E. *suturalis.* Der an der Naht und an dem Rande der Flügeldecken schwarzgestreifte Schnellkäfer. Panz. l. c. p. 239. n. 26.

51. E. *inunctus.* Der besalbte Schnellkäfer. Panz. l. c. p. 241. n. 37. * (N.)

52. E. *cinereus.* Der aschfarbene Schnellkäfer. Lin. Syst. Nat. Ed. Gmel. T. I. p. 1912. n. 79. *

53. E. *tricolor.* Der dreifarbige Schnellkäfer. Lin. l. c. p. 1917. n. 128. * (N.)

54. E. *rubigineus.* Der röthliche Schnellkäfer. Lin. l. c. n. 126. * (N.)

55. E. *nigricornis.* Der schwarzhörnige Schnellkäfer. Panz. F. g. 61. t. 5. * (M.)

56. E. *parvulus.* Der kleine gelbfüßige Schnellkäfer. Panz. F. g. 61. t. 7. * (M.)

57. E. *undulatus.* Der gewässerte Schnellkäfer. Degeer. Lin. l. c. p. 1915. n. 107. * (N.)

58. E. *longicollis.* Oliv. * (M.)

59. E. *metallicus* Köhleri. Panz. F. g. 77. t. 3.

189. Lucanus. (Forstkäfer.)

1. L. *Cervus.* Der Hirsch-Forstkäfer. Fab. Syst. El. T. II. p. 248. n. 3.

2. L. *Dorcas.* Der Damm-Forstkäfer. Panz. F. g. 58. t. 11. Ich führe hier zwar diesen Käfer, den der Herr Bar. von Stillfried an Herrn Panzer geschickt hat, auf, weiß aber nicht, ob der in der Fauna germ. abgebildete der des Fabricius ist; denn ich habe nie weder den Käfer selbst, noch eine von Fabr. angeführte Abbildung gesehen. Ich zeige ihn bloß als Einwohner Schlesiens an.

3. L. *Capreolus.* Der Reh-Forstkäfer. Fab. Syst. El. T. II. p. 249. n. 5.

4. L. *parallelepipedus.* Der schwarze Forstkäfer. Fab. Syst. El. T. II. p. 251. n. 16. Panz. F. g. 2. t. 19.

5. L. *Capra.* Der Ziegen-Forstkäfer. Panz. F. g. 58. t. 12. B. v. Stillfried. *

6. L. *caraboides.* Der laufkäferartige Forstkäfer Fab. Syst. El. T. II. p. 253. n. 23. Panz. F. g. 58. t. 13.

7. L. *rufipes*. Der rothfüßige Forstkäfer. Fab. Syst. El. T. II. p. 253. n. 24. Panz. F. g. 58. t. 14. B. v. Stillfried. * (K. M.)

Nach Hrn. D. Mikans entomologischen Beobachtungen (S. 10.) ist er das Weibchen von dem vorhergehenden.

190. Aesalus.

1. A. *scarabaeoides*. Der mistkäferartige Aesalus. Fab. Syst. El. T. II. p. 254. n. 1.

191. Prionus. (Sägekäfer.)

1. P. *Faber*. Der Zimmermann=Sägekäfer. Fab. Syst. El. T. II. p. 158. n. 5. Panz. F. g. 9. t. 5

2. P. *Coriarius*. Der Gärber=Sägekäfer. Fab. Syst. El. T. II. p. 260. n. 16. Panz. F. g. 9. t. 8.

192. Cerambyx. (Bockkäfer.)

1. C. *Cerdo*. Der Flicker=Bockkäfer. Fab. Syst. El. T. II. p. 270. n. 20. Panz. F. g. 82. t. 2.

2. C. *moschatus*. Der Moschus=Bockkäfer. Fab. Syst. El. T. II. p. 266. n. 2.

3. C. *Heros*. Der Held. Fab. Syst. El. T. II. p. 270. n. 21. Panz. F. g. 82. t. 1.

4. C. *alpinus*. Der Alpen=Bockkäfer. Fab. Syst. El. T. II. p. 272. n. 30. Panz. F. g. 2. t. 22.

Der für Schlesiens Naturgeschichte zu früh verstorbene Brunnenarzt zu Reinerz im Glazischen, D. Blottner, versichert (Schles. Provinzialblatt, Jahrg. 1801, Mon. Nov. p. 410.), diesen seltenen Käfer in der Gegend um Reinerz gefunden zu haben. So viele Mühe

Mühe ich mir auch gegeben habe, so habe ich ihn doch weder im Böhmischen noch im Schlesischen Antheile des Riesengebirges entdecken können, und selbst sein Daseyn im Glazischen ist mir noch einigermaßen zweifelhaft.

5. C. *Köhleri.* Köhlers Bockkäfer. Fab. Syst. El. T. II. p. 273. n. 35. * Er ist im Fürstenthume Liegnitz, besonders bei Haynau, eben keine allzu große Seltenheit.

6. C. *nebulosus.* Der wolkichte Bockkäfer. Fab. Syst. El. T. II. p. 277. n. 51. Panz. F. g. 14. t. 13.

7. C. *fasciculatus.* Der Bündel-Bockkäfer. Fab. Syst. El. T. II. p. 277. n. 55. Panz. F. g. 14. t. 15.

8. C. *pilosus.* Der haarige Bockkäfer. Fab. Syst. El. T. II. p. 278. n. 57. * (M. N.)

9. C. *balteatus.* Der Gürtel-Bockkäfer. Fab. Syst. El. T. II. p. 278. n. 59. Cerambyx crinitus. Panz. F. g. 48. t. 17.? * (N.)

193. Lamia. (Zauberkäfer.)

1. L. *Textor.* Der Weber-Zauberkäfer. Fab. Syst. El. T. II. p. 285. n. 22. Panz. F. g. 19. t. 1.

2. L. *Aedilis.* Der Baumeister-Zauberkäfer. Fab. Syst. El. T. II. p. 287. n. 32.

3. L. *atomaria.* Der bestäubte Zauberkäfer. Fab. Syst. El. T. II. p. 287. n. 34. Panz. F. g. 48. t. 18. (N. K.)

4. L. *nebulosa.* Der wolkichte Zauberkäfer. Fab. Syst. El. T. II. p. 293. n. 64. * (N.)

5. L. *Sutor.* Der Schuster-Zauberkäfer. Fab. Syst. El. T. II. p. 294. n. 68. Panz. F. g. 19. t. 2.

6. L. *Sartor.* Der Schneider-Zauberkäfer. Fab. Syst. El. T. II. p. 294. n. 69. Panz. F. g. 19. t. 3.

7. L. *curculionoides.* Der rüsselkäferartige Zauberkäfer. Fab. Syst. El. T. II. p. 297. n. 89. Panz. F. g. 48. t. 20.

8. L. *pedestris.* Der Fußgänger-Zauberkäfer. Fab. Syst. El. T. II. p. 302. n. 115. Panz. F. g. 66. t. 9.

9. L. *Morio.* Der schwarze Zauberkäfer. Fab. Syst. El. T. II. p. 302. n. 117.

10. L. *maculicornis.* Der gefleckthörnige Zauberkäfer. Herr Köhler hat ihn entdeckt, und unter diesem Nahmen in seiner Sammlung.

194. Calopus. (Fußkäfer.)

1. C. *serraticornis.* Der sägenhörnige Fußkäfer. Fab. Syst. El. T. II. p. 312. n. 1. Panz. F. g. 3. t. 15.

195. Rhagium. (Schrotkäfer.)

1. R. *mordax.* Der beißende Schrotkäfer. Fab. Syst. El. T. II. p. 313. n. 1. Mikan (Entomol. Beobacht. ꝛc. p. 20.) hält ihn für eine größere Var. des Inquisitor Fab.

2. R. *Inquisitor.* Der ausspähende Schrotkäfer. Fab. Syst. El. T. II. p. 313. n. 2. (excl. Syn. Lin.) Panz. F. g. 82. t. 4.

3. R. *Linnaei.* Der Linnäische Schrotkäfer. Laich. Tyr. Ins. p. 122. n. 4. Mikan ent. Beob. p. 11.

4. R. *Indagator.* Der Stänkerer. Fab. Syst. El. T. II. p. 313. n. 3. Cerambyx inquisitor Lin. Syst. Nat. Ed. Gmel. T. I. p. 1845. n. 49. Panz. F. g. 82. t. 5. Mik. l. c. p. 16.

5. R. *Cursor.* Der Laufer = Schrotkäfer. Fab. Syst. El. T. II. p. 314. n. 4.

6. R. *Salicis.* Der Weiden = Schrotkäfer. Fab. Syst. El. T. II. p. 314. n. 6.

7. R. *Noctis.* Der Nacht = Schrotkäfer. Fab. Syst. El. T. II. p. 314. n. 7. Panz. F. g. 17. t. 3.

8. R. *bifasciatum.* Der doppelt gebänderte Schrotkäfer. Fab. Syst. El. T II. p. 314. n. 8.

8. R. *clathratum.* Der gegitterte Schrotkäfer. Fab. Syst. El. T. II. p. 315. n. 9.

196. Saperda. (Kragenkäfer.)

1. S. *Carcharias.* Der Seehund = Kragenkäfer. Fab. Syst. El. T. II. p. 317. n. 1. Panz. F. g. 69. t. 1.

2. S. *scalaris.* Der Treppen = Kragenkäfer. Fab. Syst. El. T. II. p. 318. n. 2. Panz. F. g. 69. t. 3.

3. S. *oculata.* Der äugige Kragenkäfer. Fab. Syst. El. T. II. p. 319. n. 11. Panz. F. g. 1. t. 18.

4. S. *linearis.* Der gleichbreite Kragenkäfer. Fab. Syst. El. T. II. p. 320. n. 15. Panz. F. g. 6. t. 14. *

5. S. *nigripes.* Der schwarzfüßige Kragenkäfer. Fab. Syst. El. T. II. p. 320. n. 16.

6. S. *cylindrica.* Der walzenförmige Kragenkäfer. Fab. Syst. El. T. II. p. 320. n. 17. * (K. N.)

7. S. *erythrocephala.* Der rothköpfige Kragenkäfer. Fab. Syst. El. T. II. p. 322. n. 24. Panz. F. g. 69. t. 5. * (N. K. M.)

8. S. *Cardui.* Der Distel = Kragenkäfer. Fab. Syst. El. T. II. p. 325. n. 45. Panz. F. g. 69. t. 6.

9. S. *populnea.* Der Pappel-Kragenkäfer. Fab. Syst. El. T. II. p. 327. n. 55. Panz. F. g. 69. t. 7.

10. S. *tremula.* Der Aespen-Kragenkäfer. Fab. Syst. El. T. II. p. 327. n. 56. Panz. F. g. 1. t. 7.

11. S. *Seidelii.* Seidels Kragenkäfer. Fab. Syst. El. T. II. p. 328. n. 58. * (G.)

12. S. *virescens.* Der grünliche Kragenkäfer. Fab. Syst. El. T. II. p. 328. n. 59. * (N.)

13. S. *brunnea.* Der braune Kragenkäfer. Fab. Syst. El. T. II. p. 331. n. 72. Panz. F. g. 34. t. 15.

14. S. *testacea.* Der ziegelrothe Kragenkäfer. Fab. Syst. El. T. II. p. 331. n. 74. Panz. F. g. 45. t. 8.

15. S. *violacea.* Der violette Kragenkäfer. Fab. Syst. El. T. II. p. 331. n. 73. Sap. micans. Panz. F. g. 35. 14. * (M.)

16. S. *praeusta.* Der angebrannte Kragenkäfer. Fab. Syst. El. T. II. p. 331. n. 77.

17. S. *Lineola.* Der rothstreifige Kragenkäfer. Fab. Syst. El. T. II. p. 333. n. 86. Panz. F. g. 23. t. 18. * (N.)

18. S. *dubia.* Der zweifelhafte Kragenkäfer. Laich. Tyr. Ins. T. II. p. 52. n. 10. * (N.)

197. CALLIDIUM. (Scheibenkäfer.)

1. C. *Bajulus.* Der lasttragende Scheibenkäfer. Fab. Syst. El. T. II. p. 333. n. 2. Panz. F. g 70. t. 1.

2. C. *fennicum.* Der Finnische Scheibenkäfer. Fab. Syst. El. T. II. p. 334. n. 3. Panz. F. g. 70. t. 2.

3. C. *clavipes.* Der keulenschenkelige Scheibenkäfer. Fab. Syst. El. T. II. p. 335. n. 8. Panz. F. g. 70. t. 3. *

4. C. *spinosum.* Der stachelige Scheibenkäfer. Fab. Syst. El. T. II. p. 335. n. 9.

5. C. *violaceum.* Der violettblaue Scheibenkäfer. Fab. Syst. El. T II. p. 335. n. 10. Panz. F. g. 70. t. 4.

6. C. *femoratum.* Der rothschenkelige Scheibenkäfer. Fab. Syst. El. T. II. p. 336. n. 12. Panz. F. g. 70. t. 5.

7. C. *fulcratum.* Der gelblich rothschenkelige Scheibenkäfer. Fab. Syst. El. T. II. p. 336. n. 13. * (K.)

8. C *hungaricum.* Der Ungarische Scheibenkäfer. Fab. Syst. El. T. II. p. 337. n. 18. Panz. F. g. 70. t. 7. * (K.)

9. C. *variabile.* Der veränderliche Scheibenkäfer. Fab. Syst. El. T. II. p. 337. n. 19. Panz. F. g. 70. t. 6.

10. C. *rusticum.* Der Bauern-Scheibenkäfer. Fab. Syst. El. T. II. p. 338. n. 24. Panz. F. g. 70. t. 8.

11. C. *agreste.* Der Acker-Scheibenkäfer. Fab. Syst. El. T. II. p. 338. n. 27.

12. C. *sanguineum.* Der blutrothe Scheibenkäfer. Fab. Syst. El. T. II. p. 340. n. 42. Panz. F. g. 70. t. 9.

13. C. *testaceum.* Der muschelbraune Scheibenkäfer. Fab. Syst. El. T. II. p. 341. n. 43.

14. C. *praeustum.* Der angebrannte Scheibenkäfer. Fab. Syst. El. T. II. p. 341. n. 45.

15. C. *luridum.* Der schwärzlichgelbe Scheibenkäfer. Fab. Syst. El. T. II. p. 342. n. 49. Panz. F. g. 70. t. 10.

16. C. *fuscum.* Der braune Scheibenkäfer. Fab. Syst. El. T. II. p. 342. n. 50.

17. C. *triste*. Der dunkelfarbige Scheibenkäfer. Fab. Syst. El. T. II. p. 342. Panz. F. g. 70. t. 11.

18. C. *hafniense*. Der Dänische Scheibenkäfer. Fab. Syst. El. T. II. p. 343. n. 55. Panz. F. g. 70. t. 12.

19. C. *striatum*. Der gestreifte Scheibenkäfer. Fab. Syst. El. T. II. p. 343. n. 57. Panz. F. g. 70. t. 13.

20. C. *aulicum*. Der Hof-Scheibenkäfer. Fab. Syst. El. T. II. p. 343. n. 14. Panz. F. g. 70. t. 14.

21. C. *pusillum*. Der kleine Scheibenkäfer. Fab. Syst. El. T. II. p. 344. n. 63. Panz. F. g. 82. n. 6. * (K.)

198. Clytus. (Widderkäfer.)

1. C. *arcuatum*. Der Bogen-Widderkäfer. Fab. Syst. El. T. II. p. 347. n. 8. Callidium arcuatum. Panz. F. g. 4. t. 14.

2. C. *Arietis*. Der eigentliche Widderkäfer. Fab. Syst. El. T. II. p. 347. n. 9. Callidium Arietis. Panz. F. g. 4. t. 15.

3. C. *Gazella*. Der Gazelle-Widderkäfer. Fab. Syst. El. T. II. p. 348. n. 10.

4. C. *plebejus*. Der plebejische Widderkäfer. Fab. Syst. El. T. II. p. 349. n. 15. Callidium plebejum. Panz. F. g. 82. n. 7.

5. C. *massiliensis*. Der Marseillische Widderkäfer. Fab. Syst. El. T. II. p. 350. n. 16. Callidium massiliense. Panz. F. g. 82. t. 8.

6. C. *detritus*. Der verwischte Widderkäfer. Fab. Syst. El. T. II. p. 350. n. 21.

7. C. *Verbasci.* Der Wollkraut-Widderkäfer. Fab. Syst. El. T. II. p. 351. n. 25. Callidium Verbasci. Panz. F. g. 70. t. 17.

8. C. *mysticus.* Der mystische Widderkäfer. Fab. Syst. El. T. II. p. 352. n. 32. Callidium mysticum. Panz. F. g. 82. t. 9.

9. C. *Alni.* Der Erlen-Widderkäfer. Fab. Syst. El. T. II. p. 354. n. 38. Callidium Alni. Panz. F. g. 70. t. 20. * (N.)

199. Leptura. (Schmalkäfer.)

1. L. *hastata.* Der spontonförmig gezeichnete Schmalkäfer. Fab. Syst. El. T. II. p. 354. n. 2. Panz. F. g. 22. t. 12.

2. L. *maculicornis.* Der gefleckthörnige Schmalkäfer. Fab. Syst. El. T. II. p. 355. n. 5.

3. L. *melanura.* Der schwarzafterige Schmalkäfer. Fab. Syst. El. T. II. p. 355. n. 6.

4. L. *laevis.* Der glatte Schmalkäfer. Fab. Syst. El. T. II. p. 355. n. 7.

5. L. *livida.* Der graugelbe Schmalkäfer. Fab. Syst. El. T. II. p. 355. n. 8.

6. L. *sanguinolenta.* Der blutrothe Schmalkäfer. Fab. Syst. El. T. II. p. 356. n. 11. Panz. F. g. 69. t. 8. 9. 10.

7. L. *meridiana.* Der Mittags-Schmalkäfer. Fab. Syst. El. T. II. p. 356. n. 13. Stenocorus dispar. Panz. F. g. 17. t. 1. 2.

8. L. *rubra.* Der rothe Schmalkäfer. Fab. Syst. El. T. II. p. 357. n. 17. Panz. F. g. 69. t. 11.

9. L. *testacea.* Der gelbe Schmalkäfer. Fab. Syst. El. T. II. p. 357. n. 18. Panz. F. g. 69. t. 12.

Ich nenne diesen und den vorhergehenden nach Laicharting L. umbellatarum. Wie kommt es wohl, daß Fabr. diese beiden Geschlechter einer Art noch als zwei Arten aufführt?

10. L. *virens.* Der grüne Schmalkäfer. Fab. Syst. El. T. II. p. 358. n. 20. Panz. F. g. 69. t. 13.

11. L. *atra.* Der sammetschwarze Schmalkäfer. Fab. Syst. El. T. II. p. 359. n. 24.

12. L. *humeralis.* Der rostbraun schulterfleckige Schmalkäfer. Fab. Syst. El. T. II. p. 359. n. 25. Panz. F. g. 45. t. 11. * (N.)

13. L. *exclamationis.* Der Schmalkäfer mit ! Fab. Syst. El. T. II. p. 359. *

14. L. *femorata.* Der gelblich rothschenkelige Schmalkäfer. Fab. Syst. El. T. II. p. 360. n. 32.

15. L. *nigra.* Der schwarze rothleibige Schmalkäfer. Fab. Syst. El. T. II. p. 360. n. 36. Panz. F. g. 69. t. 18.

16. L. *quadrimaculata.* Der vierfleckige Schmalkäfer. Fab. Syst. El. T. II. p. 361. n. 41.

17. L. *octomaculata.* Der achtfleckige Schmalkäfer. Fab. Syst. El. T. II. p. 361. n. 44.

18. L. *sexmaculata.* Der sechsfleckige Schmalkäfer. Fab. Syst. El. T. II. p. 362. n. 47. Panz. F. g. 69. t. 21.

19. L. *attenuata.* Der verschmälerte Schmalkäfer. Fab. Syst. El. T. II. p. 362. n. 50.

20. L. *calcarata.* Der gespornte Schmalkäfer. Fab. Syst. El. T. II. p. 363. n. 53.

21. L. *quadrifasciata.* Der vierbindige Schmalkäfer. Fab. Syst. El. T. II. p. 364. n. 56.

22. L. *sexguttata.* Der sechstropfige Schmalkäfer. Fab. Syst. El. T. II. p. 364. n. 61. Panz. F. g. 69. t. 22.

23. L. *collaris.* Der rothhalsige Schmalkäfer. Fab. Syst. El. T. II. p. 365. n. 66.

24. L. *virginea.* Der jungfräuliche Schmalbock. Fab. Syst. El. T. II. p. 365. n. 67.

25. L. *costata.* Der geribbte Schmalkäfer. Panz. ent. Taschenb. p. 274. n. 36.

26. L. *chrysomeloides.* Der blattkäferartige Schmalkäfer. Panz. l. c. p. 275. n. 39. *

27. L. *splendens.* Der glänzende Schmalkäfer. Laich. Tyr. Ins. T. II. p. 137. n. 3. * (N.)

28. L. *rufipes.* Der rothfüßige Schmalkäfer. Lin. Syst. Nat. Edit. XIII. T. I. p. 1873. n. 52. * (N.)

200. NECYDALIS. (Engdeckkäfer.)

1. N. *viridissima.* Der vollgrüne Engdeckkäfer. Fab. Syst. El. T. II. p. 369. n. 2. * (N.)

2. N. *caerulescens.* Der bläuliche Engdeckkäfer. Fab. Syst. El. T. II. p. 369. n. 3. * (N.)

3. N. *virescens.* Der grünliche Engdeckkäfer. Fab. Syst. El. T. II. p. 369.

4. N. *cyanea.* Der kornblumenblaue Engdeckkäfer. Fab. Syst. El. T. II. p. 369. n. 5. * (N. K.)

5. N. *seladonia.* Der seladongrüne Engdeckkäfer. Fab. Syst. El. T. II. p. 370. n. 10.

6. N. *melanocephala.* Der schwarzköpfige Engdeckkäfer. Fab. Syst. El. T. II. p. 370. n. 12. Panz. F. g. 36. t. 9. * (M.)

7. N. *ustulata.* Der rostfarbene Engdeckkäfer. Fab. Syst. El. T. II. p. 371. n. 16.

8. N. *caerulea.* Der blaue Engdeckkäfer. Fab. Syst. El. T. II. p. 372. n. 25. * (M.)

9. N. *Podagrariae.* Der Giersch = Engdeckkäfer. Fab. Syst. El. T. II. p. 373. n. 26.

10. N. *clavipes.* Der keulenschenkelige Engdeckkäfer. Fab. Syst. El. T. II. p. 373. n. 28. * (N.)

11. N. *simplex.* Der gelbliche Engdeckkäfer. Fab. Syst. El. T. II. p. 374. n. 32.

12. N. *femorata.* Der dickschenkelige Engdeckkäfer. Panz. F. g. 36. t. 12.

201. Molorchus. (Halbdeckkäfer.)

1. M. *abbreviatus.* Der große Halbdeckkäfer. Fab. Syst. El. T. II. p. 374. n. 1. Panz. F. g. 41. t. 20.

2. M. *dimidiatus.* Der kleine Halbdeckkäfer. Fab. Syst. El. T. II. p. 375. n. 3. Panz. F. g. 41. t. 21.

202. Spondylis. (Waldkäfer.)

1. S. *buprestoides.* Der prachtkäferartige Waldkäfer. Fab. Syst. El. T. II. p. 376. n. Panz. F. g. 44. t. 19.

203. Sinodendron. (Baumkäfer.)

1. S. *cylindricum.* Der walzenförmige Baumkäfer. Fab. Syst. El. T. II. p. 376. n. 1. Panz. F. g. 1. t. 1.

204. Apate. (Trugkäfer.)

1. A. *capucina*. Der Kapuziner-Trugkäfer. Fab. Syst. El. T. II. p. 381. n. 12. Panz. F. g. 43. t. 18.

2. A. *sinuata*. Der gebuchtete Trugkäfer. Fab. Syst. El. T. II. p. 381. n. 14. * (N.)

3. A. *limbata*. Der gesäumte Trugkäfer. Fab. Syst. El. T. II. p. 382. n. 20. Panz. F. g. 43. t. 19.

4. A. *signata*. Der gezeichnete Trugkäfer. Fab. Syst. El. T. II. p. 383. n. 22.

205. Bostrychus. (Borkenkäfer.)

1. B. *cylindrus*. Der walzenförmige Borkenkäfer. Fab. Syst. El. T. II. p. 384. n. 2. Panz. F. g. 15. t. 1.

2. B. *typographus*. Der Buchdrucker-Borkenkäfer. Fab. Syst. El. T. II. p. 385. n. 7. Panz. F. g. 15. t. 2.

3. B. *Laricis*. Der Lärchenbaum-Borkenkäfer. Fab. Syst. El. T. II. p. 15. t. 3. Panz. F. g. 15. t. 3. * (K. M.)

4. B. *chalcographus*. Der Kupferstecher-Borkenkäfer. Fab. Syst. El. T. II. p. 387. n. 11. Panz. F. g. 39. t. 20. * (M. K.)

206. Hylesinus. (Minirkäfer.)

1. H. *Scolytus*. Der Kolken-Minirkäfer. Fab. Syst. El. T. II. p. 390. n. 1. Bostrychus Scolytus. Panz. F. g. 15. t. 6.

2. H. *crenatus*. Der gekerbte Minirkäfer. Fab. Syst. El. T. II. p. 390. n. 2. Bostrychus crenatus. Panz. F. g. 15. t. 7.

3. H. *Fraxini.* Der Aeschen-Minirkäfer. Fab. Syst. El. T. II. p. 390. n. 3. Bostrychus Fraxini. Panz. F. g. 66. t. 15. * (N.)

4. H. *villosus.* Der zotige Minirkäfer. Fab. Syst. El. T. II. p. 391. n. 7. Bostrychus villosus. Panz. F. g. 15. t. 8.

5. H. *piniperda.* Der fichtenzerstörende Minirkäfer. Fab. Syst. El. T. II. p. 392. n. 9. Bostrychus piniperda. Panz. F. g. 15. t. 9.

6. H. *testaceus.* Der gelbliche Minirkäfer. Fab. Syst. El. T. II. p. 393. n. 14. Bostrychus testaceus. Panz. F. g. 66. t. 14.

7. H. *chloropus.* Der braunfüßige Minirkäfer. Fab. Syst. El. T. II. p. 393. n. 17. Curculio chloropus. Panz. F. g. 19. t. 14.

8. H. *pubescens.* Der feinhaarige Minirkäfer. Fab. Syst. El. T. II. p. 394. n. 18. Bostrychus pubescens. Panz. F. g. 15. t. 10. * (N.)

9. H. *pygmaeus.* Der Zwerg-Minirkäfer. Fab. Syst. El. T. II. p. 395. n. 25.

207. BRUCHUS. (Muffelkäfer.)

1. B. *Pisi.* Der Erbsen-Muffelkäfer. Fab. Syst. El. T. II. p. 396. n. 5. Panz. F. g. 66. t. 11.

2. B. *granarius.* Der Körner-Muffelkäfer. Fab. Syst. El. T. II. p. 399. n. 24. Panz. F. g. 61. t. 8. * (N.)

3. B. *Cisti.* Der Cisten-Muffelkäfer. Fab. Syst. El. T. II. p. 400. n. 26. Panz. F. g. 66. t. 5. * (N.)

4. B. *seminarius*. Der Samen=Muffelkäfer. Fab. Syst. El. T. II. p. 400. n. 29. * (K.)

5. B. *luteicornis*. Der gelbhörnige Muffelkäfer. Panz. F. g. 25. t. 23. * (N.)

208. ANTHRIBUS. (Maulkäfer.)

1. A. *albinus*. Der weißköpfige Maulkäfer. Fab. Syst. El. T. II. p. 408. n. 15. Panz. F. g. 3. t. 16. * (N. K. M.)

2. A. *albirostris*. Der weißrüsselige Maulkäfer. Fab. Syst. El. T. II. p. 408. n. 17. Panz. F. g. 15. t. 13. * (K. N. M.)

3. A. *planirostris*. Der flachrüsselige Maulkäfer. Fab. Syst. El. T. II. p. 410. n. 24. Panz. F. g. 15. t. 14.

4. A. *scabrosus*. Der marmorirte Maulkäfer. Fab. Syst. El. T. II. p. 411. n. 27. Panz. F. g. 15. t. 15.

5. A. *varius*. Der schwarz und weißpunctirte Maulkäfer. Fab. Syst. El. T. II. p. 411. n. 27. Panz. F. g. 15. t. 16. * (N. K. M.)

6. A. *sepicola*. Der Hecken=Maulkäfer. Fab. Syst. El. T. II. p. 411. n. 31. * (K. M.)

209. ATTELLABUS. (Rollkäfer.)

1. A. *Coryli*. Der Haselstauden=Rollkäfer. Fab. Syst. El. T. II. p. 416. n. 1.

β. Avellanae. Fab. l. c.

2. A. *intermedius*. Der mittlere Rollkäfer. Panz. F. g. 5. t. 22.

3. A. *curculionoides*. Der rüsselkäferartige Rollkäfer. Fab. Syst. El. T. II. p. 420. n. 22.

4. A. *pubescens.* Der feinhaarige Rollkäfer. Fab. Syst. El. T. II. p. 421. n. 25. * (N.)

5. A. *Bacchus.* Der Bacchus=Rollkäfer. Fab. Syst. El. T. II. p. 421. n. 27. Panz. F. g. 20. t. 5.

6. A. *Betuleti.* Der grüne Birkenkäfer. Fab. Syst. El. T. II. p. 421. n. 28. Panz. F. g. 20. t. 6.

7. A. *Populi.* Der Pappel=Rollkäfer. Fab. Syst. El. T. II. p. 422. n. 29. Panz. F. g. 20. t. 7.

8. A. *aequatus.* Der schwarzrüsselige Rollkäfer. Fab. Syst. El. T. II. p. 422. n. 32. Panz. F. g. 20. t. 8.

9. A. *caeruleocephalus.* Der schwarzköpfige Rollkäfer. Fab. Syst. T. II. p. 423. n. 34.

10. A. *cupreus.* Der kupferfarbene Rollkäfer. Fab. Syst. El. T. II. p. 423. n. 35. * (N. K. M.)

11. A. *aeneus.* Der erzfarbene Rollkäfer. Fab. Syst. El. T. II. p. 423. n. 37. * (M. K.)

12. A. *tristis.* Der traurige Rollkäfer. Fabr. Syst. El. T. II. p. 423. n. 38.

13. A. *Alliariae.* Der Knoblauchkraut=Rollkäfer. Fab. Syst. El. T. II. p. 425. n. 47.

14. A. *Pomonae.* Der Baumblüthen=Rollkäfer. Fab. Syst. El. T. II. p. 425. n. 48.

15. A. *Craccae.* Der Vogelwicken=Rollkäfer. Fab. Syst. El. T. II. p. 425. n. 51. Panz. F. g. 20. t. 10.

16. A. *Sorbi.* Der Abreschen=Rollkäfer. Fab. Syst. El. T. II. p. 426. n. 52. Panz. F. g. 20. t. 11. * (K. M.)

17. A. *cyaneus.* Der kornblumenblaue Rollkäfer. Fab. Syst. El. T. II. p. 426. n. 53. Panz. F. g. 20. t. 12.

18. A. *globosus.* Der kugelförmige Rollkäfer. Fab. Ent. Syst. T. II. p. 426. n. 54. Panz. F. g. 57. t. 10. * (K. M.)

19. A. *flavipes.* Der gelbfüßige Rollkäfer. Fab. Syst. El. T. II. p. 427. n. 57. Panz. F. g. 20. t. 13.

20. A. *frumentarius.* Der Korn-Rollkäfer. Fab. Syst. El. T. II. p. 427. n. 59. Panz. F. g. 20. t. 14.

21. A. *Betulae.* Der schwarze Birken-Rollkäfer. Fab. Syst. El. T. II. p. 427. n. 61. Panz. F. g. 20. t. 15.

22. A. *punctiger.* Der Punct-Rollkäfer. Payk. Fauna Suec. T. III. p. 179. * (N.)

23. A. *ruficornis.* Der rothhörnige Rollkäfer. Herbst. Col. T. 7. p. 110. t. 102. f. 8.

210. Rhinomacer. (Nasenkäfer.)

1. R. *curculioides.* Der rüsselkäferartige Nasenkäfer. Fab. Syst. El. T. II. p. 428. Panz. F. g. 12. t. 8.

2. R. *attelaboides.* Der rollkäferartige Nasenkäfer. Fab. Syst. El. T. II. p. 428. * (K. M.)

211. Calandra.

1. C. *abbreviata.* Der abgekürzte Calandra. Fab. Syst. El. T. II. p. 436. n. 31. Curculio abbreviatus. Panz. F. g. 42. t. 3.

2. C. *porcula.* Der Spanferkel-Calandra. Fab. Syst. El. T. II. p. 436. n. 34. * (N.)

3. C. *granaria.* Der Getreide-Calandra. Fab. Syst. El. T. II. p. 437. n. 39. Curculio granarius. Panz. F. g. 17. t. 11.

4. C. *Oryzae.* Der Reiß=Calandra. Fab. Syst. El. T. II. p. 438. n. 41. Man findet ihn öfter unter dem Reiß in Kaufmannsgewölben. Ich habe ihn einst in gekochtem Reiß gefunden, und nach einigen Stunden kroch er wieder herum.

212. CASSONUS.

1. C. *linearis.* Fab. Syst. El. T. II. p. 496. n. 1. Curc. linearis. Panz. F. g. 18. t. 7.

213. RYNCHAENUS. (Schnabelkäfer.)

1. R. *Pini.* Der Fichten=Schnabelkäfer. Fab. Syst. El. T. II. p. 440. n. 7. Curculio Pini. Panz. F. g. 42. t. 1.

2. R. *Jaceae.* Der Flockenblumen=Schnabelkäfer. Fab. Syst. El. T. II. p. 441. n. 10. Curculio Jaceae. Panz. F. g. 18. t. 2.

3. R. *planus.* Der platte Schnabelkäfer. Fab. Syst. El. T. II. p. 441. n. 11.

4. R. *Colon.* Der Colon=Schnabelkäfer. Fab. Syst. El. T. II. p. 241. n. 15. Curculio Colon. Panz. F. g. 42. t. 2.

5. R. *bimaculatus.* Der zweifleckige Schnabelkäfer. Fab. Syst. El. T. II. p. 442. n. 16.

6. R. *punctum.* Der Punct=Schnabelkäfer. Fab. Syst. El. T. II. p. 442. n. 17.

7. R. *Rubi.* Der Himbeer=Schnabelkäfer. Fab. Syst. El. T. II. p. 446. n. 42.

8. R. *Pruni.* Der Pflaumenbaum=Schnabelkäfer. Fab. Syst. El. T. II. p. 447. n. 45.

9. R. *Came-*

9. R. *Camelus.* Der Kameel=Schnabelkäfer. Fab. Syst. El. T. II. p. 449. n. 48. * (N.)

10. R. *quadrituberculatus.* Der vierbeulige Schnabelkäfer. Fab. Syst. El. T. II. p. 448. n. 49. * (K.)

11. R. *teter.* Der Leinkraut=Rüsselkäfer. Fab. Syst. El. T. II. p. 448. n. 50. Curculio Linariae. Panz. F. g. 26. t. 18.

12. R. *Campanulae.* Der Glockenblumen=Schnabelkäfer. Fab. Syst. El. T. II. p. 448. n. 52.

13. R. *nigrirostris.* Der schwarzrüsselige Schnabelkäfer. Fab. Syst. El. T. II. p. 448. n. 53. Curculio nigrirostris. Panz. F. g. 36. t. 14. * (K. M.)

14. R. *variabilis.* Der veränderliche Schnabelkäfer. Fab. Syst. El. T. II p. 449. n. 54. * (K. M.)

15. R. *Salicariae.* Der Weiderich=Schnabelkäfer. Fab. Syst. El. T. II. p. 449. n. 58. Curculio Salicariae. Panz. F. g. 17. t. 4.

16. R. *Pseudacori.* Der Wasserschwertlilien=Schnabelkäfer. Fab. Syst. El. T. II. p. 450. n. 62. Curc. Pseudacori. Panz. F. g. 17. t. 5.

17. R. *Castor.* Der Castor=Schnabelkäfer. Fab. Syst. El. T. II. p. 451. n. 64. * (N. K.)

18. R. *pericarpius.* Der Samengehäuse=Schnabelkäfer. Fab. Syst. El. T. II. p. 451. n. 65. Curculio pericarpius. Panz. F. g. 42. t. 5. * (K. M.)

19. R. *quercicola.* Der Eicheln=Schnabelkäfer. Fab. Syst. El. T. II. p. 451. n. 66.

20. R. *assimilis.* Der ähnliche Schnabelkäfer. Fab. Syst. El. T. II. p. 451. n. 67. Curculio assimilis. Panz. F. g. 42. t. 6. * (M. K.)

21. R. *Sisymbrii.* Der Wasserrauken-Schnabelkäfer. Fab. Syst. El. T. II. p. 452. n. 68. Curculio Sisymbrii. Panz. F. g. 17. t. 6.

22. R. *Capreae.* Der Saalweiden-Schnabelkäfer. Fab. Syst. El. T. II. n. 69.

23. R. *bipunctatus.* Der zweipunctige Schnabelkäfer. Fab. Syst. El. T. II. p. 452. n. 70. Curculio bipunctatus. Panz. F. g. 42. t. 7.

24. R. *Erysimi.* Der Hederich-Schnabelkäfer. Fab. Syst. El. T. II. p. 452. n. 72. Curculio Erysimi. Panz. F. g. 17. t. 7. * (M. K.)

25. R. *Lythri.* Der Blutkraut-Rüsselkäfer. Fab. Syst. El. T. II. p. 453. n. 76. Curculio Lythri. Panz. F. g. 17. t. 8.

26. R. *acridulus.* Der Kressen-Schnabelkäfer. Fab. Syst. El. T. II. p. 454. n. 79. Curculio acridulus. Panz. F. g. 42. t. 10.

27. R. *subrufus.* Der röthliche Schnabelkäfer. Fab. Syst. El. T. II. p. 454. n. 80.

28. R. *Alauda.* Der Lerchen-Schnabelkäfer. Fab. Syst. El. T. II. p. 454. n. 82.

29. R. *dorsalis.* Der Rücken-Schnabelkäfer. Fab. Syst. El. T. II. p. 454. n. 83. Curculio dorsalis. Panz. F. g. 17. t. 9.

30. R. *Quercus.* Der Eichenbaum-Schnabelkäfer. Fab. Syst. El. T. II. p. 455. n. 84.

31. R. *suturalis.* Der weißlinige Schnabelkäfer. Fab. Syst. El. T. II. p. 455. n. 86. * (K.)

32. R. *Crux.* Der Kreuz-Schnabelkäfer. Fab. Syst. El. T. II. p. 455. n. 87.

33. R. *Plantaginis.* Der Wegebreit-Schnabelkäfer. Fab. Syst. El. T. II. p. 456. n. 91. * (M. K.)

34. R. *Artemisiae.* Der Beifuß-Schnabelkäfer. Fab. Syst. El. T. II. p. 456. n. 92. Curculio Artemisiae. Panz. F. g. 18. t. 10.?

35. R. *Rumicis.* Der Ampfer-Schnabelkäfer. Fab. Syst. El. T. II. p. 456. n. 93.

36. R. *Pollux.* Fab. Ent. Syst. T. II. p. 457. n. 94.

37. R. *Abietis.* Der Tannen-Schnabelkäfer. Fab. Syst. El. T. II. p. 464. n. 130. Curculio Abietis. Panz. F. g. 42. t. 14.

38. R. *Lapathi.* Der Grundwurzel-Schnabelkäfer. Fab. Syst. El. T. II. p. 466. n. 140. Curculio Lapathi. Panz. F. g. 42. t. 15.

39. R. *Scrophulariae.* Der Braunwurzel-Schnabelkäfer. Fab. Syst. El. T. II. p. 478. n. 191.

40. R. *Thapsus.* Der Wollkraut-Schnabelkäfer. Fab. Syst. El. T. II. p. 479. n. 192.

41. R. *Verbasci.* Der Königskerzen-Schnabelkäfer. Fab. Syst. El. T. II. p. 479. n. 193.

42. R. *Blattariae.* Der Schabenkraut-Schnabelkäfer. Fab. Syst. El. T. II. p. 479. n. 195.

43. R. *quinquepunctatus.* Der fünfpunctige Schnabelkäfer. Fab. Syst. El. T. II. p. 482. n. 204. Curculio 5punctatus. Panz. F. g. 84. t. 8.

44. R. *guttula.* Der weißtropfige Schnabelkäfer. Fab. Syst. El. T. II. p. 482. n. 205. * (N. K.)

45. R. *abbreviatulus.* Der abgekürzte Schnabelkäfer. Fab. Syst. El. T. II. p. 482. n. 206.

46. R. *Echii.* Der Natterkopf-Schnabelkäfer. Fab. Syst. El. T. II. p. 482. n. 207. Curculio Echii. Panz. F. g. 17. t. 12.

47. R. *didymus.* Der Brennnessel-Schnabelkäfer. Fab. Syst. El. T. II. p. 482. n. 209.

48. R. *violaceus.* Der violettblaue Rüsselkäfer. Fab. Syst. El. T. II. p. 486. n. 227. Curculio violaceus. Panz. F. g. 42. t. 20.

49. R. *Nucum.* Der Nüsse-Schnabelkäfer. Fab. Syst. El. T. II. p. 486. n. 228. Curculio Nucum. Panz. F. g. 42. t. 21.

50. R. *esuriens.* Der hungrige Schnabelkäfer. Fab. Syst. El. T. II. p. 487. n. 232.

51. R. *Cerasorum.* Der Kirschen-Schnabelkäfer. Fab. Syst. El. T. II. p. 488. n. 238. Curculio Cerasorum. Panz. F. g. 42. t. 22. * (M. K.)

52. R. *drupurum.* Der Steinfrüchte-Schnabelkäfer. Fab. Syst. El. T. II. p. 489. n. 243.

53. R. *melanocephalus.* Der schwarzköpfige Schnabelkäfer. Fab. Syst. El. T. II. p. 490. n. 245. Curculio melanocephalus. Panz. F. g. 18. t. 12. * (N.)

54. R. *pectoralis.* Der an der Brust schwarz gezeichnete Schnabelkäfer. Fab. Syst. El. T. II. p. 490. n. 246. Panz. F. g. 36. t. 16. * (M.)

55. R. *pomorum.* Der Aepfel-Schnabelkäfer. Fab. Syst. El. T. II. p. 491. n. 250.

56. R. *vorax.* Der gefräßige Schnabelkäfer. Fab. Syst. El. T. II. p. 491. n. 250.

57. R. *tortrix.* Der zusammenrollende Schnabelkäfer. Fab. Syst. El. T. II. p. 491. n. 252.

58. R. *Tremulae.* Der Aespen-Schnabelkäfer. Fab. Syst. El. T. II. p. 492. n. 253.

59. R. *taeniatus.* Der Buschweiden-Schnabelkäfer. Fab. Syst. El. T. II. p. 492. n. 255.

60. R. *hortorum.* Der Garten-Schnabelkäfer. Fabr. Syst. El. T. II. p. 493. n. 259.

61. R. *Saliceti.* Der Korbweiden-Schnabelkäfer. Fab. Syst. El. T. II. p. 493. n. 262.

62. R. *Salicis.* Der Wasserweiden-Schnabelkäfer. Fab. Syst. El. T. II. p. 494. n. 264. Curculio Salicis. Panz. F. g. 18. t. 15.

63. R. *Viminalis.* Der Haarweiden-Schnabelkäfer. Fab. Syst. El. T. II. p. 494. n. 265.

64. R. *Jota.* Der Jota-Schnabelkäfer. Fab. Syst. El. T. II. p. 495. n. 269. Curculio Jota. Panz. F. g. 18. t. 16.

65. R. *Populi.* Der Pappel-Schnabelkäfer. Fab. Syst. El. T. II. p. 495. n. 272. Curculio Populi. Panz. F. g. 18. t. 17.

214. Lixus.

1. L. *paraplecticus.* Der lähmende Lixus. Fab. Syst. El. T. II. p. 498. n. 1. Curculio paraplecticus. Panz. F. g. 6. t. 15.

2. L. *filiformis.* Der fadenförmige Lixus. Fab. Syst. El. T. II. p. 501. n. 15.

3. L. *angustatus.* Der schmale Lixus. Fab. Syst. El. T. II. p. 502. n. 20. Curculio angustatus. Panz. F. g. 42. t. 12. * (N.)

4. L. *Bardanae.* Der Kletten-Lixus. Fab. Syst. El. T. II. p. 502. n. 22. Curculio Bardanae. Panz. F. g. 18. t. 3. * (M.)

215. CURCULIO. (Rüsselkäfer.)

1. C. *cinarescens.* Der aschenfarbene Rüsselkäfer. Fab. Syst. El. T. II. p. 511. n. 25. * (N.)

2. C. *lateralis.* Der gelbrandige Rüsselkäfer. Fab. Syst. El. T. II. p. 512. n. 33. * (K. M.)

3. C. *viridis.* Der grüne Rüsselkäfer. Fab. Syst. El. T. II. p. 512. n. 34.

4. C. *palliatus.* Der verblichene Rüsselkäfer. Fab. Syst. El. T. II. p. 513. n. 38. Panz. F. g. 19. t. 15.

5. C. *nebulosus.* Der wolkichte Rüsselkäfer. Fab. Syst. El. T. II. p. 514. n. 46.

6. C. *marmoratus.* Der marmorirte Rüsselkäfer. Fab. Syst. El. T. II. p. 515. n. 50.

7. C. *sulcirostris.* Der gefurchtnasige Rüsselkäfer. Fab. Syst. El. T. II. p. 515. n. 51.

8. C *albidus.* Der weißliche Rüsselkäfer. Fab. Syst. El. T. II. p. 517. n. 59. Panz. F. g. 19. t. 7.

9. C. *incanus.* Der weißgraue Rüsselkäfer. Fab. Syst. El. T. II. p. 518. n. 66. Panz. F. g. 19. t. 8.

10. C. *micans.* Der schimmernde Rüsselkäfer. Fab. Syst. El. T. II. p. 519. n. 75. Panz. F. g. 19. t. 9.

11. C. *polygoni.* Der Wegetritt-Rüsselkäfer. Fab. Syst. El. T. II. p. 520. n. 77. Panz. F. g. 19. t. 10.

12. C. *Megerlei.* Der Megerle'sche Rüsselkäfer. Fab. Syst. El. T. II. p. 521. n. 84. Panz. F. g. 87. t. 7. Auf dem Riesengebirge.

13. C. *Arundinis.* Der Schilfrohr-Rüsselkäfer. Fab. Syst. El. T. II. p. 521. n. 85. Panz. F. g. 19. t. 11.

14. C. *gramineus.* Der Gras-Rüsselkäfer. Fab. Syst. El. T. II. p. 523. n. 95.

15. C. *Coryli.* Der Haselstauden-Rüsselkäfer. Fab. Syst. El. T. II. p. 524. n. 98. Panz. F. g. 19. t. 12.

16. C. *lineatus.* Der liniirte Rüsselkäfer. Fab. Syst. El. T. II. p. 524. n. 99.

17. C. *caninus.* Der hündische Rüsselkäfer. Fab. Syst. El. T. II. p. 524. n. 101. * (K. M.)

18. C. *elevatus.* Der erhöhete Rüsselkäfer. Fab. Syst. El. T. II. p. 524. n. 102. * (K.)

19. C. *fulvipes.* Der feuerrothfüßige Rüsselkäfer. Fab. Syst. El. T. II. p. 525. n. 104. * (K.)

20. C. *pilosus.* Der haarige Rüsselkäfer. Fab. Syst. El. T. II. p. 525. n. 108.

21. C. *undatus.* Der wellenförmig gezeichnete Rüsselkäfer. Fab. Syst. El. T. II. p. 525. n. 109.

22. C. *hispidulus.* Der stachelhaarige Rüsselkäfer. Fab. Syst. El. T. II. p. 526. n. 111.

23. C. *hirsutulus.* Der zotige Rüsselkäfer. Fab. Syst. El. T. II. p. 526. n. 112. Panz. F. g. 7. t. 7.

24. C. *scabriculus.* Der rauhe Rüsselkäfer. Fab. Syst. El. T. II. p. 527. n. 114.

25. C. *squamulatus.* Der kleinschuppige Rüsselkäfer. Fab. Syst. El. T. II. p. 527. n. 116.

26. C. *limbatus.* Der bordirte Rüsselkäfer. Fab. Syst. El. T. II. p. 527. n. 118.

27. C. *viridicollis.* Der grünhalsige Rüsselkäfer. Fab. Syst. El. T. II. p. 528. n. 120. Panz. F. g. 19. t. 13.

28. C. *cervinus.* Der rehfarbene Rüsselkäfer. Fab. Syst. El. T. II. p. 528. n. 121.

29. C. *raucus.* Der rauhe Rüsselkäfer Fab. Syst. El. T. II. p. 529. n. 130. * (N. M. K.)

30. C. *punctatus.* Der punctirte Rüsselkäfer. Fab. Syst. El. T. II. p. 529. n. 133.

31. C. *obscurus.* Der dunkle Rüsselkäfer. Fab. Syst. El. T. II. p. 530. n. 134.

32. C. *niger.* Der schwarze Rüsselkäfer. Fab. Syst. El. T. II. p. 530. n. 137.

33. C. *laevigatus.* Der polirte Rüsselkäfer. Fab. Syst. El. T. II. p. 531. n. 139. * (K. N. M.)

34. C. *fusco-maculatus.* Der braungefleckte Rüsselkäfer. Fab. Syst. El. T. II. p. 537. n. 187.

35. C. *Ligustici.* Der Liebstöckel-Rüsselkäfer. Fab. Syst. El. T. II. p. 538. n. 188.

36. C. *Zebra.* Der Zebra-Rüsselkäfer. Fab. Syst. El. T. II. p. 538. n. 189.

37. C. *nubilus.* Der wolkenschwarze Rüsselkäfer. Fab. Syst. El. T. II. p. 538. n. 191.

38. C. *austriacus.* Der Oestreichische Rüsselkäfer. Fab. Syst. El. T. II. p. 539. n. 195. * (K.)

39. C. *calcaratus.* Der gespornte Rüsselkäfer. Fab. Syst. El. T. II. p. 539. n. 198. * (N.)

40. C. *picipes.* Der pechschwarzfüßige Rüsselkäfer. Fab. Syst. El. T. II. p. 540. n. 201.

41. C. *Iris.* Der Iris-Rüsselkäfer. Fab. Syst. El. T. II. p. 541. n. 206.

42. C. *lepidopterus.* Der staubflügelige Rüsselkäfer. Fab. Syst. El. T. II. p. 541. n. 207. Panz. F. g. 26. t. 19.

43. C. *Pyri.* Der Birnbaum-Rüsselkäfer. Fab. Syst. El. T. II. p. 541. n. 210.

44. C. *Alneti.* Der Erlen-Rüsselkäfer. Fab. Syst. El. T. II. p. 542. n. 211.

45. C. *vespertinus.* Der abendliche Rüsselkäfer. Fab. Syst. El. T. II. p. 542. n. 212.

46. C. *Mali.* Der Apfel-Rüsselkäfer. Fab. Syst. El. T. II. p. 542. n. 213.

47. C. *argentatus.* Der silberglänzende Rüsselkäfer. Fab. Syst. El. T. II. p. 543. n. 220.

48. C. *oblongus.* Der längliche Rüsselkäfer. Fab. Syst. El. T. II. p. 544. n. 222. Panz. F. g. 19. t. 15.

49. C. *muricatus.* Der stachelige Rüsselkäfer. Fab. Syst. El. T. II. p. 544. n. 23. * (K.)

50. C. *ovatus.* Der eiförmige Rüsselkäfer. Fab. Syst. El. T. II. p. 544. n. 224.

* * *

51. C. *nigrinus.* Der schwärzliche Rüsselkäfer. Herbst. Col. T. 6. p. 60. n. 23. t. 62. f. 16. * (M.)

52. C. *teres.* Der runde Rüsselkäfer. Herbst l. c. p. 128. n. 88. t. 68. f. 7. * (K.)

53. C. *antiodontalgicus.* Der zahnschmerzenstillende Rüsselkäfer. Herbst. l. c. T. 7. p. 18. n. 578. t. 96. f. 11. * (K. M.)

54. C. *funereus.* Der Leichen-Rüsselkäfer. Herbst. Col. T. 6. p. 164. n. 122. t. 71. f. 3. * (K. M.)

55. C. *indigena.* Der inländische Rüsselkäfer. Herbst. l. c. p. 170. n. 130. t. 71. f. 12. * (K. M.)

56. C. *salicivorus.* Der weidenfressende Rüsselkäfer. Herbst. l. c. p. 200. n. 160. t. 73. f. 12.

57. C. *Neophitis.* Der schmutzigbraungraue Rüsselkäfer. Herbst. l. c. p. 218. n. 181. t. 75. f. 7. * (K.)

58. C. *lepidotus.* Der schuppige Rüsselkäfer. Herbst. l. c. p. 233. n. 197. t. 77. f. 1. * (K.)

59. C. *infirmus.* Der schwache Rüsselkäfer. Herbst. l. c. p. 257. n. 224. t. 78. f. 13. * (K.)

60. C. *Mustela.* Der Wiesel-Rüsselkäfer. Herbst. Col. T. 7. p. 35. n. 593. t. 97. f. 8. * (K. M.)

61. C. *sericeus.* Der seidenhaarige Rüsselkäfer. Herbst. l. c. p. 37. n. 595. t. 97. f. 10. * (K. M.)

62. C. *rubicundus.* Der röthliche Rüsselkäfer. Herbst. Col. T. 6. p. 267. n. 237. t. 80. f. 6. * (K.)

63. C. *Schneideri.* Schneiders Rüsselkäfer. Herbst. l. c. p. 268. t. 80. f. 7. * (M.)

64. C. *tomentosus.* Der filzige Rüsselkäfer. Herbst l. c. p. 278. n. 250. t. 81. f. 7. * (K. M.)

65. C. *dissimilis.* Der unähnliche Rüsselkäfer. Herbst l. c. p. 290. n. 261. t. 82. f. 7. * (K. M.)

66. C. *Harcyniae.* Der Harzer Rüsselkäfer. Herbst l. c. p. 294. n. 265. t. 82. f. 11. * (K.)

67. C. *tenebricosus.* Der dunkle Rüsselkäfer. Herbst l. c. p. 333. n. 307. t. 86. f. 5.

68. C. *echinatus.* Der Igel-Rüsselkäfer. Herbst l. c. p. 377. n. 354. t. 89. f. 13. * (K. M.)

69. C. *globulus.* Der kugelförmige Rüsselkäfer. Herbst l. c. p. 398. n. 376. t. 91. f. 7. * (K.)

70. C. *macula alba.* Der weißfleckige Rüsselkäfer. Herbst l. c. p. 404. n. 384. f. 14.

71. C. *pulicarius*. Der Floh-Rüsselkäfer. Herbst l. c. p. 429. n. 416. t. 93. f. 12. * (K. M.)

72. C. *chrysostictus*. Der goldpunctirte Rüsselkäfer. Lin. Syst. N. T. I. P. 4. p. 1797. n. 604. * (N.)

73. C. *incurvus*. Der gekrümmte Rüsselkäfer. Panz. F. g. 36. t. 17. * (M.)

74. C. *bicolor*. Der zweifarbige Rüsselkäfer. Panz. Ent. Taschenb. n. 58. * (M.)

216. Colydium. (Fadenkäfer.)

1. C. *sulcatum*. Der gefurchte Fadenkäfer. Fab. Syst. El. T. II. p. 555. n. 1.

217. Hypophloeus. (Rindenkäfer.)

1. H. *castaneus*. Der kastanienbraune Rindenkäfer. Fab. Syst. El. T. II. p. 558. n. 3. Panz. F. g. 12. t. 13.

2. H. *fasciatus*. Der gebänderte Rindenkäfer. Fab. Syst. El. T. II. p. 559. n. 5. Panz. F. g. 6. t. 17.

3. H. *depressus*. Der braune Rindenkäfer. Fab. Syst. El. T. II. p. 559. n. 6. Panz. F. g. 1. t. 23.

4. H. *bicolor*. Der zweifarbige Rindenkäfer. Fab. Syst. El. T. II. p. 559. n. 7. Panz. F. g. 12. t. 14.

5. H. *testaceus*. Der rothgelbe Rindenkäfer. Panz. F. g. 84. t. 10.

218. Lyctus. (Splintkäfer.)

1. L. *politus*. Der polirte Splintkäfer. Fab. Syst. El. T. II. p. 560. n. 1. Panz. F. g. 4. t. 18. * (N. K.)

2. L. *depressus*. Der braune Splintkäfer. Fab. Syst. El. T. II. * (N.)

3. L. *bipustulatus*. Der zweiblatterige Splintkäfer. Fab. Syst. El. T. II. p. 561. n. 4. * (M. K.)

4. L. *terebrans*. Der walzenförmige Splintkäfer. Fab. Syst. El. T. II. p. 561. n. 7. L. cylindricus. Panz. F. g. 35. t. 18.

5. L. *Juglandis*. Der Wallnußbaum=Splintkäfer. Fab. Syst. El. T. II. p. 561. n. 8. Panz. F. g. 5. t. 17. * (K. M.)

6. L. *hysteroides*. Der stutzkäferartige Splintkäfer. Fab. Syst. El. T. II. p. 561. n. 9. Panz. F. g. 5. t. 16.

7. L. *crenatus*. Der gekerbte Splintkäfer. Fab. Syst. El. T. II. p. 561. n. 10. Monotoma crenata. Panz. F. g. 1. t. 24.

8. L. *canaliculatus*. Der Splintkäfer mit dem Grübchen auf dem Halsschilde. Fab. Syst. El. T. II. p. 562. n. 13. Panz. F. g. 4. t. 16.

9. L. *fasciatus* Köhleri.

219. Catops.

1. C. *rufescens*. Der röthliche Catops. Fab. Syst. El. T. II. p. 563. n. 1. *

2. C. *sericeus*. Der seidenhaarige Catops. Fab. Syst. El. T. II. p. 564. n. 2. *

3. C. *Morio*. Der schwarze Catops. Fab. Syst. El. T. II. p. 564. n. 4. Helops tristis. Panz. F. g. 8. t. 1. *

4. C. *agilis*. Der hurtige Catops. Fab. Syst. El. T. II. p. 565. n. 6. *

220. Mycetophagus. (Pilzkäfer.)

1. M. *quadrimaculatus.* Der vierfleckige Pilzkäfer. Fab. Syst. El. T. II. p. 565. n. 2. Panz. F. g. 12. t. 9.

2. M. *piceus.* Der pechbraune Pilzkäfer. Fab. Syst. El. T. II. p. 569. n. 22. Panz. F. g. 1. t. 22. 2. t. 5. * (N. K. M.)

3. M. *castaneus.* Der kastanienbraune Pilzkäfer. Fab. Syst. El. T. II. p. 569. n. 25. * (N.)

4. M. *metallicus.* Der metallglänzende Pilzkäfer. Fab. Syst. El. T. II. p. 570. n. 27.

5. M. *testaceus.* Der rothgelbe Pilzkäfer. Fab. Syst. El. T. II. p. 570. n. 28.

6. M. *spinipes.* Der stachelfüßige Pilzkäfer. Panz. F. g. 24. t. 20. * (M.)

7. M. *signatus.* Der gezeichnete Pilzkäfer. Panz. F. g. 57. t. 20. * (M.)

221. Tritoma. (Dreischnittkäfer.)

1. T. *bipustulata.* Der zweiblatterige Dreischnittkäfer. Fab. Syst. El. T. II. p. 571. n. 3.

2. T. *glabra.* Der glatte Dreischnittkäfer. Fab. Syst. El. T. II. p. 572. n. 7. Panz. F. g. 23. t. 19.

3. T. *pilosa.* Der haarige Dreischnittkäfer. Panz. F. g. 7. t. 8.

222. Scaphidium. (Nachenkäfer.)

1. S. *Boleti.* Der Löcherschwammkäfer. Panz. F. g. 12. t. 16.

223. Ips. (Glattkäfer.)

1. I. *bipustulata.* Der zweiblatterige Glattkäfer. Fab. Syst. El. T. II. p. 578. n. 8. * (N.)

2. I. *quadripustulata.* Der vierblatterige Glattkäfer. Fab. Syst. El. T. II. p. 579. n. 11.

3. I. *punctata.* Der punctirte Glattkäfer. Fab. Syst. El. T. II. p. 579. n. 13. Mycetophagus punctatus. Panz. F. g. 12. t. 12.

4. I. *bifasciata.* Der zweibindige Glattkäfer. Fab. Syst. El. T. II. p. 579. n. 14. * (K.)

5. I. *quadriguttata.* Der viertropfige Glattkäfer. Fab. Syst. El. T. II. p. 580. n. 16.

6. I. *ferruginea.* Der rostbraune Glattkäfer. Fab. Syst. El. T. II. p. 580. n. 17. Lyctus dermestoides. Panz. F. g. 8. t. 15. * (M.)

224. Triplax. (Dreigliedkäfer.)

1. T. *nigripennis.* Der schwarze Dreigliedkäfer mit dem rothen Halsschilde. Fab. Syst. El. T. II. p. 581. n. 1. Ips nigripennis. Panz. F. g.

2. T. *rufipes.* Der rothfüßige Dreigliedkäfer. Fab. Syst. El. T. II. p. 582. n. 2. Ips rufipes. Panz. F. g. 13. t. 17.

3. T. *aenea.* Der erzfarbene Dreigliedkäfer. Fab. Syst. El. T. II. p. 582. n. 3.

225. Engis.

1. E. *humeralis.* Der auf den Schultern gezeichnete Engis. Fab. Syst. El. T. II. p. 583. n. 2. Dermestes scanicus. Panz. F. g. 4. t. 9.

2. E. *lunata.* Der mondfleckige Engis. Fab. Syst. El. T. II. p. 583. n. 3. * (K.)

3. E. *sanguinicollis.* Der blutrothhalsige Engis. Fab. Syst. El. T. II. p. 584. n. 5. Dermestes 4pustulatus. Panz. F. g. 6. t. 6.

226. Diaperis. (Achsenkäfer.)

1. D. *Boleti.* Der Pilz=Achsenkäfer. Fab. Syst. El. T. II. p. 385. n. 1.

2. D. *bicolor.* Der zweifarbige Achsenkäfer. Fab. Syst. El. T. II. p. 586. n. 6. Scolytus aeneus. Panz. F. g. 8. t. 2.

227. Meloe. (Oehlkäfer.)

1. M. *proscarabaeus.* Der gemeine Oehlkäfer. Fab. Syst. El. T. II. p. 587. n. 1. Panz. F. g. 10. t. 12.

2. M. *majalis.* Der wahre Mai=Oehlkäfer. Fab. Syst. El. T. II. p. 588. n. 3. Panz. F. g. 10. t. 13.

3. M. *brevicollis.* Der kurzhalsige Oehlwurm. Fab. Syst. El. T. II. p. 588. n. 7. Panz. F. g. 10. t. 15.

4. M. *brunsvicensis.* Der Braunschweiger Oehlkäfer. Meyer Monogr. Gen. Mel. p. 25. Panz. F. g. 10. t. 16. * (K.)

5. M. *tecta.* Der bedeckte Oehlkäfer. Panz. F. g. 10. t. 14.

6. M. *fracticornis* Köhleri.

228. Staphylinus. (Raubkäfer.)

1. St. *hirtus.* Der rauhe Raubkäfer. Fab. Syst. El. T. II. p. 589. n. 2. Panz. F. g. 4. t. 19.

2. St. *nebulosus.* Der wolkichte Raubkäfer. Fab. Syst. El. T. II. p. 590. n. 3.

3. St. *murinus.* Der mäusefarbige Raubkäfer. Fab. Syst. El. T. II. p. 590. n. 4. Panz. F. g. 66. t. 16.

4. St. *pubescens.* Der feinhaarige Raubkäfer. Fab. Syst. El. T. II. p. 590. n. 6.

5. St. *olens.* Der stinkende Raubkäfer. Fab. Syst. El. T. II. p. 591. n. 8. Panz. F. g. 27. t. 1. * (N. K.)

6. St. *similis.* Der ähnliche Raubkäfer. Fab. Syst. El. T. II. p. 591. n. 9. * (K. N.)

7. St. *picipennis.* Der pechschwarzflügelige Raubkäfer. Fab. Syst. El. T. II. p. 591. n. 10.

8. St. *maxillosus.* Der Raubkäfer mit den großen Kinnladen. Fab. Syst. El. T. II. p. 592. n. 11. Panz. F. g. 27. t. 2.

9. St. *dilatatus.* Der erweiterte Raubkäfer. Fab. Syst. El. T. II. p. 592. n. 14. * (N.)

10. St. *erythropterus.* Der rothflügelige Raubkäfer. Fab. Syst. El. T. II. p. 593. n. 16. Panz. F. g. 27. t. 4.

11. St. *chalcocephalus.* Der metallköpfige Raubkäfer. Fab. Syst. El. T. II. p. 593. n. 17. Panz. F. g. 27. t. 5.

12. St. *Fossor.* Der grabende Raubkäfer. Fab. Syst. El. T. II. p. 593. n. 18. Panz. F. g. 27. t. 6.

13. St. *splendens.* Der schimmernde Raubkäfer. Fab. Syst. El. T. II. p. 594. n. 21.

14. St. *politus.* Der polirte Raubkäfer. Fab. Syst. El. T. II. p. 594. n. 22. Panz. F. g. 27. t. 7.

15. St. *tristis.*

15. St. *tristis*. Der traurige Raubkäfer. Fab. Syst. El. T. II. p. 594. n. 23. * (K.)

16. St. *varians*. Der veränderliche Raubkäfer. Fab. Syst. El. T. II. p. 594. n. 25.

17. St. *brunnipes*. Der braunfüßige Raubkäfer. Fab. Syst. El. T. II. p. 595. n. 26. * (N.)

18. St. *nitidus*. Der glänzende Raubkäfer. Fab. Syst. El. T. II. p. 596. Panz. F. g. 27. t. 8. * (K.)

19. St. *fulgidus*. Der blendende Raubkäfer. Fab. Syst. El. T. II. p. 596. n. 32. * (K.)

20. St. *marginatus*. Der gerandete Raubkäfer. Fab. Syst. El. T. II. p. 597. n. 38. * (K.)

21. St. *fulvipes*. Der gelbfüßige Raubkäfer. Fab. Syst. El. T. II. p. 597. n. 40. Panz. F. g. 27. t. 9.

22. St. *flavescens*. Der gelbliche Raubkäfer. Fab. Syst. El. T. II. p. 597. n. 41. * (K.)

23. St. *alpinus*. Der Alpen-Raubkäfer. Fab. Syst. El. T. II. p. 598. n. 43. * (N.)

24. St. *bipustulatus*. Der zweiblatterige Raubkäfer. Fab. Syst. El. T. II. p. 598. n. 44. Panz. F. g. 27. t. 10.

25. St. *analis*. Der röthlichafterige Raubkäfer. Fab. Syst. El. T. II. p. 598. n. 45. * (N. K. M.)

26. St. *merdarius*. Der Koth-Raubkäfer. Fab. Syst. El. T. II. p. 598. n. 46.

27. St. *fuscipes*. Der braunfüßige Raubkäfer. Fab. Syst. El. T. II. p. 598. n. 47. Panz. F. g. 27. t. 12.

28. St. *atricapillus*. Der schwarzhaarige Raubkäfer. Fab. Syst. El. T. II. p. 599. n. 49. * (K.)

29. St. *angustatus*. Der schmale Raubkäfer. Fab. Syst. El. T. II. p. 599. n. 50. Panz. F. g. 11. t. 18. * (N.)

30. St. *canaliculatus.* Der am Brustſtücke rinnenartig ausgehöhlte Raubkäfer. Fab. Syst. El. T. II. p. 599. n. 52. Panz. F. g. 27. t. 13.

31. St. *tenuis.* Der dünne Raubkäfer. Fab. Syst. El. T. II. p. 599. n. 54. * (N.)

32. St. *brunneus.* Der braune Raubkäfer. Fab. Syst. El. T. II. p. 600. n. 55. * (K.)

33. St. *punctulatus.* Der punctirte Raubkäfer. Fab. Syst. El. T. II. p. 600. n. 56.

34. St. *emarginatus.* Der ausgerandete Raubkäfer. Fab. Syst. El. T. II. p. 600. n. 57. * (N.)

35. St. *rufipes.* Der rothfüßige Raubkäfer. Fab. Syst. El. T. II. p. 600. n. 61. * (N.)

36. St. *crassicornis.* Der dickhörnige Raubkäfer. Fab. Syst. El. T. II. p. 601. n. 64.

37. St. *rugosus.* Der runzelige Raubkäfer. Fab. Syst. El. T. II. p. 601. n. 66.

38. St. *piceus.* Der pechfarbene Raubkäfer. Fab. Syst. El. T. II. p. 601. n. 67. * (N.)

39. St. *pallidipennis.* Der bleichflügelige Raubkäfer. Panz. F. g. 27. t. 16.

40. St. *rivularis.* Der Strand-Raubkäfer. Panz. F. g. 27. t. 15. * (K.)

41. St. *laminatus.* Der blechglänzende Raubkäfer. Panz. F. g. 67. t. 20. * (K.)

42. St. *tricornis.* Der dreihörnige Raubkäfer. Payk. Monogr. p. 51. n. 37. * (N.)

43. St. *spinipes.* Der dornenfüßige Raubkäfer. Lin. Syst. Nat. Ed. Gm. T. I. p. 2034. n. 77. * (N.)

44. St. *crassipes.* Der dickfüßige Raubkäfer. Lin. l. c. p. 2036. n. 114. * (N.)

45. St. *longus.* Köhleri.

229. Stenus. (Engkäfer.)

1. St. *biguttatus.* Der zweitropfige Engkäfer. Fab. Syst. El. T. II. p. 602. n. 1. Staph. biguttatus. Panz. F. g. 11. t. 17.

2. St. *Juno.* Der Juno-Engkäfer. Fab. Syst. El. T. II. p. 602. n. 2. Staph. clavicornis. Panz. F. g. 27. t. 11.

3. St. *floralis.* Der Blumen-Engkäfer. Fab. Syst. El. T. II. p. 604. n. 6. Staph. floralis. Panz. F. g. 11. t. 20.

230. Oxyporus. (Schlupfkäfer.)

1. O. *rufus.* Der rothe Schlupfkäfer. Fab. Syst. El. T. II. p. 604. n. 1. Panz. F. g. 16. t. 19.

2. O. *maxillosus.* Der Zangen-Schlupfkäfer. Fab. Syst. El. T. II p. 605. n. 2. Panz. F. g. 16. t. 20.

3. O. *lunulatus.* Der mondförmig gezeichnete Schlupfkäfer. Fab. Syst. El. T. II. p. 605. n. 3. Panz. F. g. 22. t. 15.

4. O. *marginatus.* Der gerandete Schlupfkäfer. Fab. Syst. El. T. II. p. 605. n. 6. Panz. F. g. 27. t. 17.

5. O. *trimaculatus.* Der dreifleckige Schlupfkäfer. Fab. Syst. El. T. II. p. 605. n. 7. * (N.)

6. O. *bimaculatus.* Der zweifleckige Schlupfkäfer. Fab. Syst. El. T. II. p. 606. n. 8.

7. O. *bipustulatus.* Der zweiblatterige Schlupfkäfer. Fab. Syst. El. T. II. p. 606. n. 9. Panz. F. g. 16. t. 21.

8. O. *analis.* Der schwarzafterige Schlupfkäfer. Fab. Syst. El. T. II. p. 606. n. 10. Panz. F. g. 22. t. 16. * (K. N. M.)

9. O. *thoracicus.* Der Schlupfkäfer mit dem rothen Halsschilde. Fab. Syst. El. T. II. p. 606. n. 11. * (N.)

10. O. *pygmaeus.* Der Zwerg-Schlupfkäfer. Fab. Syst. El. T. II. p. 606. n. 12. Panz. F. g. 27. t. 19.

11. O. *chrysomelinus.* Der blattkäferartige Schlupfkäfer. Fab. Syst. El. T. II. p. 606. n. 14. Panz. F. g. 9. t. 14.

12. O. *brunneus.* Der braune Schlupfkäfer. Fab. Syst. El. T. II. p. 607. n. 19. * (N)

13. O. *rufipes.* Der rothfüßige Schlupfkäfer. Fab. Syst. El. T. II. p. 607. n. 21. Panz. F. g. 27. t. 20.

14. O. *hypnorum.* Der Astmoos-Schlupfkäfer. Fab. Syst. El. T. II. p. 607. n. 22. * (M. N. K.)

15. O. *marginellus.* Der feingerandete Schlupfkäfer. Fab. Syst. El. T. II. p. 607. n. 23. Panz. F. g. 9. t. 13. * (K. M.)

16. O. *suturalis.* Der gelbgerandete Schlupfkäfer. Panz. F. g. 18. t. 20. * (K. M.)

17. O. *merdarius.* Der Koth-Schlupfkäfer. Fab. Ent. Syst. T. I. 2. p. 533. n. 11. Panz. F. g. 27. t. 18. * (K.)

231. Paederus. (Eilkäfer.)

1. P. *riparius*. Der Ufer-Eilkäfer. Fab. Syst. El. T. II. p. 608. n. 1. Panz. F. g. 9. t. 1.

2. P. *ruficollis*. Der rothhalsige Eilkäfer. Fab. Syst. El. T. II. p. 608. n. 2. Panz. F. g. 27. t. 22. * (N. K. M.)

3. P. *elongatus*. Der verlängerte Eilkäfer. Fab. Syst. El. T. II. p. 609. n. 3. Panz. F. g. 9. t. 12.

4. P. *fulvipennis*. Der rothflügelige Eilkäfer. Fab. Syst. El. T. II. p. 609. n. 4. Panz. F. g. 27. t. 23.

5. P. *brunnipes*. Der braunflügelige Eilkäfer. Fab. Syst. El. T. II. p. 609. n. 5. * (N.)

6. P. *fulgidus*. Der glänzende Eilkäfer. Fab. Syst. El. T. II. p. 609. n. 6. Panz. F. g. 43. t. 20. * (N.)

7. P. *tricolor*. Der dreifarbige Eilkäfer. Fab. Syst. El. T. II. p. 609. n. 7. * (N.)

8. P. *filiformis*. Der fadenförmige Eilkäfer. Fab. Syst. El. T. II. p. 609. n. 8.

9. P. *orbiculatus*. Der Eilkäfer mit dem runden Halsschilde. Fab. Syst. El. T. II. p. 609. n. 9. Panz. F. g. 43. t. 21. * (M. K.)

10. P. *melanocephalus*. Der schwarzköpfige Eilkäfer. Fab. Syst. El. T. II. p. 610. n. 10. Panz. F. g. 36. t. 22. * (N.)

II. Ulonata.

(Hemiptera Lin.)

232. Forficula. (Zangenschabe.)

1. F. *auricularia.* Die Ohr-Zangenschabe. Der Ohrwurm. Fab. Ent. Syst. T. II. p. 1. n. 1. Panz. F. g. 87. t. 8.

2. F. *gigantea* (bilineata Herbst.). Die Riesen-Zangenschabe. Fab. Ent. Syst. T. II. p. 1. n. 2.

3. F. *bipunctata.* Die zweipunctige Zangenschabe. Fab. Ent. Syst. T. II. p. 2. n. 3. Panz. F. g. 87. t. 10.

4. F. *minor.* Die kleinere Zangenschabe. Fab. Ent. Syst. T. II. p. 3. n. 7. Panz. F. g. 87. t. 9.

233. Blatta. (Schabe.)

1. B. *orientalis.* Die morgenländische Schabe. Fab. Ent. Syst. T. II. p. 9. n. 17.

2. B. *lapponica.* Die Lappländische Schabe. Fab. Ent. Syst. T. II. p. 10. n. 21.

3. B. *germanica.* Die Deutsche Schabe. Fab. Ent. Syst. T. II. p. 10. n. 22. Panz. F. g. 2. t. 16.

4. B *maculata.* Die gefleckte Schabe. Fab. Ent. Syst. T. II. p. 11. n. 26.

234. Acridium. (Grasschrecke.)

1. A. *bipunctatum.* Die zweipunctige Grasschrecke. Fab. Ent. Syst. T. II. p. 26. n. 2. Panz. F. g. 5. t. 18.

2. A. *subulatum.* Die pfriemenförmige Grasschrecke. Fab. Ent. Syst. T. II. p. 26. n. 3.

3. A. *bimaculatum*. Die zweifleckige Grasschrecke. Lin. Syst. N. Ed. Gm. T. I. p. 2058. * (N.)

4. A. *lineatum* Köhleri.

235. Acheta. (Grillenschrecke.)

1. A. *gryllotalpa*. Die Maulwurfs-Grillenschrecke. Fab. Ent. Syst. T. II. p. 28. n. 1. Panz. F. g. 88. 5.

2. A *domestica*. Die Haus-Grillenschrecke. Fab. Ent. Syst. T. II. p. 29. n. 3. Panz. F. g. 88. t. 6. 7.

3. A. *campestris*. Die Feld-Grillenschrecke. Fab. Ent. Syst. T. II. p. 31. n. 11. Panz. F. g. 88. t. 8. 9.

236. Locusta. (Säbelschrecke.)

1. L. *viridissima*. Die grünste Säbelschrecke. Fab. Ent. Syst. T. II. p. 41. n. 32. Panz. F. g. 89. t. 18. 19.

2. L. *verrucivora*. Die warzenfressende Säbelschrecke. Fab. Ent. Syst. T. II. p. 42. n. 33. Panz. F. g. 89. t. 20. 21.

3. L. *varia*. Die bunte Säbelschrecke. Fab. Ent. Syst. T. II. p. 42. n. 35.

4. L. *grisea*. Die graue Säbelschrecke. Fab. Ent. Syst. T. II. p. 41. n. 31. * (K. M.)

5. L. *cantans*. Die singende Säbelschrecke. Lin. Syst. Nat. Ed. Gm. T. I. p. 2069.

6. L *aptera*. Die ungeflügelte Säbelschrecke. Fab. Ent. Syst. T. II. p. 45. n. 43.

237. Gryllus. (Heuschrecke.)

1. G. *stridulus*. Die schwirrende Heuschrecke. Fab. Ent. Syst. T. II. p. 56. n. 37. Panz. F. g. 07. t. 12.

2. G. *germanicus.* Die Deutsche Heuschrecke. Fab. Ent. Syst. T. II. p. 57. n. 42.

3. G. *caerulescens.* Die bläuliche Heuschrecke. Fab. Ent. Syst. T. II. p. 59. n. 50.

4. G. *biguttulus.* Die zweitropfige Heuschrecke. Fab. Ent. Syst. T. II. p. 61. n. 59. Panz. F. g. 33. t. 6. * (M. K.)

5. G. *viridulus.* Die grünliche Heuschrecke. Fab. Ent. Syst. T. II. n. 59. * (K.)

6. G. *rufus.* Die röthliche Heuschrecke. Fab. Ent. Syst. T. II. p. 62. n. 63.

7. G. *flavo-marginatus* Köhleri.

III. Synistata.

(Neuroptera et Aptera Lin.)

238. Lepisma. (Schuppenschnittler. *)

1. L. *Saccharina.* Der Zucker-Schuppenschnittler. Fab. Ent. Syst. T. II. p. 63. n. 1.

2. L. *polypoda.* Der vielfüßige Schuppenschnittler. Fab. Ent. Syst. T. II. p. 63. n. 2.

---

*) Ich muß es aufrichtig gestehen, daß meinen Ohren und Augen der Ausdruck Schnittler eben so unangenehm ist, als das Campe'sche Einschnittler. Ich brauche hier bloß, weil ich durchgehends in den Gattungsnahmen mich der von Illiger im Ent. Mag. angegebenen bedient habe, den Ausdruck Schnittler, und würde lieber, statt Schuppenschnittler, etwa Schuppenthierchen sagen.

239. PODURA. (Springschnittler.)

1. P. *plumbea.* Der bleifarbene Springschnittler. Fab. Ent. Syst. T. II. p. 66. n. 5. * (K.)

2. P. *fimetaria.* Der Dung-Springschnittler. Fab. Ent. Syst. T. II. p. 67. n. 16.

240. EPHEMERA. (Eintaghaft.)

1. E. *vulgata.* Der gemeine Eintaghaft. Fab. Ent. Syst. T. II. p. 68. n. 1.

2. E. *lutea.* Der gelbe Eintaghaft. Fab. Ent. Syst. T. II. p. 68. n. 2. * (N. K.)

3. E. *marginata.* Der gerandete Eintaghaft. Fab. Ent. Syst. T. II. p. 69. n. 4. (N.)

4. E. *venosa.* Der aderige Eintaghaft. Fab. Ent. Syst. T. II. p. 70. n. 8. * (N. K.)

5. E. *bioculata.* Der zweiäugige Eintaghaft. Fab. Ent. Syst. T. II. p. 70. n. 9. * (N. K.)

6. E. *nigra.* Der schwarze Eintaghaft. Fab. Ent. Syst. T. II. p. 70. n. 10. * (K.)

7. E. *fuscata.* Der bräunliche Eintaghaft. Fab. Ent. Syst. T. II. p. 70. n. 11. * (K.)

8. E. *horaria.* Der Stunden-Eintaghaft. Fab. Ent. Syst. T. II. p. 71. n. 13. * (N.)

9. E. *culiciformis.* Der schnackenförmige Eintaghaft. Fab. Ent. Syst. T. II. p. 71. n. 14. * (K.)

10. E. *striata.* Der gestreifte Eintaghaft. Fab. Ent. Syst. T. II. p. 71. n. 15. * (K.)

11. E. *diptera.* Der zweiflügelige Eintaghaft. Fab. Ent. Syst. T. II. p. 71. n. 16. * (N.)

241. SEMBLIS. (Platthaft.)

1. S. *marginata.* Der gerandete Platthaft. Fab. Ent. Syst. T. II. p. 73. n. 7. Panz. F. g. 71. t. 3.

2. S. *bicaudata.* Der zweigeschwänzte Platthaft. Fab. Ent. Syst. T. II. p. 73. n. 8. Panz. F. g. 71. t. 4.

3. S. *lutaria.* Der Koth-Platthaft. Fab. Ent. Syst. T. II. p. 74. n. 10.

4. S. *viridis.* Der grüne Platthaft. Fab. Ent. Syst. T. II. p. 74. n. 11.

5. S. *fasciata* Köhleri.

6. S. *salicis* Köhleri.

242. PHRYGANEA. (Köcherhaft.)

1. Ph. *reticulata.* Der netzartige Köcherhaft. Fab. Ent. Syst. T. II. p. 75. n. 1. Panz. F. g. 71. t. 5.

2. Ph. *striata.* Der gestreifte Köcherhaft. Fab. Ent. Syst. T. II. p. 75. n. 2. * (K.)

3. Ph. *analis.* Der weißafterige Köcherhaft. Fab. Ent. Syst. T. II. p. 75. n. 3. * (K.)

4. Ph. *fusca.* Der braune Köcherhaft. Fab. Ent. Syst. T. II. p. 75. n. 4.

5. Ph. *discoidea.* Der scheibenförmige Köcherhaft. Fab. Ent. Syst. T. II. p. 76. n. 5. * (N.)

6. Ph. *pilosa.* Der haarige Köcherhaft. Fab. Ent. Syst. T. II. p. 76. n. 6.

7. Ph. *villosa.* Der zotige Köcherhaft. Fab. Suppl. p. 200. * (K.)

8. Ph. *grandis.* Der große Köcherhaft. Fab. Ent. Syst. T. II. p. 76. n. 9. * (K.)

9. Ph. *varia.* Der verschiedenfarbige Köcherhaft. Fab. Ent. Syst. T. II. p. 77. n. 10. * (N. K.)

10. Ph. *irrorata.* Der feingesprengte Köcherhaft. Fab. Ent. Syst. T. II. p. 77. n. 11. * (K.)

11. Ph. *flavicornis.* Der gelbhörnige Köcherhaft. Fab. Ent. Syst. T. II. p. 77. n. 13. (N.)

12. Ph. *rhombica.* Der rautenförmige Köcherhaft. Fab. Ent. Syst. T. II. p. 77. n. 13.

13. Ph. *grisea.* Der graue Köcherhaft. Fab. Ent. Syst. T. II. p. 78. n. 14. * (K.)

14. Ph. *atomaria.* Der feinbesprengte Köcherhaft. Fab. Ent. Syst. T. II. p. 78. n. 15.

15. Ph. *nervosa.* Der nervige Köcherhaft. Fab. Suppl. p. 201. n. 16. * (K. N.)

16. Ph. *variegata.* Der scheckige Köcherhaft. Fab. Ent. Syst. T. II. p. 79. n. 23.

17. Ph. *longicornis.* Der langhörnige Köcherhaft. Fab. Ent. Syst. T. II. p. 80. n. 27.

18. Ph. *Waeneri.* Der Wänerische Köcherhaft. Fab. Suppl. p. 201. n. 28. * (K.)

19. Ph. *minuta.* Der kleine Köcherhaft. Fab. Ent. Syst. T. II. p. 81. n. 32. * (K.)

20. Ph. *pusilla.* Der kleinste Köcherhaft. Fab. Ent. Syst. T. II. p. 81. n. 33. * (N.)

21. Ph. *signata* Köhleri.

243. HEMEROBIUS. (Perlhaft.)

1. H. *Perla.* Der gemeine Perlhaft. Fab. Ent. Syst. T. II. p. 82. n. 2. Panz. F. g. 87. t. 13.

2. H. *albus*. Der weiße Perlhaft. Fab. Ent. Syst. T. II. p. 82. t. 4. Panz. F. g. 87. t. 14.

3. H. *chrysops*. Der goldäugige Perlhaft. Fab. Ent. Syst. T. II. p. 83. n. 6.

4. H. *maculatus*. Der gefleckte Perlhaft. Fab. Ent. Syst. T. II. p. 83. n. 7.

5. H. *phalaenoides*. Der phalänenartige Perlhaft. Fab. Ent. Syst. T. II. p. 83. n. 8. Panz. F. g. 87. t. 15.

6. H. *nitidulus*. Der glänzende Perlhaft. Fab. Ent. Syst. T. II. p. 83. n. 9. * (N.)

7. H. *hirtus*. Der kurzhaarige Perlhaft. Fab. Ent. Syst. T. II. p. 84. n. 10. (* K.)

8. H. *fuscatus*. Der verdunkelte Perlhaft. Fab. Ent. Syst. T. II p. 84. n. 11. * (K.)

9. H. *lutescens*. Der gelbliche Perlhaft. Fab. Ent. Syst. T. II. p. 84. n. 12. * (K.)

10. H. *variegatus*. Der scheckige Perlhaft. Fab. Ent. Syst. T. II. p. 85. n. 18. * (K.)

11. H. *pulsatorius*. Der klopfende Perlhaft. Fab. Suppl. p. 204. n. 10.

12. H. *fatidicus*. Der weißagende Perlhaft. Fab. Suppl. p. 204. n. 11.

244. Myrmeleon. (Ameisenhaft.)

1. M. *formicarium*. Der gemeine Ameisenhaft. Ameisenlöwe. Fab. Ent. Syst. T. II. p. 93. n. 5.

245. Panorpa. (Rüsselhaft.)

1. P. *communis*. Der gemeine Rüsselhaft. Fab. Ent. Syst. T. II. p. 97. n. 1. Panz. F. g. 50. t. 10.

2. P. *germanica.* Der Deutsche Rüsselhaft. Fab. Ent. Syst. T. II. p. 97. n. 2.

3. P. *hyemalis.* Der Winter-Rüsselhaft. Fab. Ent. Syst. T. II. p. 98. n. 5.

246. Raphidia. (Schmalhaft.)

1. R. *Ophiopsis.* Der schlangenköpfige Schmalhaft. Fab. Ent. Syst. T. II. p. 99. n. 1. Panz. F. g. 50. t. 11.

IV. Piezata.

(Hymenoptera Lin.)

247. Cynips. (Gallwespe.)

1. C. *adscendens.* Die in die Höhe steigende Gallwespe. Fab. Ent. Syst. T. II. p. 100. n. 1. Panz. F. g. 88. t. 10.

2. C. *Rosae.* Die Rosen-Gallwespe. Fab. Ent. Syst. T. II. p. 100. n. 2.

3. C. *Glecomae.* Die Gundermann-Gallwespe. Fab. Ent. Syst. T. II. p. 101. n. 3.

4. C. *Quercus baccarum.* Die Eichenbeer-Gallwespe. Fab. Ent. Syst. T. II. p. 101. n. 4.

5. C. *Quercus folii.* Die Eichenblatt-Gallwespe. Fab. Ent. Syst. T. II. p. 101. n. 5. Panz. F. g. 88. t. 11.

6. C. *Quercus inferus.* Der Eichenblätter Unterseite-Gallwespe. Fab. Ent. Syst. T. II. p. 101. n. 6. Panz. F. g. 88. t. 12.

7. C. *Quercus petioli.* Die Blattstiel-Gallwespe. Fab. Ent. Syst. T. II. p. 102. n. 7.

8. C. *Quercus pedunculi.* Die Blumenstiel=Gallwespe. Fab. Ent. Syst. T. II. p. 102. n. 8.

9. C. *Quercus ramuli.* Die Eichenästchen=Gallwespe. Fab. Ent. Syst. T. II. p. 102. n. 9.

10. C. *Quercus radicis.* Die Eichenwurzel=Gallwespe. Fab. Suppl. p. 213. n. 10.

11. C. *Fagi.* Die Buchen=Gallwespe. Fab. Ent. Syst. T. II. p. 102. n. 11.

12. C. *Viminalis.* Die Korbweiden=Gallwespe. Fab. Ent. Syst. T. II. p. 102. n. 12.

13. C. *Capreae.* Die Saalweiden=Gallwespe. Fab. Ent. Syst. T. II. p. 102. n. 13.

14. C. *Salicis strobili.* Die Weidenkätzchen=Gallwespe. Fab. Ent. Syst T. II. p. 103. n. 14.

15. C. *Amerinae.* Die Baumwollenweiden=Gallwespe. Fab. Ent. Syst. T. II. p. 103. n. 15.

16. C. *italica.* Die Italienische Gallwespe. Fab. Ent. Syst. T. II. p. 103. n. 18.

17. C. *Serratulae.* Die Haberdistel=Gallwespe. Fab. Suppl. p. 214. n. 15.

248. TENTHREDO. (Sägewespe.)

1. T. *femorata.* Die Schenkel=Sägewespe. Fab. Ent. Syst. T. II. p. 104. n. 1. Panz. F. g. 26. t. 20.* (N. K. M.)

2. T. *lucorum.* Die Busch=Sägewespe. Fab. Ent. Syst. T. II. p. 105. n. 2.

3. T. *lutea.* Die gelbe Sägewespe. Fab. Ent. Syst. T. II. p. 105. n. 3.

4. T. *sylvarum.* Die Wald=Sägewespe. Fab. Ent. Syst. T. II. p. 105. n. 4. Panz. F. g. 88. t. 16.

5. T. *Amerinae.* Die Baumwollenweiden=Sägewespe. Fab. Ent. Syst. T. II. p. 106. n. 5. Panz. F. g. 65. t. 1.

6. T. *marginata.* Die gerandete Sägewespe. Fab. Ent. Syst. T. II. p. 106. n. 6. Panz. Faun g. 17. t. 14. Herr Köhler hat diese und die vorhergehende in der Begattung gefangen: sie sind also eine Art. Es ist daher unrichtig, wenn man T. lucorum zum Weibchen von T. Amerinae macht.

7. T. *Vitellinae.* Die Goldweiden=Sägewespe. Fab. Ent. Syst. T. II. p. 106. n. 8.

8. T. *fasciata.* Die bandirte Sägewespe. Fab. Ent. Syst. T. II. p. 107. n. 9. Panz. F. g. 17. t. 15. * (N.)

9. T. *sericea.* Die seidenglänzende Sägewespe. Fab. Ent. Syst. T. II. p. 107. n. 10. Panz. F. g. 17. t. 16. 17. * (N. M. K.)

10. T. *montana.* Die Berg=Sägewespe. Panz. F. g. 84. t. 12.

11. T. *ustulata.* Die versengte Sägewespe. Fab. Syst. El. T. II. p. 108. n. 12. Panz. F. g. 80. t. 10.

12. T. *enodis.* Die ohnknötige Sägewespe. Fab. Ent. Syst. T. II. p. 108. n. 13. Panz. F. g. 49. t. 13. var. t. 12.

13. T. *caerulescens.* Die bläuliche Sägewespe. Fab. Ent. Syst. T. II. p. 108. n. 15. Panz. F. g. 49. t. 14.

14. T. *costalis.* Die Rippen=Sägewespe. Fab. Ent. Syst. T. II. p. 109. n. 17. * (N. K. M.)

15. T. *Rosae.* Die Rosen-Sägewespe. Fab. Ent. Syst. T. II. p. 109. n. 18. Panz. F. g. 49. t. 15.

16. T. *centifoliae.* Die Rosenstauden-Sägewespe. Panz. F. g. 49. t. 18.

17. T. *spinarum.* Die Dornen-Sägewespe. Fab. Ent. Syst. T. II. p. 110. n. 20. * (N.)

18. T. *serva.* Die Magd *)-Sägewespe. Fab. Ent. Syst. T. II. p. 110. n. 21.

19. T. *annulata.* Die geringelte Sägewespe. Fab. Ent. Syst. T. II. p. 110. n. 22.

20. T. *pagana.* Die Dorf-Sägewespe. Panz. F. g. 49. t. 16. (K. M.)

21. T. *Cephalotes.* Die großköpfige Sägewespe. Fab. Ent. Syst. T. II. p. 111. n. 23. Panz. F. g. 62. t. 7. 8. * (N.)

22. T. *nemorum.* Die Hain-Sägewespe. Fab. Ent. Syst. T. II. p. 111. n. 24.

23. T. *frutelorum.* Die Strauch-Sägewespe. Fab. Ent. Syst. T. II. p. 111. n. 25.? * (N.)

24. T. *dorsata.* Die Rücken-Sägewespe. Fab. Ent. Syst. T. II. p. 111. n. 26. Panz. F. g. 62. n. 9.

25. T. *Pini.* Die Fichten-Sägewespe. Fab. Ent. Syst. T. II. p. 112. n. 28. Pteronus Pini. Panz. F. g. 87. t. 17.

26. T. *furcata.* Die gabelförmige Sägewespe. Panz. F. g. 46. t. 1. * (N. M. K.)

27. T. *Scro-*

*) Man verzeihe mir diese Uebersetzung. Ich bleibe bei dem Worte, da ich nicht wissen kann, was der, der den Nahmen gegeben, dabei gedacht hat.

27. T. *Scrophulariae.* Die Braunwurzel=Sägewespe. Fab. Ent. Syst. T. II. p. 112. n. 29.

28. T. *vespiformis.* Die wespenartige Sägewespe. Lin. Syst. Nat. Ed. Gm. T. I. p. 2664. n. 85.

29. T. *Salicis.* Die Weiden=Sägewespe. Fab. Ent. Syst. T. II. p. 112. n. 30. * (N.)

30. T. *flavicornis.* Die gelbhörnige Sägewespe. Fab. Ent. Syst. T. II. p. 113. n. 31. Panz. F. g. 52. t. 2.

31. T. *luteicornis.* Die dunkelgelbhörnige Sägewespe. Fab. Ent. Syst. T. II. p. 113. n. 32. Panz. F. g. 64.

32. T. *viridis.* Die grüne Sägewespe. Fab. Ent. Syst. T. II. p. 113. n. 33. Panz. F. g. 64. t. 2.

33. T. *cingulata.* Die umgürtete Sägewespe. Fab. Ent. Syst. T. II. p. 113. n. 34. * (N. M.)

34. T. *Rapae.* Die Rüben=Sägewespe. Fab. Ent. Syst. T. II. p. 114. n. 35.

35. T. *nassata.* Die plattbäuchige Sägewespe. Fab. Ent. Syst. T. II. p. 114. n. 37. Panz. F. g. 65. t. 2.

36. T. *ovata.* Die eiförmige Sägewespe. Fab. Ent. Syst. T. II. p. 114. n. 38. Panz. F. g. 52. t. 3.

37. T. *abdominalis.* Die rothbäuchige Sägewespe. Fab. Suppl. p. 216. n. 38. Panz. F. g. 64. t. 3. * (M.)

38. T. *melanocephala.* Die schwarzköpfige Sägewespe. Fab. Suppl. p. 216. n. 38. Panz. F. g. 64. t. 5.

39. T. *Alni.* Die Erlen=Sägewespe. Fab. Ent. Syst. T. II. p. 115. n. 39. * (N.)

40. T. *pavida.* Die schüchterne Sägewespe. Fab. Ent. Syst. T. II. p. 115. n. 40.

41. T. *Abietis.* Die Rothtannen-Sägewespe. Fab. Ent. Syst. T. II. p. 115. n. 41. Panz. F. g. 65. t. 3.

42. T. *analis.* Die weißafterige Sägewespe. Fab. Ent. Syst. T. II. p. 115. n. 42. * (N. M.)

43. T. *germanica.* Die Deutsche Sägewespe. Fab. Ent. Syst. T. II. p. 116. n. 43. Panz. F. g. 52. t. 4.

44. T. *maura.* Die mohrenschwarze Sägewespe. Fab. Ent. Syst. T. II. p. 116. n. 44.

45. T. *rufipennis.* Die rothflügelige Sägewespe. Fab. Ent. Syst. T. II. p. 116. n. 45. T. rufiventris. Panz. F. g. 65. t. 6. * (M. K.)

46. T. *livida.* Die gelbliche Sägewespe. Fab. Ent. Syst. T. II. p. 116. n. 46. Panz. F. g. 52. t. 6. * (K. M.)

Diese und die beiden vorhergehenden sollen nur Abarten von einander seyn.

47. T. *albicornis.* Die weißhörnige Sägewespe. Fab. Ent. Syst. T. II. p. 116. n. 47. Panz. F. g. 5. t. 21. * (N.)

48. T. *gonagra.* Die gelenksieche Sägewespe. Fab. Ent. Syst. T. II. p. 117. n. 48. Panz. F. g. 64. t. 6.

49. T. *atra.* Die schwarze Sägewespe. Fab. Ent. Syst. T. II. p. 117. n. 49. Panz. F. g. 52. t. 7. 65. t. 7.

50. T. *marginella.* Die gebänderte Sägewespe. Fab. Ent. Syst. T. II. p. 117. n. 50. β. Panz. F. g. 64. t. 7.

51. T. *cincta.* Die Gürtel-Sägewespe. Fab. Ent. Syst. T. II. p. 117. n. 51.

52. T. *bicincta.* Die doppelt gegürtete Sägewespe. Fab. Suppl. p. 217. n. 51. Panz. F. g. 64. t. 8.

53. T. *rustica.* Die Feld-Sägewespe. Fab. Ent. Syst. T. II. p. 118. n. 52. Der Hinterleib des Männchens ist mehr schwarz, als beim Weibchen; auch die Füße sind mehr schwarz.

54. T. *lateralis.* Die weißseitige Sägewespe. Fab. Ent. Syst. T. II. p. 118. n. 53. Allantus lateralis. Panz. F. g. 88. t. 18. * (N. K.)

55. T. *Capreae.* Die Palmweiden-Sägewespe. Fab. Ent. Syst. T. II. p. 118. n. 54. Panz. F. g. 65. t. 8. * (N. M. K.)

56. T. *Morio.* Die Mohren-Sägewespe. Fab. Ent. Syst. T. II. p. 119. n. 55. Panz. F. g. 49. t. 17.

57. T. *septentrionalis.* Die nördliche Sägewespe. Fab. Ent. Syst. T. II. p. 119. n. 56. Panz. F. g. 64. t. 11. * (K.)

58. T. *duodecimpunctata.* Die zwölfpunctige Sägewespe. Fab. Ent. Syst. T. II. p. 119. n. 57. Panz. F. g. 52. t. 8.

59. T. *punctum.* Die Punct-Sägewespe. Fab. Ent. Syst. T. II. p. 119. n. 58. Panz. F. g. 26. t. 21. * (N. K.)

60. T. *blanda.* Die roth- und schwarzleibige Sägewespe. Fab. Ent. Syst. T. II. p. 119. n. 59. Panz. F. g. 65. t. 9. 52. t. 9.

61. T. *quadrimaculata.* Die vierfleckige Sägewespe. Fab. Ent. Syst. T. II. p. 120. n. 60. Allantus 4maculatus. Panz. F. g. 91. t. 17.

62. T. *fera.* Die wilde Sägewespe. Fab. Suppl. p. 217. n. 60. * (N. K.)

63. T. *vaga.* Die herumschweifende Sägewespe. Fab. Ent. Syst. T. II. p. 120. n. 61. * (N.)

64. T. *opaca.* Die glanzlose Sägewespe. Fab. Ent. Syst. T. II. p. 120. n. 62. Panz. F. g. 52. t. 10. * (N. M. K.)

65. T. *carbonaria.* Die Kohlen-Sägewespe. Fab. Ent. Syst. T. II. p. 120. n. 63. Panz. F. g. 71. t. 10. (M. K.)

66. T. *nigra.* Die ganz schwarze Sägewespe. Fab. Ent. Syst. T. II. p. 120. n. 64. Panz. F. g. 52. t. 11.

67. T. *aethiops.* Die negerschwarze Sägewespe. Fab. Ent. Syst. T. II. p. 121. n. 65. * (N. M.)

68. T. *Carpini.* Die Weißbuchen-Sägewespe. Panz. F. g. 71. t. 9. * (K.)

69. T. *Ephippium.* Die Sattel-Sägewespe. Panz. F. g. 52. t. 5.

70. T. *Fagi.* Die Buchen-Sägewespe. Panz. F. g. 52. t. 14. * (M.)

71. T. *haematopus.* Die Sägewespe mit rothen Hinterfüßen. Panz. F. g. 80. t. 11. 12. * (K.)

72. T. *pedestris.* Die Sägewespe mit rothen Vorderfüßen. Panz. F. g. 82. t. 11. * (K.)

73. T. *zonata.* Die gegürtete Sägewespe. Panz. F. g. 64. t. 9.

74. T. *rufa.* Die einfarbig rothe Sägewespe. Panz. F. g. 72. t. 2. * (K. M.)

75. T. *notata.* Die gezeichnete Sägewespe. Panz. F. g. 64. t. 10. (M.)

76. T. *semicincta.* Die halbgegürtete Sägewespe. Panz. F. g. 52. t. 13.

77. T. *Ribis.* Die Johannis=Beerstauden=Sägewespe. Panz. F. g. 52. t 12. * (N. K.)

78. T. *crassa.* Die dicke Sägewespe. Panz. F. g. 65. t. 4. (K.)

79. T. *Coryli.* Die Haselstauden=Sägewespe. Panz. F. g. 71. t. 8. * (K.)

80. T *miliaris.* Die Hirsekorn=Sägewespe. Panz. F. g. 45. t. 13. * (K. M.)

81. T. *albicincta.* Die weißgegürtete Sägewespe. Lin. Syst. Nat. Ed. Gm. T. I. p. 2664. n. 84. * (N.)

82. T. *Alneti.* Die Erlenwald=Sägewespe. Lin. l. c. n. 91. * (N.)

83. T. *fulviventris.* Die gelbbäuchige Sägewespe. Lin. l. c. p. 2665. n. 94. * (N.)

84. T. *fuscipes.* Die braunfüßige Sägewespe. Lin. l. c. p. 2667. n. 130. * (N.)

85. T. *liturata.* Die verwischte Sägewespe. Lin. l. c. p. 2668. n. 135. (N.)

86. T. *melanorrhoea.* Die schwarzafterige Sägewespe. Lin. l. c. p. 2668. n. 136. * (N.)

87. T. *ruficapilla.* Die rothhaarige Sägewespe. Lin. l. c. n. 139. * (N.)

88. T. *pallescens.* Die blasse Sägewespe. Lin. l. c. n. 141. * (N.)

89. T. *erythrocephala.* Die rothköpfige Sägewespe. Fab. Ent. Syst. T. II. p. 121. n. 66. Panz. F. g. 7. t. 9.

90. T. *sylvatica.* Die Wald=Sägewespe. Fab. Ent. Syst. T. II. p. 121. n. 67. Panz. F. g. 65. t. 10. * (K. M.)

91. T. *Cynosbati.* Die Hainbuttenstauden=Sägewespe. Fab. Ent. Syst. T. II. p. 121. n. 68.

92. T. *signata.* Die bezeichnete Sägewespe. Fab. Ent. Syst. T. II. p. 121. n. 69. * (K. M.)

93. T. *punctata.* Die punctirte Sägewespe. Fab. Suppl. p. 218. n. 71.

94. T. *Betulae.* Die Birken=Sägewespe. Fab. Ent. Syst. T. II. p. 122. n. 72. Cephalcia Betulae. Panz. F. g. 87. t. 18. * (K. M.)

95. T. *campestris.* Die Acker=Sägewespe. Fab. Ent. Syst. T. II. p. 122. n. 73. * (N.)

96. T. *pratensis.* Die Wiesen=Sägewespe. Fab. Ent. Syst. T. II. p. 122. n. 74. * (K.)

97. T. *saltuum.* Die Forst=Sägewespe. Fab. Ent. Syst. T. II. p. 123. n. 75.

98. T. *haemorrhoidalis.* Die rothafterige Sägewespe. Fab. Ent. Syst. T. II. p. 123. n. 76. * (K.)

99. T. *flava.* Die gelbe Sägewespe. Fab. Ent. Syst. T. II. p. 123. n. 77. * (K.)

100. T. *arbustorum.* Die Hecken=Sägewespe. Fab. Ent. Syst. T. II. p. 123. n. 78.

101. T. *depressa.* Die flachgedrückte Sägewespe. Panz. F. g. 65. t. 11. * (N. M.)

102. T. *ferruginea* Fabr. Die rostfarbene Sägewespe. Allantus ferrugineus. Panz. F. g. 90. t. 9. * (A.)

103. T. *lutea* Fab. Die wachsgelbe Sägewespe. Nematus luteus. Panz. F. g. 90. t. 10. * (A.)

104. T. *intercus* Lin. Die Gallen=Sägewespe. Nematus intercus. Panz. F. g. 90. t. 11. * (A.)

240. SIREX. (Holzwespe.)

1. S. igas. Die Riesen-Holzwespe. Fab. Ent. Syst. T. II p. 1 4. n. 1. Ist Panzers F. g. 52. t. 15 eine andere Art, oder Abart?

2. S. psyllius. Die Flöhkraut-Holzwespe. Fab. Ent. Syst. T. II. p. 124. n. 2.

3. S. spectrum. Die Gespenst-Holzwespe. Fab. Ent. Syst. T. II. p. 126. n. 8. Panz. F. g. 52. t. 16.

4. S. Juvencus. Die Stier-Holzwespe. Fab. Ent. Syst. T. II. p. 126. n. 9. Panz. F. g. 52. t. 17.

5. S. Camelus. Die Kameel-Holzwespe. Fab. Ent. Syst. T. II. p. 128. n. 14. Panz. F. g. 52. t. 18. * (N.)

6. S. emarginatus. Die ausgerandete Holzwespe. Fab. Ent. Syst. T. II. p. 128. n. 15.

7. S. Mariscus. Die Binsen-Holzwespe. Fab. Ent. Syst. T. II. p. 130. n. 20. Panz. F. g. 52. t. 20.

8. S. Noctilio. Die Eulen-Holzwespe. Fab. Ent. Syst. T. II. p. 130. n. 22. Panz. F. g. 52. t. 21. * (K.)

10. S. pygmaeus. Die Zwerg-Holzwespe. Fab. Ent. Syst. T. II. p. 131. n. 24. * (N.)

250. ORYSSUS. (Scharrwespe.)

1. O. Vespertilio. Die Fledermaus-Scharrwespe. Fab. Suppl. p. 219. n. 2. Sirex Vespertilio. Panz. F. g. 52. t. 19.

251. ASTATUS. (Schwebwespe.)

1. A. troglodyta. Die Schneekönig-Schwebwespe. Panz. F. g. 33. t. 12. Sirex troglodyta. Fab. Ent. Syst. T. II. p. 130. n. 21.

252. ICHNEUMON. (Schlupfwespe.)

1. I. *molitorius*. Die Müller-Schlupfwespe. Fab. Ent. Syst. T. II. p. 132. n. 3. Panz. F. g. 19. t. 16.

2. I. *pedatorius*. Die Schritt *) - Schlupfwespe. Fab. Ent. Syst. T. II. p. 133. n. 4. Panz. F. g. 71. t. 12. * (N.)

3. I. *culpatorius*. Die Tadler-Schlupfwespe. Fab. Ent. Syst. T. II. p. 133. n. 5. * (N.)

4. I. *raptorius*. Die Räuber-Schlupfwespe. Fab. Ent. Syst. T. II. p. 133. n. 6.

5. I. *sarcitorius*. Die Schneider-Schlupfwespe. Fab. Ent. Syst. T. II. p. 134. n. 7.

6. I. *atratorius*. Die Schwarzfärber-Schlupfwespe. Fab. Ent. Syst. T. II. p. 134. n. 8. * (K.)

7. I. *extensorius*. Die Ausdehner-Schlupfwespe. Fab. Ent. Syst. T. II. p. 134. n. 10. Panz. F. g. 19. t. 17.

8. I. *armatorius*. Die bewaffnete Schlupfwespe. Fab. Ent. Syst. T. II. p. 134. n. 11. * (K. N.)

9. I. *motatorius*. Die Aufruhrmacher-Schlupfwespe. Fab. Ent. Syst. T. II. p. 135. n. 12. * (K. N.)

10. I. *saturatorius*. Die Fütter-Schlupfwespe. Fab. Ent. Syst. T. II. p. 135. n. 15. * (N. K.)

11. I. *grossorius*. Die große Schlupfwespe. Fab. Ent. Syst. T. II. p. 136. n. 17. Panz. F. g. 78. t. 8. * (K.)

---

*) Ich hoffe Verzeihung, wenn ich nicht immer so übersetze, wie ein anderer übersetzen würde. Ich schäme mich nicht, aufrichtig zu gestehen, daß ich öfter nicht weiß, was der Lateinische Trivial-Nahme eigentlich sagen soll, oder worauf er sich bezieht.

12. I. *natatorius.* Die Schwimmer=Schlupfwespe. Fab. Suppl. p. 219. n. 17.

13. I. *olitorius.* Die Kraut=Schlupfwespe. Fab. Ent. Syst. T. II. p. 137. n. 20. * (K.)

14. I. *porrectorius.* Die Ausspanner=Schlupfwespe. Fab. Ent. Syst. T. II. p. 137. n. 22. * (N.)

15. I. *oratorius.* Die Redner=Schlupfwespe. Fab. Ent. Syst. T. II. p. 138. n. 24. Panz. F. g. 8. t. 10. * (N.)

16. I. *infractorius.* Die Zerbrecher=Schlupfwespe. Fab. Ent. Syst. T. II. p. 138. n. 25. Panz. F. g. 78. t. 9. * (K.)

17. I. *ambulatorius.* Die Pflastertreter=Schlupfwespe. Fab. Ent. Syst. T. II. p. 139. n. 26. Panz. F. g. 78. t. 10.

18. I. *praecatorius.* Die Advocaten=Schlupfwespe. Fab. Ent. Syst. T. II. p. 139. n. 27. * (N.)

19. I. *obsoletorius.* Die veralterte Schlupfwespe. Fab. Ent. Syst. T. II. p. 140. n. 29. Panz. F. g. 80. t. 11. * (K.)

20. I. *pisorius.* Die Erbsen=Schlupfwespe. Fab. Ent. Syst. T. II. p. 140. n. 30.

21. I. *exspectorius.* Die wartende Schlupfwespe Fab. Ent. Syst. T. IV. p. 455. n. 30. * (N.)

22. I. *luctatorius.* Die Kämpfer=Schlupfwespe. Fab. Ent. Syst. T. II. p. 141. n. 33.

23. I. *occisorius.* Die Todtschläger=Schlupfwespe. Fab. Ent. Syst. T. II. p. 142. n. 37. * (N.)

24. I. *osculatorius.* Die Liebhaber=Schlupfwespe. Fab. Ent. Syst. T. II. p. 142. n. 38. * (N.)

25. I. *fasciatorius.* Die Bandmacher=Schlupfwespe. Fab. Ent. Syst. T. II. p. 143. n. 39. * (K.)

26. I. *nugatorius.* Die Schwätzer=Schlupfwespe. Fab. Suppl. p. 220. n. 39. Panz. F. g. 80. t 12. * (K.)

27. I. *voluntatorius.* Die Volontär=Schlupfwespe. Fab. Ent. Syst. T. II. p. 143. n. 40. * (N.)

28. I. *mercatorius.* Die Kaufmanns=Schlupfwespe. Fab. Ent. Syst. T. II. p. 143. n. 41. Panz. F. g. 78. t. 11. * (K.)

29. I. *vaginatorius.* Die Scheidenmacher=Schlupfwespe. Fab. Ent. Syst. T. II. p. 143. n. 42. Panz. F. g. 79. t. 8. 9. (K. N.)

30. I. *necatorius.* Die Mörder=Schlupfwespe. Fab. Ent. Syst. T. II. p. 144. n. 45. I. vespoides. Panz. F. g. 47. t. 19.

31. I. *frontatorius.* Die Stirn=Schlupfwespe. Fab. Ent. Syst. T. II. p. 145. n. 46. * (K.)

32. I. *marginatorius.* Die gerandete Schlupfwespe. Fab. Ent. Syst. T. II. p. 145. n. 48. Panz. F. g. 73. t. 14. * (K.)

33. I. *persuasorius.* Die Verführer=Schlupfwespe. Fab. Ent. Syst. T. II. p. 145. n. 49. Panz. F. g. 19. t. 18.

34. I. *designatorius.* Die Ceremonien=Meister=Schlupfwespe. Fab. Ent. Syst. T. II. p. 146. n. 51. * (K. N.)

35. I. *edictorius.* Die Befehlshaber=Schlupfwespe. Fab. Ent. Syst. T. II. p. 146. n. 52.

36. I. *laetatorius.* Die Lustigmacher=Schlupfwespe. Fab. Ent. Syst. T. II. p. 147. n. 54. Panz. F. g. 19. t. 19. * (N. K.)

37. I. *flavatorius*. Die Gelbfärber-Schlupfwespe. Fab. Suppl. p. 220. n. 54. Panz. F. g. 78. t. 12. * (N.)

38. I. *fusorius*. Die Schmelzer-Schlupfwespe. Fab. Ent. Syst. T. II. p. 147. n. 55. * (K. N.)

39. I. *similatorius*. Die Heuchler-Schlupfwespe. Fab. Suppl. p. 221. n. 55. * (K. N.)

40. I. *lutorius*. Die Leimkleber-Schlupfwespe. Fab. Ent. Syst. T. II. p. 147. n. 57.

41. I. *deliratorius*. Die Phantasir-Schlupfwespe. Fab. Ent. Syst. T. II. p. 148. n. 58. * (N.)

42. I. *sponsorius*. Die Bürgen-Schlupfwespe. Fab. Ent. Syst. T. II. p. 148. n. 60. * (K.)

43. I. *nuptatorius*. Die Hochzeit-Schlupfwespe. Fab. Ent. Syst. T. II. p. 148. n. 62. * (N.)

44. I. *segmentarius*. Die Spannmacher-Schlupfwespe. Fab. Ent. Syst. T. II. p. 149. n. 63. * (N.)

45. I. *erectorius*. Die Aufbauer-Schlupfwespe. Fab. Suppl. p. 221. n. 63. * (N.)

46. I. *fossorius*. Die Gräber-Schlupfwespe. Fab. Ent. Syst. T. II. p. 149. n. 64.

47. I. *punctorius*. Die Punkt-Schlupfwespe. Fab. Ent. Syst. T. II. p. 149. n. 65. * (N.)

48. I. *nigrator*. Die Schwarzfärber-Schlupfwespe. Fab. Ent. Syst. T. II. p. 150. n. 68. * (K.)

49. I. *reluctator*. Die Widerstreber-Schlupfwespe. Fab. Ent. Syst. T. II. p. 150. n. 69. Panz. F. g. 71. t. 13. * (N. K.)

50. I. *comitator*. Die Begleiter-Schlupfwespe. Fab. Ent. Syst. T. II. p. 151. n. 71. Panz. F. g. 71. t. 14.

51. I. *annulator.* Die Ringmacher=Schlupfwespe. Fab. Ent. Syst. T. II. p. 151. n. 72. * (N.)

52. I. *zonator.* Die Gürtler=Schlupfwespe. Fab. Ent. Syst. T. II. p. 151. n. 73. * (N.)

53. I. *clavator.* Die Keulen=Schlupfwespe. Fab. Ent. Syst. T. II. p. 151. n. 74. * (K.)

54. I. *debellator.* Die Ueberwinder=Schlupfwespe. Fab. Ent. Syst. T. II. p. 152. n. 78. Panz. F. g. 78. n. 13. * (N.)

55. I. *irrigator.* Die Begießer=Schlupfwespe. Fab. Ent. Syst. T. II. p. 152. n. 79. Panz. F. g. 71. t. 16.

56. I. *migrator.* Die Wanderer=Schlupfwespe. Fab. Ent. Syst. T. II. p. 152. n. 80.

57. I. *sputator.* Die Speichel=Schlupfwespe. Fab. Ent. Syst. T. II. p. 153. n. 81. Panz. F. g. 19. t. 20. * (N.)

58. I. *dimidiator.* Die Halbirer=Schlupfwespe. Fab. Ent. Syst. T. II. p. 153. n. 82. * (N.)

59. I. *abbreviator.* Die Abkürzer=Schlupfwespe. Fab. Ent. Syst. T. II. p. 153. n. 83.

60. I. *sponsor.* Die Freier=Schlupfwespe. Fab. Ent. Syst. T. II. p. 153. n. 84. * (N.)

61. I. *profligator.* Die Verschwender=Schlupfwespe. Fab. Ent. Syst. T. II. p. 153. n. 85.

62. I. *incubitor.* Die Wächter=Schlupfwespe. Fab. Ent. Syst. T. II. p. 154. n. 86.

63. I. *exhortator.* Die Ermahner=Schlupfwespe. Fab. Ent. Syst. T. II. p. 154. n. 88. * (N.)

64. I. *obscurator.* Die Verdunkler=Schlupfwespe. Lin. Syst. Nat. Ed. Gm. p. 2687. n. 199. * (N.)

65. I. *discolor.* Die verschiedenfarbige Schlupfwespe. Lin. l. c. p. 2688. n. 256. * (N.)

66. I. *atratus.* Die geschwärzte Schlupfwespe. Lin. l. c. p 2688. n. 259. * (N.)

67. I. *leucopolpus.* Die weißlippige Schlupfwespe. Lin. l. c. p. 2700. n. 279. * (N.)

68. I. *concolor.* Die einfarbige Schlupfwespe. Lin. l. c. p. 2704. n. 322. * (N.)

69. I. *erythropus.* Die rothfüßige Schlupfwespe. Lin. l. c. p. 2705. n. 329. * (N.)

70. I. *bipunctatus.* Die zweipunctige Schlupfwespe. Lin. l. c. p. 2703. n. 306. * (N.)

71. I. *haematopus.* Die blutrothfüßige Schlupfwespe. Lin. l. c. p. 2705. n. 330. * (N.)

72. I. *annulosus.* Die geringelte Schlupfwespe. Lin. l. c. p. 2709. n. 353. * (N.)

73. I. *arrogator.* Die anmaßende Schlupfwespe. Fab. Ent. Syst. T. II. p. 159. n. 107. * (N.)

74. I. *denigrator.* Die Verläumder-Schlupfwespe. Fab. Ent. Syst. T. II. p. 161. n. 161. Panz. F. g. 45. t. 14.

75. I. *initiator.* Die Anfänger-Schlupfwespe. Fab. Ent. Syst. T. II. p. 161. n. 114.

76. I. *rutilator.* Die Polirer-Schlupfwespe. Fab. Ent. Syst. T. II. p. 161. n. 116. * (N.)

77. I. *manifestator.* Die Kundmacher-Schlupfwespe. Fab. Ent. Syst. T. II. p. 162. n. 117. Panz. F. g. 19. t 21.

78. I. *approximator.* Die nachbarliche Schlupfwespe. Fab. Ent. Syst. T. II. p. 162. n. 118. * (N.)

79. I. *compunctor.* Die Stecher = Schlupfwespe. Fab. Ent. Syst. T. II. p. 163. n. 121. * (K.)

80. I. *ovator.* Die Eier = Schlupfwespe. Fab. Ent. Syst. T. II. p. 163. n. 122. * (N.)

81. I. *enervator.* Die schwächende Schlupfwespe. Fab. Ent. Syst. T. II. p. 163. n. 125. * (K. N.)

82. I. *instigator.* Die Anreizer = Schlupfwespe. Fab. Ent. Syst. T. II. p. 164. n. 126. * (K. N.)

83. I. *coerulator.* Die Blaufärber = Schlupfwespe. Fab. Ent. Syst. T. II. p. 164. n. 128. (K.)

84. I. *delusor.* Die Spottvogel = Schlupfwespe. Fab. Ent. Syst. T. II. p. 165. n. 129. * (N.)

85. I. *elongator.* Die Verlängerer = Schlupfwespe. Fab. Ent. Syst. T. II. p. 165. n. 130. * (N.)

86. I. *restaurator.* Die Wiederhersteller = Schlupfwespe. Fab. Ent. Syst. T. II. p. 165. n. 133.

87. I. *castigator.* Die Zuchtmeister = Schlupfwespe. Fab. Ent. Syst. T. II. p. 166. n. 135.

88. I. *firmator.* Die Bestätiger = Schlupfwespe. Fab. Suppl. p. 226. n. 135. * (N.)

89. I. *custodiator.* Die Wächter = Schlupfwespe. Fab. Ent. Syst. T. II. p. 166. n. 136. * (K.)

90. I. *nunciator.* Die Botschafter = Schlupfwespe. Fab. Ent. Syst. T. II. p. 166. n. 137. * (N.)

91. I. *fabricator.* Die Fabrikanten = Schlupfwespe. Fab. Ent. Syst. T. II. p. 166. n. 138. * (N.)

92. I. *latrator.* Die Beller = Schlupfwespe. Fab. Ent. Syst. T. II. p. 167. n. 139. * (N.)

93. I. *titillator.* Die Kitzler = Schlupfwespe. Fab. Ent. Syst. T. II. p. 167. n. 140. * (N.)

94. I. *extensor.* Die Ausrecker-Schlupfwespe. Fab. Ent. Syst. T. II. p. 168. n. 146. * (N.)

95. I. *maculator.* Die Beflecker-Schlupfwespe. Fab. Ent. Syst. T. II. p. 168. n. 147.

96. I. *turionellae* Die Turiconeller-Schlupfwespe. Fab. Ent. Syst. T. II. p. 169. n. 148.

97. I. *anator.* Die weißafterige Schlupfwespe. Fab. Ent. Syst. T. II. p. 169. n. 149. * (N.)

98. I. *pennator.* Die Feder-Schlupfwespe. Fab. Ent. Syst. T. II. p. 171. n. 156. * (K.)

99. I. *praerogator.* Die Austheiler-Schlupfwespe. Fab. Ent. Syst. T. II. p. 171. n. 158. * (N.)

100. I. *barbator.* Die Bartscherer-Schlupfwespe. Fab. Ent. Syst. T. II. p. 171. n. 159. * (N.)

101. I. *accusator.* Die Ankläger-Schlupfwespe. Fab. Ent. Syst. T. II. p. 172. n. 161. * (N.)

102. I. *stercorator.* Die Koth-Schlupfwespe. Fab. Ent. Syst. T. II. p. 172. n. 162. * (N.)

103. I. *irrorator.* Die bethauete Schlupfwespe. Fab. Ent. Syst. T. II. p. 177. n. 180. * (K. N.)

104. I. *ruspator.* Die Ausspäher-Schlupfwespe. Fab. Ent. Syst. T. II. p. 177. n. 181. * (N.)

105. I. *deprimator.* Die Unterdrücker-Schlupfwespe. Fab. Suppl. p. 227. n. 181. * (N. K.)

106. I. *curvator.* Die Krummmacher-Schlupfwespe. Fab. Ent. Syst. T. II. p. 177. n. 182. * (N.)

107. I. *necator.* Die Todtschläger-Schlupfwespe. Fab. Ent. Syst. T. II. p. 178. n. 185. * (N.)

108. I. *rufescens.* Die röthliche Schlupfwespe. Lin. Syst. Nat. Ed. Gm. T. I. p. 2701. n. 290. * (N.)

109. I. *histrio.* Die Comödianten-Schlupfwespe. Fab. Ent. Syst. T. II. p. 182. n. 201. * (N.)

110. I. *flavicans.* Die gelbliche Schlupfwespe. Fab. Ent. Syst. T. II. p. 182. n. 202. * (K.)

111. I. *tricolor.* Die dreifarbige Schlupfwespe. Fab. Ent. Syst. T. II. p. 182. n. 203. * (N.)

112. I. *abdominalis.* Die schwarzbäuchige Schlupfwespe. Fab. Ent. Syst. T. II. p. 183. n. 207. * (K.)

113. I. *quadripunctatus.* Die vierpunctige Schlupfwespe. Schrank ins. austr. p. 373. n. 754. * (N.)

114. I. *vinctus.* Die gebundene Schlupfwespe. Schrank ins. austr. p. 373. n. 755. * (N.)

115. I. *Bedeguaris.* Die Hainbuttenstrauch-Schlupfwespe. Fab. Ent. Syst. T. II. p. 185. n. 215.

116. I. *nigricornis.* Die schwarzhörnige Schlupfwespe. Fab. Ent. Syst. T. II. p. 185. n. 216.

117. I. *gallarum.* Die Galläpfel-Schlupfwespe. Fab. Ent. Syst. T. II. p. 186. n. 217.

118. I. *Quadrum.* Die Viereck-Schlupfwespe. Fab. Ent. Syst. T. II. p. 186. n. 219. * (N.)

119. I. *puparum.* Die Puppen-Schlupfwespe. Fab. Ent. Syst. T. II. p. 186. n. 221. * (K.)

120. I. *larvarum.* Die Larven-Schlupfwespe. Fab. Ent. Syst. T. II. p. 187. n. 222. * (K.)

121. I. *cynipedis.* Die Gallwespen-Larven-Schlupfwespe. Fab. Ent. Syst. T. II. p. 187. n. 223. * (N.)

122. I. *Aphidum.* Die Blattlaus-Schlupfwespe. Fab. Ent. Syst. T. II. p. 189. n. 233.

123. I. *pectinicornis.* Die kammhörnige Schlupfwespe. Fab. Ent. Syst. T. II. p. 190. n. 236.

124. I. *ramicornis.* Die asthörnige Schlupfwespe. Fab. Ent. Syst. T. II. p. 190. n. 237.

125. I. *agilis.* Die hurtige Schlupfwespe. Fab. Ent. Syst. T. II. p. 190. n. 239.

126. I. *cursitans.* Die schnelllaufende Schlupfwespe. Fab. Ent. Syst. T. II. p. 191. n. 240.

127. I. *pulicarius.* Die Floh-Schlupfwespe. Fab. Ent. Syst. T. II. p. 191. n. 241. Panz. F. g. 84. t. 15.

128. I. *fasciatus.* Die Band-Schlupfwespe. Fab. Ent. Syst. T. II. p. 191. n. 242. Panz. F. g. 79. t. 14.

129. I. *Acarorum.* Die Milben-Schlupfwespe. Fab. Ent. Syst. T. II. p. 191. n. 243.

130. I. *pedicularius.* Die Laus-Schlupfwespe. Fab. Ent. Syst. T. II. p. 192. n. 244. Panz. F. g. 81. t. 13.

253. BANCHUS. (Sensenwespe.)

1. B. *venator.* Die Jäger-Sensenwespe. Fab. Suppl. p. 233. n. 1.

2. B. *fornicator.* Die gewölbte Sensenwespe. Fab. Suppl. p. 233. n. 3.

3. B. *variegator.* Die scheckige Sensenwespe. Fab. Suppl. p. 234. n. 4. * (K.)

4. B. *compressus.* Die zusammengedrückte Sensenwespe. Fab. Suppl. p. 234. n. 5. ? * (N.)

5. B. *varius.* Die bunte Sensenwespe. Fab. Suppl. p. 234. n. 6.

6. B. *pictus.* Die gemahlte Sensenwespe. Fab. Suppl. p. 234. n. 7.

7. B. *falcatorius.* Die sichelförmige Sensenwespe. Fab. Suppl. p. 234. n. 8.

254. Ophion. (Sichelwespe.)

1. O. *luteus.* Die violengelbe Sichelwespe. Fab. Suppl. p. 235. n. 1.

2. O. *ramidulus.* Die schwarz und gelbe Sichelwespe. Fab. Suppl. p. 236. n. 2. * (K.)

3. O. *flavus.* Die gelbe Sichelwespe. Fab. Suppl. p. 236. n. 3. * (K.)

4. O. *glaucopterus.* Die grauflügelige Sichelwespe. Fab. Suppl. p. 236. n. 4.

5. O. *circumflexus.* Die Circumflex-Sichelwespe. Fab. Suppl. p. 236. n. 6.

6. O. *flavifrons.* Die gelbstirnige Sichelwespe. Fab. Suppl. p. 237. n. 9. * (N. K.)

7. O. *amictus.* Die bekleidete Sichelwespe. Fab. Suppl. p. 237. n. 10. * (K.)

8. O. *falcator.* Die Schnitter-Sichelwespe. Fab. Suppl. p. 237. n. 11. * (K.)

9. O. *pugillator.* Die Fechter-Sichelwespe. Fab. Suppl. p. 238. n. 12.

10. O. *erigator.* Die Aufrichter-Sichelwespe. Fab. Suppl. p. 238. n. 14. * (K. N.)

11. O. *jocator.* Die Lustigmacher-Sichelwespe. Fab. Suppl. p. 238. n. 15. * (K.)

12. O. *compensator.* Die Vergelter-Sichelwespe. Fab. Suppl. p. 238. n. 16. * (N. K.)

13. O. *mercator.* Die Kaufmann-Sichelwespe. Fab. Suppl. p. 238. n. 17.

14. O. *flagellator.* Die Geißler-Sichelwespe. Fab. Suppl. p. 239. n. 18. * (N. K.)

15. O. *cunctator.* Die Zauderer-Sichelwespe. Fab. Suppl. p. 239. n. 19. * (K.)

16. O. *cultellator.* Die Messer-Sichelwespe. Fab. Suppl. p. 239. n. 20. Panz. F. g. 72. t. 6. * (N.)

17. O. *inculcator.* Die Stampfer-Sichelwespe. Fab. Ent. Syst. T. II. p. 174. n. 109. * (N.)

18. O. *auricapillus.* Die goldhaarige Sichelwespe. Lin. Syst. Nat. Ed. Gm. T. I. p. 2699. n. 271. * (N.)

255. FOENUS. (Gichtwespe.)

1. F. *jaculator.* Die Schützen-Gichtwespe. Fab. Suppl. p. 240. n. 1.

2. F. *assectator.* Die Gefährten-Gichtwespe. Fab. Suppl. p. 240. n. 2. (K.)

256. EVANIA. (Hungerwespe.)

1. E. *maculata.* Die gefleckte Hungerwespe. Fab. Ent. Syst. T. II. p. 193. n. 2.

2. E. *sessilis.* Die aufsitzende Hungerwespe. Fab. Ent. Syst. T. II. p. 194. n. 4. * (N.)

3. E. *punctum.* Die Punct-Hungerwespe. Fab. Ent. Syst. T. II. p. 194. n. 6. Pompilus punctum. Panz. F. g. 86. t. 12.

257. CHALCIS. (Schenkelwespe.)

1. C. *sispes.* Die rundschenkelige Schenkelwespe. Fab. Ent. Syst. T. II. p. 194. Panz. F. g. 77. t. 11. * (N.)

2. C. *clavipes.* Die rothschenkelige Schenkelwespe. Fab. Ent. Syst. T. II. p. 195. n. 2. Panz. F. g. 78. t. 15. * (N. K.)

3. C. *minuta.* Die kleine Schenkelwespe. Fab. Ent. Syst. T. II. p. 195. n. 4. Panz. F. g. 32. t. 6.

4. C. *podagrica.* Die gichtische Schenkelwespe. Fab. Ent. Syst. T. II. p. 196. n. 6. * (N.)

5. C. *aenea.* Die erzfarbene Schenkelwespe. Fab. Ent. Syst. T. II. p. 197. n. 7.

6. C. *flavipes.* Die gelbschenkelige Schenkelwespe. Fab. Ent. Syst. T. II. p. 197. n. 10. * (N.)

258. SPHEX. (Raubwespe.)

1. S. *sabulosa.* Die Sand=Raubwespe. Fab. Ent. Syst. T. II. p. 198. n. 1. Panz. F. g. 65. t. 12.

2. S. *arenaria.* Die Flugsand=Raubwespe. Fab. Ent. Syst. T. II. p. 199. n. 2. Panz. F. g. 65. t. 13.

3. S. *lutaria.* Die Lehm=Raubwespe. Fab. Ent. Syst. T. II. p. 199. n. 3. Panz. F. g. 65. t. 14.

4. S. *atra.* Die schwarze Raubwespe. Fab. Suppl. p. 244. n. 18. Panz. F. g. 72. t. 7. * (K.)

5. S. *Figulus.* Die Töpfer=Raubwespe. Fab. Ent. Syst. T. II. p. 203. n. 19. Panz. F. g. 80. t. 16.

6. S. *unicolor.* Die einfarbige Raubwespe. Panz. F. g. 52. t. 24. * (K.)

7. S. *annulata.* Die geringelte Raubwespe. Panz. F. g. 53. 1. * (K.)

8. S. *pallipes.* Die blaßfüßige Raubwespe. Panz. F. g. 52. t. 22. * (K.)

9. S. *dimidiata.* Die halbirte Raubwespe. Fab. Ent. Syst. T. II. p. 209. n. 45. * (K.)

10. S. *signata.* Die gezeichnete Raubwespe. Panz. F. g. 52. t. 23. * (K.)

11. S. *aspera.* Die rauhe Raubwespe. Christ. Hymenopt. p. 292. t. 28. f. 7.

259. POMPILUS. (Grabwespe.)

1. P. *fuscus.* Die braune Grabwespe. Fab. Suppl. p. 246. n. 3. Panz. F. g. 65. t. 15.

2. P. *viaticus.* Die Wander-Grabwespe. Fab. Suppl. p. 246. n. 4. Panz. F. g. 65. t. 16.

3. P. *niger.* Die schwarze Grabwespe. Fab. Suppl. p. 247. n. 8. Panz. F. g. 71. t. 19.

4. P. *gibbus.* Die höckerige Grabwespe. Fab. Suppl. p. 249. n. 17. Panz. F. g. 77. t. 13.

5. P. *rufipes.* Die rothfüßige Grabwespe. Fabr. Suppl. p. 250. n. 27. Panz. F. g. 65. t. 17. * (N.)

6. P. *bipunctatus.* Die zweipunctige Grabwespe. Fab. Suppl. p. 251. n. 28. Panz. F. g. 72. t. 8. * (N.)

7. P. *exaltatus.* Die erhöhete Grabwespe. Fab. Suppl. p. 251. n. 31. Panz. F. g. 86. t. 10.

8. P. *pectinipes.* Die kammfüßige Grabwespe. Lin. Syst. Nat. Ed. Gm. T. I. p. 2730. n. 17. * (N.)

9. P. *buops.* Die ochsenäugige Grabwespe. Lin. l. c. p. 2734. n. 89. * (N.)

260. TIPHIA. (Rollwespe.)

1. T. *femorata.* Die schenkelige Rollwespe. Fab. Ent. Syst. T. II. p. 223. n. 1. Panz. F. g. 53. t. 3. * (K. N.)

2. T. *villosa.* Die haarige Rollwespe. Fab. Ent. Syst. T. II. p. 227. n. 18.

261. Scolia. (Dolchwespe.)

1. S. *ciliata*. Die gefranzte Dolchwespe. Fab. Ent. Syst. T. II. p. 231, n. 12. * (N.)

2. S. *quinquepunctata*. Die fünfpunctige Dolchwespe. Fab. Ent. Syst. T. II. p. 235. n. 27. * (N. K.)

3. S. *prisma*. Die Prisma=Dolchwespe. Fab. Ent. Syst. T. II. p. 236. n. 31. * (K.)

4. S. *quadripunctata*. Die vierpunctige Dolchwespe. Fab. Ent. Syst. T. II. p. 236. n. 32. Panz. F. g. 3. t. 22. * (N.)

262. Chrysis. (Goldwespe.)

1. Ch. *fulgida*. Die blitzelnde Goldwespe. Fab. Ent. Syst. T. II. p. 240. n. 8. Panz. F. g. 79. t. 15.

2. Ch. *ignita*. Die feurige (gemeine) Goldwespe. Fab. Ent. Syst. T. II. p. 241. n. 10. Panz. F. g. 5. t. 22.

3. Ch. *lucidula*. Die glänzende Goldwespe. Fab. Ent. Syst. T. II. p. 242. n. 15. Panz. F. g. 51. t. 5. * (K. N.)

4. Ch. *dimidiata*. Die halbirte Goldwespe. Fab. Suppl. p. 258. n. 15.

5. Ch. *aenea*. Die erzfarbige Goldwespe. Fab. Ent. Syst. T. II. p. 242. n. 17. Panz. F. g. 51. t. 7. * (N.)

6. Ch. *regia*. Die königliche Goldwespe. Fab. Ent. Syst. T. II. p. 243. n. 19. Panz. F. g. 51. t. 9. * (N. K.)

7. Ch. *cyanea*. Die kornblumenblaue Goldwespe. Fab. Ent. Syst. T. II. p. 243. n. 20. Panz. F. g. 51. t. 10.

8. Ch. *nitidula.* Die schimmernde Goldwespe. Fab. Ent. Syst. T. II. p. 243. n. 21. * (N.)

9. Ch. ornatrix. Christ. Hymenopt. p. 403.

10. Ch. Lampas. Christ. l. c. p. 405.

11. Ch. punctata. Christ. l. c. p. 400.

263. Leucopsis. (Rückenwespe.)

1. L. *dorsigera.* Die eigentliche Rückenwespe. Fab. Ent. Syst. T. II. p. 246. n. 2. Panz. F. g. 58. t. 15. * (N.)

264. Bembex. (Wirbelwespe.)

1. B. *rostrata.* Die geschnabelte Wirbelwespe. Fab. Ent. Syst. T. II. p. 248. n. 3.

265. Vespa. (Wespe.)

1. V. *Crabro.* Die Horniß-Wespe. Fab. Ent. Syst. T. II. p. 255. n. 9.

2. V. *vulgaris.* Die gemeine Wespe. Fab. Ent. Syst. T. II. p. 256. n. 10. Panz. F. g. 49. t. 19.

3. V. *germanica.* Die Deutsche Wespe. Fab. Ent. Syst. T. II. p. 256. n. 11. Panz. F. g. 49. t. 20.

4. V. *saxonica.* Die Sächsische Wespe. Fab. Ent. Syst. T. II. p. 256. n. 12. Panz. F. g. 49. t. 21.

5. V. *gallica.* Die Französische Wespe. Fab. Ent. Syst. T. II. p. 257. n. 13. Panz. F. g. 49. t. 22.

6. V. *holsatica.* Die Hollsteinische Wespe. Fab. Ent. Syst. T. II. p. 257. n. 14. * (K.)

7. V. *rufa.* Die rothe Wespe. Fab. Ent. Syst. T. II. p. 258. n. 15.

8. V. *parietum.* Die Wänderwespe. Fab. Ent. Syst. T. II. p. 265. n. 45. Panz. F. g. 49. t. 23.

9. V. *quadricincta.* Die vier mahl gegürtete Wespe. Fab. Ent. Syst. T. II. p. 266. n. 47. * (N. K.)

10. V. *quadrifasciata.* Die vier mahl gebänderte Wespe. Fab. Ent. Syst. T. II. p. 266. n. 48. * (N. K.)

11. V. *quinquefasciata.* Die fünf mahl gebänderte Wespe. Fab. Ent. Syst. T. II. p. 267. n. 49. * (K.)

12. V. *muraria.* Die Mauerwespe. Fab. Ent. Syst. T. II. p. 267. n. 50.

13. V. *emarginata.* Die ausgerandete Wespe. Fab. Ent. Syst. T. II. p. 267. n. 51.

14. V. *simplex.* Die einfache Wespe. Fab. Ent. Syst. T. II. p. 267. n. 52. * (K.)

15. V. *parietina.* Die Wandwespe. Fab. Ent. Syst. T. II. p. 268. n. 53. Panz. F. g. 49. t. 24.

16. V. *sexfasciata.* Die sechs mahl gebänderte Wespe. Fab. Ent. Syst. T. II. p. 268. n. 56. * (K. N.)

17. V. *bifasciata.* Die zwei mahl gebänderte Wespe. Fab. Ent. Syst. T. II. p. 269. n. 60.

18. V. *trifasciata.* Die drei mahl gebänderte Wespe. Fab. Ent. Syst. T. II. p. 270. n. 61.

19. V. *biglumis.* Die zweiklappige Wespe. Fab. Ent. Syst. T. II. p. 271. n. 64. Panz. F. g. 53. t. 7. * (K.)

20. V. *aucta.* Die Hakenwespe. Fab. Ent. Syst. T. II, p. 272. n. 69. Panz. F. g. 81. t. 17. * (K. N.)

21. V. *coarctata.* Die zusammengezogene Wespe. Fab. Ent. Syst. T. II. p. 276. n. 82. Panz. F. g. 63. t. 6. * (K.)

22. V. *pomiformis.* Die apfelförmige Wespe. Fab. Ent. Syst. T. II. p. 279. n. 90. Panz. F. g. 63. t. 7.

23. V. *quadrata.* Die viereckig gezeichnete Wespe. Panz. F. g. 63. t. 3. * (K.)

24. V. *pedunculata.* Die gestielte Wespe. Panz. F. g. 63. t. 8. * (K.)

25. V. *Antilope.* Die Antilope=Wespe. Panz. F. g. 53. t. 9.

26. V. *crassicornis.* Die dickhörnige Wespe. Panz. F. g. 53. t. 8. * (K.)

27. V. *sexcincta.* Die sechs mahl gegürtete Wespe. Panz. F. g. 63. t. 1.

28. V. *sylvestris.* Die Waldwespe. Christ. Hymenopt. p. 236.

29. V. *sexpunctata.* Die sechspunctige Wespe. Christ. l. c. p. 241.

30. V. *sinuata.* Die ausgeschweifte Wespe. Fab. Ent. Syst. T. II. p. 270. n. 62.

266. MELLINUS. (Glattwespe.)

1. M. *mystaceus.* Die bärtige Glattwespe. Fab. Ent. Syst. T. II. p. 285. n. 1. Panz. F. g. 53. t. 11. * (K. N.)

2. M. *cinereo-maculatus*, mihi. Aschgrau gefleckte Glattwespe. M. *bipunctatus.* Fab. Suppl. p. 265. n. 1. * (N.) †)

---

†) Da nach der Regel bei einer Gattung jeder Artnahme nur ein mahl vorkommen darf, so habe ich mir erlaubt, den Fabricius'schen Nahmen zu ändern.

3. M. *variegatus*. Die scheckige Glattwespe. Fab. Suppl. p. 265. n. 2. * (N.)

4. M. *sabulosus*. Die Sand=Glattwespe. Fab. Ent. Syst. T. II. p. 286. n. 2.

5. M. *bipunctatus*. Die zweipunctige Glattwespe. Fab. Ent. Syst. T. II. p. 286. n. 4.

6. M. *campestris*. Die Feld=Glattwespe. Fab. Ent. Syst. T. II. p. 287. n. 6. * (N.)

7. M. *arvensis*, Die Acker=Glattwespe. Fab. Ent. Syst. T. II. p. 287. n. 7.

8. M. *quinquecinctus*. Die fünfgegürtete Glattwespe. Fab. Ent. Syst. T. II. p. 287. n. 8. Panz. F. g. 72. t. 14. * (N. K.)

9. M. *interruptus*. Die unterbrochene Glattwespe. Fab. Suppl. p. 266. n. 4. * (K.)

10. M. *frontalis*. Die Stirn=Glattwespe. Pompilus frontalis: Panz. F. g. 72. t. 9. * (N.)

11. M. (Crabro) *U-flavum*. Die gelbe U=Glattwespe. Panz. F. g. 17. t. 20. * (K.)

267. Philanthus. (Blumenwespe.)

1. Ph. *triangulum*. Die Dreieck=Blumenwespe. Fab. Ent. Syst. T. II. p. 289. n. 2. * (N.)

2. Ph. *arenarius*. Die Sand=Blumenwespe. Fab. Ent. Syst. T. II. p. 290. n. 5. Panz. F. g. 46. t. 2. * (N. K.)

3. Ph. *ornatus*. Die gezierte Blumenwespe. Fab. Ent. Syst. T. II. p. 290. n. 6. Panz. F. g. 63. t. 10. * (N.)

4. Ph. *sexpunctatus.* Die sechspunctige Blumenwespe. Fab. Ent. Syst. T. II. p. 291. n. 8. * (N.)

5. Ph. *quinquecinctus.* Die fünf mahl gegürtete Blumenwespe. Fab. Ent. Syst. T. II. p. 291. n. 9.

6. Ph. *laetus.* Die lebhafte Blumenwespe. Fab. Ent. Syst. T. II. p. 291. n. 10. Panz. F. g. 63. t. 11. * (K.)

7. Ph. *ruficornis.* Die rothhörnige Blumenwespe. Fab. Ent. Syst. T. II. p. 292. n. 11. * (N.)

8. Ph. *pictus.* Die gemahlte Blumenwespe. Panz. F. g. 47. t. 23. * (N. K.)

9. Ph. *quadrifasciatus.* Die vierbandirte Blumenwespe. Panz. F. g. 63. t. 14. * (K.)

268. Crabro. (Silbermundwespe.)

1. C. *spinosus.* Die stachelige Silbermundwespe. Fab. Ent. Syst. T. II. p. 293. n. 1. Panz. F. g. 62. t. 15. * (N. K.)

2. C. *fossorius.* Die grabende Silbermundwespe. Fab. Ent. Syst. T. II. p. 294. n. 3. Panz. F. g. 72. t. 11. * (K.)

3. C. *quadrimaculatus.* Die viergefleckte Silbermundwespe. Fab. Ent. Syst. T. II. p. 294. n. 4. * (K. N.)

4. C. *subterraneus.* Die unterirdische Silbermundwespe. Fab. Ent. Syst. T. II. p. 295. n. 7. Panz. F. g. 3. t. 21.

5. C. *sexcinctus.* Die sechsgegürtete Silbermundwespe. Fab. Ent. Syst. T. II. p. 295. n. 9. Panz. F. g. 64. t. 13.

6. C. *quadricinctus*. Die viergegürtete Silbermundwespe. Fab. Ent. Syst. T. II. p. 296. n. 12. * (K.)

7. C. *cribrarius*. Die Sieb = Silbermundwespe. Fab. Ent. Syst. T. II. p. 297. n. 14. Panz. F. g. 15. t. 18. 19.

8. C. *clypeatus*. Die geschildete Silbermundwespe. Fab. Ent. Syst. T. II. p. 297. n. 15. Panz. F. g. 15. t. 20. 21. * (N. K.)

9. C. *scutatus*. Die kleine geschildete Silbermundwespe. Fab. Ent. Syst. T. II. p. 298. n. 16. Panz. F. g. 15. t. 22. 23. * (N. K.)

10. C. *vagus*. Die herumschweifende Silbermundwespe. Fab. Ent. Syst. T. II. p. 298. n. 17. Panz. F. g. 46. t. 10.

11. C. *tridens*. Die dreizähnige Silbermundwespe. Fab. Ent. Syst. T. II. p. 298. n. 18. * (K. N.)

12. C. *dimidiatus*. Die halbirte Silbermundwespe. Fab. Ent. Syst. T. II. p. 298. n. 19. *

13. C. *uniglumis*. Die einklappige Silbermundwespe. Fab. Ent. Syst. T. II. p. 300. n. 23. Panz. F. g. 64. t. 14.

14. C. *mucronatus*. Die zugespitzte Silbermundwespe. Fab. Ent. Syst. T. II. p. 300. n. 25.

15. C. *trispinosus*. Die dreidornige Silbermundwespe. Fab. Ent. Syst. T. II. p. 301. n. 26. * (K.)

16. C. *leucostoma*. Die weißmundige Silbermundwespe. Fab. Ent. Syst. T. II. p. 301. n. 27. * (N. K.)

17. C. *crassipes*. Die dickfüßige Silbermundwespe. Fab. Suppl. p. 270. n. 26. C. tibialis. Panz. F. g. 83. t. 14. * (K.)

18. C. *geniculatus.* Die gelbknieige Silbermundwespe. Fab. Ent. Syst. T. II. p. 301. n. 28. * (N. K.)

19. C. *lugubris.* Die traurige Silbermundwespe. Fab. Ent. Syst. T. II. p. 302. n. 30. * (N. K.)

20. C. *albilabris.* Die weißlippige Silbermundwespe. Fabr. Ent. Syst. T. II. p. 302. n. 31. C. leucostoma. Panz. F. g. 15. t. 24.

21. C. *minutus.* Die kleine Silbermundwespe. Fab. Ent. Syst. T. II. p. 302. n. 32. * (N.)

22. C. *palmatus.* Die handförmig geschildete Silbermundwespe. Panz. F. g. 46. t. 3.

23. C. *patellatus.* Die kniescheibenförmig geschildete Silbermundwespe. Panz. F. g. 46. t. 4. * (K.)

24. C. *vexillatus.* Die fahnenartig geschildete Silbermundwespe. Panz. F. g. 46. t. 5.

25. C. *frontalis.* Die Stirn-Silbermundwespe. Panz. F. g. 46. t. 11. * (K.)

26. C. *petiolatus.* Die gestielte Silbermundwespe. Panz. F. g. 46. t. 12. * (K.)

27. C. *philanthoides.* Die blumenwespenartige Silbermundwespe. Panz. F. g. 83. t. 15. * (K.)

28. C. *Cephalotes.* Die großköpfige Silbermundwespe. Panz. F. g. 62. t. 16.

29. C. *vagabundus.* Die herumirrende Silbermundwespe. Panz. F. g. 53. t. 16.

30. C. *lapidarius.* Die Stein-Silbermundwespe. Panz. F. g. 90. t. 12. * (A.)

31. C. *tibialis.* Die gelbschienbeinige Silbermundwespe. Lin. Syst. Nat. Ed. Gm. T. I. p. 2767. n. 147.

269. Hylaeus. (Waldbiene.)

1. H. *cylindricus*. Die walzenförmige Waldbiene. Fab. Ent. Syst. T. II. p. 302. n. 1. Panz. F. g. 55. t. 2.

2. H. *quadricinctus*. Die viergegürtete Waldbiene. Fab. Ent. Syst. T. II. p. 303. n. 3. * (K. N.)

3. H. *maxillosus*. Die mit einer großen Kinnlade versehene Waldbiene. Fab. Ent. Syst. T. II. p. 303. n. 4. Panz. F. g. 53. t. 17.

4. H. *florisomnis*. Die auf Blumen schlafende Waldbiene. Fab. Ent. Syst. T. II. p. 304. n. 5. Panz. F. g. 46. t. 13.

5. H. *truncorum*. Die Stock-Waldbiene. Fab. Ent. Syst. T. II. p. 305. n. 9. Panz. F. g. 64. t. 15.

6. H. *flavipes*. Die gelbfüßige Waldbiene. Fab. Ent. Syst. T. II. p. 305. n. 11.

7. H. *annulatus*. Die geringelte Waldbiene. Fab. Ent. Syst. T. II. p. 305. n. 12. Panz. F. g. 55. t. 3.

8. H. *albipes*. Die weißfüßige Waldbiene. Fab. Ent. Syst. T. II. p. 306. n. 13. Panz. F. g. 7. t. 15.

9. H. *similis*. Die ähnliche Waldbiene. Fab. Ent. Syst. T. II. p. 306. n. 14. * (N. K.)

10. H. *triangulum* Die Dreieck-Waldbiene. Fab. Ent. Syst. T. II. p. 306. n. 15. * (K.)

11. H. *Morio*. Die Mohren-Waldbiene. Fab. Ent. Syst. T. II. p. 306. n. 16. * (N.)

12. H. *abdominalis*. Die rothbäuchige Waldbiene. Panz. F. g. 53. t. 18.

270. ANDRENA. (Blumenbiene.)

1. A. *coerulescens.* Die bläuliche Blumenbiene. Fab. Ent. Syst. T. II. p. 307. n. 1. Panz. F. g. 65. t. 18. * (N.)

2. A. *spiralis.* Die Spiral-Blumenbiene. Fab. Ent. Syst. T. II. p. 308. n. 3. Panz. F. g. 35. t. 22. * (N.)

3. A. *labiata.* Die weißlippige Blumenbiene. Fab. Ent. Syst. T. II. p. 308. n. 5.

4. A. *florea.* Die Blüthen-Blumenbiene. Fab. Ent. Syst. T. II. p. 308. n. 6. * (K.)

5. A. *aenea.* Die erzfarbige Blumenbiene. Fab. Ent. Syst. T. II. p. 309. n. 8. Panz. F. g. 56. t. 3. * (N. K.)

6. A. *marginata.* Die gerandete Blumenbiene. Fab. Ent. Syst. T. II. p. 309. n. 10. Panz. F. g. 72. t. 15. * (N.)

7. A. *helvola.* Die bleiche Blumenbiene. Fab. Ent. Syst. T. II. p. 310. n. 11. * (N. K.)

8. A. *bicolor.* Die zweifarbige Blumenbiene. Fab. Ent. Syst. T. II. p. 310. n. 12. Panz. F. g. 65. t. 19.

9. A. *pilipes.* Die haarfüßige Blumenbiene. Fab. Ent. Syst. T. II. p. 312. n. 21. * (N.)

10. A. *Flessae.* Die Flessaische Blumenbiene. Panz. F. g. 85. t. 15. Soll nach Panzer a. a. O. das Männchen der folgenden seyn.

11. A. *hirtipes.* Die wollenfüßige Blumenbiene. Fab. Ent. Syst. T. II. p. 312. n. 24. * (N.)

12. A. *haemorrhoidalis.* Die rothafterige Blumenbiene. Fab. Ent. Syst. T. II. p. 313. n. 25. Panz. F. g. 65. t. 20.

13. A. *succincta.* Die gegürtete Blumenbiene. Fab. Ent. Syst. T. II. p. 314. n. 31. Panz. F. g. 7. t. 10.

14. A. *grisea.* Die graue Blumenbiene. Fab. Suppl. p. 272. n. 4. * (K. N.)

15. A. *plumipes.* Die federfüßige Blumenbiene. Panz. F. g. 46. t. 16.

16. A. *equestris.* Die Ritter-Blumenbiene. Panz. F. g. 46. t. 17.

17. A. *austriaca.* Die Oestreichische Blumenbiene. Panz. F. g. 53. t. 19. * (K.)

18. A. *lucida.* Die glänzende Blumenbiene. Panz. F. g. 56. t. 1. * (K.)

19. A. *nitida.* Die glatte Blumenbiene. Panz. F. g. 56. t. 2. * (K.)

20. A. *strigosa.* Die gestrichelte Blumenbiene. Panz. F. g. 64. t. 16. * (K.)

21. A. *derasa.* Die abgestreifte Blumenbiene. Panz. F. g. 64. t. 17.

22. A. *flavipes.* Die gelbfüßige Blumenbiene. Panz. F. g. 64. t. 20.

23. A. *lobata.* Die lappige Blumenbiene. Panz. F. g. 72. t. 16.

271. Bremus. (Hummelbiene.)

(Apis Fab.)

1. B. *violaceus.* Die violette Hummelbiene. Fab. Ent. Syst. T. II. p. 315. n. 3. Panz. F. g. 59. t. 6.

2. B. *ter-*

2. B. *terrestris.* Die Erd-Hummelbiene. Fab. Ent. Syst. T. II. p. 317. n. 8. Panz. F. g. 1. t. 16.

3. B. *ruderata.* Die Schutt-Hummelbiene. Fab. Ent. Syst. T. II. p. 317. n. 10.

4. B. *Soroënsis.* Die Soroensische Hummelbiene. Fab. Ent. Syst. T. II. p. 318. n. 12. Panz. F. g. 7. t. 11. * (N.)

5. B. *hortorum.* Die Garten-Hummelbiene. Fab. Ent. Syst. T. II. p. 320. n. 22.

6. B. *arbustorum.* Die Strauch-Hummelbiene. Fab. Ent. Syst. T. II. p. 320. n. 24.

7. B. *lapidarius.* Die Stein-Hummelbiene. Fab. Ent. Syst. T. II. p. 320. n. 25.

8. B. *rupestris.* Die Fels-Hummelbiene. Fab. Ent. Syst. T. II. p. 320. n. 26.

9. B. *sylvarum.* Die Wald-Hummelbiene. Fab. Ent. Syst. T. II. p. 321. n. 27. Panz. F. g. 85. t. 19.

10. B. *campestris.* Die Feld-Hummelbiene. Panz. F. g. 74. t. 11.

11. B. *agrorum.* Die Acker-Hummelbiene. Fab. Ent. Syst. T. II. p. 321. n. 29. Panz. F. g. 85. t. 20.

12. B. *apricus.* Die Sonnen-Hummelbiene. Fab. Suppl. p. 273. n. 29. Panz. F. g. 80. t. 20.

13. B. *muscorum.* Die Moos-Hummelbiene. Fab. Ent. Syst. T. II. p. 321. n. 31.

14. B. *hypnorum.* Die Astmoos-Hummelbiene. Fab. Ent. Syst. T. II. p. 322. n. 32. Panz. F. g. 7. t. 12.

15. B. *ericetorum.* Die Haide-Hummelbiene. Panz. F. g. 75. t. 19.

16. B. *subterraneus.* Die unterirdische Hummelbiene. Fab. Ent. Syst. T. II. p. 322. n. 37.

17. B. *pilipes.* Die haarfüßige Hummelbiene. Fab. Ent. Syst. T. II. p. 326. n. 54.

18. B. *senilis.* Die alte Hummelbiene. Fab. Ent. Syst. T. II. p. 324. n. 44.

Außer diesen bisher aufgeführten hat Herr Köhler, der schon seit verschiedenen Jahren seine Aufmerksamkeit besonders auf diese Gattung Bienen gerichtet, folgende entdeckt. Ich setze indessen die Nahmen her, die er ihnen gegeben hat. Er wird sie bald näher in einer Monographie bekannt machen, und seine Beobachtungen dem Urtheil einsichtsvoller Entomologen unterwerfen.

19. B. *zonatus.*
20. B. *mollis.*
21. B. *festinans.*
22. B. *picturatus.*
23. B. *formosus.*
24. B. *avidus.*
25. B. *saxatilis.*
26. B. *arenarius.*
27. B. *constans.*
28. B. *frixus.*
29. B. *Pictor.*
30. B. *cylindricus.*
31. B. *frontalis.*

32. B. *arenarius.* Die Sand-Hummelbiene. Panz. F. g. 74. t. 12. * (K.)

272. Apis. (Biene.)

1. A. *lagopoda.* Die Hasenfuß=Biene. Fab. Ent. Syst. T. II. p. 325. n. 48. Panz. F. g. 55. t. 7.

2. A. *cunicularia.* Die Minir=Biene. Fab. Ent. Syst. T. II. p. 327. n. 57. * (K.)

3. A. *mellifica.* Die Honig=Biene. Fab. Ent. Syst. T. II. p. 327. n. 58. Panz. F. g. 85. t. 16. 17. 18.

4. A. *thoracica.* Die Halsschild=Biene. Fab. Ent. Syst. T. II. p. 328. n. 63. * (K.)

5. A. *cineraria.* Die aschfarbene Biene. Fab. Ent. Syst. T. II. p. 329. n. 67. * (K.)

6. A. *manicata.* Die Aermel=(Esaus=) Biene. Fab. Ent. Syst. T. II. p. 330. n. 73. Panz. F. g. 55. t. 10. 11.

7. A. *maculata.* Die gefleckte Biene. Fab. Ent. Syst. T. II. p. 332. n. 77. Panz. F. g. 7. t. 14.

8. A. *rotundata.* Die runde Biene. Fab. Ent. Syst. T. II. p. 332. n. 80. Panz. F. g. 56. t. 9.

9. A. *tuberculata.* Die höckerige Biene. Fab. Ent. Syst. T. II. p. 334. n. 84. Panz. F. g. 78. t. 16.

10. A. *bicornis.* Die zweihörnige Biene. Fab. Ent. Syst. T. II. p. 334. n. 86.

11. A. *rufa.* Die rothe Biene. Fab. Ent. Syst. T. II. p. 334. n. 88. Panz. F. g. 56. t. 10.

12. A. *hirta.* Die kurzhaarige Biene. Fab. Ent. Syst. T. II. p. 335. n. 92. * (K.)

13. A. *centuncularis.* Die Lappen=Biene. Fab. Ent. Syst. T. II. p. 337. n. 98. Panz. F. g. 55. t. 12. * (N. K.)

14. A. *quadridentata.* Die vierzähnige Biene. Fab. Ent. Syst. T. II. p. 340. n. 112. Panz. F. g. 55. t. 13.

15. A. *adunca.* Die Haken-Biene. Panz. F. g. 56. t. 5. * (K.)

16. A. *cornigera.* Die Hörner tragende Biene. Panz. F. g. 55. t. 15. * (N.)

17. A. *bidentata.* Die zweizähnige Biene. Panz. F. g. 59. t. 7.

273. Trachusa. (Feldbiene.)

1. T. *Serratulae.* Die Scharten-Rundbiene. Panz. F. g. 86. t. 15. * (K.)

2. T. *Florentina.* Die Florentiner Rundbiene. Apis florentina. Fab. Ent. Syst. T. II. p. 331. n. 74. * (K.)

274. Eucera. (Hornbiene.)

1. E. *longicornis.* Die langhörnige Hornbiene. Fab. Ent. Syst. T. II. p. 343. n. 1. Panz. F. g. 64. t. 21.

2. E. *linguaria.* Die Zungen-Hornbiene. Fab. Ent. Syst. T. II. p. 344. n. 5. Panz. F. g. 64. t. 22. * (K.)

275. Nomada. (Schmuckwespe.)

1. N. *variegata.* Die scheckige Schmuckwespe. Fab. Ent. Syst. T. II. p. 347. n. 5. * (N.)

2. N. *agrestis.* Die Acker-Schmuckwespe. Fab. Ent. Syst. T. II. p. 347. n. 6. * (N.)

3. N. *ruficornis.* Die rothhörnige Schmuckwespe. Fab. Ent. Syst. T. II. p. 347. n. 7.

4. N. *rufipes*. Die rothfüßige Schmuckwespe. Fab. Ent. Syst. T. II. p. 347. n 8. * (N.)

5. N. *Fabriciana*. Die Fabrizische Schmuckwespe. Fab. Ent. Syst. T. II. p. 348. n. 10. * (N.)

6. N. *fulvicornis*. Die gelbhörnige Schmuckwespe. Fab. Ent. Syst. T. II. p. 348. n. 11.

7. N. *gibba*. Die höckerige Schmuckwespe. Fab. Ent. Syst. T. II. p, 348. n. 12.

8. N. *zonata*. Die gegürtelte Schmuckwespe. Panz. F. g. 53. t. 20. * (K.)

9. N. *Roberjeotiana*. Die Roberjeotische Schmuckwespe. Panz. F. g. 72. t. 18. 19. * (K.)

10. N. *Jacobaeae*. Die Jacobskraut-Schmuckwespe. Panz. F. g. 72. t. 20. * (K.)

11. N. *nigrita*. Die schwarze Schmuckbiene. Panz. F. g. 78. t. 20. * (K.)

12. N. *sexfasciata*. Die sechsbindige Schmuckwespe. Panz. F. g. 62. t. 18. * (K.)

13. N. *fucata*. Die geschminkte Schmuckwespe. Panz. F. g. 55. t. 19. * (M.)

14. N. *furva*. Die düstere Schmuckwespe. Panz. F. g. 55. t. 23. * (M.)

15. N. *flava*. Die gelbe Schmuckwespe. Panz. F. g. 53. t. 21. * (K.)

276. FORMICA. (Ameise.)

1. F. *herculanea*. Die Herkules-Ameise. Fab. Ent. Syst. T. II. p. 349. n. 1.

2. F. *rufa*. Die rothe Ameise. Fab. Ent. Syst. T. II. p. 351. n. 8.

3. F. *nigra.* Die schwarze Ameise. Fab. Ent. Syst. T. II. p. 352. n. 10.

4. F. *fusca.* Die braune Ameise. Fab. Ent. Syst. T. II. p. 352. n. 11.

5. F. *obsoleta.* Die verblichene Ameise. Fab. Ent. Syst. T. II. p. 355. n. 21.

6. F. *viatica.* Die wandernde Ameise. Fab. Ent. Syst. T. II. p. 356. n. 27.

7. F. *caespitum.* Die Rasenameise. Fab. Ent. Syst. T. II. p. 358. n. 35.

8. F. *vagans.* Die herumschweifende Ameise. Fab. Ent. Syst. T. II. p. 358. n. 37.

9. F. *glabra.* Die glatte Ameise. Lin. Syst. Nat. Ed. Gm. T. I. p. 2804. n. 53. * (N.)

277. Mutilla. (Kahlwespe.)

1. M. *europaea.* Die Europäische Kahlwespe. Fab. Ent. Syst. T. II. p. 368. n. 9. Panz. F. g. 76. t. 20.

2. M. *ephippium.* Die Sattel-Kahlwespe. Fab. Ent. Syst. T. II. p. 370. n. 18. Panz. F. g. 46. t. 20. * (K. N.)

V. Odonata.

(Neuroptera Lin.)

278. Libellula. (Wasserjungfer.)

1. L. *quadrimaculata.* Die viergefleckte Wasserjungfer. Fab. Ent. Syst. T. II. p. 373. n. 1. Panz. F. g. 88. t. 19.

2. L. *depressa.* Die niedergedrückte (platte) Wasserjungfer. Fab. Ent. Syst. T. II. p. 373. n. 2. Panz. F. g. 89. t. 22.

3. L. *flaveola.* Die gelbliche Wasserjungfer. Fab. Ent. Syst. T. II. p. 375. n. 6.

4. L. *vulgata.* Die gemeine Wasserjungfer. Fab. Ent. Syst. T. II. p. 377. n. 16.

5. L. *aenea.* Die erzfarbene Wasserjungfer. Fab. Ent. Syst. T. II. p. 381. n. 35. Panz. F. g. 88. t. 20.

6. L. *pedemontana.* Die Piemontesische Wasserjungfer. Fab. Ent. Syst. T. II. p. 378. n. 19.

279. Aeshna. (Schmaljungfer.)

1. Ae. *forcipata.* Die Zangen-Schmaljungfer. Fab. Ent. Syst. T. II. p. 383. n. 1. Panz. F. g. 88. t. 21.

2. Ae. *grandis.* Die große Schmaljungfer. Fab. Ent. Syst. T. II. p. 384. n. 2.

280. Agrion. (Flußjungfer.)

1. A. *Virgo.* Die jungfräuliche Flußjungfer. Fab. Ent. Syst. T. II. p. 386. n. 1. Panz. F. g. 79. t. 17. 18, und auch die übrigen Varietäten.

2. A. *Puella.* Die Mädchen-Flußjungfer. Fab. Ent. Syst. T. II. p. 387. n. 2. Mit allen bekannten Varietäten.

VI. MITOSATA.
(Aptera Lin.)

281. SCOLOPENDRA. (Zangenassel.)

1. S. *coleoptrata.* Die geschildete Zangenassel. Fab. Ent. Syst. T. II. p. 389. n. 2. Panz. F. g. 50. t. 12.

2. S. *forficata.* Die Scherenassel. Fab. Ent. Syst. T. II. p. 390. n. 4. Panz. F. g. 50. t. 13.

3. S. *electrica.* Electrische Zangenassel. Fab. Ent. Syst. T. II. p. 391. n. 10.

282. JULUS. (Beinassel.)

1. J. *complanatus.* Die platte Beinassel. Fab. Ent. Syst. T. II. p. 393. n. 2.

2. J. *terrestris.* Die Erd-Beinassel. Fab. Ent. Syst. T. II. p. 394. n. 8.

3. J. *sabulosus.* Die Sand-Beinassel. Fab. Ent. Syst. T. II. p. 395. n. 11.

VII. UNOGATA.
(Aptera Lin.)

283. TROMBIDIUM. (Wasserspinne.)

1. T. *holosericeum.* Die seidenartige Wasserspinne. Fab. Ent. Syst. T. II. p. 398. n. 2.

284. ARANEA. (Spinne.)

1. A. *extensa.* Die ausgedehnte Spinne. Fab. Ent. Syst. T. II. p. 407. n. 1.

2. A. *smaragdula.* Die smaragdfarbene Spinne. Fab. Ent. Syst. T. II. p. 412. n. 18. * (K.)

3. A. *domestica.* Die Hausspinne. Fab. Ent. Syst. T. II. p. 412. n. 21.

4. A. *diadema.* Die Kreuzspinne. Fab. Ent. Syst. T. II. p. 415. n. 30.

5. A. *marmorea.* Die marmorirte Spinne. Fab. Ent. Syst. T. II. p. 415. n. 31. * (K.)

6. A. *quadrata.* Die viereckige Spinne. Fab. Ent. Syst. T. II. p. 415. n. 32. * (K.)

7. A. *scalaris.* Die Leiterspinne. Fab. Ent. Syst. T. II. p. 419. n. 45. Panz. F. g. 4. t. 24.

8. A. *sexpunctata.* Die sechspunctirte Spinne. Fab. Ent. Syst. T. II. p. 420. n. 48.

9. A. *scenica.* Die Mauerspinne. Fab. Ent. Syst. T. II. p. 422. n. 57.

10. A. *myopa.* Die kurzsichtige Spinne. Fab. Ent. Syst. T. II. p. 425. n. 68.

11. A. *senoculata.* Die sechsäugige Spinne. Fab. Ent. Syst. T. II. p. 426. n. 71.

Nur diese wenigen Spinnen sind mir bis jetzt bekannt geworden; es leben aber gewiß noch viel mehr bei uns. Ein natürlicher Ekel, schon beim bloßen Anblick einer Spinne, den ich, auch bei aller Anstrengung, nicht überwinden kann, hat mich bis jetzt gehindert, mehrere Arten dieser Gattung aufzusuchen.

285. PHALANGIUM. (Beinspinne.)

1. Ph. *Morio.* Die schwarze Beinspinne. Fab. Ent. Syst. T. II. p. 429. n. 2.

2. Ph. *Opilio.* Die Schafhirten-Beinspinne. Fab. Ent. Syst. T. II. p. 429. n. 3.

3. Ph. *cornutum.* Die gehörnte Beinspinne. Fab. Ent. Syst. T. II. p. 430. n. 4.

4. Ph. *diadema.* Die gekrönte Beinspinne. Fab. Ent. Syst. T. II. p. 431. n. 6.

5. Ph. *bimaculatum.* Die zweifleckige Beinspinne. Fab. Ent. Syst. T. II. p 431. n. 8. Panz. F. g. 17. t. 22.

6. Ph. *horridum.* Die rauhe Beinspinne. Panz. F. g. 17. t. 21.

286. Scorpio. (Scorpion.)

1. S. *cimicioides.* Der wanzenartige Scorpion. Fab. Ent. Syst. T. II. p. 436. n. 9.

2. S. *cancroides.* Der krebsartige Scorpion. Fab. Ent. Syst. T. II. p. 436. n. 10. Panz. F. g. 50. t. 14.

VIII. Polygonata.

(Aptera Lin.)

287. Oniscus. (Assel.)

1. O. *pustulatus.* Die blatterige Assel. Fab. Ent. Syst. T. II. p. 396. n. 2. Panz. F. g. 9. t. 22. Mikan entom. Beob. p. 23.

2. O. *Asellus.* Die Eselinnassel, Kellerassel. Fab. Ent. Syst. T. II. p. 397. n. 3. Panz. F. g. 9. t. 21.

3. O. *Armadillo.* Die Armadill-Assel. Fab. Ent. Syst. T. II. p. 397. n. 5.

4. O. *zonatus.* Die gegürtete Assel. Panz. F. g. 9. t. 23.

5. O. *pulchellus.* Die schön gezeichnete Assel. Panz. F. g. 62. t. 21. * (K.)

6. O. *dilatatus* Mikani.

7. O. *pictus* Mikani. Diese beiden Arten werden von dem Entdecker, Herrn Professor Mikan, noch beschrieben werden.

288. Monoculus. (Schildfloh.)

1. M. *Apus.* Der ohnfüßige Schildfloh. Fab. Ent. Syst. T. II. p. 488. n. 1.

X. Exognatha.

(Aptera Lin.)

289. Astacus. (Krebs.)

1. A. *fluviatilis.* Der Flußkrebs. Fab. Suppl. p. 406. n. 2.

XI. Glossata.

(Lepidoptera Lin.)

290. Papilio. (Tagfalter.)

Erste Horde. *)

Nymphen. (Nymphales.)

1. P. *Populis.* Der Pappelvogel. Borkh. T. I. p. 3. n. 1. Fab. Ent. Syst. T. III. p. 111. n. 343. Panz. F. g. 28. t. 22. **)

---

*) Ich folge hier dem System, nach welchem Borkhausen in seiner Naturgeschichte der Europäischen Schmetterlinge sie geordnet hat, jedoch so, daß ich die neuen Fabricius'schen Gattungen beibehalte.

**) Außer Panzers Fauna Ins. Germ. und Laspeyres Sesien besitze ich keines von den großen und theuren entomologi-

2. P. *Iris.* Der Schillervogel. Borkh. T. I. p. 5. n. 2. Fab. Ent. Syst. T. III. p. 110. n. 339. Panz. F. g. 79. t. 23.

3. P. *Antiopa.* Der Trauermantel. Borkh. T. I. p. 11. n. 3. Fab. Ent. Syst. T. III. p. 115. n. 355. Panz. F. g. 89. t. 23.

4. P. *Atalanta.* Der Admiral. Borkh. T. I. p. 12. n. 4. Fab. Ent. Syst. T. III. p. 118. n. 362. Panz. F. g. 22. t. 20.

5. P. *Io.* Der Pfauenspiegel. Borkh. T. I. p. 13. n. 5. Fab. Ent. Syst. T. III. p. 88. n. 276.

6. P. *Cardui.* Der Distelvogel. Borkh. T. I. p. 13. n. 6. Fab. Ent. Syst. T. III. p. 104. n. 320. Panz. F. g. 22. t. 19.

7. P. *Polychloros.* Der große Fuchs. Borkh. T. I. p. 14. n. 7. Fab. Ent. Syst. T. III. p. 121. n. 372. Panz. F. g. 89. t. 24.

8. P. *Urticae.* Der kleine Fuchs. Borkh. T. I. p. 15. n. 8. Fab. Ent. Syst. T. III. p. 122. n. 374.

9. P. *C-album.* Der weiße C-Vogel. Borkh. T. I. p. 15. n. 9. Fab. Ent. Syst. T. III. p. 124. n. 380.

10. P. *Xanthomelas.* Der Dotterweiden-Falter. Borkh. T. I. p. 18. n. 14.

11. P. *Salicis.* Der Mandelweiden-Falter. Dem Polychloros und Xanthomelas nahe verwandt. Herr Köhler hat ihn entdeckt, und die Raupe ist von denen der genannten beiden Arten verschieden.

---

schen, mit Abbildungen versehenen Werken; ich kann daher nicht überall Abbildungen nachweisen.

12. P. *Prorsa.* Das schwarze Landkärtchen. Borkh. T. I. p. 20. n. 17. Fab. Ent. Syst. T. III. p. 256. n. 795.

13. P. *Levana.* Das gelbe Landkärtchen. Borkh. T. I. p. 21. n. 18. Fab. Ent. Syst. T. III. p. 256. n. 794.

14. P. *Paphia.* Der Silberstrich. Borkh. T. I. p. 27. n. 1. Fab. Ent. Syst. T. III. p. 142. n. 438.

15. P. *Aglaja.* Der große Perlenvogel. Borkh. T. I. p. 31. n. 5. Fab. Ent. Syst. T. III. p. 144. n. 442.

16. P. *Adippe.* Der Märzveilchen-Falter. Borkh. T. I. p. 32. n. 6. Fab. Ent. Syst. T. III. p. 146. n. 448.

17. P. *Niobe.* Der Freisamkraut-Falter. Borkh. T. I. p. 34. n. 7. Fab. Ent. Syst. T. III. p. 147. n. 452.

18. P. *Lathonia.* Der kleine Perlenvogel. Borkh. T. I. p. 40. n. 12. Fab. Ent. Syst. T. III. p. 146. n. 449.

19. P. *Dia minor.* Der Hainveilchen-Falter. Borkh. T. I. p. 41. n. 13. Fab. Ent. Syst. T. III. p. 255. n. 792.

20. P. *Euphrosyne.* Der Bergveilchen-Falter. Borkh. T. I. p. 42. n. 14. Fab. Ent. Syst. T. III. p. 147. n. 450.

21. P. *Selene.* Borkh. T. I. p. 42. n. 15. Fab. Ent. Syst. T. III. p. 147. n. 451. Panz. F. g. 76. t. 21.

22. P. *Daphne.* (Chloris Esp.) Der Hohlbeer-Falter. Borkh. T. I. p. 45. n. 18. Fab. Ent. Syst. T. III. p. 257. n. 798.

23. P. *Ino.* Die Ino. Borkh. T. I. p. 4. n. 19.

24. P. *Lucina.* Die kleinste Perlenbinde. Borkh. T. I. p. 48. n. 1. Fab. Ent. Syst. T. III. p. 250. n. 778.

25. P. *Delia.* (Cinxia major. P. Pilosellae Esp.) Der Spitzwegrich=Falter. Borkh. T. I. p. 50. n. 3. P. Cinxia. β. Fab. Ent. Syst. T. III. p. 250. n. 779.

26. P. *Athalia.* Borkh. T. I. p. 52. n. 4.

27. P. *Parthenie.* Der Wollkraut=Falter. Borkh. T. I. p. 53. n. 5.

28. P. *Dictynna.* Borkh. T. I. p. 54. n. 6.

29. P. *Corythallia.* Der Flockenblumen=Falter. Borkh. T. I. p. 55. n. 8. P. Phoebe. Fab. Ent. Syst. T. III. p. 251. n. 780. * (M.)

30. P. *Lye.* (Maturna Esp.) Der kleine Maivogel. Borkh. T. I. p. 57. n. 8. Fab. Ent. Syst. T. III. p. 254. n. 787.

31. P. *Cynthia.* Borkh. T. I. p. 59. n. 10. Fab. Ent. Syst. T. III. p. 253. n. 786. mit Weglassung des Citats Esp., welches zu P. Trivia gehört.

32. P. *Agrotera.* Die Jägerinn. Borkh. T. I. p. 59. n. 11.

33. P. *Hermione.* Der Roßgras=Falter. Borkh. T. I. p. 63. n. 1. Fab. Ent. Syst. T. III. p. 232. n. 727. * (M.)

34. P. *Semele.* Die Rostbinde. Borkh. T. I. p. 69. n. 6. Fab. Ent. Syst. T. III. p. 232. n. 725. Panz. F. g. 76. t. 23.

35. P. *Dejanira.* Der Taumelgras=Falter. Borkh. T. I. p. 70. n. 7. Fab. Ent. Syst. T. III. p. 230. n. 719.

36. P. *Janira* (mas), Jurtina (foem.). Der Rindgras=Falter. Borkh. T. I. p. 73. n. 12. Fab. Ent. Syst. T. III. p. 241. n. 752.

37. P. *Eudora*. Borkh. T. I. p. 74. n. 13. Fab. Ent. Syst. T. III. p. 243. n. 755.

38. P. *Medea*. (Ligea Esp.) Der Hundsgras-Falter. Borkh. T. I. p. 74. n. 14. P. Medusa. Fab. Ent. Syst. T. III. p. 235. n. 734.

39. P. *Medusa*. (Aethiops Esp.) Der Blutgras-Falter. Borkh. T. I. p. 75. n. 15. P. Blandina. Fab. Ent. Syst. T. III. p. 236. n. 736.

40. P. *Ligea*. (Alexis Esp.) Die Ligea. Borkh. T. I. p. 76. n. 16. Fab. Ent. Syst. T. III. p. 234. n. 732.

41. P. *Aegeria*. Der Queckengras-Falter. Borkh. T. I. p. 78. n. 17. Fab. Ent. Syst. T. III. p. 94. n. 293. Panz. F. g. 28. t. 21.

42. P. *Megaera*. Der Bandargus. Borkh. T. I. p. 79. n. 18. Fab. Ent. Syst. T. III. p. 94. n. 292.

43. P. *Amaryllis*. (Phaedra Esp.) Die Sammetborte. Borkh. T. I. p. 80. n. 19. P. Pilosellae. Fab. Ent. Syst. T. III. p. 80. n. 19.

44. P. *Maera*. Der Rispengras-Falter. Borkh. T. I. p. 81. n. 20. Fab. Ent. Syst. T. III. p. 227. n. 711.

45. P. *Polymeda*. (Hyperanthus Lin.) Der Hirsengras-Falter. Borkh. T. I. p. 84. n. 23. Fab. Ent. Syst. T. III. p. 216. n. 677.

46. P. *Nephele*. (Pamphilus Lin.) Der Heu-Falter. Borkh. T. I. p. 87. n. 24. Fab. Ent. Syst. T. III. p. 221. n. 691.

47. P. *Arcania*. (Arcanius Lin.) Der Perlgras-Falter. Borkh. T. I. p. 88. n. 25. Fab. Ent. Syst. T. III. p. 221. n. 692.

48. P. *Hero*, Das Sechsauge. Borkh. T. I. p. 89. n. 26. P. Sobaeus. Fab. Ent. Syst. T. III. p. 694.

49. P. *Glycerion*. (Tiphon Esp.) Der Wald-Falter. Borkh. T. I. p. 90. n. 27. P. Hero. Fab. Ent. Syst. T. III. p. 222. n. 695.

50. P. *Musarion*. (Philoxenus Esp.) Der Zittergras-Falter. Borkh. T. I. p. 92. n. 30. P. Davus. Fab. Ent. Syst. T. III. p. 221. n. 690.

51. P. *Galathea*. Das Brettspiel. Borkh. T. I. p. 105. n. 48. Fab. Ent. Syst. T. III. p. 239. n. 745. Panz. F. g. 28. t. 24.

Zweite Horde.

Ritter. (EQUITES.)

52. P. *Machaon*. Der Schwalbenschwanz. Borkh. T. I. p. 111. n. 1. Fab. Ent. Syst. T. III. p. 30. n. 87. Panz. F. g. 30. t. 23.

53. P. *Podalirius*. Der Segelvogel. Borkh. T. I. p. 112. n. 2. Fab. Ent. Syst. T. III. p. 24. n. 71. Panz. F. g. 30. t. 24.

54. P. *Apollo*. Der Hauswurz-Falter. Borkh. T. I. p. 115. n. 2. Fab. Ent. Syst. T. III. p. 181. n. 560. Panz. F. g. 9. t. 15.

Wird besonders im tiefen Grunde bei Fürstenstein gefunden, und zwar von ansehnlicher Größe.

55. P. *Mnemosyne*. Borkh. T. I. p. 116. n. 3. Fab. Ent. Syst. T. III. p. 182. n. 562. Panz. F. g. 34. t. 21.

Vierte Horde.

Danaiden. (Danai.)

56. P. *Rhamni.* Der Kreuzdorn=Falter. Borkh. T. I. p. 117. n. 1. Fab. Ent. Syst. T. III. p. 211. n. 661. Panz. F. g. 28. t. 23.

57. P. *Hyale.* Der Geisklee=Falter. Borkh. T. I. p. 119. n. 3. P. Edusa. Fab. Ent. Syst. T. III. p. 206. n. 634. Panz. F. g. 50. t. 17.

58. P. *Palaena.* Der Kronwicken=Falter. Borkh. T. I. p. 120. n. 4. P. Hyale. Fab. Ent. Syst. T. III. p. 207. n. 649. Panz. F. g. 50. t. 15.

59. P. *Cardamines.* Der Kreßweißling. Borkh. T. I. p. 122. n. 7. Fab. Ent. Syst. T. III. p. 193. n. 600. Panz. F. g. 75. t. 22.

60. P. *Daplidice.* Der Wau=Falter. Borkh. T. I. p. 123. n. 8. Fab. Ent. Syst. T. III. p. 191. n. 593. Panz. F. g. 74. n. 22.

61. P. *Sinapis.* Der Senfweißling. Borkh. T. I. p. 124. n. 9. Fab. Ent. Syst. T. III. p. 187. n. 577. Panz. F. g. 74. t. 21.

62. P. *Napi.* Der Rübensaat=Falter. Borkh. T. I. p. 124. n. 10. Fab. Ent. Syst. T. III. p. 576.

63. P. *Rapae.* Der Rüben=Falter. Borkh. T. I. p. 125. n. 11. Fab. Ent. Syst. T. III. p. 186. n. 575.

64. P. *Hellica.* Eine vom Herrn Kämmerer Atze in Freiburg gefundene und so benannte Mittelart zwischen den beiden vorhergehenden. *

65. P. *Brassicae.* Der Kohl=Falter. Borkh. T. I. p. 126. n. 12. Fab. Ent. Syst. T. III. p. 186. n. 574.

66. P. *Crataegi.* Der Baumweißling. Borkh. T. I. p. 131. n. 21. Fab. Ent. Syst. T. III. p. 182. n. 563. Panz. F. g. 76. t. 22.

291. HESPERIA. (Kopffalter.)

(Fünfte Horde Borkh.)

* Bauern. (PLEBEJI RURALES LIN.)

1. H. *Betulae.* Der Birken-Kopffalter. Borkh. T. I. p. 134. n. 1. Fab. Ent. Syst. T. III. p. 277. n. 69. Panz. F. g. 21. t. 20.

2. H. *Quercus.* Der Eichen-Kopffalter. Borkh. T. I. p. 136. n. 3. Fab. Ent. Syst. T. III. p. 278. n. 72.

3. H. *Ilicis.* Der Steineichen-Kopffalter. Borkh. T. I. p. 138. n. 5. P. Linceus. Fab. Ent. Syst. T. III. p. 299. n. 73.

4. H. *Rubi.* Der Himbeer-Kopffalter. Borkh. T. I. p. 138. n. 6. Fab. Ent. Syst. T. III. p. 287. n. 102.

5. H. *Virgaurea.* Der Goldruthen-Kopffalter. Borkh. T. I. p. 141. n. 1. Fab. Ent. Syst. T. III. p. 309. n. 173. Panz. F. g. 21. t. 22.

6. H. *Eurydice.* (Hyppothoe Esp.) Das Vielauge. Borkh. T. I. p. 143. n. 3. Fab. Ent. Syst. T. III. p. 309. n. 172.

7. H. *Helle.* (Hipponoe Esp.) Gold- und veilblauschielender Kopffalter. Borkh. T. I. p. 146. n. 5. H. Hiere. Fab. Ent. Syst. T. III. p. 310. n. 177.

8. H. *Phlaeas.* Der kleine Feuervogel. Borkh. T. I. p. 148. n. 7. Fab. Ent. Syst. T. III. p. 311. n. 178.

9. H. *Circe.* (Phocas mas Esp.) Der kurzsichtige Argus. Borkh. T. I. p. 148. n. 8. H. Xanthe. Fab. Ent. Syst. T. III. p. 148. n. 182.

10. H. *Xanthe.* (Phocas foem. Esp.) Der Sauer-ampfer-Kopffalter. Borkh. T. I. p. 149. n. 9. H. Garbas. Fab. Ent. Syst. T. III. p. 312. n. 183.

11. H. *Amphidamas.* Borkh. T. I. p. 151. n. 11. H. Helle. Fab. Ent. Syst. T. III. p. 312. n. 181. * (K.)

12. H. *Argus.* Der Stechginster-Kopffalter. Borkh. T. I. p. 152. n. 1. Fab. Ent. Syst. T. III. p. 152. n. 1.

13. H. *Aegon.* Der Geisklee-Kopffalter. Borkh. T. I. p. 154. n. 3.

14. H. *Optilete.* Das Gelbauge. Borkh. T. I. p. 155. n. 4. Fab. Ent. Syst. T. III. p. 297. n. 131.

15. H. *Bellargus.* Borkh. T. I. p. 157. n. 6. H. Adonis. Fab. Ent. Syst. T. III. p. 299. n. 134. Panz. F. g. 80. t. 23.

16. H. *Corydon.* Borkh. T. I. p. 158. n. 8. Fab. Ent. Syst. T. III. p. 298. n. 133.

17. H. *Telephii.* Der Fetthennen-Kopffalter. Borkh. T. I. p. 159. n. 9. H. Battus. Fab. Ent. Syst. T. III. p. 300. n. 137.

18. H. *Icarus.* Der Hauhechel-Falter. Borkh. T. I. p. 161. n. 12.

19. H. *Thetis.* Borkh. T. I. p. 162. n. 13. * (K. M.)

20. H. *Medon.* Borkh. T. I. p. 163. n. 14.

21. H. *Eumedon.* Borkh. T. I. p. 164. n. 15. * (Er ist bei Freiburg vom Herrn Kämmerer Atze gefangen worden.)

22. H. *Philonomus*. Borkh. T. I. p. 166. n. 18. * (M.)

23. H. *Tiresias*. Borkh. T. I. p. 166. n. 19. H. Amyntas. Fab. Ent. Syst. T. III. p. 285. n. 95.

24. H. *Arion*. Borkh. T. I. p. 167. n. 1. Fab. Ent. Syst. T. III. p. 293. n. 118.

25. H. *Arcas*. Borkh. T. I. p. 169. n. 2. H. Erebus. Fab. Ent. Syst. T. III. p. 29?. n. 119.

26. H *Semiargus*. Der Wirbelkraut-Kopffalter. Borkh. T. I. p. 172. H. Argiolus. Fab. Ent. Syst. T. III. p. 295. n. 123.

27. H. *Argiolus*. Der Faulbaum-Kopffalter. Borkh. T. I. p. 173. n. 8. H. Acis. Fab. Ent. Syst. T. III. p. 295.

28. H. *Cyllarus*. Der Ginster-Kopffalter. Borkh. T. I. p. 176. n. 9. Fab. Ent. Syst. T. III. p. 294. n. 122.

29. H. *Pseudolus*. Borkh. T. I. p. 177. n. 11. H. Alsus. Fab. Ent. Syst. T. III. p. 295. n. 125.

(Sechste Horde Borkh.)

** **Bürger.** (Plebeji urbicolae Lin.)

30. H. *Comma*. Der Strich-Kopffalter. Borkh. T. I. p. 179. n. 1. Fab. Ent. Syst. T. III. p. 325. n. 233.

31. H. *Sylvanus*. Borkh. T. I. p. 180. n. 2. Fab. Ent. Syst. T. III. p. 326. n. 236.

32. H. *Melicerta*. Borkh. T. I. p. 180. n. 3.

33. H. *Thaumas*. Der Schmeelen-Kopffalter. Borkh. T. I. p. 181. n. 4. H. Linea. Fab. Ent. Syst. T. III. p. 326. n. 236.

34. H. *Semicolon* Köhleri.

35. H. *Paniscus.* Borkh. T. I. p. 183. n. 7. Fab. Ent. Syst. T. III. p. 328. n. 242.

36. H. *Malvae.* Der Malven-Kopffalter. Borkh. T. I. p. 185. n. 10. H. Alceae. Fab. Ent. Syst. T. III. p. 351. n. 334.

37. H. *Fritillum.* Der Karten-Kopffalter. Borkh. T. I. p. 186. n. 11. H. Malvae. Fab. Ent. Syst. T. III. p. 350. n. 333.

38. H. *Sao.* Borkh. T. I. p. 187. n. 12. H. Fritillum. Fab. Ent. Syst. T. III. p. 351. n 336.

39. H. *Tages.* Der Mannstreu-Kopffalter. Borkh. T. I. p. 188. n. 14. Fab. Ent. Syst. T. III. p. 354. n. 346.

SPHINGES LIN.

292. ZYGAENA. Fab. (Keulenfalter.)

(Erste Horde Borkh.)

(Unächte Schwärmer mit abgerundeten Flügeln.)

1. Z. *Phegea.* Der Eichen-Keulenfalter. Borkh. T. II. p. 3. n. 1. Z. Quercus. Fab. Ent. Syst. T. III. p. 388. n. 6. Panz. F. g.

2. Z. *Filipendulae.* Der Steinbrech-Keulenfalter. Borkh. T. II. p. 12. n. 9. Fab. Ent. Syst. T. III. p. 386. n. 1. Panz. F. g. 14. t. 17.

3. Z. *Peucedoni.* Der Haarstrang-Keulenfalter. Borkh. T. II. p. 16. n. 11.

4. Z. *Lonicerae.* Der Loniceren-Keulenfalter. Borkh. T. II. p. 20. n. 13.

5. Z. *Pilosellae.* Der Mausöhrchen-Keulenfalter. Borkh. T. II. p. 25. n. 17.

6. Z. *Trifolii.* Der Klee-Keulenfalter. Borkh. T. II. p. 26. n. 18. * (K.)

7. Z. *Loti.* Der Krähenklau-Keulenfalter. Borkh. T. II. p. 28. n. 19. * (K.)

8. Z. *Statices.* Der Seenelken-Keulenfalter. Borkh. T. II. p. 33. n. 24. Fab. Ent. Syst. T. III. p. 406. Panz. F. g. 32. t. 24.

(Zweite Horde Borkh.)

(Unächte Schwärmer mit Glasflügeln.)

293. Sesia. (Büschelfalter.)

1. S. *Empiformis.* Der tanzfliegenförmige Büschelfalter. Borkh. T. II. p. 36. n. 2. S. tenthrediniformis. Laspr. Ses. eur. p. 29. n. 20. f. 18. 19. 20. 21. 22. * (A.)

2. S. *tipuliformis.* Der schnackenfliegenförmige Büschelfalter. Borkh. T. II. p. 37. n. 4. Fab. T. III. p. 385. n. 21. Laspr. Ses. eur. p. 28. n. 19.

3. S. *vespiformis.* Der wespenförmige Büschelfalter. Borkh. T. II. p. 38. n. 5. Fab. Ent. Syst. T. III. p. 385. n. 23. S. ichneumoniformis. Laspr. l. c. p. 16. n. 9. * (M.)

4. S. *culiciformis.* Der mückenförmige Büschelfalter. Borkh. T. II. p. 38. n. 6. Fab. Ent. Syst. T. III. p. 384. n. 19. Laspr. l. c. p. 22. n. 14. f. 9. 10.

5. S. *myopaeformis.* Der blasenfliegenförmige Büschelfalter. Borkh. T. II. p. 169. 7. S. mutillaeformis. Laspr. l. c. p. 26. n. 17. f. 15. 16. 17. * (A.)

6. S. *cynipiformis*. Der gallwespenförmige Büschelfalter. Borkh. T. II. p. 41. n. 11. Er soll das Männchen von S. Vespiformis seyn. Laspr. l. c. p. 18. * (M.)

7. S. *spheciformis*. Der raubwespenförmige Büschelfalter. Borkh. T. II. p. 43. n. 13. Fab. Ent. Syst. T. III. p. 383. n. 15. Laspr. l. c. p. 12. n. 5.

8. S. *apiformis*. Der bienenförmige Büschelfalter. Borkh. T. II. p. 47. n. 17. Fab. Ent. Syst. T. III. p. 382. n. 13. Laspr. l. c. 7. n. 1.

(Dritte Horde Borkh.)

(Aechte bartleibige Schwärmer.)

9. S. *bombyliformis*. Der sumsfliegenförmige Büschelfalter. Borkh. T. II. p. 55. n. 2. Fab. Ent. Syst. T. III. p. 382. n. 12.

10. S. *stellatarum*. Der Taubenschwanz. Borkh. T. II. p. 56. n. 3. Fab. Ent. Syst. T. III. p. 380. n. 5.

11. S. *Oenotherae*. Der Nachtkerzen = Büschelfalter. Borkh. T. II. p. 59. n. 4. Fab. Ent. Syst. T. III. p. 359. n. 12.

(Vierte Horde Borkh.)

(Aechte Schwärmer mit ungezackten Flügeln und unzertheiltem Hintern.)

294. SPHINX. (Schwärmer. Spindelfalter.)

1. Sph. *Porcellus*. Der kleine Weinvogel. Borkh. T. II. p. 64. n. 1. Fab. Ent. Syst. T. III. p. 373. n. 52.

2. Sph. *Elpenor*. Der gemeine Weinvogel. Borkh. T. II. p. 66. n. 2. Fab. Ent. Syst. T. III. p. 372. n. 51.

3. Sph. *Celerio.* Der große Weinvogel. Borkh. T. II. p. 70. n. 3. Fab. Ent. Syst. T. III. p. 370. n. 43.

4. Sph. *Euphorbiae.* Der Wolfsmilch-Schwärmer. Borkh. T. II. p. 77. n. 6. Fab. Ent. Syst. T. III. p. 367. n. 37. Panz. F. g. 13. t. 15.

5. Sph. *Galii.* Der Waldstroh-Schwärmer. Borkh. T. II. p. 81. n. 7. Fab. Ent. Syst. T. III. p. 368. n. 38. Panz. F. g. 13. t. 20.

6. Sph. *Atropos.* Der Todtenkopf. Borkh. T. II. p. 88. n. 1. Fab. Ent. Syst. T. III. p. 364. n. 27. Panz. F. g. 8. t. 16.

7. Sph. *Ligustri.* Der Rainweiden-Schwärmer. Borkh. T. II. p. 94. n. 2. Fab. Ent. Syst. T. III. p. 374. n. 55. Panz. F. g. 8. t. 17.

8. Sph. *Convolvuli.* Der Winden-Schwärmer. Borkh. T. II. p. 97. n. 3. Fab. Ent. Syst. T. III. p. 374. n. 54.

9. Sph. *Pinastri.* Der Föhren-Schwärmer. Borkh. T. II. p. 101. n. 4. Fab. Ent. Syst. T. III. p. 367. n. 35. Panz. F. g. 82. t. 22.

(Fünfte Horde Borkh.)

(Phalänenartige Schwärmer.)

10. Sph. *Ocellata.* Der Weiden-Schwärmer. Borkh. T. II. p. 104. n. 1. Fab. Ent. Syst. T. III. p. 355. n. 1.

11. Sph. *Populi.* Der Pappel-Schwärmer. Borkh. T. II. p. 106. n. 2. Fab. Ent. Syst. T. III. p. 357. n. 9.

12. Sph. *Tiliae.* Der Linden-Schwärmer. Borkh. T. II. p. 110. n. 4. Fab. Ent. Syst. T. III. p. 358. n. 10.

295. BOMBYX. (Spinnfalter.)

1. B. *Carpini.* Der Hainbuchen = Spinnfalter. Borkh. T. III. p. 34. n. 3. B. pavonia α minor. Fab. Ent. Syst. T. III. p. 416. n. 32.

2. B. *Tau.* Der T=Vogel. Borkh. T. III. p. 38. n. 4. Fab. Ent. Syst. T. III. p. 418. n. 36. Panz. F. g. 33. t. 10.

3. B. *versicolora.* Der Hagebuchen=Spinnfalter. Borkh. T. III. p. 42. n. 5. Fab. Ent. Syst. T. III. p. 427. n. 64. Panz. F. g. 11. t. 21.

4. B. *Mori.* Der Maulbeer=Spinnfalter. Borkh. T. III. p. 45. n. 6. Fab. Ent. Syst. T. III. p. 431. n. 76.

5. B. *Lunigera.* Der weiße Mond. Borkh. T. III. p. 48. n. 7. * (L.)

6. B. *Lacertula.* Der Hangelbirken=Spinnfalter. Borkh. T. III. p. 51. n. 8. Phal. Lacertinaria. Fab. Ent. Syst. T. III. 2. p. 135. n. 20.

7. B. *Harpagula.* Der braune gelbfleckige Spinnfalter. Borkh. T. III. p. 53. n. 9. * (A. M.)

8. B. *Falcula.* Der Weißbirken = Spinnfalter. Borkh. T. III. p. 54. n. 10. Ph. Falcataria. Fab. Ent. Syst. T. III. 2. p. 133. n. 16.

9. B. *Hamula.* Der Rothbuchen = Spinnfalter. Borkh. T. III. p. 57. n. 11. Ph. Falcata. Fab. Ent. Syst. T. III. 2. p. 57. n. 11. * (M.)

10. B. *Flexula.* Der Hangeleichen=Spinnfalter. Borkh. T. III. p. 61. n. 13. Fab. Ent. Syst. T. III. 2. p. 166. n. 132. * (K. M.)

11. B. *Spinula*. Der Schlehendorn-Spinnfalter. Borkh. T. III. p. 62. n. 14. B. compressa. Fab. Ent. Syst. T. III. p. 455. n. 149. Panz. F. g. 1. t. 6. * (A. K. M.)

12. B. *Quercifolia*. Das Eichenblatt. Borkh. T. III. p. 63. n. 15. Fab. Ent. Syst. T. III. p. 420. n. 42.

13. B. *Populifolia*. Das Pappelblatt. Borkh. T. III. p. 67. n. 16. Fab. Ent. Syst. T. III. p. 420. n. 41. * (A. K. M.)

14. B. *Betulifolia*. Das Birkenblatt. Borkh. T. III. p. 69. n. 17.

15. B. *Ilicifolia*. Das Stechpalmenblatt. Borkh. T. III. p. 72. n. 18. Fab. Ent. Syst. T. III. p. 421. n. 43. * (A. K. M.)

16. B. *Pruni*. Der Pflaumen-Spinnfalter. Borkh. T. III. p. 75. n. 19. Fab. Ent. Syst. T. III. p. 424. n. 56. Panz. F. g. 66. t. 23.

17. B. *Pini*. Der Fichten-Spinnfalter. Borkh. T. III. p. 78. n. 20. Fab. Ent. Syst. T. III. p. 426. n. 62. Panz. F. g. 85. t. 23. 24. S. Th. 5. S. 15.

18. B. *Quercus*. Der Eichen-Spinnfalter. Borkh. T. III. p. 84. n. 22. Fab. Ent. Syst. T. III. p. 423. n. 53. Panz. F. g. 66. t. 21. 22.

19. B. *Trifolii*. Der Klee-Spinnfalter. Borkh. T. III. p. 88. n. 23. Fab. Ent. Syst. T. III. p. 423. n. 52. Panz. F. g. 19. t. 23. * (A.)

20. B. *Dumeti*. Der Hecken-Spinnfalter. Borkh. T. III. p. 91. n. 24. Fab. Ent. Syst. T. III. p. 427. n. 63. Panz. F. g. 19. t. 24. * (A. L.)

21. B. *Potatoria.* Der Trespen = Spinnfalter. Borkh. T. III. p. 97. n. 26. Fab. Ent. Syst. T. III. p. 425. n. 58.

22. B. *Rubi.* Der Brombeer = Spinnfalter. Borkh. T. III. p. 99. n. 27. Fab. Ent. Syst. T. III. p. 427. n. 65.

23. B. *Neustria.* Der Weißbuchen = Spinnfalter. Borkh. T. III. p. 103. n. 28. Fab. Ent. Syst. T. III. p. 432. n. 79. Panz. F. g. 23. t. 21.

24. B. *Everia.* Der Holzbirn = Spinnfalter. Borkh. T. III. p. 120. n. 32. Fab. Ent. Syst. T. III. p. 430. n. 72. * (A. K. M.)

25. B. *Lanestris.* Der Kirschen = Spinnfalter. Borkh. T. III. p. 123. n. 33. Fab. Ent. Syst. T. III. p. 429. n. 68.

26. B. *Crataegi.* Der Hagedorn = Spinnfalter. Borkh. T. III. p. 127. n. 34. Fab. Ent. Syst. T. III. p. 460. n. 166. * (K. M.)

27. B. *Populi.* Der Pappel = Spinnfalter. Borkh. T. III. p. 129. n. 35. Fab. Ent. Syst. T. III. p. 429. n. 70. * (K. M.)

28. B. *processionea.* Der Processions = Spinnfalter. Borkh. T. III. p. 132. n. 36. Fab. Ent. Syst. T. III. p. 430. n. 73. Panz. F. g. 67. t. 22.

29. B. *Caja.* Die braune Bären = Phaläne. Borkh. T. III. p. 162. n. 47. Fabr. Ent. Syst. T. III. p. 470. n. 196.

30. B. *Hebe.* Die weißbandirte Bären = Phaläne. Borkh. T. III. p. 172. n. 49. Fab. Ent. Syst. T. III. p. 469. Panz. F. g. 16. t. 24.

31. B. *Plantaginis.* Der Wegerich-Spinnfalter. Borkh. T. III. p. 178. n. 52. Fab. Ent. Syst. T. III. p. 466. n. 186. Panz. F. g. 16. t. 22.

32. B. *Villica.* Die Meierinn. Borkh. T. III. p. 182. n. 53. Fab. Ent. Syst. T. III. p. 468. n. 192. Panz. F. g. 16. t. 23.

33. B. *Matronula.* Die Dame. Borkh. T. III. p. 185. n. 54. Fab. Ent. Syst. T. III. p. 468. n. 191. * (A.)

34. B. *Aulica.* Die Hofdame. Borkh. T. III. p. 190. n. 54. Fab. Ent. Syst. T. III. p. 450. n. 134.

35. B. *purpurea.* Die Purpur-Phaläne. Borkh. T. III. p. 193. n. 58. Fab. Ent. Syst. T. III. p. 466. n. 185.

36. B. *fuliginosa.* Der Ampfer-Spinnfalter. Borkh. T. III p. 198. n. 60. Fab. Ent. Syst. T. III. p. 7. n. 16. Panz. F. g. 7. t. 16.

37. B *Dominula.* Der Hundszungen-Spinnfalter. Borkh. T. III. p. 202. n. 61. Fab. Ent. Syst. T. III. p. 475. n. 210.

38. B. *Ancilla.* Das Dienstmädchen. Borkh. T. III. p. 215. B. obscura. Fab. Ent. Syst. T. III. p. 487. n. 249.

39. B. *Russula.* Der rothgerandete Spinnfalter. Borkh. T. III. p. 217. n. 68. Fab. Ent. Syst. T. III. p. 464. n. 180.

40. B. *Lubricipeda.* Der Hohlunder-Spinnfalter. Borkh. T. III. p. 222. n. 69. Fab. Ent. Syst. T. III. p. 451. n. 138.

41. B. *Menthastri.* Der Rothmünz=Spinnfalter. Borkh. T. III p. 226. n. 70. Fab. Ent. Syst. T. III. p. 452. n. 140.

42. B. *Mendica.* Der Frauenmünz=Spinnfalter. Borkh. T. III. p. 229. n. 71. Fab. Ent. Syst. T. III. p. 452. n. 139. Panz. F. g 46. t. 23. 24.

43. B. *luctifera.* Der Spitzwegerich=Spinnfalter. Borkh. T. III. p. 232. n. 72. Fab. Ent. Syst. T. III. p. 453. n. 143. Panz. F. g. 9. t. 17.

44. B. *Rosea.* Der rosenrothe Spinnfalter. Borkh. T. III. p. 237. n. 75. Fab. Ent. Syst T. III. p. 485. n. 244. Panz. F. g. 10. t. 20. * (A. M. K.)

45. B. *Rubricollis.* Der rothhalsige Spinnfalter. Borkh. T. III. p. 260. n. 90. Fab. Ent. Syst. T. III. p. 486. n. 245. Panz. F. g. 9. t. 18.

46. B. *Jacobaeae.* Der Jacobs=Blumen=Spinnfalter. Borkh. T. III. p. 262. n. 91. Fab. Ent. Syst. T. III. p. 464. n. 181.

47. B. *Marginea.* Der gerandete Spinnfalter. Borkh. T. III. p. 473. n. 92. Fab. Ent. Syst. T. III. p. 219. n. 335. * (A.)

48. B. *Cucullata.* Der Vogelbeer=Spinnfalter. Borkh. T. III. p. 474. n. 93. Tinea Cuculatella. Fab. Ent. Syst. T. III. 2. p. 305. n. 80.

49. B. *Morio.* Der Lülch=Spinnfalter. Borkh. T. III. p. 266. n. 93. Fab. Ent. Syst. T. III. p. 445. n. 116. * (A.)

50. B. *Mundana.* Der glasflügelige Spinnfalter. Borkh. T. III. p. 269. n. 95. * (A. M.)

51. B. *Vestita.* Der bekleidete Spinnfalter. Borkh. T. III. p. 274. n. 99. * (A.)

52. B. *Viciae.* Der Waldwicken = Spinnfalter. Borkh. T. III. p. 277. n. 101. B. Viciella. Fab. Ent. Syst. T. III. p. 481. n. 231. * (K.)

53. B. *Graminella.* Der Gras = Spinnfalter. Borkh. T. III. p. 279. n. 102. * (K. M.)

54. B. *Furva.* Der dunkelgraue, schwarzschielende Spinnfalter. Borkh. T. III. p. 282. n. 103. * (K.)

55. B. *atra.* Der schwarze Spinnfalter. Borkh. T. III. p. 285. n. 105.

56. B. *pulla.* Der fliegenförmige Spinnfalter. Borkh. T. III. p. 287. n. 106. B. muscella. Fab. Ent. Syst. T. III. p. 482. n. 233.

57. B. *Nivosa.* Das schwarze V. Borkh. T. III. p. 290. n. 109. B. V nigrum. Fab. Ent. Syst. T. III. p. 458. n. 159.

58. B. *Salicis.* Der Weiden = Spinnfalter. Borkh. T. III. p. 292. n. 110. Fab. Ent. Syst. T. III. p. 459. n. 163.

59. B. *Chrysorrhoea.* Der Goldafter. Borkh. T. III. p. 295. n. 111. Fab. Ent. Syst. T. III. p. 458. n. 160.

60. B. *auriflua.* Der Schwan. Borkh. T. III. p. 298. n. 112. Fab. Ent. Syst. T. III. p. 458. n. 161.

61. B. *Leporina.* Der Hasen = Spinnfalter. Borkh. T. III. p. 303. n. 113. Fab. Ent. Syst. T. III. p. 453. n. 144.

62. B. *Monacha.* Die Nonne. Borkh. T. III. p. 307. n. 116. Fab. Ent. Syst. T. III. p. 446. n. 119. Panz. F. g. 83. t. 22. 23.

63. B. *Dispar.* Der Stamm-Spinnfalter. Borkh. T. III. p. 312. n. 118. Fab. Ent. Syst. T. III. p. 437. n. 94. Panz. F. g. 23. t. 22.

64. B. *Fascelina.* Der Kleeblumen-Spinnfalter. Borkh. T. III. p. 317. n. 119. Fab. Ent. Syst. T. III. p. 439. n. 98.

65. B. *Pudibunda.* Der Wallnuß-Spinnfalter. Borkh. T. III. p. 320. n. 120. Fab. Ent. Syst. T. III. p. 438. n. 97.

66. B. *Coryli.* Der Haselstauden-Spinnfalter. Borkh. T. III. p. 326. n. 123. Fab. Ent. Syst. T. III. p. 444. n. 114.

67. B. *Gonostigma.* Der eckfleckige Spinnfalter. Borkh. T. III. p. 329. n. 124. Fab. Ent. Syst. T. III. p. 477. n. 217.

68. B. *Antiqua.* Der antike Spinnfalter. Borkh. T. III. p. 331. n. 125. Fab. Ent. Syst. T. III. p. 476. n. 216.

69. B. *Anastomasis.* Der Lorberweiden-Spinnfalter. Borkh. T. III. p. 335. n. 126. Fab. Ent. Syst. T. III. p. 448. n. 126.

70. B. *Curtula.* Der rothgelbe Erpelschwanz. Borkh. T. III. p. 338. n. 127. Fab. Ent. Syst. T. III. p. 447. n. 123. Panz. F. g. 67. t. 21.

71. B. *Anachoreta.* Der aschgraue Erpelschwanz. Borkh. T. III. p. 341. n. 128. Fab. Ent. Syst. T. III. p. 447. n. 125. Panz. F. g. 67. t. 23.

72. B. *Reclusa.* Der kleine Erpelschwanz. Borkh. T. III. p. 344. n. 129. Fab. Ent. Syst. T. III. p. 447. n. 124.

73. B. *Bucephala.* Der Großkopf. Borkh. T. III. p. 346. n. 130. Fab. Ent. Syst. T. III. p. 439. n. 99.

74. B. *Caeruleocephala.* Der Blaukopf. Borkh. T. III. p. 352. n. 132. Fab. Ent. Syst. T. III. p. 440. n. 102.

75. B. *Vinula.* Der große Hermelin=Spinnfalter. Borkh. T. III. p. 367. n. 137. Fab. Ent. Syst. T. III. p. 428. n. 67.

76. B. *Erminea.* Der weiße Hermelin=Spinnfalter. Borkh. T. III. p. 372. n. 138. * (A.)

77. B. *bifida.* Der Pappel=Spinnfalter. Borkh. T. III. p. 374. n. 139.

78. B. *Furcula.* Der Palmweiden=Spinnfalter. Borkh. T. III. p. 378. n. 140. Fab. Ent. Syst. T. III. p. 475. n. 213. Panz. F. g. 4. t. 20. * (M. K.)

79. B. *bicuspis.* Der Sarbaum=Spinnfalter. Borkh. T. III. p. 380. n. 141. * (L.)

80. B. *Fagi.* Der Buchen=Spinnfalter. Borkh. T. III. p. 382. n. 142. Fab. Ent. Syst. T. III. p. 422. n. 51. * (A.)

81. B. *Palpina.* Der Rüssel=Spinnfalter. Borkh. T. III. p. 389. n. 145. Fab. Ent. Syst. T. III. p. 448. n. 129.

82. B. *Velitaris.* Der Segel=Spinnfalter. Borkh. T. III. p. 393. n. 146. * (A.)

83. B. *trepida.* Der Haseleichen=Spinnfalter. Borkh. T. III. p. 400. n. 148. Fab. Ent. Syst. T. III. p. 449. n. 130. * (A.)

84. B. *Dictaea.* Der Schwarzpappel=Spinnfalter. Borkh. T. III. p. 404. n. 150. Fab. Ent. Syst. T. III. p. 443. * (A.)

85. B. *argen-*

85. B. *argentina.* Der silberfleckige Spinnfalter. Borkh. T. III. p. 407. n. 151. Fab. Ent. Syst. T. III. p. 441. n. 103. Panz. F. g. 2. t. 18. * (A.)

86. B. *Camelina.* Der Erlen = Spinnfalter. Borkh. T. III. p. 409. n. 152. Fab. Ent. Syst. T. III. p. 450. n. 133.

87. B. *Ziczac.* Der Zickzack = Spinnfalter. Borkh. T. III. p. 415. n. 154. Fab. Ent. Syst. T. III. p. 442. n. 107.

88. B. *Dromedarius.* Der Dromedar. Borkh. T. III. p. 419. n. 155. Fab. Ent. Syst. T. III. p. 444. n. 113.

89. B. *Tritophus.* Der Zitterpappel = Spinnfalter. Borkh. T. III. p. 421. n. 156. Fab. Ent. Syst. T. III. p. 442. n. 108. * (K. M.)

90. B. *Tripartita.* Das Dreifeld. Borkh. T. III. p. 424. n. 158. * (M.)

91. B. *Libatrix.* Der gefranzte Spinnfalter. Borkh. T. III. p. 428. n. 160. Noct. Libatria. Fab. Ent. Syst. T. III. 2. p. 64. n. 181.

92. B. *Nubeculosa.* Der wolkige Spinnfalter. Borkh. T. III. p. 440. n. 168. * (L. M. A.)

93. B. *Cassinia.* Der Graslinden = Spinnfalter. Borkh. T. III. p. 442. n. 169. Fab. Ent. Syst. T. III. p. 460. n. 164.

94. B. *Plumigera.* Der Ahorn = Spinnfalter. Borkh. T. III. p. 445. n. 171. Fab. Ent. Syst. T. III. p. 174. * (A.)

95. B. *Limax.* Der braune Schildraupen = Spinnfalter. Borkh. T. III. p. 449. n. 173. * (M.)

296. Cossus. (Holzfalter.)

1. C. *Ligniperda.* Der Weiden=Holzfalter. Fab. Ent. Syst. T. III. 2. p. 3. n. 1. B. Cossus. Borkh. T. III. p. 357. n. 134.

2. C. *Aesculi.* Der Roßkastanien=Holzfalter. Fab. Ent. Syst. T. III. 2. p. 4. n. 4. Borkh. T. III. p. 363. n. 136.

297. Hepialus. (Schmalfalter.)

1. H. *Humuli.* Der Hopfen=Schmalfalter. Fab. Ent. Syst. T. III. 2. p. 5. n. 1. Borkh. T. III. p. 144. n. 39. Panz. F. g. 70. t. 23. 24.

2. H. *Hectus.* Der Hecta=Schmalfalter. Fab. Ent. Syst. T. III. 2. p. 6. n. 4. Borkh. T. III. p. 148. n. 4.

3. H. *Testudo.* Der Zwergeichen=Schmalfalter. Fab. Ent. Syst. T. III. 2. p. 7. n. 8. Borkh. T. III. p. 447. n. 176.

4. H. *Asellus.* Der braune Schildraupen=Schmalfalter. Fab. Ent. Syst. T. III. 2. p. 7. n. 9. Borkh. T. III. p. 450. n. 174. * (A.)

298. Noctua. (Nachtfalter.)

1. N. *Maura.* Der Mauritanische Nachtfalter. Borkh. T. IV. p. 1. n. 1. Fab. Ent. Syst. T. III. 2. p. 63. n. 177.

2. N. *Fraxini.* Das blaue Ordensband. Borkh. T. IV. p. 9. n. 4. Fab. Ent. Syst. T. III. 2. p. 55. n. 152.

3. N. *Elocata.* Der Weißweiden = Nachtfalter. Borkh. T. IV. p. 15. n. 5.

3. N. *Nupta.* Der Bachweiden = Nachtfalter. Borkh. T. IV. p. 17. n. 6.

5. N. *Sponsa.* Der Rotheichen = Nachtfalter. Borkh. T. IV. p. 30. n. 9. Fab. Ent. Syst. T. III. 2. p. 53. n. 147.

6. N. *Promissa.* Der Wolleichen = Nachtfalter. Borkh. T. IV. p. 33. n. 10. Fab. Ent. Syst. T. III. 2. p. 54. n. 150.

7. N. *Paranympha.* Der Pflaumen = Nachtfalter. Borkh. T. IV. p. 39. n. 13. Fab. Ent. Syst. T. III. 2. p. 59. n. 164. (* K. M.)

8. N. *Hymenaea.* Der Schwarzdorn = Nachtfalter. Borkh. T. IV. p. 43. n. 14. Fab. Ent. Syst. T. III. p. 58. n. 161. * (K.)

9. N. *Parthenias.* Der Hangelbirken = Nachtfalter. Borkh. T. IV. p. 51. n. 18.

10. N. *Glyphica.* Der Wiesenklee = Nachtfalter. Borkh. T. IV. p. 62. n. 23. Fab. Ent. Syst. T. III. 2. p. 33. n. 82.

11. N. *Mi.* Der Sichelklee = Nachtfalter. Borkh. T. IV. p. 66. n. 24. Fab. Ent. Syst. T. III. 2. p. 34. n. 85.

12. N. *Heliaca.* Der Arbutus = Nachtfalter. Borkh. T. IV. p. 68. n. 25. N. Arbuti. Fab. Ent. Syst. T. III. 2. p. 126. n. 380.

13. N. *Alchemista.* Der Stecheichen = Nachtfalter. Borkh. T. IV. p. 70. n. 27. Noctua convergens. Fab. Ent. Syst. T. III. 2. p. 100. n. 298. * (M.)

14. N. *Leucomelas.* Der weißwolkige Nachtfalter. Borkh. T. IV. p. 74. n. 28. Fab. Ent. Syst. T. III. 2. p. 100. n. 297.? * (K.)

15. N. *Luctuosa.* Der Wegebreit=Nachtfalter. Borkh. T. IV. p. 77. n. 29. N. italica. Fab. Ent. Syst. T. III. 2. p. 37. n. 95.

16. N. *Solaris.* Der Sonnen=Nachtfalter. Borkh. T. IV. p. 79. n. 30. N. albicollis. Fab. Ent. Syst. T. III. 2. p. 36. n. 94.

17. N. *Scutosa.* Der Schild=Nachtfalter. Borkh. T. IV. p. 84. n. 33. Fab. Ent. Syst. T. III. 2. p. 84. n. 33. * (M.)

18. N. *Dipsacea.* Der Kartendistel=Nachtfalter. Borkh. T. IV. p. 89. n. 35. Fab. Ent. Syst. T. III. 2. p. 33. n. 83.

19. N. *Myrtilli.* Der Sumpfheiden=Nachtfalter. Borkh. T. IV. p. 95. n. 38. Fab. Ent. Syst. T. III. 2. p. 126. n. 379.

20. N. *Pronuba.* Der Sauerampfer=Nachtfalter. Borkh. T. IV. p. 97. n. 39. Fab. Ent. Syst. T. III. 2. p. 56. n. 155.

21. N. *Subsequa.* Der Vogelkraut=Nachtfalter. Borkh. T. IV. p. 102. n. 40. N. Orbona. Fab. Ent. Syst. T. III. 2. p. 57. n. 158. * (K. M.)

22. N. *Fimbria.* Der Schlüsselblumen=Nachtfalter. Borkh. T. IV. p. 104. n. 41. Fab. Ent. Syst. T. III. 2. p. 59. n. 165. Panz. F. g. 12. t. 17. 18. * (K. M.)

23. N. *Janthina.* Der Aron=Nachtfalter. Borkh. T. IV. p. 109. n. 42. Fab. Ent. Syst. T. III. 2. p. 59. n. 166. Panz. F. g. 42. t. 23. * (M.)

24. N. *Ligustri.* Der Rainweiden-Nachtfalter. Borkh. T. IV. p. 125. n. 51. Fab. Ent. Syst. T. III. 2. p. 102. n. 303.

25. N. *Glandifera.* Der Steinflechten-Nachtfalter. Borkh. T. IV. p. 128. n. 52. * (K.)

26. N. *Aprilina.* Der April-Nachtfalter. Borkh. T. IV. p. 132. n. 54. Fab. Ent. Syst. T. III. 2. p. 103. n. 106.

27. N. *Runica.* Der Kahneichen-Nachtfalter. Borkh. T. IV. p. 141. n. 46. Fab. Ent. Syst. T. III. 2. p. 102. n. 305.

28. N. *Bimaculosa.* Der Ulmenbaum-Nachtfalter. Borkh. T. IV. p. 144. n. 57. Fab. Ent. Syst. T. III. 2. p. 144. n. 57. Panz. F. g. 91. t. 23. * (K.)

29. N. *Comta.* Der Lichtröschen-Nachtfalter. Borkh. T. IV. p. 147. n. 59. * (K. M.)

30. N. *albimacula.* Der schwarzgraue, weißmakelige Nachtfalter. Borkh. T. IV. p. 149. n. 60. * (L.)

31. N. *conspersa.* Der weißsprenklige Nachtfalter. Borkh. T. IV. p. 151. n. 61. Bomb. annulata. Fab. Ent. Syst. T. III. p. 483. n. 238.

32. N. *Oxyacanthae.* Der Weißdorn-Nachtfalter. Borkh. T. IV. p. 155. n. 63. Fab. Ent. Syst. T. III. 2. p. 93. n. 277. Panz. F. g. 91. t. 24.

33. N. *Batis.* Der Brombeer-Nachtfalter. Borkh. T. IV. p. 159. n. 65. Fab. Ent. Syst. T. III. 2. p. 30. n. 73.

34. N. *Persicariae.* Der Flöhkraut-Nachtfalter. Borkh. T. IV. p. 162. n. 66. Fab. Ent. Syst. T. III. 2. p. 111. n. 335.

35. N. *Echii.* Der Natterkopf=Nachtfalter. Borkh. T. IV. p. 166. n. 67.

36. N. *Degener.* Der Apfel=Nachtfalter. Borkh. T. IV. p. 170. n. 69. N. Algae. Fab. Ent. Syst. T. III. 2. p. 104. n. 313. * (M.)

37. N. *Latruncula.* Der braunrothschielende Nachtfalter. Borkh. T. IV. p. 174. n. 72. * (L. M.)

38. N. *Praeduncula.* Der braune, weißgerandete Nachtfalter. Borkh. T. IV. p. 175. n. 73. * (K. M.)

39. N. *Furuncula.* Der braune, weißstreifige Nachtfalter. Borkh. T. IV. p. 176. n. 74. * (K. M.)

40. N. *Raptricula.* Der braungraue, schwarzstrichige Nachtfalter. Borkh. T. IV. p. 178. n. 75. * (K.)

41. N. *Strigilis.* Der Dreiring=Nachtfalter. Borkh. T. IV. p. 185. n. 81. Fab. Ent. Syst. T. III. 2. p. 102. n. 304.

42. N. *Atratula.* Der schwarze, weißwechselnde Nachtfalter. Borkh. T. IV. p. 194. n. 88.

43. N. *Pyramidea.* Der Pyramiden=Nachtfalter. Borkh. T. IV. p. 197. n. 90. Fab. Ent. Syst. T. III. 2. p. 98. n. 290.

44. N. *Birivia.* Der weißgezeichnete Nachtfalter. Borkh. T. IV. p. 206. n. 93. * (K. M.)

45. N. *Assimulans.* Der trübgraue, schwarzwellenstreifige Nachtfalter. Borkh. T. IV. p. 209. n. 95. N. Augur. Fab. Ent. Syst. T. III. 2. p. 61. n. 170.?

46. N. *Simulans.* Der Heuchler. Borkh. T. IV. p. 211. n. 96. N. tristis. Fab. Ent. Syst. T. III. 2. p. 118. n. 357.

47. N. *Cubicularis.* Der Rapunzel= (Lämmerlattich=) Nachtfalter. Borkh. T. IV. p. 212. n. 97. N. 4punctata. Fab. Ent. Syst. T. III. 2. p. 22. n. 46.

48. N. *Margaritacea.* Der perlenfarbene, schwarzpunctirte Nachtfalter. Borkh. T. IV. p. 215. n. 98. * (K.)

49. N. *Favillacea.* Der Abreschen=Nachtfalter. Borkh. T. IV. p. 217. n. 100. * (K. M.)

50. N. *Aceris.* Der Ahorn=Nachtfalter. Borkh. T. IV. p. 219. n. 101. Fab. Ent. Syst. T. III. 2. p. 107. n. 322.

51. N. *megacephala.* Der Großkopf. Borkh. T. IV. p. 222. n. 102. Fab. Ent. Syst. T. III. 2. p. 108. n. 325.

52. N. *Euphorbiae.* Der Wolfsmilch=Nachtfalter. Borkh. T. IV. p. 227. n. 103. Fab. Ent. Syst. T. III. 2. p. 108. n. 324.

53. N. *Euphrasiae.* Der Augentrost=Nachtfalter. Borkh. T. IV. p. 232. n. 104. * (K. M.)

54. N. *Auricoma.* Der Bocksbeer=Nachtfalter. Borkh. T. IV. p. 234. n. 105. Fab. Ent. Syst. T. III. 2. p. 105. n. 316.

55. N. *Psi.* Der Schlehen=Nachtfalter. Borkh. T. IV. p. 238. n. 106. Fab. Ent. Syst. T. III. 2. p. 105. n. 315. Panz F. g. 90. t. 23.

56. N. *Tridens.* Der Aprikosen=Nachtfalter. Borkh. T. IV. p. 244. n. 107. Fab. Ent. Syst. T. III. 2. p. 105. n. 314. Panz. F. g. 90. t. 24.

57. N. *Rumicis.* Der Ampfer=Nachtfalter. Borkh. T. IV. p. 247. n. 108. Fab. Ent. Syst. T. III. 2. p. 118. n. 358.

58. N. *Chrysozona.* Der Petersilien-Nachtfalter. Borkh. T. IV. p. 264. n. 113.

59. N. *Chi.* Der Akelei-Nachtfalter. Borkh. T. IV. p. 267. n. 114. Fab. Ent. Syst. T. III. 2. p. 107. n. 321.

60. N. *Serena.* Der Schirmhabichtskraut-Nachtfalter. Borkh. T. IV. p. 270. n. 116. Fab. Ent. Syst. T. III. 2 p. 101. n. 301. * (L.)

61. N. *Absinthii.* Der Wermuth-Nachtfalter. Borkh. T. IV. p. 281. n. 119. Fab. Ent. Syst. T. III. 2. p. 88. n. 261. * (K. M.)

62. N. *Abrotani.* Der Stabwurz-Nachtfalter. Borkh. T. IV. p. 284. n. 121. Fab. Ent. Syst. T. III. 2. p. 88. n. 262.

63. N. *Artemisiae.* Der Beifuß-Nachtfalter. Borkh. T. IV. p. 287. n. 121. Fab. Ent. Syst. T. III. 2. p. 78. n. 227. Panz. F. g. 40. t. 24.

64. N. *Chamomillae.* Der Kamillen-Nachtfalter. Borkh. T. IV. p. 290. n. 122. Fab. Ent. Syst. T. III. 2. p. 121. n. 365.

65. N. *Umbratica.* Der Hasenkohl-Nachtfalter. Borkh. T. IV. p. 292. n. 124. Fab. Ent. Syst. T. III. 2. p. 368.

66. N. *Lucifuga.* Der Schildampfer-Nachtfalter. Borkh. T. IV. p. 295. n. 125. * (M.)

67. N. *Verbasci.* Der Wollkraut-Nachtfalter. Borkh. T. IV. p. 303. n. 127. Fab. Ent. Syst. T. III. 2. p. 303. n. 127.

68. N. *Scrophulariae.* Der Braunwurzel-Nachtfalter. Borkh. T. IV. p. 307. n. 128.

69. N. *Asteris.* Der Sternblumen=Nachtfalter. Borkh. T. IV. p. 310. n. 129. Fab. Ent. Syst. T. III. 2. p. 121. n. 364.

70. N. *Linariae.* Der Leinkraut=Nachtfalter. Borkh. T. IV. p. 314. n. 132. Fab. Ent. Syst. T. III. 2. p. 274. * (K. M.)

71. N. *Exsoleta.* Der Scharten=Nachtfalter. Borkh. T. IV. p. 319. n. 134. Fab. Ent. Syst. T. III. 2. p. 119. n. 361. Panz. F. g. 61. t. 23.

72. N. *Petrificata.* Der Steineichen=Nachtfalter. Borkh. T. IV. p. 326. n. 135. Fab. Ent. Syst. T. III. 2. p. 123. n. 372.

73. N. *Putris.* Der gelbgraue, vorn braungerandete Nachtfalter. Borkh. T. IV. p. 329. n. 136. Fab. Ent. Syst. T. III. 2. p. 123. n. 370.

74. N. *Rurea.* Der graugelbliche, braungefleckte Nachtfalter. Borkh. T. IV. p. 331. n. 137. Fab. Ent. Syst. T. III. 2. p. 125. n. 378. * (M. K.)

75. N. *Perspicillaris.* Der Konradskraut=Nachtfalter. Borkh. T. IV. p. 336. n. 139. Fab. Ent. Syst. T. III. 2. p. 92. n. 273.

76. N. *Rhizolitha.* Der Weißeichen=Nachtfalter. Borkh. T. IV. p. 345. n. 144. Fab. Ent. Syst. T. III. 2. p. 124. n. 373. * (K. M.)

77. N. *Conformis.* Der Erlen=Nachtfalter. Borkh. T. IV. p. 348. n. 145. Fab. Ent. Syst. T. III. 2. p. 124. n. 374.

78. N. *Hyperici.* Der Johannis=Kraut=Nachtfalter. Borkh. T. IV. p. 351. n. 146. Fab. Ent. Syst. T. III. 2. p. 9. n. 272. * (K.)

79. N. *Spartii.* Der Pfriemenkraut=Nachtfalter. Borkh. T. IV. p. 352. n. 147. * (K. M.)

80. N. *Genistae.* Der Ginster = Nachtfalter. Borkh. T. IV. p. 355. n. 147. Panz. F. g. 61. t. 24. * (K. M.)

81. N. *Convergens.* Der Zwergeichen=Nachtfalter. Borkh. T. IV. p. 357. n. 148. Fab. Ent. Syst. T. III. 2. p. 100. n. 298. * (M.)

82. N. *Connexa.* Der weißlichgraue, abwärts braungefleckte Nachtfalter. Borkh. T. IV. p. 360. n. 148. * (K.)

83. N. *Cucubali.* Der Gliedweich = Nachtfalter. Borkh. T. IV. p. 363. n. 150. Fab. Ent. Syst. T. III. 2. p. 101. n. 300. * (K. M.)

84. N. *Capsincola.* Der Lychnissamen = Nachtfalter. Borkh. T. IV. p. 367. n. 152. * (M. L.)

85. N. *Saponariae.* Der Seifenkraut=Nachtfalter. Borkh. T. IV. p. 370. n. 152. * (K. M.)

86. N. *Lucipara.* Der Brombeerstrauch=Nachtfalter. Borkh. T. IV. p. 373. n. 153. Fab. Ent. Syst. T. III. 2. p. 9. n. 294. * (K. M.)

87. N. *Aquilina.* Der adlerbraune, schwarzgezähnte Nachtfalter. Borkh. T. IV. p. 381. n. 156.

88. N. *Thalassina.* Der braunrothe, rothglänzende Nachtfalter. Borkh. T. IV. p. 383. n. 157.

89. N. *Protea.* Der Zerreichen = Nachtfalter. Borkh. T. IV. p. 386. n. 158. * (L.)

90. N. *Meticulosa.* Der Mangold=Nachtfalter. Borkh. T. IV. p. 389. n. 159. Fab. Ent. Syst. T. III. 2. p. 83. n. 242.

91. N. *Pinastri.* Der Föhren = Nachtfalter. Borkh. T. IV. p. 394. n. 160. Fab. Ent. Syst. T. III. 2. p. 101. n. 302.

92. N. *Lolii.* Der Lülch = Nachtfalter. Borkh. T. IV. p. 398. n. 161. Bomb. Popularis. Fab. Ent. Syst. T. III. p. 485. n. 240.

93. N. *Typica.* Der Flechtweiden = Nachtfalter. Borkh. T. IV. p. 402. n. 162. Fab. Ent. Syst. T. III. 2. p. 99. n. 293.

94. N. *Cespitis.* Der Rasengras = Nachtfalter. Borkh. T. IV. p. 405. n. 163. Fab. Ent. Syst. T. III. 2. p. 68. n. 191. * (K. M.)

95. N. *Leucophaea.* Der Tausenblatt = (Schaf= garben =) Nachtfalter. Borkh. T. IV. p. 408. n. 164. Bomb. Fulminea. Fab. Ent. Syst. T. III. p. 484. n. 241. * (K. M.)

96. N. *Stichica.* Der braungraue, weißgemischte Nachtfalter mit schwarzen Pfeilflecken. Borkh. T. IV. p. 413. n. 165. * (K. M.)

97. N. *Dentina.* Der Zahn = Nachtfalter. Borkh. T. IV. p. 415. n. 166. Fab. Ent. Syst. T. III. 2. p. 69. n. 196.

98. N. *Chenopodii.* Der Gänsefuß = Nachtfalter. Borkh. T. IV. p. 418. n. 167. Fab. Ent. Syst. T. III. 2. p. 68. n. 192. * (M.)

99. N. *Contigua.* Der Gutheinrich = Nachtfalter. Borkh. T. IV. p. 421. n. 168. Fab. Ent. Syst. T. III. 2. p. 69. n. 194. * (M.)

100. N. *Graminis.* Der Futtergras-Nachtfalter. Borkh. T. IV. p. 425. n. 171. Bomb. Graminis. Fab. Ent. Syst. T. III. p. 482. n. 239.

101. N. *Atriplicis.* Der Melden-Nachtfalter. Borkh. T. IV. p. 434. n. 174. Fab. Ent. Syst. T. III. 2. p. 95. n. 282.

102. N. *Piniperda.* Der Kiefer-Nachtfalter. Borkh. T. IV. p. 443. n. 178. Bomb. Spreta. Fab. Ent. Syst. T. III. p. 455. n. 151. * (M.)

103. N. *Pisi.* Der Erbsen-Nachtfalter. Borkh. T. IV. p. 446. n. 179. Fab. Ent. Syst. T. III. 2. p. 93. n. 275.

104. N. *oleracea.* Der Kraut-Nachtfalter. Borkh. T. IV. p. 450. n. 180. Fab. Ent. Syst. T. III. 2. p. 99. n. 295. * (M.)

105. N. *Spinaciae.* Der Spinat-Nachtfalter. Borkh. T. IV. p. 454. n. 181. Fab. Ent. Syst. T. III. 2. p. 99. n. 295.

106. N. *Nictitans.* Der Weißnieren-Nachtfalter. Borkh. T. IV. p. 463. n. 184. * (K. M.)

107. N. *Didyma.* Der leberbraune, weißnarbige Nachtfalter. Borkh. T. IV. p. 465. n. 185.

108. N. *Lateritia.* Der ziegelfarbige Nachtfalter. Borkh. T. IV. p. 474. n. 188.

109. N. *Hepatica.* Der leberbraune, düstere und gelbgemischte Nachtfalter. Borkh. T. IV. p. 475. n. 189. Fab. Ent. Syst. T. III. 2. p. 112. n. 337. * (K.)

110. N. *Plecta.* Der Bindlattich-Nachtfalter. Borkh. T. IV. p. 478. n. 190. Fab. Ent. Syst. T. III. 2. p. 65. n. 182.

111. N. *Vitta.* Der mattbraune, weißlich geschleierte Nachtfalter. Borkh. T. IV. p. 482. n. 191. * (L.)

112. N. *Gothica.* Der Gothische Nachtfalter. Borkh. T. IV. p. 484. n. 192. Fab. Ent. Syst. T. III. 2. p. 85. n. 249. Panz. F. g. 43. t. 23.

113. N. *Sigma.* Der Gartenmelden-Nachtfalter. Borkh. T. IV. p. 489. n. 193. N. Signum. Fab. Ent. Syst. T. III. 2. p. 65. n. 184.? — Panz. F. g. 43. t. 24. * (K. M.)

114. N. *C nigrum.* Der schwarze C-Nachtfalter. Borkh. T. IV. p. 492. n. 194. Fab. Ent. Syst. T. III. 2. p. 65. n. 183.

115. N. *Fragrariae.* Der Erdbeer-Nachtfalter. Borkh. T. IV. p. 497. n. 196. * (L.)

116. N. *Pyramis.* Der pyramidenförmig gezeichnete Nachtfalter. Borkh. T. IV. p. 499. n. 197. * (M.)

117. N. *Ficariae.* Der Scharbock-Nachtfalter. Borkh. T. IV. p. 502. n. 199. * (K.)

118. N. *Ypsilon.* Der Ypsilon-Nachtfalter. Borkh. T. IV. p. 503. n. 200. * (K.)

119. N. *cincta.* Der röthlichgraue bogenstriemige Nachtfalter. Borkh. T. IV. p. 508. n. 202. Fab. Ent. Syst. T. III. 2. p. 66. n. 186.

120. N. *Basilinea.* Der Quecken-Nachtfalter. Borkh. T. IV. p. 510. n. 203. Fab. Ent. Syst. T. III. 2. p. 125. n. 376.

121. N. *Primulae.* Der Aurikel-Nachtfalter. Borkh. T. IV. p. 511. n. 204.

122. N. *Characterea.* Der Waldkichern-Nachtfalter. Borkh. T. IV. p. 517. n. 207 * (K.)

123. N. *Litura.* Der Korbweiden-Nachtfalter. Borkh. T. IV. p. 525. n. 211. * (K.)

124. N. *Depuncta.* Der punctirte Nachtfalter. Borkh. T. IV. p. 528. n. 212. * (K. M.)

125. N. *Baja.* Der Tollkraut-Nachtfalter. Borkh. T. IV. p. 530. n. 213. Fab. Ent. Syst. T. III. 2. p. 109. n. 329. * (K. M.)

126. N. *Occulta.* Der bräunlich graue, hinterwärts schwarzgefleckte Nachtfalter. Borkh. T. IV. p. 541. n. 218. Fab. Ent. Syst. T. III. 2. p. 88. n. 263.

127. N. *Tincta.* Die silbergraue, blank purpurroth gemischte Eule. Borkh. T. IV. p. 543. n. 219.

128. N. *Exclamationis.* Der Kreuzwurz-Nachtfalter. Borkh. T. IV. p. 546. n. 221. Fab. Ent. Syst. T. III. 2. p. 546. n. 221.

129. N. *Cinerea.* Der aschgraue Nachtfalter. Borkh. T. IV. p. 547. n. 222. * (K.)

130. N. *Suffusa.* Der Gänsedistel-Nachtfalter. Borkh. T. IV. p. 549. n. 223. Fab. Ent. Syst. T. III. 2. p. 549. n. 223. * (K. M.)

131. N. *Segetum.* Der Wintersaat-Nachtfalter. Borkh. T. IV. p. 558. n. 228. Fab. Ent. Syst. T. III. 2. p. 61. n. 171.

132. N. *Tritici.* Der Weizen-Nachtfalter. Borkh. T. IV. p. 561. n. 229. * (K.)

133. N. *Fuscosa.* Der braunfleckige Nachtfalter. Borkh. T. IV. p. 563. n. 231. * (K. M.)

134. N. *Omega.* Der Omega = Nachtfalter. Borkh. T. IV. p. 565. n. 232. * (K.)

135. N. *Thapsi.* Der Kerzenkraut = Nachtfalter. Borkh. T. IV. p. 567. n. 234. Fab. Ent. Syst. T. III. 2. p. 114. n. 343. * (K. M.)

136. N. *Radicea.* Der Graswurzel = Nachtfalter. Borkh. T. IV. p. 570. n. 235. Fab. Ent. Syst. T. III. 2. p. 125. n. 377.

137. N. *confinis.* Der Queckengras = Nachtfalter. Borkh. T. IV. p. 573. n. 236. * (K.)

138. N. *Lutulenta.* Der braunschwarze, blaßgestrichte Nachtfalter. Borkh. T. IV. p. 576. n. 237. * (L.)

139. N. *Sordida.* Der erdfarbene matt gezeichnete Nachtfalter. Borkh. T. IV. p. 578. n. 239. * (L.)

140. N. *Nigricans.* Der Wegewarten = Nachtfalter. Borkh. T. IV. p. 582. n. 241. Fab. Ent. Syst. T. III. 2. p. 115. n. 346. * (L.)

141. N. *Brassicae.* Der Kohl = Nachtfalter. Borkh. T. IV. p. 584. n. 242. Fab. Ent. Syst. T. III. 2. p. 67. n. 189.

142. N. *Lota.* Der Wasserweiden = Nachtfalter. Borkh. T. IV. p. 601. Fab. Ent. Syst. T. III. p. 454. n. 145. * (K. M.)

143. N. *Munda.* Der Gartenbirn = Nachtfalter. Borkh. T. IV. p. 603. n. 252. Fab. Ent. Syst. T. III. 2. p. 48. n. 129.

144. N. *Bella.* Der Meierich = Nachtfalter. Borkh. T. IV. p. 605. n. 253. * (K.)

145. N. *Pulverulenta.* Der röthlich graue, matt gezeichnete Nachtfalter. Borkh. T. IV. p. 611. n. 256.

146. N. *Flavicornis.* Der gelbhörnige Nachtfalter. Borkh. T. IV. p. 616. n. 259.

147. N. *Or.* Der Albern-Nachtfalter. Borkh. T. IV. p. 620. n. 260.

148. N. *Consobrina.* Der Bellen-Nachtfalter. Borkh. T. IV. p. 622. n. 261. N. Or. Fab. Ent. Syst. T. III. 2. p. 86. n. 253.

149. N. *Diffinis.* Der Feldulmen-Nachtfalter. Borkh. T. IV. p. 633. n. 267. Fab. Ent. Syst. T. III. 2. p. 87. n. 257. Panz. F. g. 61. t. 21. * (M. K.)

150. N. *Affinis.* Der Aespen-Nachtfalter. Borkh. T. IV. p. 637. n. 268. Fab. Ent. Syst. T. III. 2. p. 87. n. 258. * (M.)

151. N. *Trapezina.* Der Ahorn-Nachtfalter. Borkh. T. IV. p. 642. n. 271. Fab. Ent. Syst. T. III. 2. p. 44. n. 117.

152. N. *Retusa.* Der Bandweiden-Nachtfalter. Borkh. T. IV. p. 648. n. 274. Fab. Ent. Syst. T. III. 2. p. 62. n. 174. * (K. M.)

153. N. *Delphinii.* Der Rittersporn-Nachtfalter. Borkh. T. IV. p. 652. n. 279. Fab. Ent. Syst. T. III. 2. p. 90. n. 267. Panz. F. g. 7. t. 17.

154. N. *Derasa.* Der Himbeer-Nachtfalter. Borkh. T. IV. p. 657. n. 281. Fab. Ent. Syst. T. III. 2. p. 85. n. 250. Panz. F. g. 12. t. 19. * (L.)

155. N. *Ochroleuca.* Der gelbbräunliche Nachtfalter. Borkh. T. IV. p. 660. n. 282. N. Flammea. Fab. Ent. Syst. T. III. 2. p. 85. n. 248.

156. N. Oo.

156. N. *Oo.* Der doppelte O=Nachtfalter. Borkh. T. IV. p. 661. n. 283. Fab. Ent. Syst. T. III. 2. p. 84. n. 247. * (M.)

157. N. *Citrago.* Der Steinlinden=Nachtfalter. Borkh. T. IV. p. 667. n. 286. * (K.)

158. N. *Circellaris.* Der Zirkel=Nachtfalter. Borkh. T. IV. p. 669. n. 287. * (K.)

159. N. *Ochreago.* Der ochergelbe Nachtfalter. Borkh. T. IV. p. 671. n. 288.

160. N. *Umbra.* Der hellgelbe, hinterwärts braunbandirte Nachtfalter. Borkh. T. IV. p. 672. n. 289. Fab. Ent. Syst. T. III. 2. p. 88. n. 260. * (K. M.)

161. N. *Sulphurago.* Der schwefelgelbe Nachtfalter. Borkh. T. IV. p. 679. n. 293. Fab. Ent. Syst. T. III. 2. p. 74. n. 212.

162. N. *Cerago.* Der wachsgelbe Nachtfalter. Borkh. T. IV. p. 681. n. 294. Fab. Ent. Syst. T. III. 2. p. 75. n. 213. * (K.)

163. N. *Gilvago.* Der trübgelbe wellenstriemige Nachtfalter. Borkh. T. IV. p. 683. n. 295. * (K.)

164. N. *Turca.* Der Binsengras=Nachtfalter. Borkh. T. IV. p. 688. n. 301. Fab. Ent. Syst. T. III. 2. p. 113. n. 339. * (M.)

165. N. *Conigera.* Der rothgelbe weiß gezeichnete Nachtfalter. Borkh. T. IV. p. 692. n. 303. Fab. Ent. Syst. T. III. 2. p. 113. n. 341. Panz. F. g. 11. t. 24.

166. N. *Lithargyria.* Der Mittelwegerich=Nachtfalter. Borkh. T. IV. p. 696. n. 305. N. Ferrago. Fab. Ent. Syst. T. III. 2. p. 76. n. 217. * (M.)

167. N. *Trilinea.* Der dreigestrichte weißliche Nachtfalter. Borkh. T. IV. p. 700. n. 307. N. Quercus. Fab. Ent. Syst. T. III. 2. p. 22. n. 44. * (M.)

168. N. *virens.* Der weißgrüne Nachtfalter. Borkh. T. IV. p. 703. n. 310. Fab. Ent. Syst. T. III. 2. p. 103. n. 307.

169. N. *L album.* Der weiße L = Nachtfalter. Borkh. T. IV. p. 706. n. 312. Fab. Ent. Syst. T. III. 2. p. 706. n. 205. * (K. M.)

170. N. *Comma.* Der Comma = Nachtfalter. Borkh. T. IV. p. 708. n. 313. Fab. Ent. Syst. T. III. 2. p. 106. n. 318.

171. N. *Pallens.* Der Butterblumen = Nachtfalter. Borkh. T. IV. p. 712. n. 314. Fab. Ent. Syst. T. III. 2. p. 22. n. 47.

172. N. *Nervosa.* Der geradstriemige Nachtfalter. Borkh. T. IV. p. 715. n. 315. Fab. Ent. Syst. T. III. 2. p. 23. n. 49. * (K.)

173. N. *venosa.* Der weißstriemige Nachtfalter. Borkh. T. IV. p. 716. n. 316. * (M.)

174. N. *Pallida.* Der ochergelbliche weißstreifige Nachtfalter. Borkh. T. IV. p. 719. n. 317. * (K.)

175. N. *Typhae.* Der Kolbenschilf = Nachtfalter. Borkh. T. IV. p. 722. n. 321. Fab. Ent. Syst. T. III. 2. p. 30. n. 71.

176. N. *livida.* Der kriechelblaue Nachtfalter. Borkh. T. IV. p. 726. n. 324. Fab. Ent. Syst. T. III. 2. p. 21. n. 42. * (K.)

177. N. *Tragopogonis.* Der Bocksbart-Nachtfalter. Borkh. T. IV. p. 729. n. 326. Fab. Ent. Syst. T. III. 2. p. 112. n. 336.

178. N. *Satellitia.* Der Frühbirn-Nachtfalter. Borkh. T. IV. p. 736. n. 333. Fab. Ent. Syst. T. III. 2. p. 87. n. 256. * (M.)

179. N. *Vaccinii.* Der Preiselbeer-Nachtfalter. Borkh. T. IV. p. 739. n. 334. Fab. Ent. Syst. T. III. 2. p. 23. n. 51.

180. N. *Triplasia.* Der Nessel-Nachtfalter. Borkh. T. IV. p. 755. n. 343. Fab. Ent. Syst. T. III. 2. p. 117. n. 354. Panz. F. g. 61. t. 22.

181. N. *Asclepiadis.* Der Schwalbenwurzel-Nachtfalter. Borkh. T. IV. p. 758. n. 344. Fab. Ent. Syst. T. III. 2. p. 117. n. 355.

182. N. *Chrysitis.* Der Hanfnessel-Nachtfalter. Borkh. T. IV. p. 767. n. 349. Fab. Ent. Syst. T. III. 2. p. 76. n. 220. Panz. F. g. 40. t. 23.

183. N. *Festucae.* Der Schwingel-Nachtfalter. Borkh. T. IV. p. 772. n. 351. Fab. Ent. Syst. T. III. 2. p. 78. n. 225. Panz. F. g. 8. t. 19.

184. N. *Moneta.* Der Silbermünz-Nachtfalter. Borkh. T. IV. p. 780. n. 357. Fab. Ent. Syst. T. III. 2. p. 79. n. 229. Ich habe diese seltene Eule etliche Mal in meinem Garten in der Abenddämmerung im August gefangen. Sie hielt sich bloß am Aconitum Napellus auf. Auch bei Hirschberg hat man sie gefangen.

185. N. *Gamma.* Der Gamma-Nachtfalter. Borkh. T. IV. p. 782. n. 358. Fab. Syst. Ent. T. III. 2. p. 79. n. 228. Im Jahre 1786 waren die Larven die-

ses Nachtfalters in hiesiger Gegend äußerst häufig, und thaten auf den Flachsfeldern großen Schaden. Sie fraßen jedoch nur die Blätter des schon blühenden, und verpuppten sich auch an den Stängeln; die jüngern Pflanzen hingegen, wo sie zwar auch nur die Blätter, zugleich aber auch die obere noch weiche Spitze verzehrten, hielten sie im Wachsthum auf, so daß auf spät besäeten Feldern der Flachs nur kurz blieb. Seitdem hat sie sich nie wieder in einer so ungeheuern Menge gezeigt.

186. N. *Interrogationis.* Der Fragezeichen-Nachtfalter. Borkh. T. IV. p. 792. n. 363. Fab. Ent. Syst. T. III. 2. p. 80. n. 233.

187. N. *Circumflexa.* Der Circumflex-Nachtfalter. Borkh. T. IV. p. 794. n. 364. Fab. Ent. Syst. T. III. 2. p. 78. n. 226. * (M.)

188. N. *Argentula.* Der olivengrüne silberstreifige Nachtfalter. Borkh. T. IV. p. 798. n. 367.

189. N. *Lunaris.* Der Truffeichen-Nachtfalter. Borkh. T. IV. p. 799. n. 368. Fab. Ent. Syst. T. III. 2. p. 63. n. 178. Panz. F. g. 43. t. 22. * (M.)

190. N. *Craccae.* Der Vogelwicken-Nachtfalter. Borkh. T. IV. p. 803. n. 370. Fab. Ent. Syst. T. III. 2. p. 64. n. 180. * (M.)

191. N. *Aenea.* Der erzfarbene purpurrothstreifige Nachtfalter. Borkh. T. IV. p. 804. n. 371. Ph. purpurata. Fab. Ent. Syst. T. III. 2. p. 201. n. 263.

192. N. *Sulphurea.* Der Winden-Nachtfalter. Borkh. T. IV. p. 806. n. 372. Bombyx lugubris. Fab. Ent. Syst. T. III. p. 467. n. 188. Panz. F. g. 8. t. 18.

299. PHALAENA. (Zünselfalter.)
(GEOMETRAE LIN. Spanner.)

1. Ph. *Margaritaria.* Der Hainbuchen-Zünselfalter. Borkh. T. V. p. 12. n. 1. Fab. Ent. Syst. T. III. 2. p. 131. n. 10. Panz. F. g. 63. t. 23.

2. Ph. *Fasciaria.* Der Kienbaum-Zünselfalter. Borkh. T. V. p. 18. n. 4. Fab. Ent. Syst. T. III. 2. p. 157. n. 100. Panz. F. g. 62. t. 24. * (M.)

3. Ph. *Prasinaria.* Der Lärchenbaum-Zünselfalter. Borkh. T. V. p. 22. n. 5. * (M. K.)

4. Ph. *Papilionaria.* Der Buchen-Zünselfalter. Borkh. T. V. p. 23. n. 6. Fab. Ent. Syst. T. III. 2. p. 139. n. 39. Panz. F. g. 63. t. 24.

5. Ph. *Cythisaria.* Der Geißklee-Zünselfalter. Borkh. T. V. p. 26. n. 7. Ph. prasinaria. Fab. Ent. Syst. T. III. 2. p. 151. n. 80. * (K. M.)

6. Ph. *Vernaria.* Der Frühlings-Zünselfalter. Borkh. T. V. p. 29. n. 8. Fab. Ent. Syst. T. III. 2. p. 129. n. 3. * (K. M.)

7. Ph. *Aestivaria.* Der Lilak-Zünselfalter. Borkh. T. V. p. 32. n. 9. * (K.)

8. Ph. *Bupleuraria.* Der Hasenöhrchen-Zünselfalter. Borkh. T. V. p. 35. n. 10. Fab. Ent. Syst. T. III. 2. p. 130. n. 4. Panz. F. g. 41. t. 23. * (K. M.)

9. Ph. *Bajularia.* Der Eichen-Zünselfalter. Borkh. T. V. p. 39. n. 12. Ph. Ditaria. Fab. Ent. Syst. T. III. 2. p. 152. n. 82. Ph. pustulata. Panz. F. g. * (M.)

10. Ph. *Putataria.* Der weißstriemige Zünselfalter. Borkh. T. V. p. 44. n. 15. Fab. Ent. Syst. T. III. 2. p. 131. n. 8. * (K. M.)

11. Ph. *Lactearia.* Der milchweiße Zünselfalter. Borkh. T. V. p. 46. n. 16. Fab. Ent. Syst. T. III. 2. p. 129. n. 1. * (K. M.)

12. Ph. *viridata.* Der Brombeer-Zünselfalter. Borkh. T. V. p. 48. n. 18. Fab. Ent. Syst. T. III. 2. p. 170. n. 147. * (M.)

13. Ph. *Lineolata.* Der liniirte Zünselfalter. Borkh. T. V. p. 51. n. 19. Ph. emarginata. Fab. Ent. Syst. T. III. 2. p. 51. n. 19.? * (M.)

14. Ph. *Artesiaria.* Der Petersilien-Zünselfalter. Borkh. T. V. p. 52. n. 20. Fab. Ent. Syst. T. III. 2. p. 161. n. 114. Panz. F. g. 64. t. 24. * (M.)

15. Ph. *Parallelaria.* Der parallelstreifige Zünselfalter. Borkh. T. V. p. 56. n. 22. * (K. M.)

16. Ph. *Palumbaria.* Der holztaubenfarbene, gelbgestrichte Zünselfalter. Borkh. T. V. p. 59. n. 24. Fab. Ent. Syst. T. III. 2. p. 160. n. 110.

17. Ph. *Vittata.* Der weißliche, schwarzgeschleierte Zünselfalter. Borkh. T. V. p. 63. n. 27. * (M.)

18. Ph. *Purpuraria.* Der Wegetritt-Zünselfalter. Borkh. T. V. p. 66. n. 29. Fab. Ent. Syst. T. III. 2. p. 66. n. 29.

19. Ph. *Cruentaria.* Der gelbgrünliche purpurstreifige Zünselfalter. Borkh. T. V. p. 68. n. 30. * (K. M.)

20. Ph. *Elinguaria.* Der Geißblatt-Zünselfalter. Borkh. T. V. p. 74. n. 34. Fab. Ent. Syst. T. III. 2. p. 159. n. 107. Panz. F. g. 65. t. 23.

21. Ph. *Pennaria.* Der Feder-Zünselfalter. Borkh. T. V. p. 76. n. 35. Fab. Ent. Syst. T. III. 2. p. 132. n. 14. Panz. F. g. 64. t. 23. * (K. M.)

22. Ph. *Sambucaria.* Der Hohlunder-Zünselfalter. Borkh. T. V. p. 80. n. 37. Fab. Ent. Syst. T. III. 2. p. 134. n. 19. Panz. F. g. 65. t. 21.

23. Ph. *Alniaria.* Der Erlen-Zünselfalter. Borkh. T. V. p. 83. n. 38. Fab. Ent. Syst. T. III. 2. p. 136. n. 24. Panz. F. g. 65. t. 22. * (K. M.)

24. Ph. *Tiliaria.* Der Gartenlinden-Zünselfalter. Borkh. T. V. p. 87. n. 39. * (K.)

25. Ph. *Angularia.* Der Sandlinden-Zünselfalter. Borkh. T. V. p. 90. n. 40.

26. Ph. *Erosaria.* Der Hageichen-Zünselfalter. Borkh. T. V. p. 92. n. 41. * (M.)

27. Ph. *Bidentata.* Der Bocksbeer-Zünselfalter. Borkh. T. V. p. 97. n. 44. Ph. lividata. Fab. Ent. Syst. T. III. 2. p. 170. n. 149. * (K. M.)

28. Ph. *Lunaria.* Der Holzbirn-Zünselfalter. Borkh. T. V. p. 101. n. 45. Fab. Ent. Syst. T. III. 2. p. 136. n. 26.

29. Ph. *Syringaria.* Der Flieder-Zünselfalter. Borkh. T. V. p. 112. n. 46. Fab. Ent. Syst. T. III. 2. p. 136. n. 25.

30. Ph. *Amataria.* Der Ampfer-Zünselfalter. Borkh. T. V. p. 118. n. 48. Fab. Ent. Syst. T. III. 2. p. 132. n. 13. * (K. M.)

31. Ph. *Emarginata.* Der beinfarbene rothgestrichte Zünselfalter. Borkh. T. V. p. 123. n. 49. Fab. Ent. Syst. T. III. 2. p. 167. n. 138. * (K. M.)

32. Ph. *Notataria.* Der Weiden-Zünselfalter. Borkh. T. V. p. 126. n. 50. Fab. Ent. Syst. T. III. 2. p. 171. n. 152. * (K. M.)

33. Ph. *Crataegata.* Der Weißdorn-Zünselfalter. Borkh. T. V. p. 130. n. 53. Fab. Ent. Syst. T. III. 2. p. 178. n. 176. Panz. F. g. 65. t. 24.

34. Ph. *Apiciaria.* Der Goldweiden-Zünselfalter. Borkh. T. V. p. 134. n. 54. * (K. M.)

35. Ph. *Affiniaria.* Der oranienfarbene, breitrandstreifige Zünselfalter. Borkh. T. V. p. 136. n. 55. Ph. Vespertaria. Fab. Ent. Syst. T. III. 2. p. 136. n. 55.

36. Ph. *Dolabraria.* Der Wintereichen-Zünselfalter. Borkh. T. V. p. 137. n. 57. Fab. Ent. Syst. T. III. 2. p. 138. n. 32. Panz. F. g. 86. n. 23.

37. Ph. *Prunaria.* Der Pflaumen-Zünselfalter. Borkh. T. V. p. 140. n. 58. Fab. Ent. Syst. T. III. 2. p. 141. n. 43.

38. Ph. *Roboraria.* Der Steineichen-Zünselfalter. Borkh. T. V. p. 147. n. 59. Fab. Ent. Syst. T. III. 2. p. 137. n. 28. * (M.)

39. Ph. *Consortaria.* Der ähnliche Zünselfalter. Borkh. T. V. p. 149. n. 60. Fab. Ent. Syst. T. III. 2. p. 137. n. 29. * (K. M.)

40. Ph. *Consobrinaria.* Der verwandte Zünselfalter. Borkh. T. V. p. 152. n. 61. * (K. M.)

41. Ph. *Repandaria.* Der Weißbuchen-Zünselfalter. Borkh. T. V. p. 154. n. 62. Fab. Ent. Syst. T. III. 2. p. 212. n. 308.

42. Ph. *Gemmaria.* Der Pfirsich-Blüthknospen-Zünselfalter. Borkh. T. V. p. 156. n. 63. * (K. M.)

43. Ph. *Pascuaria.* Der Wiesen-Zünselfalter. Borkh. T. V. p. 159. n. 64.

44. Ph. *Biundularia.* Der Hangelweiden-Zünselfalter. Borkh. T. V. p. 162. n. 65. * (K. M.)

45. Ph. *Cineraria.* Der Staubmoos-Zünselfalter. Borkh. T. V. p. 165. n. 66. Fab. Ent. Syst. T. III. 2. p. 146. n. 60. * (K. M.)

46. Ph. *Selenaria.* Der Feldbeifuß-Zünselfalter. Borkh. T. V. p. 167. n. 67. * (K.)

47. Ph. *Lichenaria.* Der Flechten-Zünselfalter. Borkh. T. V. p. 169. n. 68. Fab. Ent. Syst. T. III. 2. p. 145. n. 59. * (K. M.)

48. Ph. *Prodromaria.* Der Linden-Zünselfalter. Borkh. T. V. p. 175. n. 71. Fab. Ent. Syst. T. III. 2. p. 159. n. 105. * (K. M.)

49. Ph. *Betularia.* Der Birken-Zünselfalter. Borkh. T. V. p. 178. n. 72. Fab. Ent. Syst. T. III. 2. p. 158. n. 103. Panz. F. g. 31. t. 24.

50. Ph. *Hirtaria.* Der Kirschen-Zünselfalter. Borkh. T. V. p. 184. n. 74. Fab. Ent. Syst. T. III. 2. p. 149. n. 72.

51. Ph. *Contiguaria.* Der Sommerlinden-Zünselfalter. Borkh. T. V. p. 187. n. 75. * (K.)

52. Ph. *Hyemaria.* Der Winter-Zünselfalter. Borkh. T. V. p. 193. n. 78. * (M.)

53. Ph. *Alpinaria.* Der Gebirgs-Zünselfalter. Borkh. T. V. p. 197. n. 81. * (M.)

54. Ph. *Zonaria.* Der Garben-Zünselfalter. Borkh. T. V. p. 200. n. 83. Bomb. Zona. Fab. Ent. Syst. T. III. p. 478. n. 219.

55. Ph. *Pulveraria.* Der staubige Zünselfalter. Borkh. T. V. p. 204. n. 85. Fab. Ent. Syst. T. III. 2. p. 157. n. 99. * (K. M.)

56. Ph. *Defoliaria.* Der Waldlinden-Zünselfalter. Borkh. T. V. p. 206. n. 86. Fab. Ent. Syst. T. III. 2. p. 148. n. 68. * (L. M.)

57. Ph. *Capreolaria.* Der Fichten-Zünselfalter. Borkh. T. V. p. 209. n. 87. Fab. Ent. Syst. T. III. 2. p. 147. n. 65. * (M. K.)

58. Ph. *Murinaria.* Der Rainweiden-Zünselfalter. Borkh. T. V. p. 210. n. 88. Fab. Ent. Syst. T. III. 2. p. 67. * (M. K.)

59. Ph. *Sericearia.* Der Steinobst-Zünselfalter. Borkh. T. V. p. 212. n. 89. * (M. L.)

60. Ph. *Brumaria.* Der Winter-Zünselfalter. Borkh. T. V. p. 214. n. 90. * (K. M.)

61. Ph. *Ononaria.* Der Hauhechel-Zünselfalter. Borkh. T. V. p. 217. n. 92. * (K.)

62. Ph. *Strigillaria.* Der weißgraue, braungelb gestrichelte Zünselfalter. Borkh. T. V. p. 223. n. 97. * (M.)

63. Ph. *Atomaria.* Der Flockenkraut-Zünselfalter. Borkh. T. V. p. 226. n. 98. Fab. Ent. Syst. T. III. 2. p. 144. n. 56.

64. Ph. *Glarearia.* Der Gelbwicken-Zünselfalter. Borkh. T. V. p. 229. n. 99. Ph. Adspersaria. Fab. Ent. Syst. T. III. 2. p. 144. n. 54.

65. Ph. *Brunnearia.* Der rostbraunstreifige Zünselfalter. Borkh. T. V. p. 563.

66. Ph. *Diversata.* Der braunrothe und oraniengelbe Zünselfalter. Borkh. T. V. p. 237. n. 102. Ph. Aurantiata. Fab. Ent. Syst. T. III. 2. p. 178. n. 177. * (K.)

67. Ph. *Piniaria.* Der Föhren-Zünselfalter. Borkh. T. V. p. 239. n. 103. Fab. Ent. Syst. T. III. 2. p. 141. n. 45. Panz. F. g. 82. t. 23.

68. Ph. *Liturata.* Der hellgraue, gelbgefleckte Zünselfalter. Borkh. T. V. p. 246. n. 106. * (K. M.)

69. Ph. *Wawaria.* Der Johannis-Beer-Zünselfalter. Borkh. T. V. p. 248. n. 107. Fab. Ent. Syst. T. III. 2. p. 150. n. 75.

70. Ph. *Marginepunctata.* Der Nelken-Zünselfalter. Borkh. T. V. p. 250. n. 108. * (M.)

71. Ph. *Punctulata.* Der grauweiße, schwarzsprenkelige Zünselfalter. Borkh. T. V. p. 254. n. 109. * (K. M.)

72. Ph. *Jacobaearia.* Der Jacobs-Kraut-Zünselfalter. Borkh. T. V. p. 253. n. 110. Ich besitze einen Spanner, der mit der Borkhausenschen Beschreibung überein kommt; bin aber doch noch ungewiß, ob er es wirklich ist.

73. Ph. *Pendularia.* Der Hangelbirken-Zünselfalter. Borkh. T. V. p. 255. n. 11. * (K. M.)

74. Ph. *Punctaria.* Der Eichenbusch-Zünselfalter. Borkh. T. V. p. 258. n. 112.

75. Ph. *Omicronaria.* Der Maßholder-Zünselfalter. Borkh. T. V. p. 262. n. 113. Ph. Annularia. Fab. Ent. Syst. T. III. 2. p. 147. n. 64. * (M.)

76. Ph. *Sordaria.* Der schmutzigweiße, schwarzbandige und randpunctige Zünselfalter. Borkh. T. V. p. 264. n. 114. * (M.)

77. Ph. *Pusaria.* Der Weißbirken-Zünselfalter. Borkh. T. V. p. 267. n. 116. Fab. Ent. Syst. T. III. 2. p. 146. n. 61.

78. Ph. *Exanthemaria.* Der weiße, bräunlich-gelbgestrichelte Zünselfalter. Borkh. T V. p. 269. n. 117.

79. Ph. *obliterata* Der wischflügelige Zünselfalter. Borkh. T. V. p. 271. n. 118. * (K. M.)

80. Ph. *Clathrata.* Der schwarzbraune Gitter-Zünselfalter. Borkh. T. V. p. 272. n. 119. Fab. Ent. Syst. T. III. 2. p. 183. n. 194.

81. Ph. *Decussata.* Der fahlgraue Gitter-Zünselfalter. Borkh. T. V. p. 274. n. 120.

82. Ph. *Furvata.* Der Mehlbaum-Zünselfalter. Borkh. T. V. p. 275. n. 121. * (L. K.)

83. Ph. *Carbonaria.* Der Knotenmoos-Zünselfalter. Borkh. T. V. p. 282. n. 125. Fab. Ent. Syst. T. III. 2. p. 154. n. 88. * (M.)

84. Ph. *Dubitata.* Der Wegedorn-Zünselfalter. Borkh. T. V. p. 185. n. 128. Fab. Ent. Syst. T. III. 2. p. 168. n. 141.

85. Ph. *Rhamnata.* Der Kreuzdorn-Zünselfalter. Borkh. T. V. p. 129. Fab. Ent. Syst. T. III. 2. p. 168. n. 140. * (M.)

86. Ph. *Quadrifasciata.* Der lichtgraue vierbindige Zünselfalter. Borkh. T. V. p. 294. n. 133. * (M.)

87. Ph. *Carpinata.* Der Hainbuchen-Zünselfalter. Borkh. T. V. p. 295. n. 135. * (M.)

88. Ph. *Brumata*. Der Frühbirn-Zünselfalter. Borkh. T. V. p. 297. n. 136. Fab. Ent. Syst. T. III. 2. p. 190. n. 223. * (K. M.)

89. Ph. *Hexapterata*. Der Bergbuchen-Zünselfalter. Borkh. T. V. p. 302. n. 137. Fab. Ent. Syst. T. III. 2. p. 193. n. 233. * (K. M.)

90. Ph. *Sexaluta*. Der Werftweiden-Zünselfalter. Borkh. T. V. p. 304. n. 138. * (K. M.)

91. Ph. *Trifasciata*. Der dreibindige Zünselfalter. Borkh. T. V. p. 308. n. 141. * (K. M.)

92. Ph. *Rupestrata*. Der fahlweiße, blaßbraunstriemige Zünselfalter. Borkh. T. V. p. 310. n. 142. Fab. Suppl. p. 455. n. 206. Wohnt auf dem Riesengebirge.

93. Ph. *Albulata*. Der lilienweiße, gelblichstriemige Zünselfalter. Borkh. T. V. p. 312. n. 144. Fab. Ent. Syst. T. III. 2. p. 204. n. 277.

94. Ph. *Insignata*. Der hellgraue, schwarzstriemige Zünselfalter. Borkh. T. V. p. 314. n. 145. * (M.)

95. Ph. *Consignata*. Der gräuliche, randfleckige und feinstriemige Zünselfalter. Borkh. T. V. p. 315. n. 146. * (M.)

96. Ph. *Undulata*. Der Sahlweiden-Zünselfalter. Borkh. T. V. p. 316. n. 147. Fab. Ent. Syst. T. III. 2. n. 165.

97. Ph. *Bilineata*. Der Wiederstoß-Zünselfalter. Borkh. T. V. p. 318. n. 148. Fab. Ent. Syst. T. III. 2. p. 186. n. 206.

98. Ph. *Luteata*. Der hellederfarbene, jonquillengelbstriemige Zünselfalter. Borkh. T. V. p. 320. n. 149. Fab. Ent. Syst. T. III. 2. p. 199. n. 256. * (M.)

99. Ph. *Ochreata.* Der Schwingel-Zünselfalter. Borkh. T. V. p. 321. n. 150. Fab. Ent. Syst. T. III. 2. p. 201. n. 265.

100. Ph. *Pentalineata.* Der fünflinige Zünselfalter. Borkh. T. V. p. 323. * (M.)

101. Ph. *Rubricata.* Der röthelsteinfarbene Zünselfalter. Borkh. T. V. p. 323. Fab. Ent. Syst. T. III. 2. p. 201. n. 264. * (K.)

102. Ph. *Pallidata.* Der weißliche, braungelbstriemige Zünselfalter. Borkh. T. V. p. 325. n. 153. * (K. M.)

103. Ph. *Osseata.* Der beinfarbene, bräunlichstriemige Zünselfalter. Borkh. T. V. p. 326. n. 154. Fab. Ent. Syst. T. III. 2. p. 276. n. 154. * (K. M.)

104. Ph. *Candidata.* Der Rothbuchen-Zünselfalter. Borkh. T. V. p. 327. n. 155. Ph. Immutata. Fab. Ent. Syst. T. III. 2. p. 203. n. 273. * (K. M.)

105. Ph. *Flammeolaria.* Der Flammen-Zünselfalter. Borkh. T. V. p. 328. n. 156. * (K. M.)

106. Ph. *Succenturiata.* Der Obstbaum-Zünselfalter. Borkh. T. V. p. 329. n. 157. Fab. Ent. Syst. T. III. 2. p. 195. n. 241. * (K. M.)

107. Ph. *Innotata.* Der Beifuß-Zünselfalter. Borkh. T. V. p. 332. n. 158. * (M.)

108. Ph. *Scabiosata.* Der Scabiosen-Zünselfalter. Borkh. T. V. p. 336. n. 161. * (K.)

109. Ph. *Mediata.* Der graubraungewässerte, randpunctige Zünselfalter. Borkh. T. V. p. 337. n. 162. * (M.)

110. Ph. *Cervinata.* Der Rosenpappel-Zünselfalter. Borkh. T. V. p. 339. n. 163.

111. Ph. *Mensuraria.* Der Trespen-Zünselfalter. Borkh. T. V. p. 342. n. 164.

112. Ph. *Plagiata.* Der Johannis-Kraut-Zünselfalter. Borkh. T. V. p. 346. n. 166. Ph. Duplicata. Fab. Ent. Syst. T. III. 2. p. 193. n. 234. * (K. M.)

113. Ph. *Bipunctaria.* Der Lülch-Zünselfalter. Borkh. T. V. p. 348. n. 167. Fab. Ent. Syst. T. III. 2. p. 145. n. 58.

114. Ph. *Caprearia.* Der Palmweiden-Zünselfalter. Borkh. T. V. p. 350. n. 168. * (K. M.)

115. Ph. *Caesiata.* Der blaugraue, dunkelstriemige Zünselfalter. Borkh. T. V. p. 351. n. 169. * (K M.)

116. Ph. *Strobilata.* Der Tannzapfen-Zünselfalter. Borkh. T. V. p. 352. n. 170. * (K. M.)

117. Ph. *Cydoniata.* Der Quittenbaum-Zünselfalter. Borkh. T. V. p. 354. n. 171. * (K. M.)

118. Ph. *Rectangulata.* Der Apfelbaum-Zünselfalter. Borkh. T. V. p. 356. n. 172. Fab. Ent. Syst. T. III. 2. p. 195. n. 240.

119. Ph. *Psittacata.* Der Graslinden-Zünselfalter. Borkh. T. V. p. 358. n. 173. Fab. Ent. Syst. T. III. 2. p. 195. n. 238.

120. Ph. *Olivata.* Der olivengrüne Zünselfalter. Borkh. T. V. p. 361. n. 174.

121. Ph. *Moeniaria.* Der veilgraue, braunstreifige Zünselfalter. Borkh. T. V. p. 363. n. 176. Fab. Ent. Syst. T. III. 2. p. 156. n. 97. * (K. M.)

122. Ph. *Chenopodiata.* Der Gänsefuß=Zünselfalter. Borkh. T. V. p. 365. n. 177. Fab. Ent. Syst. T. III. 2. p. 191. n. 227. Panz. F. g. 77. t. 24. excl. Syn. Ph. Mensuraria.

123. Ph. *Comitata.* Der blaßochergelbe, bräunlichstreifige Zünselfalter. Borkh. T. V. p. 368. n. 178. Fab. Ent. Syst. T. III. 2. p. 176. n. 170. excl. Syn. Ph. chenopodiata.

124. Ph. *Associata.* Der ochergelbe, gelbbraunstreifige Zünselfalter. Borkh. T. V. p. 372. n. 189.

125. Ph. *Pinetata.* Der Pechtannen=Zünselfalter. Borkh. T. V. p. 373. n. 181. * (K. M.)

126. Ph. *Sagittata.* Der Pfeil = Zünselfalter. Borkh. T. V. p. 376. n. 182. Fab. Ent. Syst. T. III. 2. p. 199. n. 254.

127. Ph. *Propugnata.* Der graubräunliche, schwarzbraunstreifige Zünselfalter. Borkh. T. V. p. 378. n. 184. Fab. Ent. Syst. T. III. 2. p. 188. n. 214. * (K. M.)

128. Ph. *Designata.* Der aschgraue, rothbraunstreifige Zünselfalter. Borkh. T. V. p. 385. n. 188. * (K. M.)

129. Ph. *Ferrugaria.* Der Vogelkraut=Zünselfalter. Borkh. T. V. p. 387. n. 189. Fab. Ent. Syst. T. III. 2. p. 196. n. 242.

130. Ph. *Spadicearia.* Der ocherbräunliche, rothstreifige Zünselfalter. Borkh. T. V. p. 389. n. 190. * (K. M.)

131. Ph. *Ocellata.* Der Labkraut=Zünselfalter. Borkh. T. V. p. 390. n. 191. * (K. M.)

132. Ph. *Ga-*

132. Ph. *Galiata.* Der Megerkraut-Zünselfalter. Borkh. T. V. p. 393. n. 192.

133. Ph. *Bicolorata.* Der zweifarbige Zünselfalter. Borkh. T. V. p. 396. n. 193.

134. Ph. *Montanata.* Der milchweiße, fahlbraunstreifige Zünselfalter. Borkh. T. V. p. 397. n. 194. * (K. M.)

135. Ph. *Populata.* Der Aespen-Zünselfalter. Borkh. T. V. p. 401. n. 197. Fab. Ent. Syst. T. III. 2. p. 176. n. 168. * (K.)

136. Ph. *Corylata.* Der Haselstrauch-Zünselfalter. Borkh. T. V. p. 402. n. 198. (* K.)

137. Ph. *Russata.* Der zimmetbraune, schwarzstreifige Zünselfalter. Borkh. T. V. p. 405. n. 200. Ph. Centumnotata. Fab. Ent. Syst. T. III. 2. p. 191. n. 228. * (K. M.)

138. Ph. *Prunata.* Der Mirabellen-Zünselfalter. Borkh. T. V. p. 407. n. 201. Fab. Ent. Syst. T. III. 2. p. 178. n. 175.

139. Ph. *Cerasata.* Der Sauerkirsch-Zünselfalter. Borkh. T. V. p. 410. n. 202. * (K. M.)

140. Ph. *Miaria.* Der Maien-Zünselfalter. Borkh. T. V. p. 413. n. 203. Fab. Ent. Syst. T. III. 2. p. 180. n. 183.

141. Ph. *Viridaria.* Der lauchgrüne, schwarzrundfleckige Zünselfalter. Borkh. T. V. p. 416. n. 204. Fab. Ent. Syst. T. III. 2. * (K. M.)

142. Ph. *Rubidata.* Der röthelsteinfarbige schwarzstreifige Zünselfalter. Borkh. T. V. p. 418. n. 205. Fab. Ent. Syst. T. III. 2. p. 180. n. 184.

143. Ph. *Berberata.* Der Sauerdorn-Zünselfalter. Borkh. T. V. p. 420. n. 206. Fab. Ent. Syst. T. III. 2. p. 182. n. 189. * (K.)

144. Ph. *Derivata.* Der Feldrosen-Zünselfalter. Borkh. T. V. p. 421. n. 207. Ph. Fimbriata. Fab. Ent. Syst. T. III. 2. p. 187. n. 212. * (K.)

145. Ph. *Juniperata.* Der Wachholder-Zünselfalter. Borkh. T. V. p. 423. n. 208. *

146. Ph. *Hastata.* Der Birkenbusch-Zünselfalter. Borkh. T. V. p. 426. n. 110. Fab. Ent. Syst. T. III. 2. p. 182. n. 192.

147. Ph. *Tristata.* Der Trauer-Zünselfalter. Borkh. T. V. p. 430. n. 211. Fab. Ent. Syst. T. III. 2. p. 183. n. 193. * (K. M.)

148. Ph. *Sociata.* Der mattschwarze, weißstreifige und mattschwarzliniirte Zünselfalter. Borkh. T. V. p. 432. n. 212.

149. Ph. *Luctuata.* Der schwarz- und weißwechselnde Zünselfalter. Borkh. T. V. p. 435. n. 214. * (K.)

150. Ph. *Fluctuata.* Der Meerrettig-Zünselfalter. Borkh. T. V. p. 438. n. 216. Fab. Ent. Syst. T. III. 2. p. 185. n. 202.

151. Ph. *Rubiginata.* Der schneeweiße, rostgelbfleckige Zünselfalter. Borkh. T. V. p. 441. n. 217. Fab. Ent. Syst. T. III. 2. p. 186. n. 208. * (K. M.)

152. Ph. *Adaequata.* Der trübweiße, graubraunfleckige Zünselfalter. Borkh. T. V. p. 444. n. 218. * (K. M.)

153. Ph. *Centaureata.* Der Flockenblumen-Zünselfalter. Borkh. T. V. p. 446. n. 219. Fab. Ent. Syst. T. III. 2. p. 446. n. 219. * (M.)

154. Ph. *Cucullata.* Der schmutzigweiße, rostbraunstreifige Zünselfalter. Borkh. T. V. p. 447. n. 220. * (K. M.)

155. Ph. *Albicillata.* Der Himbeer-Zünselfalter. Borkh. T. V. p. 451. n. 223. Fab. Ent. Syst. T. III. 2. p. 182. n. 190.

156. Ph. *Adustata.* Der Spillbaum-Zünselfalter. Borkh. T. V. p. 455. n. 242. Fab. Ent. Syst. T. III. 2. p. 187. n. 210. * (K. M.)

157. Ph. *Marginata.* Der Haselstauden-Zünselfalter. Borkh. T. V. p. 457. n. 225. Fab. Ent. Syst. T. III. 2. p. 180. n. 182.

158. Ph. *Decorata.* Der weiße, blaurandmakelige Zünselfalter. Borkh. T. V. p. 460. n. 226. * (M.)

159. Ph. *Ornata.* Der schneeweiße, bräunlichrandfleckige Zünselfalter. Borkh. T. V. p. 462. n. 227. Fab. Ent. Syst. T. III. 2. p. 201. n. 262.

160. Ph. *Conspicuaria.* Der hochgelbe, schwarzgerandete Zünselfalter. Borkh. T. V. p. 465. n. 228. Fab. Ent. Syst. T. III. 2. p. 141. n. 46. * (M.)

161. Ph. *Grossulariata.* Der Stachelbeer-Zünselfalter. Borkh. T. V. p. 467. n. 229. Fab. Ent. Syst. T. III. 2. p. 174. n. 162.

162. Ph. *Melanaria.* Der Schwärzling. Borkh. T. V. p. 473. n. 231. Fab. Ent. Syst. T. III. 2. p. 143. n. 51. Panz. F. g. 42. t. 24. * (M.)

163. Ph. *Maculata.* Der goldgelbe, schwarzfleckige Zünselfalter. Borkh. T. V. p. 475. n. 232. Fab. Ent. Syst. T. III. 2. p. 196. n. 244.

164. Ph. *Auroraria.* Der purpurrothe, gelbfleckige Zünselfalter. Borkh. T. V. p. 477. n. 233. Ph. Variegata. Fab. Ent. Syst. T. III. 2. p. 205. n. 282. * (M.)

165. Ph. *Equestrata.* Der sammetschwarze, oranienfleckige Zünselfalter. Borkh. T. V. p. 480. n. 235. Fab. Ent. Syst. T. III. 2. p. 179. n. 178. Er ist auf dem Riesengebirge keine Seltenheit.

166. Ph. *Chaerophyllata.* Der Kälberkern-Zünselfalter Borkh. T. V. p. 482. n. 236. Fab. Ent. Syst. T. III. 2. p. 184. n. 200.

167. Ph. *griseata.* Der lichtgraue Zünselfalter. Borkh. T. III. p. 484. Ph. *asinata.* Fab. Ent. Syst. T. III. 2. p. 184. n. 199.

168. Ph. *Farinata.* Der bläulichgraue Zünselfalter. Borkh. T. V. p. 486. * (K. M.)

169. Ph. *Dealbata.* Der weiße, unten schwarzaderige Zünselfalter. Borkh. T. V. p. 487. n. 240.

170. Ph. *Nivearia.* Der schneeweiße, unten schwärzliche Zünselfalter. Borkh. T. V. p. 489. n. 242. * (K.)

171. Ph. *Alpinata.* Der Alpen-Zünselfalter. Borkh. T. V. p. 498. n. 249. Ist auf dem Riesengebirge einheimisch.

172. Ph. *Euphorbiata.* Der Wolfsmilch-Zünselfalter. Borkh. T. V. p. 498. n. 250. * (M.)

173. Ph. *Straminata.* Der blaßstrohgelbe, graustreifige Zünselfalter. Borkh. T. V. p. 568. n. 318. * (M.)

174. Ph. *Spartiata.* Der Pfriemenkraut-Zünselfalter. Borkh. T. V. p. 569. n. 319. Fab. Ent. Syst. T. III. 2. p. 181. n. 188. * (M.)

175. Ph. *Pyraliata.* Der Waldstroh-Zünselfalter. Borkh. T. V. p. 501. n. 252. Fab. Ent. Syst. T. III. 2. p. 176. n. 169. Panz. F. g. 77. t. 23.

176. Ph. *Trilinearia.* Der gelbe braunstreifige Zünselfalter. Borkh. T. V. p. 502. n. 253. * (K. M.)

177. Ph. *Vibicaria.* Der Schmeelen-Zünselfalter. Borkh. T. V. p. 503. n. 254. Fab. Ent. Syst. T. III. 2. p. 139. n. 37.

178. Ph. *Aversata.* Der bleiche, braungestrichte Zünselfalter. Borkh T. V. p. 506. n. 255. Fab. Ent. Syst. T. III. 2. p. 183. n. 196.

179. Ph. *Remutata.* Der Zaunwicken-Zünselfalter. Borkh. T. V. p. 508. n. 257. Ph. Centrata. Fab. Ent. Syst. T. III. 2. p. 200. n. 258. * (K. M.)

180. Ph. *Immutata.* Der Ehrenpreis-Zünselfalter. Borkh. T. V. p. 510. n. 258. * (K. M.)

181. Ph. *Incanata.* Der grauliche, wellenschattige Zünselfalter. Borkh. T. V. p. 513. n. 290. * (K. M.)

182. Ph. *Sylvestrata.* Der weißliche, rostbraunstreifige Zünselfalter. Borkh. T. V. p. 516. n. 261. * (K. M.)

183. Ph. *Virgulata.* Der weißgraue, geradschattige Zünselfalter. Borkh. T. V. p. 517. n. 262. * (K. M.)

184. Ph. *nemorata.* Der weißgraue, dunkelaschgraustreifige Zünselfalter. Borkh. T. V. p. 518. n. 263. * (K. M.)

185. Ph. *Moniliata.* Der milchrahmfarbene, perlrandfarbene Zünselfalter. Borkh. T. V. p. 520. n. 265. Fab. Ent. Syst. T. III. 2. p. 196. n. 245. * (K. M.)

186. Ph. *Conjugata.* Der fahlweiße, punktstreifige Zünselfalter. Borkh. T. V. p. 521. n. 265. * (K. M.)

187. Ph. *Scutulata.* Der elfenbeinfarbene, randmakelige Zünselfalter. Borkh. T. V. p. 522. n. 266. Fab. Ent. Syst. T. III. 2. p. 202. n. 271. * (K. M.)

188. Ph. *Bisetata.* Der bürstenfüßige Zünselfalter. Borkh. T. V. p. 524. n. 267. * (K. M.)

189. Ph. *Testata.* Der rothgelbliche Zünselfalter. Borkh. T. V. p. 529. n. 272. * (K.)

190. Ph. *Absinthiata.* Der Wermuth-Zünselfalter. Borkh. T. V. p. 531. n. 275. * (M.)

191. Ph. *Rivulata.* Der schwarzbandirte Zünselfalter. Borkh. T. V. p. 540. n. 285. Fab. Ent. Syst. T. III. 2. p. 189. n. 219. * (K. M.)

192. Ph. *Venosata.* Der aderige Zünselfalter. Borkh. T. V. p. 542. n. 287. * (L.)

193. Ph. *Transversata.* Borkh. T. V. p. 553. n. 306. * (K. M.)

194. Ph. *Dilatata.* Die Furche. Borkh. T. V. p. 557. n. 311.

195. Ph. *Urticata.* Der Nessel-Zünselfalter. Fab. Ent. Syst. T. III. 2. p. 209. n. 299.

196. Ph. *purpuralis.* Der purpurfarbene, gelbstreifige Zünselfalter. Fab. Ent. Syst. T. III. 2. p. 238. n. 413.

197. Ph. *Verticalis.* Der Eiternessel=Zünselfalter. Fab. Ent. Syst. T. III. 2. p. 227. n. 366.

198. Ph. *Farinalis.* Der Mehl=Zünselfalter. Fab. Ent. Syst. T. III. 2. p. 219. n. 336. Panz. F. g. 10. t. 21.

199. Ph. *alpinalis.* Der aschgraue Alpen=Zünselfalter. Fab. Ent. Syst. T. III. 2. p. 228. n. 370.

300. Lithosia. (Flechtenfalter.)

1. L. *Quadra.* Der vierpunctige Flechtenfalter. Fab. Suppl. p. 459. n. 1. Bomb. Quadra. Borkh. T. III. p. 239. n. 76. Panz. F. g. 78. t. 23. 24.

2. L. *Complana.* Der gelbe Flechtenfalter. Fab. Suppl. p. 460. n. 3. Bomb. Complana. Borkh. T. III. p. 243. n. 77.

3. L. *Deplana.* Der lichtgraue Flechtenfalter. Bomb. Deplana. Borkh. T. III. p. 245. n. 78.

4. L. *Lutea.* Der Steinflechten=Flechtenfalter. Fab. Suppl. p. 461. n. 11. Bomb. Luteola. Borkh. T. III. p. 248. n. 81. * (M.)

5. L. *Irrorata.* Der gelbe, schwarzpunctirte Flechtenfalter. Fab. Suppl. p. 461. n. 12. Bomb. Irrorea. Borkh. T. III. p. 253. n. 85. Panz. F. g. 86. t. 24.

6. L. *Perla.* Der mäusefahle, schwarzpunctirte Flechtenfalter. Fab. Suppl. p. 462. n. 14. Bomb. Muscerda. Borkh. T. III. p. 250. n. 83. * (M.)

7. L. *Eborina.* Der weiße, gelbgerandete Flechtenfalter. Fab. Suppl. p. 462. n. 15. Bomb. Eborina. Borkh. T. III. p. 251. n. 84.

8. L. *Unita.* Der Tannen-Flechtenfalter. Bomb. Unita. Borkh. T. III. p. 246. n. 80. Fabricius hält sie für eine Varietät von No. 4, ob mit Recht?

Sollte nicht auch Bombyx rubricollis Fab. zu dieser Gattung gehören?

301. Galleria. (Wabenfalter.)

1. G. *Cereana.* Der Wachs-Wabenfalter. Fab. Suppl. p. 462. n. 1.

302. Crambus. (Schnauzenfalter.)

1. C. *Proboscideus.* Der eigentliche Schnauzenfalter. Fab. Suppl. p. 465. n. 7.

2. C. *Pinguis.* Der Fett-Schnauzenfalter. Fab. Suppl. p. 468. n. 27.

3. C. *Colonum.* Der Colon-Schnauzenfalter. Fab. Suppl. p. 469. n. 32.

4. C. *carneus* Der fleischfarbene Schnauzenfalter. Fab. Suppl. p. 470. n. 35.

5. C. *Pineti.* Der Fichten-Schnauzenfalter. Fab. Suppl. p. 470. n. 37.

6. C. *Culmorum.* Der Halmen-Schnauzenfalter. Fab. Suppl. p. 471. n. 38.

7. C. *Pratorum.* Der Wiesen-Schnauzenfalter. Fab. Suppl. p. 471. n. 39.

8. C. *argenteus.* Der silberne Schnauzenfalter. Fab. Suppl. p. 471. n. 42.

9. C. *Fagi.* Der Buchen-Schnauzenfalter. Fab. Suppl. p. 473. n. 56.

303. PYRALIS. (Wickelfalter.)

1. P. *Prasinaria.* Der Eichen-Wickelfalter. Fab. Ent. Syst. T. III. 2. p. 243. n. 4. Panz. F. g. 10. t. 23. * (K.)

2. P. *Fagana.* Der Buchen-Wickelfalter. Fab. Ent. Syst. T. III. 2. p. 243. n. 5. Panz. F. g. 10. t. 22. * (K.)

3. P. *Viridana.* Der grüne Wickelfalter. Fab. Ent. Syst. T. III. 2. p. 244. n. 7. Panz. F. g. 10. t. 24.

4. P. *clorana.* Der Weiden-Wickelfalter. Fab. Ent. Syst. T. III. 2. p. 244. n. 8. * (K.)

5. P. *bipunctana.* Der zweipunctige Wickelfalter. Fab. Ent. Syst. T. III. 2. p. 250. n. 32. * (K.)

6. P. *Costana.* Der Rippen-Wickelfalter. Fab. Ent. Syst. T. III. 2. p. 252. n. 40. * (K.)

7. P. *Zoegana.* Zöga's Wickelfalter. Fab. Ent. Syst. T. III. 2. p. 265. n. 55.

8. P. *Arcuana.* Der Bogen-Wickelfalter. Fab. Ent. Syst. T. III. 2. p. 256. n. 55. Panz. F. g. 29. t. 23.

9. P. *Buoliana.* Buol's Wickelfalter. Fab. Ent. Syst. T. III. 2. p. 260. n. 75. * (K.)

10. P. *Oporana.* Der Apfelbaum-Wickelfalter. Fab. Ent. Syst. T. III. 2. p. 265. n. 98. * (K.)

11. P. *Niveana.* Der schneeweiße Wickelfalter. Fab. Ent. Syst. T. III. 2. p. 267. n. 108. * (K.)

12. P. *Forskahliana.* Forskahl's Wickelfalter. Fab. Ent. Syst. T. III. 2. p. 273. n. 130. * (K.)

13. P. *Reticulana.* Der netzartig gezeichnete Wickelfalter. Fab. Suppl. p. 479. n. 131.

14. P. *Aurana.* Der goldgefleckte Wickelfalter. Fab. Ent. Syst. T. III. 2. p. 279. n. 154. * (K.)

15. P. *Pomana.* Der Birnen-Wickelfalter. Fab. Ent. Syst. T. III. 2. p. 279. n. 155. * (K.)

16. P. *Schulziana.* Schulze's Wickelfalter. Fab. Ent. Syst. T. III. 2. p. 280. n. 156. * (K.)

17. P. *rivellana.* Der liniirte Wickelfalter. Fab. Ent. Syst. T. III. 2. p. 280. n. 158. * (K.)

18. P. *Schwarziana.* Der Schwarzische Wickelfalter. Panz. F. g. 29. t. 24.

304. Tinea. (Mottenfalter.)

1. T. *Evonymella.* Der Spillbaum-Mottenfalter. Fab. Ent. Syst. T. III. 2. p. 289. n. 12. Suppl. p. 481. n. 5.

2. T. *Perlella.* Der perlfarbene Mottenfalter. Fab. Ent. Syst. T. III. 2. p. 292. n. 21.

3. T. *Salicella.* Der Weiden-Mottenfalter. Fab. Ent. Syst. T. III. 2. p. 301. n. 62.

4. T. *Foenella.* Der Heu-Mottenfalter. Fab. Ent. Syst. T. III. 2. p. 302. n. 65.

5. T. *Crataegella.* Der Hagedorn-Mottenfalter. Fab. Ent. Syst. T. III. 2. p. 302. n. 66.

6. T. *Pellionella.* Der Pelz-Mottenfalter. Fab. Ent. Syst. T. III. 2. p. 304. n. 73. Suppl. p. 490. n. 53.

7. T. *Vestianella.* Der Tuch-Mottenfalter. Fab. Ent. Syst. T. III. 2. p. 304. n. 74. Suppl. p. 490. n. 54.

8. T. *Sarcitella.* Der Kleider-Mottenfalter. Fab. Ent. Syst. T. III. 2. p. 304. n. 75. Suppl. p. 490. n. 55.

9. T. *Mellonella.* Der Honig-Mottenfalter. Fab. Ent. Syst. T. III. 2. p. 305. n. 79.

10. T. *Strobilella.* Der Tannenzapfen-Mottenfalter. Fab. Ent. Syst. T. III. 2. p. 310. n. 101. Suppl. p. 488. n. 39.

11. T. *Viridella.* Der grüne Mottenfalter. Fab. Ent. Syst. T. III. 2. p. 312. n. 109. Suppl. p. 487. n. 37.

12. T. *Gemella.* Der silberwolkige Mottenfalter. Fab. Ent. Syst. T. III. 2. p. 315. n. 124. Suppl. p. 485. n. 24.

13. T. *Fyeslella.* Fueßlys-Mottenfalter. Fab. Ent. Syst. T. III. 2. p. 318. n. 138. Suppl. p. 493. n. 72.

14. T. *Granella.* Der Korn-Mottenfalter. Fab. Suppl. p. 494. n. 74.

305. ALUCITA. (Lichtfalter.)

1. A. *Asperella.* Der rauhe Lichtfalter. Fab. Ent. Syst. T. III. 2. p. 336. n. 21.

2. A. *Swammerdamella.* Swammerdamms Lichtfalter. Fab. Ent. Syst. T. III. 2. p. 338. n. 31.

3. A. *Frischella.* Frischens Lichtfalter. Fab. Ent. Syst. T. III. 2. p. 339. n. 35.

4. A. *Calthella.* Der gemeine Kuhblumen-Lichtfalter. Fab. Ent. Syst. T. III. 2. p. 340. n. 37.

5. A. *Degeerella.* Degeers Lichtfalter. Fab. Ent. Syst. T. III. 2. p. 341. n. 40.

6. A. *Cuprella.* Die kupferfarbene Lichtmotte. Fab. Ent. Syst. T. III. 2. p. 342. n. 45.

7. A. *Oppositella.* Die gelbpunctirte Lichtmotte. Fab. Ent. Syst. T. III. 2. p. 344. n. 53.

306. Pterophorus. (Federfalter.)

1. Pt. *Didactylus.* Der zweigliederige Federfalter. Fab. Ent. Syst. T. III. 2. p. 345. n. 3.

2. Pt. *Tridactylus.* Der dreigliederige Federfalter. Fab. Ent. Syst. T. III. 2. p. 346. n. 6.

3. Pt. *Pterodactylus.* Der ziegelfarbige Federfalter. Fab. Ent. Syst. T. III. 2. p. 347. n. 9.

4. Pt. *Pentadactylus.* Der fünfgliederige Federfalter. Fab. Ent. Syst. T. III. 2. p. 348. n. 12.

5. Pt. *Hexadactylus.* Der sechsgliederige Federfalter. Fab. Ent. Syst. T. III. 2. p. 349. n. 13.

XII. R y n g o t a.

(Hemiptera Lin.)

307. Fulgora. (Leuchtzirpe.)

1. F. *europaea.* Die Europäische Leuchtzirpe. Fab. Ent. Syst. T. IV. p. 6. n. 19. Panz. F. g. 20. t. 16.

308. Membracis. (Waffenzirpe.)

1. M. *aurita.* Die geöhrte Waffenzirpe. Fab. Ent. Syst. T. IV. p. 11. n. 15. Panz. F. g. 50. t. 18.

2. M. *cornuta.* Die gehörnte Waffenzirpe. Fab. Ent. Syst. T. IV. p. 14. n. 22. Panz. F. g. 50. t. 19.

309. Cicada. (Hüpfzirpe.)

1. C. *interrupta.* Die unterbrochengestreifte Hüpfzirpe. Fab. Ent. Syst. T. IV. p. 36. n. 38. Panz. F. g. 32. t. 8.

2. C. *viridis.* Die grüne Hüpfzirpe. Fab. Ent. Syst. T. IV. p 37. n. 43. Panz. F. g. 32. t. 9.

3. C. *Lanio.* Die fleischfarbene Hüpfzirpe. Fab. Ent Syst. T. IV. p. 38. n. 50. Panz. F. g 32. t. 10. 6. t. 23. icon mala.

4. C. *mixta.* Die gelb und schwarz gemischte Hüpfzirpe. Fab. Ent. Syst. T. IV. p. 39. n. 54. * (K.)

5. C. *nervosa.* Die nervige Hüpfzirpe. Fab. Ent. Syst. T. IV. p. 42. n. 64. Cercopis Dionysii. Panz. F. g. 34. t. 24.?

310. Delphax. (Dickhornzirpe.)

1. D. *crassicornis.* Die eigentliche Dickhornzirpe. Fab. Suppl. p. 522. n. 1. Cicada crassicornis. Panz. F. g. 35. t. 19.

2. D. *clavicornis.* Die keulenhörnige Dickhornzirpe. Fab. Suppl. p. 522. n. 2.

311. Cercopis. (Schnellzirpe.)

1. C. *sanguinolenta.* Die blutrothgefleckte Schnellzirpe. Fab. Ent. Syst. T. IV. p. 49. n. 6. Membracis sanguinolenta. Panz. F. g. 33. t. 12.

2. C. *spumaria.* Die Schaum = Schnellzirpe. Fab. Ent. Syst. T. IV. n. 51.

3. C. *leucocephala.* Die weißköpfige Schnellzirpe. Fab. Ent. Syst. T. IV. p. 52. n. 22. Cicada lateralis. Panz. F. g. 6. t. 24.?

4. C. *coleoptrata.* Die käferartige Schnellzirpe. Fab. Ent. Syst. T. IV. p. 53. n. 26. Panz. F. g. 2. t. 11. * (N.)

5. C. *immaculata.* Die ungefleckte Schnellzirpe. Fab. Ent. Syst. T. IV. p. 54. n. 29. * (N.)

6. C. *rustica.* Die Feld-Schnellzirpe. Fab. Ent. Syst. T. IV. p. 54. n. 33.

7. C. *bifasciata.* Die zweibindige Schnellzirpe. Fab. Ent. Syst. T. IV. p. 56. n. 40. * (K.)

8. C. *striatella.* Die gestreifte Schnellzirpe. Fab. Ent. Syst. T. IV. p. 56. n. 43. * (N.)

9. C. *Populi.* Die Pappel-Schnellzirpe. Fab. Ent. Syst. T. IV. n. 45. * (K. N.)

312. NOTONECTA. (Rückenwanze.)

1. N. *glauca.* Die graue Rückenwanze. Fab. Ent. Syst. T. IV. p. 57. n. 1. Panz. F. g. 3. t. 20.

2. N. *furcata.* Die gabeltge Rückenwanze. Fab. Ent. Syst. T. IV. p. 58. n. 2. * (K.)

313. SIGARA. (Ruderwanze.)

1. S. *striata.* Die gestrichelte Ruderwanze. Fab. Ent. Syst. T. IV. p. 60. n. 2. Panz. F. g. 50. t. 23.

314. NEPA. (Fangwanze.)

1. N. *cinerea.* Die aschfarbene Fangwanze. Fab. Ent. Syst. T. IV. p. 63. n. 7.

315. RANATRA. (Schweifwanze.)

1. R. *linearis.* Die linienförmige Schweifwanze. Fab. Ent. Syst. T. IV. p. 64. n. 2.

316. NAUCORIS. (Wasserwanze.)

1. N. *cimicioides.* Die wanzenartige Wasserwanze. Fab. Ent. Syst. T. IV. p. 66. n. 1.

317. ACANTHIA. (Plattwanze.)

1. A. *lectularia.* Die Bett-Plattwanze. Fab. Ent. Syst. T. IV. p. 67. n. 1.

2. A. *flavipes.* Die gelbfüßige Blattwanze. Fab. Ent. Syst. T. IV. p. 68. n. 3. * (N.)

3. A. *atra.* Die schwarze Plattwanze. Fab. Ent. Syst. T. IV. p. 68. n. 4.

4. A. *grylloides.* Die grillenartige Plattwanze. Fab. Ent. Syst. T. IV. p. 69. n. 6. * (N.)

5. A. *clavicornis.* Die keulenhörnige Plattwanze. Fab. Ent. Syst. T. IV. p. 70. n. 10. Panz. F. g. 23. t. 23.

6. A. *littoralis.* Die Ufer-Plattwanze. Fab. Ent. Syst. T. IV. p. 72. n. 18. * (N.)

7. A. *corticalis.* Die Rinden-Plattwanze. Fab. Ent. Syst. T. IV. p. 72. * (K.)

8. A. *depressa.* Die platte Plattwanze. Fab. Ent. Syst. T. IV. p. 72. n. 22. * (N.)

9. A. *laevis.* Die glatte Plattwanze. Fab. Ent. Syst. T. IV. p. 73. n. 25. * (N.)

10. A. *Cardui.* Die Distel-Plattwanze. Fab. Ent. Syst. T. IV. p. 77. n. 42. Panz. F. g. 3. t. 24.

318. CIMEX. (Wanze.)

1. C. *Cerinthe.* Die Wachsblumen-Wanze. Fab. Ent. Syst. T. IV. p. 82. n. 9. * (K.)

2. C. *nigrolineatus.* Die schwarzlinirte Wanze. Fab. Ent. Syst. T. IV. p. 85. n. 22. Panz. F. g. 1. t. 2.

3. C. *maurus.* Die mauritanische Wanze. Fab. Ent. Syst. T. IV. p. 87. n. 30.

4. C. *scarabaeoides.* Die mistkäferartige Wanze. Fab. Ent. Syst. T. IV p. 89. n. 37. Panz. F. g. 36. t. 23.

5. C. *bidens.* Die zweizähnige Wanze. Fab. Ent. Syst. T. IV. p. 93. n. 54. Wolfs Wanzen 1. t. 1. f. 7. * (M. K.)

6. C. *rufipes.* Die rothfüßige Wanze. Fab. Ent. Syst. T. IV. p. 93. n. 56. Wolf 1. t. 1. f. 9.

7. C. *nigricornis.* Die schwarzhörnige Wanze. Fab. Ent. Syst. T. IV. p. 94. * (M. K.)

8. C. *nigrispinus.* Die schwarzdornige Wanze. Fab. Ent. Syst. T. IV. p. 95. n. 60. * (K.)

9. C. *punctatus.* Die punctirte Wanze. Fab. Ent. Syst. T. IV. p. 95. n. 62. * (K.)

10. C. *haemorrhoidalis.* Die rothafterige Wanze. Fab. Ent. Syst. T. IV. p. 98. n. 76. Wolf 1. t. 1. f. 10.

11. C. *prasinus.* Die prasemgrüne Wanze. Fab. Ent. Syst. T. IV. p. 109. n. 111. Wolfs Wanzen 2. t. 6. f. 49.

12. C. *dissimilis.* Die unähnliche Wanze. Fab. Ent. Syst. T. IV. p. 109. n. 112. Panz. F. g. 33. t. 15.

13. C. *juniperinus.* Die Wachholderstauden-Wanze. Fab. Ent. Syst. T. IV. p. 109. n. 113. Panz. F. g 33. t. 16.

14. C. *achatinus.* Die Achat-Wanze. Fab. Ent. Syst. T. IV. p. 114. n. 133. Wolf 2. t. 6. f. 55.

15. C. *lituratus.* Die gestrichelte Wanze. Fab. Ent. Syst. T. IV. p. 114. n. 134. Panz. F. g. 40. t. 19.

16. C. *griseus.* Die graue Wanze. Fab. Ent. Syst. T. IV. p. 116. n. 140. Panz. F. g. 33. t. 19.

17. C. *baccarum.* Die Beeren-Wanze. Fab. Ent. Syst. T. IV. p. 117. n. 144. Panz. F. g. 33. t. 20.

18. C. *orna-*

18. C. *ornatus*. Die geschmückte Wanze. Fab. Ent. Syst. T. IV. p. 118. n. 150. Panz. F. g. 33. t. 21.

19. C. *festivus*. Die zierliche Wanze. Fab. Ent. Syst. T. IV. p. 118. n. 151. Panz. F. g. 6. t. 19. * (K.)

20. C. *bicolor*. Die zweifarbige Wanze. Fab. Ent. Syst. T. IV. p. 121. n. 161. Panz. F. g. 32. t. 11.

21. C. *oleraceus*. Die Gemüs-Wanze. Fab. Ent. Syst. T. IV. p. 121. n. 162. Panz. F. g. 32. t 12.

22. C. *biguttatus*. Die zweigetropfte Wanze. Fab. Ent. Syst. T. IV. p. 122. n. 164. Panz. F. g. 32. t. 13.

23. C. *caeruleus*. Die blaue Wanze. Fab. Ent. Syst. T. IV. p. 123. n. 166. Panz. F. g. p. 123. n. 166.

24. C. *albomarginellus*. Die weißgerandete Wanze. Fab. Ent. Syst. T. IV. p. 123. n. 167. Panz. F. g. 33. t. 22. * (K.)

25. C. *Morio*. Die Mohrenwanze. Fab. Ent. Syst. T. IV. p. 124. n. 171. Panz. F. g. 32. t. 15. * (K.)

26. C. *acuminatus*. Die gespitzte Wanze. Fab. Ent. Syst. T. IV. p. 126. n. 179. Panz. F. g. 32. t. 17.

319. Coreus. (Randwanze.)

1. C. *marginatus*. Die gerandete Randwanze. Fab. Ent. Syst. T. IV. p. 126. n. 1.

2. C. *Scapha*. Die kahnähnliche Randwanze. Fab. Ent. Syst. T. IV. p. 127. n. 2. Wolf 2. t. 7. f. 66.

3. C. *Venator*. Die Jäger-Randwanze. Fab. Ent. Syst. T. IV. p. 128. n. 4. * (N.)

4. C. *quadratus*. Die viereckige Randwanze. Fab. Ent. Syst. T. IV. p. 132. n. 20. Wolf 2. t. 7. f. 67.

320. Lygaeus. (Langwanze.)

1. L. *dentator.* Die gezahnte Langwanze. Fab. Ent. Syst. T. IV. p. 138. n. 13. * (N.)

2. L. *equestris.* Die Ritter-Langwanze. Fab. Ent. Syst. T. IV. p. 147. n. 43. Panz. F. g. 79. t. 19.

3. L. *Hyoscyami.* Die Bilsenkraut-Langwanze. Fab. Ent. Syst. T. IV. p. 149. n. 47. Panz. F. g. 79. t. 21.

4. L. *familiaris.* Die gesellige Langwanze. Fab. Ent. Syst. T. IV. p. 149. n. 48. Panz. F. g. 79. t. 20. * (N.)

5. L. *apterus.* Die ungeflügelte Langwanze. Fab. Ent. Syst. T. IV. p. 161. n. 90. Mikan Ent. Beobacht. p. 25.

6. L. *nugax.* Die scherzhafte Langwanze. Fab. Ent. Syst. T. IV. p. 162. n. 93.

7. L. *calcaratus.* Die gespornte Langwanze. Fab. Ent. Syst. T. IV. p. 162. n. 94. * (N.)

8. L. *Pini.* Die Fichten-Langwanze. Fab. Ent. Syst. T. IV. p. 163. n. 97.

9. L. *sylvaticus.* Die Wald-Langwanze. Fab. Ent. Syst. T. IV. p. 163. n. 98. * (K.)

10. L. *Rolandri.* Die Rolandersche Langwanze. Fab. Ent. Syst. T. IV. p. 164. n. 99. * (N.)

11. L. *luscus.* Die einäugige Langwanze. Fab. Ent. Syst. T. IV. p. 165. n. 103. * (N.)

12. L. *lynceus.* Die Luchs-Langwanze. Fab. Ent. Syst. T. IV. p. 166. n. 107.

13. L. *podagricus.* Die Podagra-Langwanze. Fab. Ent. Syst. T. IV. p. 167. n. 111. (N. K.)

14. L. *magnicornis.* Die großhörnige Langwanze. Fab. Ent. Syst. T. IV. p. 168. n. 112. * (K.)

15. L. *chiragra.* Die Chiragra=Langwanze. Fab. Ent. Syst. T. IV. p. 168. n. 113. * (N.)

16. L. *crassicornis.* Die dickhörnige Langwanze. Fab. Ent. Syst. T. IV. p. 168. n. 114.

17. L. *capitatus.* Die köpfige Langwanze. Fab. Ent. Syst. T. IV. p. 169. n. 118.

18. L. *tunicatus.* Die häutige Langwanze. Fab. Ent. Syst. T. IV. p. 170. n. 121. * (N. K.)

19. L. *Coryli.* Die Haselstauden=Langwanze. Fab. Ent. Syst. T. IV. p. 171. n. 123. * (N.)

20. L. *campestris.* Die Feld=Langwanze. Fab. Ent. Syst. T. IV. p. 171. n. 125. * (N.)

21. L. *pratensis.* Die Wiesen=Langwanze. Fab. Ent. Syst. T. IV. p. 171. n. 126.

22. L. *quadripunctatus.* Die vierpunctige Langwanze. Fab. Ent. Syst. T. IV. p. 172. n. 128. * (N.)

23. L. *bipunctatus.* Die zweipunctige Langwanze. Fab. Ent. Syst. T. IV. p. 172. n. 129.

24. L. *ferrugatus.* Die rostbraune Langwanze. Fab. Ent. Syst. T. IV. p. 173. n. 132.

25. L. *striatellus.* Die gestrichelte Langwanze. Fab. Ent. Syst. T. IV. p. 173. n. 133.

26. L. *nassatus.* Die plattgedrückte Langwanze. Fab. Ent. Syst. T. IV. p. 174. n. 136. * (N.)

27. L. *Populi.* Die Pappel=Langwanze. Fab. Ent. Syst. T. IV. p. 174. n. 138. * (N.)

28. L. *sexguttatus.* Die sechsgetropfte Langwanze. Fab. Ent. Syst. T. IV. p. 174. n. 139. * (N.)

29. L. *leucocephalus.* Die weißköpfige Langwanze. Fab. Ent. Syst. T. IV. p. 175. n. 140. * (N.)

30. L. *elatus.* Die erhabene Langwanze. Fab. Ent. Syst. T. IV. p. 176. n. 148. * (K. N.)

31. L. *ater.* Die schwarze Langwanze. Fab. Ent. Syst. T. IV. p. 177. n. 149. * (N.)

32. L. *Schach.* Die Schach-Langwanze. Fab. Ent. Syst. T. IV. p. 177. n. 151. * (N.)

33. L. *unifasciatus.* Die eingebänderte Langwanze. Fab. Ent. Syst. T. IV. p. 178. n. 153. * (N.)

34. L. *flavovarius.* Die gelbscheckige Langwanze. Fab. Ent. Syst. T. IV. p. 178. n. 154. * (N.)

35. L. *flavicollis.* Die gelbhalsige Langwanze. Fab. Ent. Syst. T. IV. p. 178. n. 156. * (N.)

36. L. *seticornis.* Die borstenhörnige Langwanze. Fab. Ent. Syst. T. IV. p. 179. n. 160. * (N.)

37. L. *capillaris.* Die haarförmige Langwanze. Fab. Ent. Syst. T. IV. p. 180. n. 161.

38. L. *gothicus.* Die Gothländische Langwanze. Fab. Ent. Syst. T. IV. p. 180. n. 162. * (N.)

39. L. *tricolor.* Die dreifarbige Langwanze. Fab. Ent. Syst. T. IV. p. 181. n. 167. * (N.)

40. L. *flavomaculatus.* Die gelbgefleckte Langwanze. Fab. Ent. Syst. T. IV. p. 182. n. 169. * (N.)

41. L. *nemorum.* Die Busch-Langwanze. Lin. Syst. Nat. Ed. Gm. T. I. p. 2176. n. 91. * (N.)

321. Miris. (Borstenwanze.)

1. M. *dolabratus.* Die Hobel-Borstenwanze. Fab. Ent. Syst. T. IV. p. 183. n. 1. * (N.)

2. M. *laevigatus.* Die glänzende Borstenwanze. Fab. Ent. Syst. T. IV. p. 184. n. 2. * (N.)

3. M. *holsatus.* Die Holsteiner Borstenwanze. Fab. Ent. Syst. T. IV. p. 184. n. 4.

4. M. *pabulinus.* Die Futter-Borstenwanze. Fab. Ent. Syst. T. IV. p. 184. n. 5. * (K.)

5. M. *vagans.* Die herumschweifende Borstenwanze. Fab. Ent. Syst. T. IV. p. 185. n. 11. * (N. K.)

6. M. *striatus.* Die gestrichelte Borstenwanze. Fab. Ent. Syst. T. IV. p. 186. n. 14. * (K.)

7. M. *Abietis.* Die Fichten-Borstenwanze. Fab. Ent. Syst. T. IV. p. 187. n. 15. * (K.)

8. M. *Ulmi.* Die Ulmen-Borstenwanze. Fab. Ent. Syst. T. IV. p. 187. n. 16.

322. Gerris. (Schreitwanze.)

1. G. *lacustris.* Die Teich-Schreitwanze. Fab. Ent. Syst. T. IV. p. 187. n. 1.

2. G. *paludum.* Die Sumpf-Schreitwanze. Fab. Ent. Syst. T. IV. p. 188. n. 2.

3. G. *cursitans.* Die hurtig laufende Schreitwanze. Fab. Ent. Syst. T. IV. p. 192. n. 17. (K.)

4. G. *clavipes.* Die keulenfüßige Schreitwanze. Fab. Ent. Syst. T. IV. p. 192. n. 20. * (K.)

5. G. *currens.* Die laufende Schreitwanze. Fab. Ent. Syst. T. IV. p. 193. n. 22. * (K.)

323. Reduvius. (Schnabelwanze.)

1. R. *personatus.* Die verlarvte Schnabelwanze. Fab. Ent. Syst. T. IV. p. 194. n. 2. Panz. F. g. 88. t. 22.

2. R. *annulatus*. Die geringelte Schnabelwanze. Fab. Ent. Syst. T. IV. p. 197. n. 16. Panz. F. g. 88. t. 23.

3. R. *cruentus*. Die blutrothe Schnabelwanze. Fab. Ent. Syst. T. IV. p. 198. n. 18. Panz. F. g. 88. t. 24. * (K. N.)

4. R. *albipes*. Die weißfüßige Schnabelwanze. Fab. Ent. Syst. T. IV. p. 205. n. 43.

324. PULEX. (Floh.)

1. P. *irritans*. Der gemeine Floh. Fab. Ent. Syst. T. IV. p. 209. n. 1.

325. APHIS. (Blattlauswanze.)

1. A. *longirostris*. Die langschnabelige Blattlauswanze. Fab. Ent. Syst. T. IV. p. 210. n. 1. Ich habe sie immer nur an solchen Bäumen gefunden, an denen Ameisenhaufen sich befinden.

2. A. *Lychnidis*. Die Marienröslein-Blattlauswanze. Fab. Ent. Syst. T. IV. p. 210. n. 2.

3. A. *Capreae*. Die Saalweiden-Blattlauswanze. Fab. Ent. Syst. T. IV. p. 211. n. 3.

4. A. *Sambuci*. Die Hohlunder-Blattlauswanze. Fab. Ent. Syst. T. IV. p. 211. n. 4.

5. A. *Solidago*. Die Goldruthen-Blattlauswanze. Fab. Ent. Syst. T. IV. p. 211. n. 5.

6. A. *Cerasi*. Die Kirschbaum-Blattlauswanze. Fab. Ent. Syst. T. IV. p. 211. n. 6.

7. A. *Ribis*. Die Johannis-Beerstauden-Blattlauswanze. Fab. Ent. Syst. T. IV. p. 211. n. 7.

8. A. *Aparines*. Die Klebekraut-Blattlauswanze. Fab. Ent. Syst. T. IV. p. 212. n. 10.

9. A. *Rumicis.* Die Ampfer = Blattlauswanze. Fab. Ent. Syst. T. IV. p. 213. n. 12.

10. A. *Pruni.* Die Pflaumenbaum=Blattlauswanze. Fab. Ent. Syst. T. IV. p. 213. n. 14.

11. A. *Achilleae.* Die (weißfüßige) Schafgarben=Blattlauswanze. Fab. Ent. Syst. T. IV. p. 213. n. 15.

12. A. *Cardui.* Die Distel=Blattlauswanze. Fab. Ent. Syst. T. IV. p. 213. n. 16.

13. A. *Millefolii.* Die (schwarzfüßige) Schafgarben=Blattlauswanze. Fab. Ent. Syst. T. IV. p. 214. n. 17.

14. A. *Nympheae.* Die Seeblumen=Blattlauswanze. Fab. Ent. Syst. T. IV. p. 214. n. 18.

15. A. *Corni.* Die Hartriegel=Blattlauswanze. Fab. Ent. Syst. T. IV. p. 214. n. 19.

16. A. *Absinthii.* Die Wermuth=Blattlauswanze. Fab. Ent. Syst. T. IV. p. 214. n. 20.

17. A. *Evonymi.* Die Spillenbaum=Blattlauswanze. Fab. Ent. Syst. T. IV. p. 214. n. 21.

18. A. *Avenae.* Die Hafer = Blattlauswanze. Fab. Ent. Syst. T. IV. p. 114. n. 22.

19. A. *Fraxini.* Die Aeschen=Blattlauswanze. Fab. Ent. Syst. T. IV. p. 215. n. 23.

20. A. *Fagi.* Die Buchen=Blattlauswanze. Fab. Ent. Syst. T. IV. p. 215. n. 24.

21. A. *Betulae.* Die Birken = Blattlauswanze. Fab. Ent. Syst. T. IV. p. 215. n. 25.

22. A. *Alni.* Die Erlen=Blattlauswanze. Fab. Ent. Syst. T. IV. p. 215. n. 26.

23. A. *populi.* Die Aespen=Blattlauswanze. Fab. Ent. Syst. T. IV. p. 215. n. 27.

24. A. *Opuli.* Die Kalinkebeerstrauch-Blattlauswanze. Fab. Ent. Syst. T. IV. p. 216. n. 28.

25. A. *Mali.* Die Apfelbaum-Blattlauswanze. Fab. Ent. Syst. T. IV. p. 216. n. 29.

26. A. *Rosae.* Die Rosenstrauch-Blattlauswanze. Fab. Ent. Syst. T. IV. p. 216. n. 30.

27. A. *Picridis.* Die Wurmblumen-Blattlauswanze. Fab. Ent. Syst. T. IV. p. 216. n. 32.

28. A. *Aegopodii.* Die Giersch-Blattlauswanze. Fab. Ent. Syst. T. IV. p. 217. n. 33.

29. A. *Dauci.* Die Möhren-Blattlauswanze. Fab. Ent. Syst. T. IV. p. 217. n. 34.

30. A. *Urticae.* Die Brennnessel-Blattlauswanze. Fab. Ent. Syst. T. IV. p. 217. n. 35.

31. A. *Tanaceti.* Die Rainfarn-Blattlauswanze. Fab. Ent. Syst. T. IV. p. 217. n. 36.

32. A. *Ulmi.* Die Ulmen-Blattlauswanze. Fab. Ent. Syst. T. IV. p. 217. n. 37.

33. A. *Papaveris.* Die Mohn-Blattlauswanze. Fab. Ent. Syst. T. IV. p. 218. n. 38.

34. A. *Tiliae.* Die Linden-Blattlauswanze. Fab. Ent. Syst. T. IV. p. 218. n. 39.

35. A. *Juniperi.* Die Wachholderstrauch-Blattlauswanze. Fab. Ent. Syst. T. IV. p. 218. n. 40.

36. A. *Brassicae.* Die Kohl-Blattlauswanze. Fab. Ent. Syst. T. IV. p. 218. n. 41.

37. A. *Roboris.* Die Eichen-Blattlauswanze. Fab. Ent. Syst. T. IV. p. 218. n. 42.

38. A. *Pini.* Die Kieferast-Blattlauswanze. Fab. Ent. Syst. T. IV. p. 219. n. 44.

39. A. *Pineti.* Die Kieferblätter=Blattlauswanze. Fab. Ent. Syst. T. IV. p. 219. n. 45.

40. A. *Salicis.* Die Weiden=Blattlauswanze. Fab. Ent. Syst. T. IV. p. 219. n. 47.

41. A. *Acetosae.* Die Sauerampfer=Blattlauswanze. Fab. Ent. Syst. T. IV. p. 220. n. 49.

42. A. *Viciae.* Die Vogelwicken=Blattlauswanze. Fab. Ent. Syst. T. IV. p. 220. n. 51.

43. A. *Sonchi.* Die Gänsedistel=Blattlauswanze. Fab. Ent. Syst. T. IV. p. 220. n. 53.

326. Chermes. (Blattflohwanze.)

1. Ch. *graminis.* Die Gras=Blattflohwanze. Fab. Ent. Syst. T. IV. p. 221. n. 1.

2. Ch. *Ulmi.* Die Ulmen=Blattflohwanze. Fab. Ent. Syst. T. IV. p. 221. n. 2.

3. Ch. *Pyri.* Die Birnbaum=Blattflohwanze. Fab. Ent. Syst. T. IV. p. 221. n. 3.

4. Ch. *Cerastii.* Die Hornkraut=Blattflohwanze. Fab. Ent. Syst. T. IV. p. 221. n. 4.

5. Ch. *Fagi.* Die Buchen=Blattflohwanze. Fab. Ent. Syst. T. IV. p. 222. n. 6.

6. Ch. *Sorbi.* Die Abreschbaum=Blattflohwanze. Fab. Ent. Syst. T. IV. p. 222. n. 7.

7. Ch. *Calthae.* Die Dotterblumen=Blattflohwanze. Fab. Ent. Syst. T. IV. p. 222. n. 9.

8. Ch. *Urticae.* Die Brennnessel=Blattflohwanze. Fab. Ent. Syst. T. IV. p. 222. n. 10.

9. Ch. *Betulae.* Die Birken=Blattflohwanze. Fab. Ent. Syst. T. IV. p. 222. n. 11.

10. Ch. *Alni.* Die Erlen-Blattflohwanze. Fab. Ent. Syst. T. IV. p. 223. n. 12.

11. Ch. *Abietis.* Die Fichten-Blattflohwanze. Fab. Ent. Syst. T. IV. p. 223. n. 13.

12. Ch. *Salicis.* Die Weiden-Blattflohwanze. Fab. Ent. Syst. T. IV. p. 223. n. 14.

13. Ch. *Fraxini.* Die Aeschen-Blattflohwanze. Fab. Ent. Syst. T. IV. p. 223. n. 15.

327. Coccus. (Schildwanze.)

1. C. *Coryli.* Die Haselnuß-Schildwanze. Fab. Ent. Syst. T. IV. p. 325. n. 11.

2. C. *Cupreae.* Die Weiden-Schildwanze. Fab. Ent. Syst. T. IV. p. 226. n. 17.

3. C *polonicus.* Die Polnische Schildwanze. Fab. Ent. Syst. T. IV. p. 227. n. 25.

4. C. *dubius.* Die zweifelhafte Schildwanze. Fab. Ent. Syst. T. IV. p. 228. n. 27. Panz. F. g. 35. t. 21. Häufig an der Urtica dioica.

5. C. *alpinus.* Die Alpen-Schildwanze. So nenne ich vorläufig eine Art Coccus (ich zweifle, ob sie zu dieser Gattung gehört), die sehr häufig auf der Riesenkoppe in der Höhe an den Wurzeln des Hieracii alpini gefunden wird, die ich aber nicht zu beschreiben wage. Sie ist weiß, die Hälfte kleiner, mehr rund, als die vorige, und die Füße sind rostfarbig.

328. Thrips. (Blasenwanze.)

1. Th. *physapus.* Die blasenfüßige Blasenwanze. Fab. Ent. Syst. T. IV. p. 539. n. 1.

2. Th. *juniperina.* Die Wachholder-Blasenwanze. Fab. Ent. Syst. T. IV. p. 228. n. 2.

3. Th. *Ulmi.* Die Ulmen-Blasenwanze. Fab. Ent. Syst. T. IV. p. 229. n. 3.

4. Th. *Urticae.* Die Nessel-Blasenwanze. Fab. Ent. Syst. T. IV. p. 229. n. 4.

Ich zweifle gar nicht, daß auch
Th. *fasciata* und
Th. *minutissima* bei uns einheimisch seyn können; da ich sie aber noch nicht entdeckt habe, so wollte ich sie nicht mit Gewißheit aufführen.

XIII. ANTLIATA.

(Diptera Lin.)

329. OESTRUS. (Bremsfliege.)

1. O. *Bovis.* Die Ochsen-Bremsfliege. Fab. Ent. Syst. T. IV. p. 231. n. 3.

2. O. *Vituli.* Die Kälber-Bremsfliege. Fab. Ent. Syst. T. IV. p. 231. n. 4.

3. O. *Equi.* Die Pferde-Bremsfliege. Fab. Ent. Syst. T. IV. p. 232. n. 7.

4. O. *Ovis.* Die Schaf-Bremsfliege. Fab. Ent. Syst. T. IV. p. 232. n. 8.

330. TIPULA. (Schnackenfliege.)

1. T. *speciosa.*

2. T. *pectinicornis.* Die kammhörnige Schnackenfliege. Fab. Ent. Syst. T. IV. p. 233. n. 1.

3. T. *rivosa.* Die gebächelte Schnackenfliege. Fab. Ent. Syst. T. IV. p. 233. n. 2.

4. T. *crocata.* Die saffranfarbene Schnackenfliege. Fab. Ent. Syst. T. IV. p. 234. n. 5.

5. T. *flaveolata.* Die gelbliche Schnackenfliege. Fab. Ent. Syst. T. IV. p. 234. n. 6. * (K.)

6. T. *hortorum.* Die Garten=Schnackenfliege. Fab. Ent. Syst. T. IV. p. 235. n. 7.

7. T. *oleracea.* Die Gemüse=Schnackenfliege. Fab. Ent. Syst. T. IV. p. 235. n. 8.

8. T. *lunata.* Die mondförmig gezeichnete Schnakkenfliege. Fab. Ent. Syst. T. IV. p. 236. n. 13. * (K.)

9. T. *turcica.* Die Türkische Schnackenfliege. Fab. Ent. Syst. T. IV. p. 237. n. 14.

10. T. *pratensis.* Die Wiesen=Schnackenfliege. Fab. Ent. Syst. T. IV. p. 237. n. 15.

11. T. *plumbea.* Die bleifarbene Schnackenfliege. Fab. Ent. Syst. T. IV. p. 238. n. 19.

12. T. *atrata.* Die dunkelschwarze Schnackenfliege. Fab. Ent. Syst. T. IV. p. 238. n. 22.

13. T. *nigra.* Die schwarze Schnackenfliege. Fab. Ent. Syst. T. IV. p. 239. n. 23. * (K.)

14. T. *sexpunctata.* Die sechspunctige Schnackenfliege. Fab. Ent. Syst. T. IV. p. 241. n. 34. * (K.)

15. T. *flavipes.* Die gelbfüßige Schnackenfliege. Fab. Ent. Syst. T. IV. p. 241. n. 35. * (K.)

16. T. *histrio.* Die scheckige Schnackenfliege. Fab. Ent. Syst. T. IV. p. 244. n. 51. * (K.)

17. T. *flabellicornis.* Die fächerhörnige Schnackenfliege. Fab. Ent. Syst. T. IV. p. 246. n. 59. * (K.)

18. T. *phalaenoides.* Die phalänenartige Schnakkenfliege. Fab. Ent. Syst. T. IV. p. 251. n. 85.

19. T. *pennicornis.* Die federhörnige Schnackenfliege. Fab. Ent. Syst. T. IV. p. 252. n. 93.

331. HIRTEA. (Haarfliege.)

1. H. *brevicornis.* Die kurzhörnige Haarfliege. Fab. Suppl. p. 551. n. 1. * (N. K.)

2. H. *hortulana.* Die Garten=Haarfliege. Fab. Suppl. p. 551. n. 2.

3. H. *Johannis.* Die Johannis=Haarfliege. Fab. Suppl. p. 552. n. 3. * (K.)

4. H. *Pomonae.* Die Apfelbaum=Haarfliege. Fab. Suppl. p. 552. n. 4.

5. H. *Pyri.* Die Birnbaum=Haarfliege. Fab. Suppl. p. 552. n. 5. * (K.)

6. H. *Thomae.* Die Thomas=Haarfliege. Fab. Suppl. p. 552. n. 8. * (N. K.)

7. H. *forcipata.* Die zangenförmige Haarfliege. Fab. Suppl. p. 553. n. 11. * (K.)

332. BIBIO. (Seidenfliege.)

1. B. *plebeja.* Die gemeine Seidenfliege. Fab. Ent. Syst. T. IV. p. 254. n. 2.

2. B. *flavipes.* Die gelbfüßige Seidenfliege. Fab. Ent. Syst. T. IV. p. 254. n. 3. * (N.)

3. B. *marginata.* Die gerandete Seidenfliege. Fab. Ent. Syst. T. IV. p. 255. n. 4. * (N.)

4. B. *nobilitata.* Die edle Seidenfliege. Fab. Ent. Syst. T. IV. p. 255. n. 5. * (N.)

5. B. *lugubris*. Die Trauer-Seidenfliege. Fab. Ent. Syst. T. IV. p. 255. n. 6. * (N.)

6. B. *anilis*. Die alternde Seidenfliege. Fab. Ent. Syst. T. IV. p. 255. n. 9. Panz. F. g. 5. t. 23.

333. ANTHRAX. (Trauerfliege.)

1. A. *Morio*. Die Mohren-Trauerfliege. Fab. Ent. Syst. T. IV. p. 257. n. 5. Panz. F. g. 32. t. 18.

2. A. *Maura*. Die schwarze Trauerfliege. Fab. Ent. Syst. T. IV. p. 258. n. 6. Panz. F. g. 32. t. 19.

3. A. *Beelzebul*. Die Beelzebul-Trauerfliege. Fab. Ent. Syst. T. IV. p. 260. n. 14. Panz. F. g. 45. t. 16. * (K.)

4. A. *Hottentotta*. Die Hottentotten-Trauerfliege. Fab. Ent. Syst. T. IV. p. 260. n. 16.

5. A. *Sabaeus*. Die Sabäer-Trauerfliege. Fab. Ent. Syst. T. IV. p. 261. n. 19. * (K.)

6. A. *Abbadon*. Die Abbadon-Trauerfliege. Fab. Ent. Syst. T. IV. p. 262. n. 23. * (N.)

334. SICUS. (Dornfliege.)

1. S. *ferruginea*. Die rostfarbene Dornfliege. Fab. Suppl. p. 555. n. 2. Stratiomys macroleon. Panz. F. g. 9. t. 20.

2. S. *bicolor*. Die zweifarbige Dornfliege. Fab. Suppl. p. 555. n. 3.

3. S. *errans*. Die herumirrende Dornfliege. Fab. Suppl. p. 555. n. 4. Stratiomys errans. Panz. F. g. 58. t. 17. * (K.)

335. STRATIOMYS. (Waffenfliege.)

1. St. *Chamaeleon.* Die Chamäleon=Waffenfliege. Fab. Ent. Syst. T. IV. p. 263. n. 3. Panz. F. g. 8. t. 2.

2. St. *furcata.* Die Gabel=Waffenfliege. Fab. Ent. Syst. T. IV. p. 264. n. 5. * (K.)

3. St. *Ephippium.* Die Sattel=Waffenfliege. Fab. Ent. Syst. T. IV. p. 264. n. 6. Panz. F. g. 8. t. 23.

4. St. *strigata.* Die weißgestreifte Waffenfliege. Fab. Ent. Syst. T. IV. p. 265. n. 10. Panz. F. g. 12. t. 20.

5. St. *tigrina.* Die Tieger=Waffenfliege. Fab. Ent. Syst. T. IV. p. 267. n. 16. Panz. F. g. 58. t. 20.

6. St. *Hydroleon.* Die Wasser=Waffenfliege. Fab. Ent. Syst. T. IV. p. 267. n. 17. Panz. F. g. 7. t. 21.

7. St. *viridula.* Die grünliche Waffenfliege. Fab. Ent. Syst. T. IV. p. 267. n. 18. Panz. F. g. 58. t. 18.

8. St. *clavipes.* Die keulenfüßige Waffenfliege. Fab. Ent. Syst. T. IV. p. 268. n. 24. Panz. F. g. 9. t. 19. * (K. N.)

9. St. *unguiculata.* Die Klauen=Waffenfliege. Panz. F. g. 12. t. 22. * (N.)

336. RHAGIO. (Buntfliege.)

1. R. *scolopaceus.* Die Schnepfen=Buntfliege. Fab. Ent. Syst. T. IV. p. 271. n. 1. Panz. F. g. 14. t. 19.

2. R. *tringarius.* Die Strandläufer=Buntfliege. Fab. Ent. Syst. T. IV. p. 272. n. 2. Panz. F. g. 14. t. 20. ?

3. R. *Vanellus.* Die Kibitz=Buntfliege. Fab. Ent. Syst. T. IV. p. 272. n. 3. * (N. K.)

4. R. *fasciatus.* Die gebänderte Buntfliege. Fab. Ent. Syst. T. IV. p. 273. n. 8. * (K.)

5. R. *nebulosus.* Die wolkige Buntfliege. Fab. Suppl. p. 556. n. 10.

6. R. *maculatus.* Die gefleckte Buntfliege. Fab. Ent. Syst. T. IV. p. 274. n. 12. * (N. K.)

7. R. *cinctus.* Die gegürtete Buntfliege. Fab. Ent. Syst. T. IV. p. 275. n. 15. * (N.)

8. R. *tomentosus.* Die filzige Buntfliege. Fab. Ent. Syst. T. IV. p. 275. n. 16. * (K.)

9. R. *lineola.* Die Linien=Buntfliege. Fab. Ent. Syst. T. IV. p. 275. n. 17.

10. R. *Morio.* Die Mohren=Buntfliege. Fab. Ent. Syst. T. IV. p. 275. n. 18. * (N.)

11. R. *Diadema.* Die Kronen=Buntfliege. Fab. Ent. Syst. T. IV. p. 276. n. 20.

12. R. *atratus.* Die schwarze Buntfliege. Fab. Ent. Syst. T. IV. p. 276. n. 21. * (K.)

13. R. *syrphoides.* Die schwingfliegenartige Buntfliege. Panz. F. g. 77. t. 19.

337. CERIA. (Stielhornfliege.)

1. C. *clavicornis.* Die keulenhörnige Stielhornfliege. Fab. Suppl. p. 557. n. 1. Syrphus conopseus. Panz. F. g. 44. t. 20.

2. C. *abdominalis.* Die rothleibige Fühlhornfliege. Fab. Suppl. p. 557. n. 2.

338. MULIO. (Blüthenfliege.)

1. M. *bicinctus.* Die zweigegürtete Blüthenfliege. Fab. Suppl. p. 557. n. 1. Syrphus bicinctus. Panz. F. g. 45. t. 18.

2. M. *arcuatus.* Die bogige Blüthenfliege. Fab. Suppl. p. 558. n. 2. Syrphus arcuatus. Panz. F. g. 2. t. 10.

3. M. *mutabilis.* Die veränderliche Blüthenfliege. Fab. Suppl. p. 558. n. 3. Panz. F. g. 82. t. 21. * (N.)

4. M. *devia.* Die abweichende Blüthenfliege. Fab. Suppl. p. 558. n. 4. * (N.)

5. M. *conopseus.* Die kopffliegenartige Blüthenfliege. Fab. Suppl. p. 559. n. 6. — Syrphus coarctatus. Panz. F. g. 45. t. 22.?

6. M. *ichneumoneus.* Die schlupfwespenartige Blüthenfliege. Fab. Suppl. p. 559. n. 7. Musca aristata. Panz. F. g. 73. t. 24.

7. M. *sphegeus.* Die raubwespenartige Blüthenfliege. Fab. Suppl. p. 559. n. 9. Panz. F. g. 77. t. 21. * (N.)

339. Thereva. (Dickschwingfliege.)

1. Th. *subcoleoptrata.* Die halbgedeckte Dickschwingfliege. Fab. Suppl. p. 560. n. 1. Panz. F. g. 74. t. 13. 14. * (K.)

2. Th. *hemiptera.* Die halbflügelige Dickschwingfliege. Fab. Suppl. p. 560. n. 2. Panz. F. g. 59. t. 15. * (K. N.)

3. Th. *crassipennis.* Die dickflügelige Dickschwingfliege. Fab. Suppl. p. 560. n. 3. Panz. F. g. 74. t. 15. * (N.)

4. Th. *analis.* Die weißafterige Dickschwingfliege. Fab. Suppl. p. 561. n. 5. Panz. F. g. 74. t. 17. * (N. K.)

340. Syrphus. (Schwebfliege.)

1. S. *inanis*. Die leere Schwebfliege. Fab. Ent. Syst. T. IV. p. 278. n. 1. Syrphus bifasciatus. Panz. F. g. 2. t. 6. Mikan ent. Beobacht. p. 29. 18.

2. S. *micans*. Die glänzende Schwebfliege. Fab. Ent. Syst. T. IV. p. 278. n. 2. Mikan l. c. p. 26. 17.

3. S. *pellucens*. Die durchscheinende Schwebfliege. Fab. Ent. Syst. T. IV. p. 279. n. 3. Panz. F. g. 1. t. 17.

4. S. *bombylans*. Die hummelartige Schwebfliege. Fab. Ent. Syst. T. IV. p. 279. n. 4. Panz. F. g. 8. t. 21.

5. S. *mystaceus*. Die bärtige Schwebfliege. Fab. Ent. Syst. T. IV. p. 279. n. 5. Panz. F. g. 8. t. 22.

6. S. *mussitans*. Die summende Schwebfliege. Fab. Ent. Syst. T. IV. p. 279. n. 6. Panz. F. g. 1. t. 15.

7. S. *Lapponum*. Die Lappländische Schwebfliege. Fab. Ent. Syst. T. IV. p. 280. n. 7. * (N. K.)

8. S. *inflatus*. Die aufgeblasene Schwebfliege. Fab. Ent. Syst. T. IV. p. 280. n. 8. * (N. K.)

9. S. *apiarius*. Die bienenartige Schwebfliege. Fab. Ent. Syst. T. IV. p. 280. n. 9. Panz. F. g. 91. t. 20. * (N.)

10. S. *intricarius*. Die verwirrende Schwebfliege. Fab. Ent. Syst. T. IV. p. 281. n. 11. Panz. F. g. 59. t. 11.

11. S. *bombyliformis*. Die summsfliegenförmige Schwebfliege. Fab. Ent. Syst. T. IV. p. 281. n. 13. Panz. F. g. 59. t. 12. — ? Das Weibchen des vorhergehenden.

12. S. *pendulus*. Die hängende Schwebfliege. Fab. Ent. Syst. T. IV. p. 282. n. 17. Panz. F. g. 22. t. 21.

13. S. *floreus*. Die Blumen=Schwebfliege. Fab. Ent. Syst. T. IV. p. 283. n. 20. Panz. F. g. 14. t. 21.

14. S. *nemorum*. Die Busch=Schwebfliege. Fab. Ent. Syst. T. IV. p. 285. n. 25. S. arbustorum. Panz. F. g. 14. t. 22.

15. S. *cryptarum*. Die Keller=Schwebfliege. Fab. Ent. Syst. T. IV. p. 285. n. 26. Panz. F. g. 90. t. 18.

16. S. *arbustorum*. Die Strauch=Schwebfliege. Fab. Ent. Syst. T. IV. p. 286. n. 30. * (N. K.)

17. S. *saltuum*. Die Forst=Schwebfliege. Fab. Ent. Syst. T. IV. p. 287. n. 32. * (N.)

18. S. *tenax*. Die zähe Schwebfliege. Fab. Ent. Syst. T. IV. p. 288. n. 36. Panz. F. g. 14. t. 23. 24.

19. S. *oestraceus*. Die bremsfliegenartige Schwebfliege. Fab. Ent. Syst. T. IV. p. 290. n. 44.

20. S. *lucorum*. Die Hain=Schwebfliege. Fab. Ent. Syst. T. IV. p. 291. n. 46.

21. S. *fallax*. Die betrügerische Schwebfliege. Fab. Ent. Syst. T. IV. p. 291. n. 47. * (N. K.)

22. S. *sylvarum*. Die Wald=Schwebfliege. Fab. Ent. Syst. T. IV. p. 291. n. 48. S. impiger. Panz. F. g. 45. t. 21.

23. S. *flavicans*. Die gelbliche Schwebfliege. Fab. Ent. Syst. T. IV. p. 292. n. 52.

24. S. *segnis*. Die träge Schwebfliege. Fab. Ent. Syst. T. IV. p. 295. Panz. F. g. 60. t. 3.

25. S. *volvulus*. Die rollende Schwebfliege. Fab. Ent. Syst. T. IV. p. 295. n. 62. * (N. K.)

26. S. *piger*. Die faule Schwebfliege. Fab. Ent. Syst. T. IV. p. 295. n. 63. Panz. F. g. 60. t. 5.

27. S. *femoratus.* Die keulenschenkelige Schwebfliege. Fab. Ent. Syst. T. IV. p. 296. n. 65. * (N.)

28. S. *annulatus.* Die geringelte Schwebfliege. Fab. Ent. Syst. T. IV. p. 296. n. 67. Panz. F. g. 60. t. 11. * (N.)

29. S. *elongatus.* Die verlängerte Schwebfliege. Fab. Ent. Syst. T. IV. p. 299. n. 76. * (N.)

30. S. *podagricus.* Die podagrische Schwebfliege. Fab. Ent. Syst T. IV. p. 299. n. 77. Panz. F. g. 59. t. 16. * (K. N.)

31. S. *apiformis.* Die bienenartige Schwebfliege. Fab. Ent. Syst. T. IV. p. 300. n. 80. Panz. F. g. 45. t. 19. * (N.)

32. S. *vespiformis.* Die wespenartige Schwebfliege. Fab. Ent. Syst. T. IV. p. 300. n. 81. Panz. F. g. 90. t. 19.

33. S. *festivus.* Die geschmückte Schwebfliege. Fab. Ent. Syst. T. IV. p. 300. n. 82. * (K. N.)

34. S. *laetus.* Die fröhliche Schwebfliege. Fab. Ent. Syst. T. IV. p. 301. n. 83. * (K. N.)

35. S. *ruficornis.* Die rothhörnige Schwebfliege. Fab. Ent. Syst. T. IV. p. 301. n. 84. Panz. F. g. 77. t. 20.

36. S. *semirufus.* Die halbrothe Schwebfliege. Fab. Ent. Syst. T. IV. p. 301. n. 85.

37. S. *flavicornis.* Die gelbhörnige Schwebfliege. Fab. Ent. Syst. T. IV. p. 302. n. 87. * (N. K.)

38. S. *aeneus.* Die erzglänzende Schwebfliege. Fab. Ent. Syst. T. IV. p. 302. n. 88. * (K. N.)

39. S. *sepulchralis.* Die Grab-Schwebfliege. Fab. Ent. Syst. T. IV. p. 303. n. 91.

40. S. *tristis.* Die traurige Schwebfliege. Fab. Ent. Syst. T. IV. p. 303. n. 92. Panz. F. g. 82. t. 16.

41. S. *coemeteriorum.* Die Kirchhof=Schwebfliege. Fab. Ent. Syst. T. IV. p. 303. n. 94. Panz. F. g. 82. t. 17. * (K.)

42. S. *metallinus.* Die metallfarbige Schwebfliege. Fab. Ent. Syst. T. IV. p. 303. n. 95. * (N. K.)

43. S. *glaucius.* Die graue Schwebfliege. Fab. Ent. Syst. T. IV. p. 304. n. 97. Panz. F. g. 59. t. 17. * (N.)

44. S. *noctilucus.* Die leuchtende Schwebfliege. Fab. Ent. Syst. T. IV. p. 304. n. 98. Panz. F. g. 72. t. 24. * (N.)

45. S. *Ribesii.* Die Johannis=Beerstauden=Schwebfliege. Fab. Ent. Syst. T. IV. p. 304. n. 100.

46. S. *Pyrastri.* Die Birnbaum=Schwebfliege. Fab. Ent. Syst. T. IV. p. 305. n. 102.

47. S. *Thymastri.* Die Quendel=Schwebfliege. Fab. Ent. Syst. T. IV. p. 306. n. 103.

48. S. *transfuga.* Die flüchtige Schwebfliege. Fab. Ent. Syst. T. IV. p. 306. n. 104. * (K)

49. S. *Corollae.* Die Blumenkronen=Schwebfliege. Fab. Ent. Syst. T. IV. p. 306. n. 106. * (K.)

50. S. *umbellatarum.* Die Schirmpflanzen=Schwebfliege. Fab. Ent. Syst. T. IV. p. 307. n. 107. * (K. N.)

51. S. *Rosarum.* Die Rosen=Schwebfliege. Fab. Ent. Syst. T. IV. p. 307. n. 109. * (N.)

52. S. *mellinus.* Die Honig=Schwebfliege. Fab. Ent. Syst. T. IV. p. 308. n. 110.

53. S. *Menthastri.* Die Münz = Schwebfliege. Fab. Ent. Syst. T. IV. p. 308. n. 111.

54. S. *scalaris.* Die Leiter = Schwebfliege. Fab. Ent. Syst. T. IV. p. 308. n. 112. Panz. F. g. 45. t. 20.

55. S. *scriptus.* Die beschriebene Schwebfliege. Fab. Ent. Syst. T. IV. p. 308. n. 113.

56. S. *Ocymi.* Die Basilikum = Schwebfliege. Fab. Ent. Syst. T. IV. p. 309. n. 114. Panz. F. g. 82. t. 18.

57. S. *nectareus.* Die Nectar = Schwebfliege. Fab. Ent. Syst. T. IV. p. 309. n. 116. Panz. F. g. 82. t. 19.

58. S. *albimanus.* Die weißhändige Schwebfliege. Fab. Ent. Syst. T. IV. p. 310. n. 117. * (K. N.)

59. S. *pipiens.* Die singende Schwebfliege. Fab. Ent. Syst. T. IV. p. 310. n. 119. Panz. F. g. 32. t. 20.

60. S. *mortisagus*
61. S. *Haustor* } Köhleri.
62. S. *gratiosus*

63. S. *alpinus.* Die Alpen = Schwebfliege. Panz. F. g. 59. t. 14.

64. S. *ignavus.* Die schwerfällige Schwebfliege. Panz. F. g. 60. t. 4.

65. S. *rupestris.* Die Felsen = Schwebfliege. Panz. F. g. 59. t. 13.

66. S. *variabilis.* Die veränderliche Schwebfliege. Panz. F. g. 60. t. 10. * (K.)

341. Musca. (Fliege.)

1. M. *meridiana.* Die mittägliche Fliege. Fab. Ent. Syst. T. IV. p. 312. n. 2. Panz. F. g. 10. t. 17

2. M. *carnaria.* Die Fleischfliege. Fab. Ent. Syst. T. IV. p. 313. n. 3.

3. M. *carnivora.* Die fleischfressende Fliege. Fab. Ent. Syst. T. IV. p. 313. n. 4.

4. M. *lardaria.* Die Speckfliege. Fab. Ent. Syst. T. IV. p. 313. n. 5.

5. M. *maculata.* Die gefleckte Fliege. Fab. Ent. Syst. T. IV. p. 314. n. 8. Panz. F. g. 44. t. 22.

6. M. *rudis.* Die rohe (wilde) Fliege. Fab. Ent. Syst. T. IV. p. 314. n. 9.

7. M. *obscura.* Die dunkle Fliege. Fab. Ent. Syst. T. IV. p. 315. n. 10. * (K.)

8. M. *domestica.* Die Hausfliege. Fab. Ent. Syst. T. IV. p. 315. n. 11.

9. M. *striata.* Die gestrichelte Fliege. Fab. Ent. Syst. T. IV. p. 315. n. 13. * (N.)

10. M. *putrida.* Die Moderfliege. Fab. Ent. Syst. T. IV. p. 316. n. 16. * (K.)

11. M. *Caesar.* Die Kaiserfliege. Fab. Ent. Syst. T. IV. p. 316. n. 17.

12. M. *megacephala.* Die großköpfige Fliege. Fab. Ent. Syst. T. IV. p. 317. n. 18. * (K.)

13. M. *cornicena.* Die hörnige Fliege. Fab. Ent. Syst. T. IV. p. 317. n. 20.

14. M. *cadaverina.* Die Aasfliege. Fab. Ent. Syst. T. IV. p. 317. n. 21.

15. M. *mortuorum.* Die Todtenfliege. Fab. Ent. Syst. T. IV. p. 318. n. 23.

16. M. *vomitoria.* Die Brechfliege. Fab. Ent. Syst. T. IV. p. 318. n. 25. Panz. F. g. 10. t. 19.

17. M. *Vespillo.* Die Todtengräber-Fliege. Fab. Ent. Syst. T. IV. p. 318. n. 26. * (K. N.)

18. M. *vulpina.* Die Fuchsfliege. Fab. Ent. Syst. T. IV. p. 319. n. 29. * (K. N.)

19. M. *corvina.* Die Rabenfliege. Fab. Ent. Syst. T. IV. p. 320. n. 31. * (N.)

20. M. *testacea.* Die gelbliche Fliege. Fab. Ent. Syst. T. IV. p. 320. n. 32. Panz. F. g. 60. t. 14. * (K. N.)

21. M. *pallida.* Die blasse Fliege. Fab. Ent. Syst. T. IV. p. 320. n. 33. * (K.)

22. M. *canina.* Die Hundsfliege. Fab. Ent. Syst. T. IV. p. 321. n. 38. * (K.)

23. M. *strigosa.* Die runzelige Fliege. Fab. Ent. Syst. T. IV. p. 322. n 39. * (K.)

24. M. *tigrina.* Die Tiegerfliege. Fab. Ent. Syst. T. IV. p. 322. n. 42. * (K.)

25. M. *meditabunda.* Die tiefsinnige Fliege. Fab. Ent. Syst. T. IV. p. 322. n. 43. Panz. F. g. 44. t. 23. * (K. N.)

26. M. *elata.* Die erhöhete Fliege. Fab. Ent. Syst. T. IV. p. 322. n. 44.

27. M. *ludifica.* Die spöttische Fliege. Fab. Ent. Syst. T. IV. p. 323. n. 46. * (K. N.)

28. M. *fera.* Die wilde Fliege. Fab. Ent. Syst. T. IV. p. 324. n. 49. Panz. F. g. 20. t. 18.

29. M. *quadripustulata.* Die vierblatterige Fliege. Fab. Ent. Syst. T. IV. p. 324. n. 50.

30. M. *tessellata.* Die gewürfelte Fliege. Fab. Ent. Syst. T. IV. p. 324. n. 51.

31. M. *lurida.* Die leichenfarbene Fliege. Fab. Ent. Syst. T. IV. p. 324. n. 52. * (N.)

32. M. *grossa.* Die dicke Fliege. Fab. Ent. Syst. T. IV. p. 325. n. 54. Panz. F. g. 32. t. 21.

33. M. *tremula.* Die zitternde Fliege. Fab. Ent. Syst. T. IV. p. 325. n. 56. * (N. K.)

34. M. *rotundata.* Die runde Fliege. Fab. Ent. Syst. T. IV. p. 325. n. 57. Panz. F. g. 20. t. 19.

35. M. *puparum.* Die Puppenfliege. Fab. Ent. Syst. T. IV. p. 326. n. 58. * (K. N.)

36. M. *larvarum.* Die Raupenfliege. Fab. Ent. Syst. T. IV. p. 326. n. 59.

37. M. *radicum.* Die Wurzelfliege. Fab. Ent. Syst. T. IV. p. 326. n. 60.

38. M. *pagana.* Die Dorffliege. Fab. Ent. Syst. T. IV. p. 326. n. 61. * (N.)

39. M. *brassicaria.* Die Kohlfliege. Fab. Ent. Syst. T. IV. p. 327. n. 63. Panz. F. g. 20. t. 20.

40. M. *Erinaceus.* Die Igelfliege. Fab. Ent. Syst. T. IV. p. 328. n. 66. * (K.)

41. M. *lateralis.* Die rothseitige Fliege. Fab. Ent. Syst. T. IV. p. 328. n. 68. Panz. F. g 7. t. 22.

42. M. *albifrons.* Die weißstirnige Fliege. Fab. Ent. Syst. T. IV. p. 329. n. 69. * (K.)

43. M. *canicularis.* Die Hundstag=Fliege. Fab. Ent. Syst. T. IV. p. 329. n. 70. * (K.)

44. M. *pluvialis.* Die Regenfliege. Fab. Ent. Syst. T. IV. p. 329. n. 71.

45. M. *subsaltans.* Die tanzende Fliege. Fab. Ent. Syst. T. IV. p. 329. n. 72.

46. M. *chorea.* Die Reihenfliege. Fab. Ent. Syst. T. IV. p. 329. n. 73.

47. M. *verna.* Die Frühlingsfliege. Fab. Ent. Syst. T. IV. p. 330. n. 75. * (K.)

48. M. *roralis.* Die Thaufliege. Fab. Ent. Syst. T. IV. p. 330. n. 76.

49. M. *fenestralis.* Die Fensterfliege. Fab. Ent. Syst. T. IV. p. 330. n. 77.

50. M. *senilis.* Die alte Fliege. Fab. Ent. Syst. T. IV. p. 331. n. 79. * (K. N.)

51. M. *serrata.* Die sägeförmig gezähnte Fliege. Fab. Ent. Syst. T. IV. p. 331. n. 80. * (K. N.)

52. M. *scalaris.* Die Leiterfliege. Fab. Ent. Syst. T. IV. p. 332. n. 83. * (N. K.)

53. M. *cylindricornis.* Die walzenhörnige Fliege. Fab. Ent. Syst. T. IV. p. 332. n. 86. * (K.)

54. M. *meteorica.* Die Gewitterfliege. Fab. Ent. Syst. T. IV. p. 333. n. 88.

55. M. *putris.* Die Käsefliege. Fab. Ent. Syst. T. IV. p. 334. n. 92.

56. M. *aterrima.* Die schwärzeste Fliege. Fab. Ent. Syst. T. IV. p. 334. n. 93. * (N.)

57. M. *strigula.* Die Strichfliege. Fab. Ent. Syst. T. IV. p. 334. n. 95. * (N.)

58. M. *viduata.* Die verwittwete Fliege. Fab. Ent. Syst. T. IV. p. 336. n. 100. * (K. N.)

59. M. *petronella.* Die Peters-Fliege. Fab. Ent. Syst. T. IV. p. 336. n. 103. (K.)

60. M. *filiformis.* Die fadenförmige Fliege. Fab. Ent. Syst. T. IV. p. 337. n. 105. * (K. N.)

61. M. *compressa.* Die plattgedrückte Fliege. Fab. Ent. Syst. T. IV. p. 337. n. 107. * (N. K.)

62. M. *corrigiolata.* Die ringelschenkelige Fliege. Fab. Ent. Syst. T. IV. p. 339. n. 113. * (K.)

63. M. *pallipes.* Die blaßfüßige Fliege. Fab. Ent. Syst. T. IV. p. 340. n. 116. * (N.)

64. M. *ungulata.* Die Hakenfliege. Fab. Ent. Syst. T. IV. p. 340. n. 117. Panz. F. g. 20. t. 21.

65. M. *nobilitata.* Die geadelte Fliege. Fab. Ent. Syst. T. IV. p. 340. n. 118.

66. M. *glabrata.* Die glatte Fliege. Fab. Ent. Syst. T. IV. p. 341. n. 121. * (N.)

67. M. *rostrata.* Fab. Ent. Syst. T. IV. p. 342. n. 125.

68. M. *flaveola.* Die gelbliche Fliege. Fab. Ent. Syst. T. IV. p. 343. n. 130. * (K.)

69. M. *merdaria.* Die Kothfliege. Fab. Ent. Syst. T. IV. p. 344. n. 133.

70. M. *lutaria.* Die Unflathfliege. Fab. Ent. Syst. T. IV. p. 344. n. 134.

71. M. *cucularia.* Die Guckguckfliege. Fab. Ent. Syst. T. IV. p. 345. n. 136. * (K. N.)

72. M. *scybalaria.* Die Auswurffliege. Fab. Ent. Syst. T. IV. p. 345. n. 137.

73. M. *stercoraria.* Die Düngerfliege. Fab. Ent. Syst. T. IV. p. 345. n. 138.

74. M. *marginata.* Die gerandete Fliege. Fab. Ent. Syst. T. IV. p. 345. n. 139. Panz. F. g. 32. t. 22.

75. M. *fimetaria.* Die Mistfliege. Fab. Ent. Syst. T. IV. p. 346. n. 140. — M. flava. Panz. F. g. 20. t. 22.?

76. M. *nigripennis.* Die schwarzflügelige Fliege. Fab. Ent. Syst. T. IV. p. 346. n. 141. * (K. N.)

77. M. *rufifrons.* Die rothstirnige Fliege. Fab. Ent. Syst. T. IV. p. 346. n. 142. Panz. F. g. 44. t. 24. * (N.)

78. M. *cincta.* Die gegürtete Fliege. Fab. Ent. Syst. T. IV. p. 347. n. 144. * (N.)

79. M. *reticulata.* Die netzflügelige Fliege. Fab. Ent. Syst. T. IV. p. 347. n. 145. * (K.)

80. M. *punctata.* Die punctirte Fliege. Fab. Ent. Syst. T. IV. p. 347. n. 147. * (N.)

81. M. *parietina.* Die Wandfliege. Fab. Ent. Syst. T. IV. p. 350. n. 154.

82. M. *discoidea.* Die scheibenartige Fliege. Fab. Ent. Syst. T. IV. p. 350. n. 155.

83. M. *umbrarum.* Die Schattenfliege. Fab. Ent. Syst. T. IV. p. 350. n. 157. * (N.)

84. M. *vibrans.* Die zitternde Fliege. Fab. Ent. Syst. T. IV. p. 350. n. 158.

85. M. *punctum.* Die Punctfliege. Fab. Ent. Syst. T. IV. p. 351. n. 159. — M. Stigma. Panz. F. g. 60. t. 21. * (N. K.)

86. M. *cynipsea.* Die gallwespenartige Fliege. Fab. Ent. Syst. T. IV. p. 351. n. 160. * (N. K.)

87. M. *grossificationis.* Die Frühlingsfliege. Fab. Ent. Syst. T. IV. p. 351. n. 161. * (N.)

88. M. *combinata.* Die verbundene Fliege. Fab. Ent. Syst. T. IV. p. 352. n. 163. * (K.)

89. M. *florum.* Die Blumenfliege. Fab. Ent. Syst. T. IV. p. 352. n. 164. * (N.)

90. M. *erythrocephala.* Die rothköpfige Fliege. Fab. Ent. Syst. T. IV. p. 352. n. 165.

91. M. *Arnicae.* Die Wohlverleifliege. Fab. Ent. Syst. T. IV. p. 352. n. 166. * (K.)

92. M. *stylata.* Die stielförmige Fliege. Fab. Ent. Syst. T. IV. p. 353. n. 168. * (K.)

93. M. *ruficauda.* Die rothgeschwänzte Fliege. Fab. Ent. Syst. T. IV. p. 353. n. 169.

94. M. *arcuata.* Die Bogenfliege. Fab. Ent. Syst. T. IV. p. 353. n. 170.

95. M. *dorsalis.* Die auf dem Rücken schwarzlinige Fliege. Fab. Ent. Syst. T. IV. p. 354. n. 173. *

96. M. *seminationis.* Die Saatfliege. Fab. Ent. Syst. T. IV. p. 355. n. 174.

97. M. *flava.* Die gelbe Fliege. Fab. Ent. Syst. T. IV. p. 355. n. 177. * (N. K.)

98. M. *quadripunctata.* Die vierpunctirte Fliege. Fab. Ent. Syst. T. IV. p. 356. n. 178. * (K.)

99. M. *aestuans.* Die hitzige Fliege. Fab. Ent. Syst. T. IV. p. 356. n. 179. * (N.)

100. M. *lineata.* Die liniirte Fliege. Fab. Ent. Syst. T. IV. p. 356. n. 180. * (N.)

101. M. *Rosae.* Die Rosenfliege. Fab. Ent. Syst. T. IV. p. 356. n. 181. * (K.)

102. M. *germinationis.* Die Sprossenfliege. Fab. Ent. Syst. T. IV. p. 356. n. 183. * (N.)

103. M. *urticae.* Die Nesselfliege. Fab. Ent. Syst. T. IV. p. 357. n. 184. * (K.)

104. M. *crassipennis.* Die dickflügelige Fliege. Fab. Ent. Syst. T. IV. p. 357. n. 185. * (N. K.)

105. M. *cornuta.* Die gehörnte Fliege. Fab. Ent. Syst. T. IV. p. 357. n. 186. * (K.)

106. M. *Dauci.* Die Möhrenfliege. Fab. Ent. Syst. T. IV. p. 358. n. 187. * (N.)

107. M. *Cerasi.* Die Kirschkern-Fliege. Fab. Ent. Syst. T. IV. p. 358. n. 188. * (K. N.)

108. M. *Cardui.* Die Distelfliege. Fab. Ent. Syst. T. IV. p. 359. n. 191.

109. M. *Syngenesiae.* Die Syngenesie-Fliege. Fab. Ent. Syst. T. IV. p. 359. n. 192. * (K.)

110. M. *Tussilaginis.* Die Huflattich-Fliege. Fab. Ent. Syst. T. IV. p. 359. n. 193. M. Solstitialis. Panz. F. g. 22. t. 23.

111. M. *solstitialis.* Die Sonnenwende-Fliege. Fab. Ent. Syst. T. IV. p. 359. n. 195.

112. M. *Lychnidis.* Die Lychnis-Fliege. Fab. Ent. Syst. T. IV. p. 360. n. 197. * (N.)

113. M. *Onopordinis.* Die Krebsdistel-Fliege. Fab. Ent. Syst. T. IV. p. 360. n. 198. * (N.)

114. M. *minuta.* Die kleinste Fliege. Fab. Ent. Syst. T. IV. p. 361. n. 202. * (K.)

115. M. *carbonaria.* Die kohlschwarze Fliege. Panz. F. g. 53. t. 15.

116. M. *atramentaria.* Die Tintenfliege. Die Larve dieser vom Herrn Professor Nikel in Breslau entdeckten Fliege lebt in verschimmelter Tinte.

342. Sargus. (Metallfliege.)

1. S. *cuprarius.* Die kupferfarbene Metallfliege. Fab. Suppl. p. 566. n. 1.

2. S. *aurata.* Die goldfarbene Metallfliege. Fab. Suppl. p. 566. n. 2.

3. S. *politus.* Die polirte Metallfliege. Fab. Suppl. p. 566. n. 4.

343. Tabanus. (Viehfliege.)

1. T. *bovinus.* Die Ochsen-Viehfliege. Fab. Ent. Syst. T. IV. p. 362. n. 4. Panz. F. g. 2. t. 20.

2. T. *autumnalis.* Die Herbst-Viehfliege. Fab. Ent. Syst. T. IV. p. 364. n. 7.

3. T. *tarandorum.* Die Rennthier-Viehfliege. Fab. Ent. Syst. T. IV. p. 364. n. 10. Auf dem Riesengebirge.

4. T. *albipes.* Die weißfüßige Viehfliege. Fab. Ent. Syst. T. IV. p. 364. n. 11. * (N.)

5. T. *pellucens.* Die durchsichtige Viehfliege. Fab. Ent. Syst. T. IV. p. 365. n. 15. * (K.)

6. T. *bromius.* Die Gras-Viehfliege. Fab. Ent. Syst. T. IV. p. 366. n. 17. * (K. N.)

7. T. *italicus.* Die Italienische Viehfliege. Fab. Ent. Syst. T. IV. p. 367. n. 21. * (K.)

8. T. *rusticus.* Die Feld-Viehfliege. Fab. Ent. Syst. T. IV. p. 367. n. 23. Panz. F. g. 13. t. 21.

9. T. *paganus.* Die Dorf-Viehfliege. Fab. Ent. Syst. T. IV. p. 367. n. 24. * (K. N.)

10. T. *tropicus.* Die Sonnenwende-Viehfliege. Fab. Ent. Syst. T. IV. p. 368. n. 28. Panz. F. g. 13. t. 23.

11. T. *graecus.* Die Griechische Viehfliege. Fab. Ent. Syst. T. IV. p. 368. n. 29. * (N. K.)

12. T. *pluvialis.* Die Regen=Viehfliege. Fab. Ent. Syst. T. IV. p. 369. n. 32. Panz. F. g. 13. t. 23.

13. T. *equorum.* Die Pferde=Viehfliege. Fab. Ent. Syst. T. IV. p. 370. n. 35. * (N.)

14. T. *caecutiens.* Die blinzelnde Viehfliege. Fab. Ent. Syst. T. IV. p. 372. n. 42. Panz. F. g. 13. n. 24.

15. T. *lugubris.* Die trauernde Viehfliege. Fab. Ent. Syst. T. IV. p. 373. n. 46. * (K. N.)

16. T. *viduatus.* Die verwittwete Viehfliege. Fab. Ent. Syst. T. IV. p. 374. n. 47. * (N.)

17. T. *sepulcralis.* Die Gräber=Viehfliege. Fab. Ent. Syst. T. IV. p. 374. n. 48. * (N.)

18. T. *vaccinus* } Köhleri.
19. T. *vitulus* }

344. Rhingia. (Schnabelfliege.)

1. R. *rostrata.* Die gemeine Schnabelfliege. Fab. Ent. Syst. T. IV. p. 374. n. 1. Panz. F. g. 87. t. 22.

2. R. *lineata.* Die liniirte Schnabelfliege. Fab. Ent. Syst. T. IV. p. 375. n. 2.

3. R. *muscaria.* Die fliegenartige Schnabelfliege. Fab. Ent. Syst. T. IV. p. 375. n. 3.

345. Asilus. (Raubfliege.)

1. A. *crabroniformis.* Die silbermundwespenförmige Raubfliege. Fab. Ent. Syst. T. IV. p. 377. n. 6.

2. A. *ephippium.* Die Sattel=Raubfliege. Fab. Ent. Syst. T. IV. p. 377. n. 7. Panz. F. g. 39. t. 23. 24.

3. A. *gibbo-*

3. A. *gibbosus.* Die höckerige Raubfliege. Fab. Ent. Syst. T. IV p. 378. n. 8.

4. A. *ater.* Die schwarze Raubfliege. Fab. Ent. Syst. T. IV. p. 379. n. 15.

5. A. *Diadema.* Die gekrönte Raubfliege. Fab. Ent. Syst. T. IV. p. 379. n. 16. Panz. F. g. 45. t. 23.

6. A. *flavus.* Die gelbe Raubfliege. Fab. Ent. Syst. T. IV. p. 380. n. 18.

7. A. *violaceus.* Die violette Raubfliege. Fab. Ent. Syst. T. IV. p. 381. n. 21. * (N.)

8. A. *gilvus.* Die quittengelbe Raubfliege. Fab. Ent. Syst. T. IV. p. 381. n. 22.

9. A. *punctatus.* Die punctirte Raubfliege. Fab. Ent. Syst. T. IV. p. 381. n. 23. * (N.)

10. A. *cylindricus.* Die cylinderförmige Raubfliege. Fab. Ent. Syst. T. IV. p. 381. n. 24.

11. A. *marginatus.* Die geränderte Raubfliege. Fab. Ent. Syst. T. IV. p. 381. n. 25. * (N.)

12. A. *forcipatus.* Die Zangen-Raubfliege. Fab. Ent. Syst. T. IV. p. 382. n. 29.

13. A. *tibialis.* Die rothschienbeinige Raubfliege. Fab. Ent. Syst. T. IV. p. 383. n. 30.

14. A. *germanicus.* Die Deutsche Raubfliege. Fab. Ent. Syst. T. IV. p. 363. n. 31.

15. A. *cingulatus.* Die gegürtete Raubfliege. Fab. Ent. Syst. T. IV. p. 385. n. 41. * (N.)

16. A. *tipuloides.* Die schnackenfliegenartige Raubfliege. Fab. Ent. Syst. T. IV. p. 385. n. 42. * (N.)

17. A. *teutonus* Deutschlands Raubfliege. Fab. Ent. Syst. T. IV. p. 385. n. 43. Panz. F. g. 1. t. 11. * (K. N.)

18. A. *cinctus.* Die Gürtel=Raubfliege. Fab. Ent. Syst. T. IV. p. 387. n. 51. * (K. N.)

19. A. *Oelandicus.* Die Oeländische Raubfliege. Fab. Ent. Syst. T. IV. p. 388. n. 53.

20. A. *hyalipennis.* Die glasflügelige Raubfliege. Fab. Ent. Syst. T. IV. p. 388. n. 54. * (N.)

21. A. *frontalis.* Die silberstirnige Raubfliege. Fab. Ent. Syst. T. IV. p. 388. n. 55.

22. A. *linearis.* Die strichförmige Raubfliege. Fab. Ent. Syst. T. IV. p. 389. n. 60. * (N.)

23. A. *muscarius.* Die fliegenartige Raubfliege. Fab. Ent. Syst. T. IV. p. 390. n. 62. * (K.)

346. Conops. (Kopffliege.)

1. C. *vesicularis.* Die blasige Kopffliege. Fab. Ent. Syst. T. IV. p. 390. n. 1.

2. C. *aculeata.* Die stachelige Kopffliege. Fab. Ent. Syst. T. IV. p. 391. n. 2.

3. C. *rufipes.* Die rothfüßige Kopffliege. Fab. Ent. Syst. T. IV. p. 392. n. 5. * (K.)

4. C. *macrocephala.* Die großköpfige Kopffliege. Fab. Ent. Syst. T. IV. p. 393. n. 7. * (K.)

5. C. *flavipes.* Die gelbfüßige Kopffliege. Fab. Ent. Syst. T. IV. p. 393. n. 8. Panz. F. g. 73. t. 21. 22.

347. Stomoxys. (Stechfliege.)

1. St. *grisea*. Die graue Stechfliege. Fab. Ent. Syst. T. IV. p. 394. n. 2. * (N.)

2. St. *Sibarita*. Die Sibaritische Stechfliege. Fab. Ent. Syst. T. IV. p. 394. n. 4.

3. St. *calcitrans*. Die stechende Stechfliege. Fab. Ent. Syst. T. IV. p. 394. n. 5.

4. St. *irritans*. Die empfindliche Stechfliege. Fab. Ent. Syst. T. IV. p. 395. n. 7. Panz. F. g. 5. t. 24.

5. St. *tessellata*. Die würfelige Stechfliege. Fab. Ent. Syst. T. IV. p. 395. n. 6. * (N.)

6. St. *muscaria*. Die fliegenartige Stechfliege. Fab. Ent. Syst. T. IV. p. 395. n. 8. * (N.)

7. St. *longipes*. Die langfüßige Stechfliege. Lin. Syst. Nat. T. I. p. 2892. n. 7. * (N.)

348. Myopa. (Blasenfliege.)

1. M. *dorsalis*. Die braunrückige Blasenfliege. Fab. Ent. Syst. T. IV. p. 397. n. 1. * (K. N.)

2. M. *ferruginea*. Die rostfarbige Blasenfliege. Fab. Ent. Syst. T. IV. p. 397. n. 2. Panz. F. g. 22. t. 24.

3. M. *atra*. Die schwarze Blasenfliege. Fab. Ent. Syst. T. IV. p. 397. n. 3. Panz. F. g. 12. t. 23.

4. M. *testacea*. Die ziegelrothe Blasenfliege. Fab. Ent. Syst. T. IV. p. 398. n. 4. * (K.)

5. M. *buccata*. Die Backen-Blasenfliege. Fab. Ent. Syst. T. IV. p. 398. n. 5. Panz. F. g. 12. t. 24.

6. M. *cinerea*. Die aschfarbene Blasenfliege. Fab. Ent. Syst. T. IV. p. 399. n. 9. * (K.)

7. M. *annulata.* Die geringelte Blasenfliege. Fab. Ent. Syst. T. IV. p. 399. n. 10. * (N.)

8. M. *picta.* Die gemahlte Blasenfliege. Panz. F. g. 53. n. 22.

349. Culex. (Mücke.)

1. C. *pipiens.* Die Pip-Mücke. Fab. Ent. Syst. T. IV. p. 400. n. 1.

2. C. *annulatus.* Die geringelte Mücke. Fab. Ent. Syst. T. IV. p. 400. n. 2.

350. Empis. (Tanzfliege.)

1. E. *borealis.* Die nördliche Tanzfliege. Fab. Ent. Syst. T. IV. p. 403. n. 1.

2. E. *clavipes.* Die keulenfüßige Tanzfliege. Fab. Ent. Syst. T. IV. p. 403. n. 4.

3. E. *pennipes.* Die federfüßige Tanzfliege. Fab. Ent. Syst. T. IV. p. 404. n. 5. Panz. F. g. 74. t. 18.

4. E. *forcipata.* Die Zangenmücke. Fab. Ent. Syst. T. IV. p. 404. n. 6. * (K.)

5. E. *maura.* Die schwarze Mücke. Fab. Ent. Syst. T. IV. p. 404. n. 7. * (K.)

6. E. *livida.* Die gelbliche Mücke. Fab. Ent. Syst. T. IV. p. 404. n. 8.

7. E. *Morio.* Die Mohrenmücke. Fab. Ent. Syst. T. IV. p. 405. n. 11.

8. E. *nigripes.* Die schwarzfüßige Mücke. Fab. Ent. Syst. T. IV. p. 405. n. 13.

9. E. *stercorea.* Die Kothmücke. Fab. Ent. Syst. T. IV. p. 406. n. 16.

351. Bombylius. *) (Sumsfliege.)

1. B. *discolor*. Die verschiedenfarbige Sumsfliege. Mik. Monogr. Bomb. Boh. p. 27. n. 1. t. 2. f. 1. Fab. Ent. Syst. T. IV. p. 408. n. 3.

2. B. *concolor*. Die einfarbige Sumsfliege. Mik. l. c. p. 30. n. 2. t. 2. f. 2.

3. B. *pictus*. Die gemahlte Sumsfliege. Mik. l. c. p. 32. n. 3. t. 2. f. 3. Panz. F. g. 24. t. 2. ic. mala.

4. B. *sinuatus*. Die gebuchtete Sumsfliege. Mik. l. c. p. 35. n. 4. t. 2. f. 4. B. major. Fab. Ent. Syst. T. IV. p. 407. n. 1.

5. B. *nubilus*. Die wolkige Sumsfliege. Mik. l. c. p. 40. n. 6. t. 2. f. 6. *

6. B. *venosus*. Die aderige Sumsfliege. Mik. l. c. p. 42. n. 7. t. 3. f. 7. Fab. Ent. Syst. T. IV. p. 409. n. 9.

7. B. *ctenopterus*. Die kammflügelige Sumsfliege. Mik. l. c. p. 45. n. 8. t. 3. f. 8. *

8. B. *ater*. Die schwarze Sumsfliege. Mik. l. c. p. 47. n. 9. t. 3. f. 9. Fab. Ent. Syst. T. IV. p. 410. n. 12.

9. B. *cinerescens*. Die aschfarbene Sumsfliege. Mik. l. c. p. 50. n. 10. t. 3. f. 10.

10. B. *canescens*. Die grauliche Sumsfliege. Mik. l. c. p. 54. n. 12. t. 3. f. 12.

---

*) Ich führe diese Gattung nach Mikans Monographia Bombyliorum Bohemiae auf, da Fabricius noch wenige davon in sein System aufgenommen hat. Außer diesen, die ich hier anfführe, besitzt der Herr Kämmerer Atze in Freiburg noch mehrere unbestimmte, von denen ich aber nur das Daseyn weiß.

11. B. *maurus.* Die schwarze Sumsfliege. Mik. l. c. p. 56. n. 13. t. 4. f. 13.

12. B. *pulicarius.* Die Floh-Sumsfliege. Mik. l. c. p. 58. n. 14. t. 4. f. 14. * (A. N.)

13. B. *dispar.* Eine neue, so viel ich weiß, noch nicht beschriebene Art.

352. Hippobosca. (Lausfliege.)

1. H. *equina.* Die Pferde-Lausfliege. Fab. Ent. Syst. T. IV. p. 415. n. 1. Panz. F. g. 7. t. 23.

2. H. *avicularia.* Die Vogel-Lausfliege. Fab. Ent. Syst. T. IV. p. 415. n. 2.

3. H. *Hirundinis.* Die Schwalben-Lausfliege. Fab. Ent. Syst. T. IV. p. 415. n. 3. Panz. F. g. 7. t. 24.

4. H. *ovina.* Die Schaf-Lausfliege. Fab. Ent. Syst. T. IV. p. 416. n. 4. Panz. F. g. 51. t. 14.

5. H. *Cervi.* Die Hirsch-Lausfliege. Pediculus Cervi. Fab. Ent. Syst. T. IV. p. 418. n. 5. Panz. F. g. 51. t. 15.

353. Pediculus. (Laus.)

1. P. *humanus.* Die Menschenlaus. Fab. Ent. Syst. T. IV. p. 417. n. 1.

2. P. *Pubis.* Die Filzlaus. Fab. Ent. Syst. T. IV. p. 418. n. 2.

3. P. *Ovis.* Die Schaflaus. Fab. Ent. Syst. T. IV. p. 419. n. 6.

4. P. *Bovis.* Die Rindslaus. Fab. Ent. Syst. T. IV. p. 419. n. 8.

5. P. *Vituli.* Die Kälberlaus. Fab. Ent. Syst. T. IV. p. 419. n. 9.

6. P. *Equi.* Die Pferdelaus. Fab. Ent. Syst. T. IV. p. 419. n. 10.

7. P. *Suis.* Die Schweinelaus. Lin. Syst. Nat. Ed. Gm. T. I. p. 2915. n. 4. Panz. F. g. 51. t. 16.

8. P. *Tinnunculi.* Die Falkenlaus. Fab. Ent. Syst. T. IV. p. 420. n. 13. Panz. F. g. 51. t. 17.

9. P. *Strigis.* Die Eulenlaus. Fab. Ent. Syst. T. IV. p. 420. n. 15.

10. P. *Corvi.* Die Rabenlaus. Fab. Ent. Syst. T. IV. p. 420. n. 16.

11. P. *Cornicis.* Die Nebelkrähen-Laus. Fab. Ent. Syst. T. IV. p. 420. n. 17.

12. P. *Picae.* Die Alster- (Scholaster-) Laus. Fab. Ent. Syst. T. IV. p. 420. n. 19.

13. P. *Orioli.* Die Drossellaus. Fab. Ent. Syst. T. IV. p. 421. n. 20.

14. P. *Cuculi.* Die Guckguckslaus. Fab. Ent. Syst. T. IV. p. 421. n. 21.

15. P. *Anseris.* Die Gänselaus. Fab. Ent. Syst. T. IV. p. 421. n. 23.

16. P. *Sternae.* Die Mewenlaus. Fab. Ent. Syst. T. IV. p. 422. n. 28.

17. P. *Ardeae.* Die Reiherlaus. Fab. Ent. Syst. T. IV. p. 422. n. 30. Panz. F. g. 51. t. 18.

18. P. *Gruis.* Die Kranichlaus. Fab. Ent. Syst. T. IV. p. 422. n. 31.

19. P. *Ciconiae.* Die Storchlaus. Fab. Ent. Syst. T. IV. p. 422. n. 32.

20. P. *Charadrii.* Die Regenpfeifer=Laus. Fab. Ent. Syst. T. IV. p. 422. n. 33.

21. P. *Fulicae.* Die Wasserhuhn=Laus. Fab. Ent. Syst. T. IV. p. 422. n. 34.

22. P. *Pavonis.* Die Pfauenlaus. Fab. Ent. Syst. T. IV. p. 423. n. 37. Panz. F. g. 51. t. 19.

23. P. *Meleagridis.* Die Truthuhnlaus. Fab. Ent. Syst. T. IV. p. 423. n. 38. Panz. F. g. 51. t. 20.

24. P. *Gallinae.* Die Hühnerlaus. Fab. Ent. Syst. T. IV. p. 423. n. 39. Panz. F. g. 51. t. 21.

25. P. *Phasiani.* Die Fasanenlaus. Fab. Ent. Syst. T. IV. p. 423. n. 40.

26. P. *Caponis.* Die Kapaunenlaus. Fab. Ent. Syst. T. IV. p. 423. n. 41.

27. P. *Tetraonis.* Die Berghuhn=Laus. Fab. Ent. Syst. T. IV. p. 424. n. 42.

28. P. *Columbae.* Die Taubenlaus. Fab. Ent. Syst. T. IV. p. 424. n. 44. Panz. F. g. 51. t. 22.

29. P. *Curvirostrae.* Die Krummschnabel=Laus. Panz. F. g. 51. t. 23.

30. P. *Pyrrhulae.* Die Gimpellaus. Panz. F. g. 51. t. 24.

31. P. *Emberizae.* Die Ammerlaus. Fab. Ent. Syst. T. IV. p. 424. n. 45.

32. P. *Pari.* Die Meisenlaus. Fab. Ent. Syst. T. IV. p. 424. n. 46.

33. P. *Motacillae.* Die Grasmücken=Laus. Fab. Ent. Syst. T. IV. p. 424. n. 47.

34. P. *Hirundinis.* Die Schwalbenlaus. Fab. Ent. Syst. T. IV. p. 424. n. 48.

35. P. *Gryllotalpae.* Die Maulwurfs-Grillenschrecken-Laus. Fab. Ent. Syst. T. IV. p. 424. n. 49.

36. P. *Apis.* Die Bienenlaus. Fab. Ent. Syst. T. IV. p. 425. n. 50.

37. P. *Andrenae.* Die Blumenbienen-Laus. Mik. Ent. Beob. p. 31. Auch ich habe diese Laus etliche Mal auf Andrenen bemerkt. Herr Köhler hält sie für einerlei mit der vorhergehenden.?

354. ACARUS. (Milbe.)

1. A. *Ricinus.* Die Hundsmilbe. Fab. Ent. Syst. T. IV. p. 425. n. 2.

2. A. *Reduvius.* Die Kuhmilbe. Fab. Ent. Syst. T. IV. p. 425. n. 3.

3. A. *sanguisugus.* Die blutsaugende Milbe. Fab. Ent. Syst. T. IV. p. 426. n. 6.

4. A. *marginatus.* Die gerandete Milbe. Fab. Ent. Syst. T. IV. p. 427. n. 11. * (K.)

5. A. *Vespertilionis.* Die Fledermaus-Milbe. Fab. Ent. Syst. T. IV. p. 429. n. 22.

6. A. *passerinus.* Die Sperlingsmilbe. Fab. Ent. Syst. T. IV. p. 429. n. 23.

7. A. *telarius.* Die spinnende Milbe. Fab. Ent. Syst. T. IV. p. 430. n. 27.

8. A. *Siro.* Die Käsemilbe. Fab. Ent. Syst. T. IV. p. 430. n. 28.

9. A. *Scabiei.* Die Krätzemilbe. Fab. Ent. Syst. T. IV. p. 430. n. 29.

10. A. *Lactis.* Die Milchmilbe. Fab. Ent. Syst. T. IV. p. 431. n. 30.

11. A. *Dysenteriae.* Die Ruhrmilbe. Fab. Ent. Syst. T. IV. p. 431. n. 31.

12. A. *Baccarum.* Die Beerenmilbe. Fab. Ent. Syst. T. IV. p. 431. n. 33.

13. A. *Muscarum.* Die Fliegenmilbe. Fab. Ent. Syst. T. IV. p. 432. n. 35.

14. A. *Gymnopterorum.* Die Bienenmilbe. Fab. Ent. Syst. T. IV. p. 432. n. 37.

15. A. *Coleoptratorum.* Die Käfermilbe. Fab. Ent. Syst. T. IV. p. 432. n. 38.

16. A. *Caraborum.* Die Laufkäfer-Milbe. Fab. Ent. Syst. T. IV. p. 433. n. 39.

17. A. *Phalangii.* Die Beinspinnen-Milbe. Fab. Ent. Syst. T. IV. p. 433. n. 39.

18. A. *rupestris.* Die Felsenmilbe. Fab. Ent. Syst. T. IV. p. 433. n. 42.

19. A. *Fungorum.* Die Schwamm-Milbe. Fab. Ent. Syst. T. IV. p. 434. n. 46.

20. A. *salicinus.* Die Weidenmilbe. Fab. Ent. Syst. T. IV. p. 434. n. 48.

21. A. *croceus.* Die saffranfarbige Milbe. Fab. Ent. Syst. T. IV. p. 434. n. 49.

CLASSIS VI.
VERMES.

A. INTESTINA.

355. ASCARIS. (Spulwurm.)

a) HOMINIS.

1. A. *vermicularis.* Lin. Syst. Nat. T. I. p. 3029. n. 1. In dem Gedärme der Kinder.

2. A. *lumbricoides.* Lin. S. N. T. I. p. 3029. n. 2. In dem Gedärme des Menschen.

b) MAMMALIUM.

3. A. *Vespertilionis.* Lin. S. N. T. I. p. 3030. n. 3. In dem Gedärme der langöhrigen Fledermaus.

4. A. *Canis.* Lin. S. N. T. I. p. 3030. n. 6. In dem Gedärme des Hundes.

5. A. *visceralis.* Lin. S. N. T. I. p. 3031. n. 7. In den Nieren des Hundes.

6. A. *vulpis.* Lin. S. N. T. I. p. 3031. n. 9. In dem Gedärme des Fuchses.

7. A. *Felis.* Lin. S. N. T. I. p. 3031. n. 12.

8. A. *Cati.* Lin. S. N. T. I. p. 3031. n. 13. Beide in dem Gedärme der Katze.

9. A. *Martis.* Lin. S. N. T. I. p. 3031. n. 14. In dem Gedärme des Marders.

10. A. *bronchialis.* Lin. S. N. T. I. p. 3031. n. 15. In der Lunge des Marders.

11. A. *renalis.* Lin. S. N. T. I. p. 3032. n. 16. In der Niere des Marders.

12. A. *Talpae.* Lin. S. N. T. I. p. 3032. n. 19. In dem Gedärme und Magen des Maulwurfs.

13. A. *muris.* Lin. S. N. T. I. p. 3032. n. 20. In dem Magen der Maus.

14. A. *Hirci.* Lin. S. N. T. I. p. 3032. n. 21. In dem Gedärme des Bockes und der Ziege.

15. A. *Vituli.* Lin. S. N. T. I. p. 3032. n. 22. In der Lunge und Luftröhre der Kälber.

16. A. *Equi.* Lin. S. N. T. I. p. 3032. n. 23. In dem Gedärme des Pferdes.

17. A. *Suis.* Lin. S. N. T. I. p. 3032. n. 24. In dem Gedärme des Schweins.

18. A. *Apri.* Lin. S. N. T. I. p. 3032. n. 25. In dem Gedärme des wilden Schweins.

c) Avium.

19. A. *Aquilae.* Lin. S. N. T. I. p. 3032. n. 26. In dem Gedärme des Steinadlers.

20. A. *Buteonis.* Lin. S. N. T. I. p. 3033. n. 28. In dem Gedärme des Bußaars.

21. A. *Milvi.* Lin. S. N. T. I. p. 3033. n. 29. In dem Gedärme der Weihe.

22. A. *Subbuteonis.* Lin. S. N. T. I. p. 3033. n. 30. In dem Gedärme des Baumfalken.

23. A. *Cornicis.* Lin. S. N. T. I. p. 3033. n. 32. In dem Magen der Krähe.

24. A. *Coruciae.* Lin. S. N. T. I. p. 3033. n. 33. Unter der Gurgelhaut der Mandelkrähe.

25. A. *Cygni.* Lin. S. N. T. I. p. 3033. n. 34. In dem Gedärme des Schwans.

26. A. *Anatis.* Lin. S. N. T. I. p. 3033. n. 35. In dem Gedärme der Aente.

27. A. *Fuligulae.* Lin. S. N. T. I. p. 3033. n. 36. In dem Eingeweide der Haubenänte.

28. A. *Lari.* Lin. S. N. T. I. p. 3033. n. 37. In dem Gedärme der Mewe.

29. A. *Ciconiae.* Lin. S. N. T. I. p. 3033. n. 38. In dem Gedärme des Storches.

30. A. *Tardae.* Lin. S. N. T. I. p. 3034. n. 39. In dem Gedärme des Trappen.

31. A. *papillosa.* Lin. S. N. T. I. p. 3034. n. 40. In dem Blind= und Mastdarm des Trappen.

32. A. *Gallopavonis.* Lin. S. N. T. I. p. 3034. n. 41. In dem Gedärme des Truthahns.

33. A. *Galli.* Lin. S. N. T. I. p. 3034. n. 42. In dem Gedärme der jungen Hähne und Hühner.

34. A. *Gallinae.* Lin. S. N. T. I. p. 3034. n. 43. In dem Blinddarm der Henne.

35. A. *Tetraonis.* Lin. S. N. T. I. p. 3034. n. 45. In dem Gedärme des Birkhahns.

36. A. *Columbae.* Lin. S. N. T. I. p. 3034. n. 46. In dem Gedärme der Haustaube.

37. A. *Alaudae* Lin. S. N. T. I. p. 3034. n. 47. In dem Eingeweide der Lerche.

38. A. *Sturni.* Lin. S. N. T. I. p. 3034. n. 48. In dem Gedärme des Stahrs.

39. A. *Turdi.* Lin. S. N. T. I. p. 3034. n. 49. In dem Gedärme und in der Leber der Wein= und Misteldrossel.

d) Reptilium.

40. A. *Lacertae.* Lin. S. N. T. I. p. 3035. n. 51. In dem Gedärme der Sumpfeidechse.

41. A. *Bufonis.* Lin. S. N. T. I. p. 3035. n. 52. In dem Gedärme der gemeinen Kröte.

42. A. *pulmonalis.* Lin. S. N. T. I. p. 3035. n. 53. In der Lunge der gemeinen und Regenkröte.

43. A. *Rubetrae.* Lin. S. N. T. I. p. 3035. n. 54. Im Mastdarme der Regenkröte.

44. A. *trachealis.* Lin. S. N. T. I. p. 3035. n. 55. In der Lunge der gemeinen Kröte.

45. A. *Ranae.* Lin. S. N. T. I. p. 3035. n. 56. Im Mastdarme des Landfrosches.

46. A. *intestinalis.* Lin. S. N. T. I. p. 3035. n. 57. In dem Gedärme des vorigen.

47. A. *dyspnoos.* Lin. S. N. T. I. p. 3035. n. 58.

48. A. *insons.* Lin. S. N. T. I. p. 3035. n. 59. Beide in der Lunge des Landfrosches.

e) Piscium.

49. A. *Anguillae.* Lin. S. N. T. I. p. 3035. n. 6. In dem Eingeweide des Aals.

50. A. *Percae.* Lin. S. N. T. I. p. 3036. n. 64. In dem Eingeweide des Barsches.

51. A. *globicola.* Lin. S. N. T. I. p. 3036. n. 65. In dem Eingeweide des Stichlings.

52. A. *lacustris.* Lin. S. N. T I. p. 3036. n. 66. Jn dem Gedärme des Stichlings und der Leber des Hechtes.

53. A. *Farionis.* Lin. S. N. T. I. p. 3036. n. 68. Jm Gedärme der gemeinen Forelle.

54. A. *Truttae.* Lin. S. N. T. I. p. 3036. n. 69. Jn dem Gedärme der Lachsforelle.

55. A *Acus.* Lin. S. N. T. I. p. 3037. n. 71. Jn dem Gedärme des Hechtes.

56. A. *Gobionis.* Lin. S. N. T. I. p. 3037. n. 74. Jn der Leber der Gründel.

f) Vermium.

57. A. *Lumbrici.* Lin. S. N. T. I. p. 3037. n. 78. Jn dem Eingeweide des Regenwurms.

356. Trichocephalus. (Haarkopf.)

1. T. *Equi.* Lin. S. N. T. I. p. 3038. n. 2. Jm Eingeweide der Pferde.

2. T. *Apri.* Lin. S. N. T. I. p. 3038. n. 3. Jn dem Eingeweide des wilden Schweins.

3. T. *muris.* Lin. S. N. T. I. p. 3038. n. 4. Jn dem Gedärme der Maus.

4. T. *Vulpis.* Lin. S. N. T. I. p. 3039. n. 5. Jn dem Blinddarm des Fuchses.

357. Filaria. (Zwirnwurm.)

a) Mammalium.

1. F. *Equi.* Lin. S N. T. I. p. 3039. n. 18. Jn dem Zellengewebe der Pferde.

2. F. *Martis.* Lin. S. N. T. I. p. 3040. n. 3. Dem Marder eigen.

3. F. *Leporis.* Lin. S. N. T. I. p. 3040. n. 4. Im Rippen-Zellengewebe des Hasen.

b) Avium.

4. F. *Falconis.* Lin. S. N. T. I. p. 3040. n. 5. In dem Zellengewebe des Bauches der Falken.

5. F. *Strigis.* Lin. S. N. T. I. p. 3040. n. 6. In dem den Kopf und die Augen der Eule umgebenden Zellengewebe.

6. F. *Cornicis.* Lin. S. N. T. I. p. 3040. n. 7. In der Brust und der Lunge der Mandelkrähe.

7. F. *Gallinae.* Lin. S. N. T. I. p. 3040. n. 9. In dem kleinen Gedärme der Hennen.

c) Insectorum.

* Perfectorum.

8. F. *Scarabaei.* Lin. S. N. T. I. p. 3040. n. 10. Dem Scarabaeo fimetario eigen.

9. F. *Silphae.* Lin. S. N. T. I. p. 3040. n. 11. Der Silphae obscurae eigen.

10. F. *Carabi.* Lin. S. N. T. I. p. 3040. n. 12. Den Lauffkäfern eigen.

11. F. *Grylli.* Lin. S. N. T. I. p. 3040. n. 13. Den Grillen eigen.

** Larvarum.

12. F. *lepidopterorum.* Lin. S. N. T. I. p. 3041. n. 14. Den Schmetterlingsraupen eigen.

13. F. *Tenthredinis.* Lin. S. N. T. I. p. 3041. n. 16. Den Larven der Sägewespe eigen.

14. F. *Phry-*

14. F. *Phryganeae.* Lin. S. N. T. I. p. 3041. n. 17. Den Larven des Köcherhafts eigen.

358. Uncinaria. (Hakenschwanz.)

1. U. *Melis.* Lin. S. N. T. I. p. 3041. n. 1. In dem dicken Gedärme des Dachses.

2. U. *Vulpis.* Lin. S. N. T. I. p. 3041. n. 2. Im Mastdarme des Fuchses.

359. Ligula. (Riemenwurm.)

1. L. *intestinalis.* Lin. S. N. T. I. p. 3042. n. 1. In dem Gedärme der Tauchergans, der weißen Nonne.

2. L. *abdominalis.* Lin. S. N. T. I. p. 3043. n. 2. Im Bauche, besonders dem Gekröse mehrerer Fische.

360. Strongylus. (Pallisadenwurm.)

1. St. *equinus.* Lin. S. N. T. I. p. 3044. n. 1. In dem Magen der Pferde.

2. St. *ovium.* Lin. S. N. T. I. p. 3044. n. 3. In dem Gedärme der Schafe.

361. Echinorhynchus. (Kratzer.)

a) Mammalium.

1. E. *Gigas.* Lin. S. N. T. I. p. 3044. n. 3. In dem Gedärme der Schweine.

b) Avium.

2. E. *buteonis.* Lin. S. N. T. I. p. 3045. n. 5. Im Gedärme des Bußaars.

3. E. *Scopis.* Lin. S. N. T. I. p. 3045. In dem Gedärme der Baumeule.

4. E. *Aluconis*. Lin. S. N. T. I. p. 3045. n. 7. In dem Gedärme der gemeinen Nachteule.

5. E. *Strigis*. Lin. S. N. T. I. p. 3045. n. 8. In dem dicken Gedärme der Brandeule.

6. E. *Pici*. Lin. S. N. T. I. p. 3045. n. 9. In dem Gedärme des Grünspechtes.

7. E. *Boschadis*. Lin. S. N. T. I. p. 3045. n. 11. In dem Gedärme der Aente.

8. E. *Ardeae*. Lin. S. N. T. I. p. 3046. n. 15. In dem Gedärme des aschfarbigen Reihers.

c) Reptilium.

9. E. *Ranae*. Lin. S. N. T. I. p. 3046. n. 19. In dem Gedärme des Regenfrosches.

d) Piscium.

10. E. *Anguillae*. Lin. S. N. T. I. p. 3046. n. 21. In dem Gedärme des Aals.

11. E. *Percae*. Lin. S. N. T. I. p. 3048. n. 30. In dem Gedärme des Barsches.

12. E. *Cernuae*. Lin. S. N. T. I. p. 3048. n. 31. In dem Gedärme des Kaulbarsches.

13. E. *Cobitidis*. Lin. S. N. T. I. p. 3048. n. 32. In dem Gedärme der Schmerle.

14. E. *Salmonis*. Lin. S. N. T. I. p. 3048. n. 33. In dem Gedärme des Lachses.

15. E. *sublobatus*. Lin. S. N. T. I. p. 3049. n. 34. In dem Gedärme der jungen Lachse.

16. E. *quadrirostris*. Lin. S. N. T. I. p. 3049. n. 35. In der Leber der Lachse.

17. E. *Truttae*. Lin. S. N. T. I. p. 3049. n. 36. In dem Gedärme der Forelle.

18. E. *Lucii.* Lin. S. N. T. I. p. 3049. n. 38. In dem Gedärme der Hechte.

19. E. *Barbi.* Lin. S. N. T. I. p. 3049. n. 41. In dem Gedärme der Barbe.

20. E. *Carpionis.* Lin. S. N. T. I. p. 3050. n. 42. In dem Gedärme des Karpfens.

21. E. *Bramae.* Lin. S. N. T. I. p. 3050. n. 46. In dem Gedärme der Bleie.

362. CUCULLANUS. (Kappenwurm.)

a) MAMMALIUM.

1. C. *Talpae.* Lin. S. N. T. I. p. 3051. n. 1. Gesellschaftlich, in eine Haut eingeschlossen, in dem Fette des Darmfelles.

2. C. *ocreatus.* Lin. S. N. T. I. p. 3051. n. 2. In dem Gedärme des Maulwurfs.

3. C. *Muris.* Lin. S. N. T. I. p. 3051. n. 3. In dem dünnen Gedärme der Mäuse.

b) AVIUM.

4. C. *Buteonis.* Lin. S. N. T. I. p. 3051. n. 4. In dem Gedärme des Bußaars.

c) REPTILIUM.

5. C. *Ranae.* Lin. S. N. T. I. p. 3051. n. 5. In dem Gedärme des Frosches.

d) PISCIUM.

6. C. *Lacustris.* Lin. S. N. T. I. p. 3051. n. 6. In dem Gedärme des Aals, des Barsches, des Sanders, des Kaulbarsches, der Forelle und des Lachses.

363. CARYOPHYLLAEUS. (Nelkenwurm.)

1. C. *Piscium.* Lin. S. N. T. I. p. 3052. n. 1. In dem Gedärme der Fische im süßen Wasser, vorzüglich der Karpfen, Schleien, Ziesen und Bleien.

364. LINGUATULA. (Zungenwurm.)

1. L. *serrata.* Lin. S. N. T. I. p. 3052. n. 1. In der Lunge des Hasen.

365. FASCIOLA. (Bindwurm.)

a) HOMINIS.

1. F. *humana.* Lin. S. N. T. I. p. 3053. n. 2. In dem Gedärme des Menschen.

b) MAMMALIUM.

2. F. *Vulpis.* Lin. S. N. T. I. p. 3053. n. 4. In dem Gedärme des Fuchses.

3. F. *Putorii.* Lin. S. N. T. I. p. 3053. n. 5. In dem Gedärme des Iltisses.

4. F. *Melis.* Lin. S. N. T. I. p. 3053. n. 6. In dem Gedärme des Dachses.

5. F. *Vespertilionis.* Lin. S. N. T. I. p. 3053. n. 3. In dem Gedärme der langöhrigen Fledermaus.

6. F. *hepatica.* Lin. S. N. T. I. p. 3053. n. 5. In der Leber und dem Gallengange des Rindviehes, der Schafe, Schweine, Pferde und Hirsche.

7. F. *Elaphi.* Lin. S. N. T. I. p. 3054. n. 7. In dem Magen der Hirsche.

c) AVIUM.

8. F. *Buteonis.* Lin. S. N. T. I. p. 3054. n. 9. In dem Gedärme des Bußaars.

9. F. *pusilla.* Lin. S. N. T. I. p. 3055. n. 12. In der Brust der Nachteule.

10. F. *Anatis.* Lin. S. N. T. I. p. 3055. n. 13. In und an dem Gedärme der Aente.

11. F. *Ardeae.* Lin. S. N. T. I. p. 3055. n. 16. In dem Gedärme der großen Rohrdommel.

d) Reptilium.

12. F. *Ranae.* Lin. S. N. T. I. p. 3055. n. 18. In der Lunge, der Leber und in dem Gedärme des Frosches.

13. F. *uncinulata.* Lin. S. N. T. I. p. 3056. n. 19. In den gemeinschaftlichen Bedeckungen des Unterleibes des grünen Frosches.

e) Piscium.

14. F. *Lucipercae.* Lin. S. N. T. I. p. 3057. n. 28. In dem Gedärme des Sanders.

15. F. *Percae.* Lin. S. N. T. I. p. 3057. n. 29. In dem Gedärme des Kaulbarsches.

16. F. *Lagena.* Lin. S. N. T. I. p. 3057. n. 30. In dem Gedärme des Barsches.

17. F. *Varica.* Lin. S. N. T. I. p. 3057. n. 31. In dem Magen des Lachses.

18. F. *Farionis.* Lin. S. N. T. I. p. 3058. n. 33. In dem Darmschleim der Forelle.

19. F. *Truttae.* Lin. S. N. T. I. p. 3058. n. 34. In dem Mastdarm der Lachsforelle.

20. F. *Lucii.* Lin. S. N. T. I. p. 3058. n. 36. In den Speiseröhren und dem Magen des Hechtes.

21. F. *Bramae.* Lin. S. N. T. I. p. 3058. n. 38. In dem Gedärme der Bleie.

22. F. *Jesis.* Lin. S. N. T. I. p. 3058. n. 39. In dem Gedärme der Ziese.

366. Taenia. (Bandwurm.)

* Capite armato.

a) Hominis.

1. T. *solium.* Lin. S. N. T. I. p. 3064. n. 1.
2. T. *vulgaris.* Lin. S. N. T. I. p. 3064. n. 2.

Beide Arten leben in dem Gedärme des Menschen.

b) Mammalium.

3. T. *cellulosa.* Lin. S. N. T. I. p. 3059. n. 6. In dem Zellengewebe der Muskeln.

4. T. *Vulpis.* Lin. S. N. T. I. p. 3060. n. 9. Dem Fuchse eigen.

5. T. *murina.* Lin. S. N. T. I. p. 3060. n. 14. In der Leber des Schluffels und der Hausmaus.

6. T. *pisiformis.* Lin. S. N. T. I. p. 3061. n. 16. In der Leber des Hasen.

7. T. *caprina.* Lin. S. N. T. I. p. 3061. n. 19. In dem Eingeweide der Ziege.

8. T. *cerebralis.* Lin. S. N. T. I. p. 3062. n. 21. In dem Gehirne drehender Schafe.

9. T. *granulosa.* Lin. S. N. T. I. p. 3062. n. 23. In der Leber der Schöpse.

10. T. *Apri.* Lin. S. N. T. I. p. 3063. n. 25. In der Leber des Schweins.

11. T. *globosa.* Lin. S. N. T. I. p. 3063. n. 26. In den Eingeweiden des Unterleibes des Schweins.

12. T. *Finna.* Lin. S. N. T. I. p. 3063. n. 27. In dem Zellengewebe des Schweins.

13. T. *cateniformis.* Lin. S. N. T. I. p. 3066. n. 28. In dem Gedärme mehrerer Thiere.

14. T. *Cucurbitana.* Lin. S. N. T. I. p. 3067. n. 30. In dem Gedärme des Hundes.

15. T. *serrata.* Lin. S. N. T. I. p. 3067. n. 31. In dem Gedärme des Hundes und der Katze.

16. T. *moniliformis.* Lin. S. N. T. I. p. 3068. n. 32. In dem Gedärme der Katze.

17. T. *Mustelae.* Lin. S. N. T. I. p. 3068. n. 34. In dem Eingeweide des Wiesels.

18. T. *filamentosa.* Lin. S. N. T. I. p. 3068. n. 35. In dem kleinen Gedärme des Maulwurfs.

19. T. *straminea.* Lin. S. N. T. I. p. 3069. n. 37. In dem Gedärme des Igels.

20. T. *magna.* Lin. S. N. T. I. p. 3069. n. 37. In dem Magen und dünnen Gedärme der Pferde.

21. T. *quadriloba.* Lin. S. N. T. I. p. 3069. n. 38. Wie der vorige.

22. T. *caprina.* Lin. S. N. T. I. p. 3069. n. 39. An der Oberfläche der Leber der Ziege.

c) Avium.

23. T. *serpentiformis.* Lin. S. N. T. I. p. 3069. n. 40. In dem Gedärme mehrerer Vögel.

24. T. *Caryocatactis.* Lin. S. N. T. I. p. 3070. n. 41. In dem Gedärme des Nußhähers.

25. T. *crateriformis.* Lin. S. N. T. I. p. 3070. n. 42. In dem Gedärme des Grünspechtes.

26. T. *Filum.* Lin. S. N. T. I. p. 3071. n. 45. In dem Gedärme der Waldschnepfe.

27. T. *infundinabuliformis.* Lin. S. N. T. I. p. 3071. n. 46. In dem Gedärme des Haushahns und der Hausänte.

28. T. *Sturni.* Lin. S. N. T. I. p. 3071. n. 47. In dem Gedärme des Stahrs.

29. T. *Passeris.* Lin. S. N. T. I. p. 3071. n. 48. In dem Gedärme des Hänflings und Haussperlings.

30. T. *Hirundinis.* Lin. S. N. T. I. p. 3072. n. 49. In dem Gedärme der Hausschwalbe.

d) Piscium.

31. T. *nodulosa.* Lin. S. N. T. I. p. 3072. n. 50. In dem Gedärme des Hechtes, des Barsches, des Lachses und Kaulbarsches.

** Capite inermi.

a) Mammalium.

32. T. *bacillaris.* Lin. S. N. T. I. p. 3073. n. 53. In dem Gedärme des Maulwurfs.

33. T. *pectinata.* Lin. S. N. T. I. p. 3073. n. 54. In dem Magen und Gedärme der Hasen und Kaninchen.

34. T. *ovina.* Lin. S. N. T. I. p. 3074. n. 55. In dem Gedärme der Schafe.

35. T. *equina.* Lin. S. N. T. I. p. 3074. n. 56. In dem Magen der Pferde.

b) Avium.

36. T. *perlata.* Lin. S. N. T. I. p. 3075. n. 59. In dem Gedärme des Bußaars.

37. T *Flagellum.* Lin. S. N. T. I. p. 3075. n. 60. In dem Gedärme der Weihe.

38. T. *candelabraria.* Lin. S. N. T. I. p. 3075. n. 61. In dem Gedärme der Nachteule.

39. T. *crenata.* Lin. S. N. T. I. p. 3075. n. 62. In dem Gedärme des Buntspechtes.

40. T. *lanceolata*. Lin. S. N. T. I. p. 3075. n. 63. In dem Gedärme der Hausgans.

41. T. *setigera*. Lin. S. N. T. I. p. 3076. n. 64. In dem Gedärme gemästeter Gänse.

42. T. *Anatis*. Lin. S. N. T. I. p. 3076. n. 65. In dem Gedärme der Aente.

43. T. *laevis*. Lin. S. N. T. I. p. 3076. n. 66. In dem Gedärme einiger Arten Aenten.

44. T. *cuneata*. Lin. S. N. T. I. p. 3076. n. 67. In dem Gedärme des Trappen und einiger Arten Aenten.

45. T. *Tardae*. Lin. S. N. T. I. p. 3077. n. 70. In dem Gedärme des Trappen.

46. T. *Linea*. Lin. S. N. T. I. p. 3077. n. 71. In dem Gedärme des Repphuhns.

47. T. *maculata*. Lin. S. N. T. I. p. 3077. n. 72. In dem Gedärme der Weindrossel.

d) Reptilium.

48. T. *Bufonis*. Lin. S. N. T. I. p. 3077. n. 73. In dem Gedärme der Kröte.

e) Piscium.

49. T. *Anguillae*. Lin. S. N. T. I. p. 3078. n. 74. In dem Gedärme des Aals.

50. T. *solida*. Lin. S. N. T. I. p. 3079. n. 80. In dem Bauche des Stichlings.

51. T. *Gasterostei*. Lin. S. N. T. I. p. 3079. n. 81. In dem Gedärme des Stichlings.

52. T. *Siluri*. Lin. S. N. T. I. p. 3079. n. 82. In dem dicken Gedärme des Welses.

53. T. *Rectangulum*. Lin. S. N. T. I. p. 3081. n. 84. In dem Gedärme der Barbe.

54. T. *tortulosa*. Lin. S. N. T. I. p. 3081. n. 85. In den Eingeweiden der Ziese.

55. T. *laticeps*. Lin. S. N. T. I. p. 3081. n. 86. In dem Gedärme der Bleie.

367. GORDIUS. (Drathwurm.)

1. G. *aquaticus*. Lin. S. N. T. I. p. 3082. n. 1. Er lebt im Wasser.

2. G. *argillaceus*. Lin. S. N. T. I. p. 3083. n. 2. Man findet ihn bisweilen in Thongruben.

3. G. *lacteus*. Lin. S. N. T. I. p. 3083. n. 4. Er lebt im Wasser.

368. LUMBRICUS. (Regenwurm.)

1. L. *terrestris*. Der gemeine Regenwurm. Lin. S. N. T. I. p. 3083. n. 1.

369. HIRUDO. (Blutigel.)

1. H. *medicinalis*. Der medicinische Blutigel. Lin. S. T. I. p. 3095. n. 2.

2. H. *sanguisuga*. Der gemeine Blutsauger. Lin. S. N. T. I. p. 3095. n. 3.

3. H. *vulgaris*. Der Pferdeigel. Schles. Lin. S. N. T. I. p. 3096. n. 4.

B. MOLLUSCA.

370. LIMAX. (Schnecke.)

1. L. *ater*. Die Weldschnecke. Lin. S. N. T. I. p. 3099. n. 1. Man findet sie hier und da in Wäldern und Gärten.

2. L. *albus.* Der Bierigel, die Kellerschnecke. Lin. S. N. T. I. p. 3100. n. 2. In Kellern und feuchten Gewölben.

3. L. *cinereus* (maximus). Buschschnecke. Lin. S. N. T. I. p. 3100. In Wäldern und auf Aeckern; nicht häufig.

4. L. *agrestis.* Ackerschnecke. Lin. S. N. T. I. p. 3101. Auf Aeckern und an den Grasstängeln auf Wiesen.

C. Testacea.

371. Mya. (Miesmuschel.)

1. M. *Pictorum.* Mahlermuschel. Lin. S. N. T. I. p. 3218. n. 3. Sie wird in einigen Flüssen, Bächen, Teichen und Seen gefunden. Nur soll man sie nicht im Bober, wenigstens bis in die Gegend von Bunzlau nicht finden. Weiter als bis Hirschberg habe ich keine Erfahrung davon.

2. M. *margaritifera.* Perlenmuschel. Lin. S. N. T. I. p. 3219. n. 47. In dem Naturalien-Cabinette in dem Garten des Herrn von Buch in Hirschberg habe ich Perlen gesehen, die man bei Greifenberg in dem Queiß gefunden, denen freilich der Glanz fehlt. Ob man noch jetzt dergleichen sucht oder findet, ist mir unbekannt; wenigstens zweifele ich an dem Suchen darnach.

372. Helix. (Schnirkelfleck.)

1. H. *Pomatia.* Die Weinbergschnecke. Lin S. N. T. I. p. 3627. n. 47. Man findet sie allenthalben in Gärten.

2 H. *arbustorum*. Die Baumschnecke. Lin. S. N. T. I. p. 3630. Wie die vorige, auch auf Wiesen und Aeckern habe ich sie gefunden.

3. H. *nemoralis*. Die Strauchschnecke. Lin. S. N. T. I. p. 3647. n. 108. In Gebüschen auf Sträuchen und an Bäumen, desgleichen in Gärten.

4. H. *hortensis*. Die Gartenschnecke. Lin. S. N. T. I. p. 3649. n. 109. Sie ist in Gärten an Küchenkräutern nicht selten.

5. H. *lucorum*. Die Waldschnecke. Lin. S. N. T. I. p. 3649. n. 110. In Küchengärten und Laubholz-Gebüschen.

6. H. *grisea*. Die Erdschnecke. Lin. S. N. T. I. p. 3649. n. 111. Man findet sie weniger in den Gegenden des Riesengebirges, als weiterhin im platten Lande auf der Erde.

7. H. *stagnalis*. Wasserschnecke. Lin. S. N. T. I, p. 3657. n. 128. In stehenden Gräben, Morästen.

8. H. *palustris*. Sumpfschnecke. Lin. S. N. T. I. p. 3658. n. 131. Sie lebt in sumpfigen Gegenden; doch habe ich sie nie in den höhern Gegenden des Riesengebirges gefunden.

* * *

Ich sollte nun auch etwas von den Infusions-Thierchen sagen; ich muß aber aufrichtig gestehen, daß ich hier ganz unwissend bin. Non omnia possumus omnes.

INDEX GENERUM.

A.

B.

C.

D.

E.

F.

G.

H.

I.

L.

M.

Register der deutschen Gattungsnahmen.

D.

E.

F.

G.

H.

J.

K.

L.

M.

N.

O.

P.

Neue Verlagsbücher
der
Himburgischen Buchhandlung.
Jubilate-Messe 1805.

Beleuchtung der Schrift des Herrn von Bülow: Lehrsätze des neuern Krieges ꝛc. gr. 8. 1 Thlr. 6 Gr.

Bemerkungen über die kürzlich erschienene Schrift: Ueber Napoleon, Kaiser der Franzosen. 8. 6 Gr.

Bildnisse berühmter Helden neuerer Zeit. 3s Heft. gr. 8. 16 Gr.

Biographien (milit.) berühmter Helden neuerer Zeit. 4r Theil, mit 3 Porträts und 2 Planen. 8. 1 Thlr. 16 Gr.

Bolte, J. H., Anleitung zur Kenntniß des öffentlichen Geschäftsganges in den Königl. Preußischen Staaten. 3te vermehrte Aufl. gr. 8. 1 Thlr. 12 Gr.

—— Die Zusätze und Verbesserungen zur 2ten Auflage apart. 6 Gr.

—— Briefsteller (allgemeiner) für junge Kaufleute, 4te vermehrte Aufl. 8. 1 Thlr.

Bülow, H. v., Prinz Heinrich von Preußen. Kritische Geschichte seiner Feldzüge. 2 Bände mit 4 Kupfern. gr. 8. 2 Thlr. 12 Gr.

—— über Napoleon, Kaiser der Franzosen. 8. 16 Gr.

Mars, eine allgemeine Zeitung für's Militär ꝛc. 2r Band, 1 — 4s Stück. 8. 1 Thlr. 8 Gr. Wird fortgesetzt.

Mysterien der Liebe und des Lebensgenusses, 2te Aufl. 8. 1 Thlr. 12 Gr.

Ottensee, J. L., von der Erkenntniß und Heilung des Schlagflusses und der Lähmung. gr. 8. 1 Thlr. 4 Gr.

Reiche, v., Versuch einer vollständigen Bau-Practick für Feld-Ingenieure und Infanterie-Offiziere insbesondre. Mit 15 Kupfertafeln ꝛc. gr. 8. 3 Thlr.

Reise durch einen Theil des südlichen Deutschlands, Helvetiens und Ober-Italiens. In Briefen ꝛc. 2te vermehrte Aufl. mit 4 Kupfertafeln. 2 Theile. 8. 2 Thlr. 8 Gr.

Thomsons Jahreszeiten. 3te Aufl. Mit einem Porträt und 5 Kupfertafeln gr. 8. 2 Thlr. 16 Gr.

Unterricht für die Königl. Preußische Infanterie im Dienst der Garnison, auf Werbungen und im Felde. Neue Auflage. 8. 16 Gr.

Voß, Julius v., Beiträge zur Philosophie der Kriegskunst. 8. 20 Gr.

In Commission:

Cavans Anleitung zu Criminal-Prozessen bei Civil- und Militärgerichten. gr. 8. 1 Thlr. 16 Gr.

FSC
www.fsc.org
MIX
Papier | Fördert gute Waldnutzung
FSC® C083411

Zeitfracht Medien GmbH
Ferdinand-Jühlke-Straße 7
99095 Erfurt, Deutschland
produktsicherheit@kolibri360.de